KB155039

ELEMENTARY HYDRAULICS

기초수리학

기초수리학

초판발행 2023년 4월 14일

지은이 류권규·이남주
펴낸이 류원식
펴낸곳 교문사

편집팀장 김경수 | **책임진행** 안영선 | **디자인** 신나리 | **본문편집** 홍익m&b
주소 (10881) 경기도 파주시 문발로 116
전화 031-955-6111 | **팩스** 031-955-0955
홈페이지 www.gyomoon.com | **이메일** genie@gyomoon.com
등록번호 1968. 10. 28. 제406-2006-000035호

ISBN 978-89-363-2443-8 (93530)
정가 29,000원

저자와의 협의 하에 인지를 생략합니다.
잘못된 책은 바꿔 드립니다.

불법복사·스캔은 지적재산을 훔치는 범죄행위입니다.
저작권법 제136조의 제1항에 따라 위반자는 5년 이하의 징역
또는 5천만 원 이하의 벌금에 처하거나 이를 병과할 수 있습니다.

ELEMENTARY HYDRAULICS

기초수리학

류권규 · 이남주 지음

교문사

머리말

저자들이 대학에서 유체역학과 수리학을 가르친 지 상당한 시간이 지났다. 그 동안 이 과목들에 대해서는 두 가지 큰 마음의 짐이 있었다. 하나는 학생들이 여전히 토목공학과에서 가장 어려워하는 과목들로 이 과목들을 꼽는다는 점이며, 다른 하나는 정말 마음에 드는 교과서를 찾기 힘들다는 점이다. 그래서 이 마음의 짐을 좀 덜어볼까 하는 심정으로 이 책을 집필하기로 했다.

첫째 사항에 대해서는 가끔 내가 너무 어렵게 가르치기 때문인지 고민도 많이 하였다. 그런데 그래도 일부 열심히 공부하는 학생들은 비교적 이해를 하는 것을 보면서 '그래도 내가 너무 어렵게 가르친 것 때문은 아니겠지' 하고 스스로 위안을 해보기도 하였다. 사실 저자들이 대학교 2학년 때 유체역학을 처음 배울 때도, 우리 친구들이 가장 싫어하고 머리 아파하던 과목인지라, 지금 학생들이 어려워하는 것도 무리가 아닐 성싶다.

그런데 둘째 사항, 즉 마음에 드는 교과서가 별로 없다는 것은 이 책을 쓰는 주된 이유이기도 하다. 이 부분은 또한 저자들의 탓이 아니니, 남 탓하기 좋아하는 저자들의 못된 심정도 밑에 깔려 있을 것이다. 토목공학 분야에서 교과서로 쓸 만한 유체역학과 수리학 서적은 100여 종이 넘는다. 수리학만 하더라도 우리가 잘 아는 저자분들과 잘 모르는 저자분들을 합하여 수십 종이 넘는 서적이 출판되어 있다. 그런데 이런 서적들을 살펴보면서, 항상 느낀 점 중의 하나는 '정확한 용어'와 '정확한 단위'의 사용이라는 점에서 오류들이 많이 보인다는 점이다. 사실 몇 가지는 오류라기보다는 관습적으로 사용하는 것이지만, 정확성이란 면에서는 오류로 보아야 하는 것들이다. 예를 들어, 중량이나 단위중량의 사용, 임계류, 비력 등이 그러한 예이다. 또한 거의 절반에 가까운 서적들이 너무 분량이 많았다. 사실 수리학 교과서들 중에서 절반 정도는 700쪽 이상의 분량으로 되어 있다. 여기에는 석사 과정에서 접해도 이해하기 힘든 내용들이 많이 포함되어 있으며, 수리학이라기보다는 유체역학적인 내용에 치우친 것도 많다.

이런 문제들을 해결하기 위해, 저자들은 스스로 수리학 교과서를 쓰기로 마음먹고 나서 원칙을 몇 가지 세웠다.

첫째, 정확하게 서술해 보기로 했다. 모름지기 공학을 하는 사람은 정확해야 한다고 생각하기에, 정확한 기호의 정의와 사용, 정확한 용어의 정의와 사용, 정확한 계산에 중점을 두고자 하였다. 이 과정에서 특히 중점을 둔 것이 일본식 용어를 사용하지 않도록 한 것이다. 예를 들어, 많은 수리학 교과서에서 여전히 사용되고 있는 구배, 구형

기초 수리학

단면, 경심과 같은 일본식 용어를 알기 쉬운 우리말로 바꾸기로 하였다. 또 인명표기도 가급적 현지의 발음에 가깝게 표기하였다.

둘째는 내용을 간결하게 하기로 하였다. 그래서 전체 양을 500쪽 정도로 하고, 학부과정에서 반드시 알아야 할 내용만 간추리기로 하였다. 그래도 유체역학이나 수리학을 배웠으니까 상식적으로 또는 그냥 흥미를 갖고 알아두면 좋을 만한 내용들은 별도의 란('주의'나 '쉬어가는 곳')에 적어놓았다.

셋째는 가급적 많은 예제를 제시하여 실제로 학생들이 문제를 풀어가며 이해하도록 하였다. 그리고 가급적 예제와 대응이 되는 문제들을 연습문제로 제시하였다. (연습문제의 풀이는 별도의 풀이집을 마련하여 강의하시는 분들이 이용할 수 있도록 하였다.)

넷째, 철저하게 국제표준단위만을 사용하기로 하였다. 유체역학과 수리학에서 공학단위라는 명칭으로 사용하는 kg중 또는 kgf은 특별히 설명을 하는 부분을 제외하고 사용하지 않기로 하였다.

어쩌면 이 책도, 그 많은 수리학 교과서 중의 하나에 머물지 모른다. 그래도 조그만 노력이라도 해 보고자 한다. 이 책에서 발견한 오류나 내용에 대한 이의는 언제든지 저자들의 메일로 보내주기 바란다. 모쪼록 이 책이 수리학 분야의 작은 발전을 위한 조그만 디딤돌이 되기 바란다.

2023. 2

류권규, 이남주

차례

기초 수리학

3장
유체정역학

5장
유체동역학

6장

관수로 흐름

7장

관망 해석

9장

개수로
부등류

1장

수리학의 기초

수리학이 무엇인가를 유체역학과의 관계에서 간단히 살펴보고, 그 역사도 살펴본다. 또한 수리학을 이해하는 데 기초가 되는 물리학적인 내용들, 즉 차원과 단위, 기본 물리량, 단위계, 힘 등을 간단히 살펴본다. 이 장에서 독자들이 가장 깊이 새겨야 할 부분은 수리학의 기본이 되는 물리학의 기초적인 내용들, 즉 단위와 차원에 대한 것이다. 이 장의 구성은 다음과 같다.

1.1 수리학의 기초
1.2 물리학의 기초

아르키메데스(Archimedes, 기원전 287–기원전 212)
고대 그리스(시라쿠사)의 위대한 수학자, 물리학자, 공학자. 유명한 아르키메데스의 원리를 발견했다. 아르키메데스는 천문학자인 아버지로부터 천문학에 대해 지도를 받아서, 유년 시절부터 많은 천문 관측을 하였다. 그는 수력(물의 힘)으로 움직이는 천체투영기(planetarium)와 스크류 펌프를 발명했다. 지레의 원리, 중력, 부력 등 고체와 유체역학에 대한 연구를 하였다. 이론과 실제에 두루 뛰어난 과학자 중의 한 명이다.

책을 10% 이상 복사/스캔하면 저작권법 위반으로 처벌받을 수 있습니다.

1.1 수리학의 기초

(1) 유체역학과 수리학

우리 주위는 공기가 둘러싸고 있고, 물이 가득 찬 하천과 바다가 가까이 있다. 또한 우리 주위에서 볼 수 있는 많은 기계 안에는 각종 기름과 화학물질들이 들어 있다. 이러한 기체(gas)와 액체(liquid)를 합쳐 유체(fluid)라고 부른다.

유체의 움직임을 흐름(flow)[a]이라 하며, 유체의 흐름에 대한 학문을 유체역학(fluid mechanics)이라 한다. 즉 유체역학은 정지 또는 운동하고 있는 유체의 성질을 다루는 응용과학의 한 분야로서, 유체의 운동이나 유체와 물체 사이에 작용하는 힘의 관계를 일반적인 역학의 원리를 이용하여 해석하는 학문이다. 유체역학에서 가장 큰 관심을 갖는 것은 유체의 속도(velocity)와 힘(force)이라고 볼 수 있다.

일반적으로 유체역학에서는 공기의 흐름이나 물의 흐름, 화학물질의 흐름이 우리의 관심의 대상이 된다. 즉 로켓, 고속열차, 자동차 주위의 공기 흐름, 관거나 관개수로 안의 물의 흐름, 화학공장 배관 안의 기름의 흐름이 그 좋은 예이다. 또한 그런 흐름에 작용하는 저항도 관심의 대상이 된다. 이런 면에서 유체역학은 기계공학, 토목공학, 조선공학, 항공공학, 화학공학 등에서 널리 응용되고 있다.

유체역학의 여러 분야 중에서 유체를 물에 국한해서 다루는 학문을 수리학(水理學, hydraulics)이라 한다. 다만, 물을 다루는 방법에 따라 수문학(hydrology), 수리동역학(hydrodynamics)과 같은 다양한 세부 분야가 있으나, 기본적으로는 물의 흐름에서 발생하는 속도와 힘이 주된 관심사가 되는 것이 수리학이라 생각하면 좋겠다.

학부과정에서 배우는 수리학은 다루는 대상, 즉 흐름의 종류에 따라 나누어진다. 주로 상수도 안의 관로 흐름을 다루는 관로수리학(pipe flow hydraulics), 주로 하천에서의 흐름을 다루는 개수로수리학(open channel hydraulics), 지하수의 흐름을 다루는 지하수수리학(groundwater hydraulics), 해안이나 해양의 흐름을 다루는 해안수리학(coastal hydraulics) 등으로 나눌 수 있다. 최근에는 환경문제를 다루는 환경수리학(environmental hydraulics)과 호소나 하천 등의 수체 내 생태계(수생태계라 한다)와 관련된 문제를 다루는 생태수리학(ecological hydraulics) 등도 등장하여 여러 가지 연구가 진행되고 있다.

---

a) 한자말로는 유동(流動)이라 한다.

쉬어가는 곳 │ 학문의 이름

대학에서 배우는 전공과목의 영어 명칭을 보면 그 과목의 성격을 알 수 있다. 영어 명칭은 크게 ① ~ics나 ~nics로 끝나는 과목, ② ~ogy나 ~logy로 끝나는 과목, ③ ~engineering으로 된 과목이다.

①은 physics(물리학), mathematics(수학), mechanics(역학), dynamics(동역학), hydraulics(수리학)와 같이 수학과 물리적 지식을 많이 필요로 하는 과목이다.

②는 보통 문과 과목에 많으며, psychology(심리학), biology(생물학), meteorology(기상학), hydrology(수문학)와 같이 수학보다는 현상학적 설명을 많이 필요로 하는 과목이다. 수학을 이용한다 해도 산수 정도의 수준이며, 복잡한 미분이나 적분은 많이 다루지 않는다.

③은 foundation engineering(기초공학), water resources engineering(수자원공학), river engineering(하천공학), water supply engineering(상수도 공학)과 같이 계획(plan)과 설계(design)에 중점을 둔 과목이다.

이런 관점에서 보면, 수리학(hydraulics)과 수문학(hydrology)의 학문적 성격 차이를 이해할 수 있다. 수리학은 물의 이동(흐름)에 따른 속도와 힘에 관심을 가지며, 수문학은 지구상의 물의 순환에 따른 물의 양(수량)에 주로 관심을 갖는 학문이다.

(2) 수리학의 역사

수리학은 선사시대부터 시작된 실제 기술을 이용한 순수 경험적인 과학으로 발달하였다. 우리 선조들이 한 곳에 정주하여 농경에 종사하고 작은 부락을 만들 때부터, 적당한 양의 물의 공급과 주요 식량과 물자의 운반은 가장 중요한 문제였다. 이런 점에서 수로와 선박의 이용을 위해 수리학이 태어나게 되었다.

관개 수로의 선사시대 유적이 이집트(Egypt)와 메소포타미아(Mesopotamia)에서 발견되었으며, 이들 수로는 기원전 4000년 이전에 건설된 것으로 밝혀졌다. 도시의 수도 시설은 예루살렘에서 건설된 것이 알려져 있으며, 여기서는 저수지에 물을 저장하고 물을 보내기 위한 석조 수로를 건설하였다[b]. 수로는 그리스와 다른 지역에서도 건설되었다. 그러나 무엇보다도 나라 전체에 걸쳐 수로를 건설한 것은 로마 제국이다. 유럽에서는 현재까지도 그 유적을 찾아 볼 수 있다(그림 **1.1-1(a)** 참조). 그 당시의 도시의 수도 시설은 멀리 떨어진 지역의 상대적으로 깨끗한 물을 도시의 분수나 목욕탕, 공공건물들에 공급하는 것이었다. 시민들은 간선 도로 모퉁이와 같은 데 있는 물 공급소에서 물을 길어 집으로 운반하였다. 이 당시에 시민들이 하루에 이용하는 물의 양은 약 180 L였다고 한다. 오늘날 1인당 하루 물 이용량은 약 240 L이다. 따라서 약 2000년 전에 상당히 높은 수자원 이용 수준[c]을 이루었음을 알 수 있다.

---

b) 송재우(2012), 수리학, 구미서관.
c) 고대 로마의 상수도 시설에 대해서는 "시오노 나나미 지음, 김석희 옮김(2002), 로마인 이야기, 10권, 모든 길은 로마로 통한다, 한길사"에 자세히 나와 있다. 앞부분은 로마의 도로를 다루고 뒷부분은 로마의 상수도를 다루고 있으므로, 토목공학을 전공하는 독자들이라면 반드시 한번 읽어보기를 권한다.

콘텐츠는 저작권의 보호를 받지 못하면 살아남지 못합니다.

(a) 스페인 세르비아의 로마시대 수로교　　(b) 중국 두장옌 관개시설(우효섭 등, 2018)

그림 **1.1-1** **수리학 유적**

앞서 언급한 것과 같이 도시의 수도 시설의 역사는 매우 길다. 도시 수도 시설의 발전 과정에서 물을 효율적으로 운반하기 위해서는 수도관의 형태와 크기와 기울기를 결정해야 하며, 수로 벽의 마찰을 이기기 위해 공급 압력이 조정되어야 한다. 이러한 수리적 문제를 해결하기 위해 많은 발명과 진보가 있었다.

또한 중국의 진나라 시대에 지금의 쓰촨성 청두시 근처를 흐르는 양자강 지류인 민강의 홍수조절 및 관개를 위해 시작한 두장옌 관개사업(그림 **1.1-1(b)** 참조)은 2,400년이 지난 지금도 5,300 km^{2}의 넓은 쓰촨 평야에 물을 대고 있다[d].

수리학을 학문적으로 탐구하기 시작한 것은 고대 그리스(시라쿠사)의 아르키메데스(Archimedes)가 시초라고 볼 수 있다. 아르키메데스는 시라쿠사의 히에론 왕에게 왕관이 순금으로 만든 것인지 판별하라는 명을 받았다. 고민하던 아르키메데스는 목욕탕에서 자신의 몸이 들어간 만큼 물이 넘치는 것을 보고 부력의 원리를 깨달았다고 한다. 이에 너무 기쁜 나머지 "유레카(알았다)"라고 외치며 왕궁까지 뛰어갔다고 한다. 아르키메데스가 발견한 부력의 원리는 이 책의 3.5절에서 찾아볼 수 있다.

르네상스 시기에 살던 레오나르도 다빈치(Leonardo da Vinci)는 이론적이 아닌 관찰에 의해 자연과학의 주요 법칙들을 찾아내었다. 일반적으로 그는 뛰어난 예술가로 알려져 있으나, 훌륭한 과학자이기도 하였다. 그는 "땅으로 떨어지는 물체는 가장 짧은 경로를 따라 떨어진다." 또는 "공기 중에서 움직이는 물체는 공기가 물체에 주는 저항과 같은 힘을 공기에 전달한다."와 같이 자연과학의 법칙들을 잘 묘사하였다. 후일 이 문장들은 뉴턴(Issac Newton)의 중력과 운동의 법칙(작용과 반작용의 법칙)으로 발전하였다.

d) 우효섭, 오규창, 류권규, 최성욱(2018), 인간과 자연을 위한 하천공학, 청문각.

저작권을 지켜 콘텐츠의 가치도 지키고 우리의 미래도 지켜주세요.

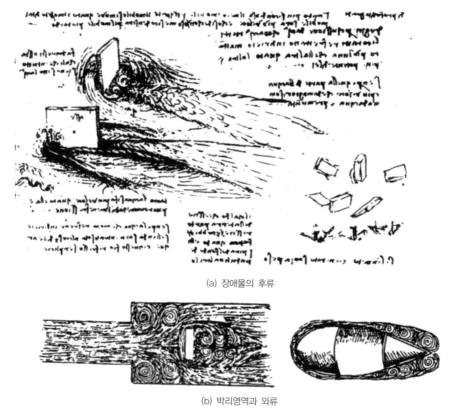

(a) 장애물의 후류

(b) 박리영역과 와류

그림 **1.1-2** 유체 흐름에 대한 레오나르도 다빈치의 스케치

　수리학의 역사에서 특히 흥미로운 것은 와류, 파동, 낙하류, 물의 파괴력, 부체, 수력기계, 관거 유출 등의 흐름에 대한 방대한 기술이다. 예를 들어, 그림 **1.1-2(a)** 는 장애물 주위의 흐름인 후류(wake)이며, 그림 **1.1-2(b)**는 박리영역(separation zone)에서 와류(vortex)의 발달을 보여준다. 레오나르도는 최소 저항의 유선형을 찾아내기도 하였다.

　또한 그는 수리학 분야에서 다양한 발견과 관측을 하였으며, 훗날의 학자들이 발견하게 되는 분사류나 낙하류의 항력과 같은 법칙을 예언하였다. 그는 부유입자를 이용한 흐름의 가시화(flow visualization) 기법을 이용하여 내부흐름을 관측할 수 있다고 주장하였다. 참으로 레오나르도는 수리학 분야의 새로운 장을 연 위대한 선구자였다. 많은 연구들이 그의 발자취를 따랐으며, 수리학은 17세기에서 20세기 사이에 큰 발전을 이루었다.

　유체의 움직임을 수학적 및 이론적으로 취급하는 학문인 수리동역학은 수리학보다 상당히 늦게 발달하였다. 그 기초는 18세기에야 놓였다. 비점성(비마찰성)유체의 흐름에 대한 완전한 이론 방정식은 오일러(Leonhard Euler)와 다른 연구자들이 유도하였다. 이에 따라 다양한 흐름을 수학적으로 기술할 수 있게 되었다. 그럼에도 불구하고, 이 이론에 따라 물체에 작용하는 힘과 흐름의 상태에 대한 계산 결과는 실험적으로 관찰된 결과와는 매우 달랐다. 이 때문에 수리동역학은 실제적인 유용성이 없는 것으로 생각되었었다.

오일러의 친구인 베르누이(Daniel Bernoulli)는 오일러의 식을 유선에 따라 적분하여 수리학에서 가장 기반이 되는 베르누이식(Bernoulli equation)을 제안하였다. 베르누이식을 이용하면서부터 수리학은 실제적으로 계산이 가능한 학문적인 기초가 만들어졌다고 볼 수 있다. 베르누이식이 이 책에서 다루는 수리학의 가장 핵심적인 식(이 책의 5장)이 된다.

이 밖에도 19세기에는 하천의 등류상태를 나타내는 경험식인 쉐지(Antoine de Chézy)식과 매닝(Robert Manning)식이 제안되었다. 이 두 식은 개수로의 흐름을 나타내는 가장 널리 이용되는 식들이다. 이 두 식은 8장에서 상세하게 다룬다.

19세기에 들어서 수리학과 견줄만한 진보가 이루어졌다. 이런 진보 중의 하나는 나비에(Louis Marie Henri Navier)와 스토크스(George Gabriel Stokes)에 의한 점성유체의 움직임에 대한 방정식, 이른바 나비에–스토크스 방정식(Navier–Stokes equation, 앞으로는 줄여서 NS 방정식이라 할 것임)이 유도된 것이다. 이 식은 유체역학에서 궁극의(최종적인) 방정식이다. 즉, 이 식을 정확히 풀 수 있다면 모든 유체의 거동을 완벽하게 알아낼 수 있다. 그렇지만 불행히도, 이 방정식은 관성(inertia term)에 대한 항 안에 이류항(advective term)을 포함하고 있으며, 이 때문에 이 방정식은 비선형(nonlinear)이 되어 일반적인 흐름에 대한 해석해(analytic solution)를 얻기가 매우 힘들다. 단지, 평행판과 원형관 사이의 층류와 같은 몇 가지 특별한 흐름에 대해서만 해석해를 얻을 수 있다.

20세기 들어서는 전자계산기와 수리동역학에서의 다양한 수치해석 기법이 발달함에 따라, NS 방정식의 수치해를 얻는 것이 가능하게 되었다. 따라서 수리학과 수리동역학 사이의 장벽은 상당히 제거되었으며, 이 분야는 큰 도약을 하는 새 시대를 맞이하게 되었다. 아울러 수리측정에서도 최근의 발달된 센서 기술이나 영상처리 기술 등이 적극적으로 활용되고 있다. 이런 면에서 수리학은 오래된 학문이지만 아직도 새롭게 발전하는 매우 흥미로운 과목이라 볼 수 있다.

1.2 물리학의 기초

수리학도 공학 중의 하나이므로 여기서 다루는 물의 성질(예를 들어, 질량, 체적, 속도, 힘 등)에 대해 그 크기를 숫자로 표현할 수 있어야 한다. 공학자는 모든 대상과 현상을 이런 물리량으로 나타내어야 비로소 분석하고 해결할 수 있다. 이처럼 어떤 현상을 물리량과 그 숫자로 나타내는 것을 정량화(quantification)라 하며, 숫자로 그 크기를 나타내는 것이 바로 단위와 차원이다.

(1) 단위와 차원

공학에서 물리현상을 다룰 때는 어떤 물리량으로 표현한다. 예를 들어 어떤 운동선수의 특징을 말하자면, 키는 몇 cm, 몸무게는 몇 kg, 100 m 달리기 몇 초와 같이 숫자와 단위(unit)를 이용하여 표현한다. 이런 물리량을 누구나 공통적으로 인식하기 위해서는 특별한 기준이 필요하다. 이 기준이 바로 단위계(또는 도량형)(unit system)이다.

또 어떤 물리량을 이루는 기본적인 요소가 필요한데, 이 요소들이 그 현상과 관계되는 질량, 길이, 시간, 속도, 힘, 가속도 등이다. 이들 중 가장 기본이 되는 요소 7개를 기본량이라 하고, 이 기본량이 어떻게 조합을 이루는가를 나타내는 것이 차원(dimension)이다. 예를 들어, 우리가 살고 있는 공간을 3차원 공간이라 하는데, 이것은 이 공간에서 어떤 위치를 결정하는 데는, 길이 3개, 길이 2개와 각도 1개, 또는 길이 1개와 각도 2개와 같이 반드시 3개의 물리량이 있어야 하기 때문이다. 각 차원별 예를 그림으로 보이면, 그림 **1.2-1**과 같다.

물리량의 크기를 나타내기 위해 일정한 기준을 정해두고 그 물리량이 기준의 몇 배에 해당하는가로 그 크기를 나타낸다. 이때 그 기준량이 단위(unit)가 된다. 즉, 어떤 거리가 100 m라고 하면, 기준이 되는 단위는 m이며, 그 거리는 1 m의 100배라는 것이다. 따라서 기준이 되는 1 m가 어떤 크기인지는 미리 정해져 있어야 한다.

물리량을 나타내는 데는 보통 영어 알파벳이나 그리스 문자를 이용한 기호를 이용하는데, 표기할 때는 L, m, t와 같이 기울임체를 이용한다. 이런 물리량의 차원을 나타낼 때는 대괄호로 둘러싸서 표기하는데, 길이는 $[\mathrm{L}]$, 질량은 $[\mathrm{M}]$, 시간은 $[\mathrm{T}]$, 힘은 $[\mathrm{F}]$와 같이 정해진 영문자로 나타낸다. 차원을 나타내는 글꼴은 기울임체를 사용하지 않는다. 그러면 수리학에서 사용하는 대부분의 물리량은 $[\mathrm{M}^{\alpha}\mathrm{L}^{\beta}\mathrm{T}^{\gamma}]$ 또는 $[\mathrm{F}^{\alpha}\mathrm{L}^{\beta}\mathrm{T}^{\gamma}]$와 같이 이런 기본 물리량들이 어떻게 조합되는가로 표현할 수 있다. 여기서 α, β, γ는 상수이다.

(a) 1차원 공간(줄타기 공연자의 위치)

(b) 1차원 공간(기준지점에서 수로를 따른 거리)

(c) 2차원 공간(바둑돌의 위치)

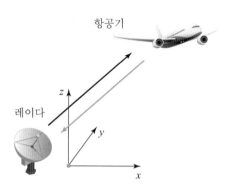
(d) 3차원 공간(항공기 위치)

그림 **1.2-1** 공간 차원의 예

이 경우 "물리량 OO은 $\left[M^\alpha L^\beta T^\gamma\right]$ 차원을 갖는다."라고 표현한다. 예를 들면, 속도는 (길이)/(시간)으로 이루어지므로 $\left[LT^{-1}\right]$의 차원, 가속도는 (길이)/(시간)^{2}이므로 $\left[LT^{-2}\right]$의 차원, 힘은 (질량)(길이)/(시간)^{2}이므로 $\left[MLT^{-2}\right]$의 차원을 갖는다. 그리고 뉴턴(Newton)의 힘과 가속도의 관계를 이용하면, (힘) = (질량)×(가속도)이므로, 이를 차원으로 나타내면 $[F] = \left[MLT^{-2}\right]$의 관계가 되는 것을 알 수 있다. 이 (질량)과 (힘)의 관계를 이용하면, $\left[M^\alpha L^\beta T^\gamma\right]$로 쓰인 모든 물리량은 $\left[F^\alpha L^\beta T^\gamma\right]$로도 나타낼 수 있다. $\left[M^\alpha L^\beta T^\gamma\right]$는 질량을 이용해서 차원이나 단위를 나타낸다고 해서 질량단위계, $\left[F^\alpha L^\beta T^\gamma\right]$는 힘을 이용한다고 해서 힘단위계라고도 한다.

단위는 그 크기를 나타내는 숫자와 띄어쓰기를 하며, 표기할 때는 m(미터), kg(킬로그램), s(초)와 같이 로마체(직립체) 소문자로 나타낸다.

(2) 기본 물리량

어떤 물리량을 표현하기 위한 기본 물리량은 질량(mass), 길이(length), 시간(time), 온도(temperature), 전류(electric current), 광도(amount of light), 물질량(amount of matter)의 일곱 가지이다. 대부분의 고전적인 역학에서는 앞의 3개만으로도 대부분의 물리량을 표현할 수 있으며, 수리학도 그 중의 하나이다. 온도는 수리학에서도 가끔 사용하나 국제단위인 절대온도[e] 대신, 섭씨온도를 주로 사용한다. 역학에서 가장 큰 관심 대상인 힘(force)은 이 세 물리량의 조합으로 표현할 수 있으나, 가장 많이 사용되므로 마치 기본 물리량인 것처럼 사용하기도 한다. 표 **1.2-1**에 수리학에서 사용하는 기본 물리량의 기호, 차원, 단위를 정리하였다.

표 **1.2-1** 수리학에서 사용하는 기본 물리량

명칭	name	기호	차원	SI 단위
길이	length	L	[L]	m (미터)
질량	mass	m	[M]	kg (킬로그램)
시간	time	t	[T]	s (초)
온도	temperature	T, θ	[Θ]	K (절대온도)

■ **길이**

길이(length)는 기호로 보통 L을 이용하며, 그 차원은 [L]이다. 길이의 국제단위는 m (미터)이다. 1 m는 1790년 제정할 당시, 거리의 기준을 지구로 삼았다. 이에 따라 지구 적도에서 북극점까지의 거리를 정확하게 10,000 km, 이 거리의 4배인 지구 전체 자오선 길이인 40,000 km를 기준으로 하였다. 즉 1 m는 적도에서 극점까지 거리의 1,000만분의 1로 결정되었다. 그 후 길이원기(그림 **1.2-2(a)** 참조)를 이용하는 방법, 빛이 진공에서 1/299,792,458초 동안 진행한 경로의 길이 등으로 1 m의 길이에 대한 정의는 여러 차례 바뀌었다. 2021년 현재 가장 최신의 정의는 2019년에 개정된 '플랑크 상수를 이용하여 계산하는 방법'이다.

길이의 기본단위는 m이지만, 때로는 이보다 크거나 작은 단위가 필요하다. 이때, 기본단위에 접두어를 붙여서 10의 멱승배로 표현하며, 이 접두어는 표 **1.2-2**에 정리하였다.

---

e) 절대온도는 (원자나 전자를 포함한) 모든 물질이 운동을 멈추는 -273 ℃를 기준 온도 0 K로 하는 온도체계이며, 제안자의 이름을 따서 '켈빈온도'라고도 한다.

(a) 길이원기   (b) 질량원기

그림 **1.2-2** 초기의 길이원기와 질량원기

■ 질량

질량(mass)은 기호로 보통 m을 이용하며, 그 차원은 [M]이다. 질량의 국제단위는 kg(킬로그램)이다. 제정 당시 1 kg은 '4 ℃ 순수한 물 1,000 cm^{3}의 질량'으로 정의하였다. 이 정의도 그 뒤 질량원기(그림 **1.2-2(b)** 참조)를 이용하는 방법을 거쳐, 2019년에 '플랑크 상수 h가 정확히 $6,626,070.15×10^{-34}$ J·s이 되도록 하는 값'으로 결정되었다.

■ 시간

시간(time)은 기호로 보통 t로 쓰며, 차원은 [T]이다. 시간의 기본단위는 s(초)이다. 1 s는 온도가 0 K인 세슘-133 원자의 바닥상태에 있는 두 초미세 준위 사이의 전이에

그림 **1.2-3** 원자시계 NIST-F1

대응하는 복사선의 9,192,631,770주기의 지속 시간이다. 이 시간을 정밀하게 측정하는 데는 보통 원자시계(그림 **1.2-3** 참조)를 이용한다. 그리고 60초를 1분, 60분을 1시간, 24시간을 1일, 28~31일을 1개월, 12개월을 1년으로 하는 것은 태양력 중의 하나인 그레고리력(Gregorian calendar)을 이용한다.

■ 조합 물리량

길이, 질량, 시간의 세 개의 기본 물리량을 조합하여 새로운 물리량을 만들어 낸다. 예를 들어, 면적은 길이를 제곱하므로, 기호로는 $A = L^2$(여기서 A는 면적, L은 길이), 차원으로는 $[L^2]$이라 쓸 수 있다. 그리고 속도는 단위시간 동안 이동한 거리이므로, 기호로는 $V = \dfrac{L}{t}$(여기서 V는 평균속도, L은 거리, t는 시간), 차원으로는 $[LT^{-1}]$과 같이 쓸 수 있다.

■ 온도

온도는 우리가 일반적으로 사용하는 온도인 섭씨온도(Celsius degree)를 먼저 생각해야 한다. 섭씨온도는 순수한 물이 얼 때의 온도를 0 ℃, 끓을 때의 온도를 100 ℃로 한다.

그런데 물리학에서 온도는 절대온도(또는 켈빈온도)라 하여, 모든 물질의 분자 운동조차 정지하는 온도인 -273.15 ℃를 0 K로 잡고, 물이 어는 온도는 273.15 K로 잡는다[f]. 즉, 절대온도는 섭씨온도를 음의 방향으로 -273.15만큼 이동한 온도이다. 둘 사이의 관계가 단순한 이동이기 때문에, 절대온도를 쓰든 섭씨온도를 쓰든 사실 큰 문제가 되지 않는다. 수리학에서는 일반적으로 절대온도보다 섭씨온도를 쓰는 것이 대부분이며, 이 책에서도 섭씨온도를 주로 이용한다.

■ 힘

기본 물리량의 조합으로 만들어진 유도물리량 중에서 가장 빈번하게 사용되는 것이 힘(force)이다. 힘은 앞서 언급한 것처럼 질량과 가속도를 곱한 것이며, 이를 기호로 나타내면 다음과 같다.

$$F = ma \qquad\qquad (1.2-1)$$

여기서 F는 힘(N), m은 질량(kg), a는 가속도(m/s²)이다. 이를 차원으로 나타내면 $[F] = [M][LT^{-2}] = [MLT^{-2}]$이 된다.

---

f) 절대온도의 단위는 K이며, °K가 아니다.

국제단위계에서 힘은 N(뉴턴)이라는 단위를 사용하며, 1 N은 질량 1 kg인 물체에 1 m/s^2의 가속도를 일으키는 힘이다. 그런데 점성력이나 표면장력과 같은 매우 작은 힘을 다룰 때는 이 단위가 너무 커서 불편한 경우가 있다. 이때는 질량 1 g인 물체에 1 cm/s^2의 가속도를 일으키는 힘인 dyne(다인)을 이용한다.

$$1 \text{ N} = 10^5 \text{ dyne} \tag{1.2-2}$$

예제 1.2-1 ★★

어떤 힘이 질량 4 kg의 물체에 작용하여 8 m/s^2의 가속도를 얻었다. 만일 이 힘을 2 kg의 물체에 작용시킨다면 얼마만한 가속도를 얻겠는가?

풀이 |

문제에서 $m_1 = 4$ kg, $a_1 = 8 \text{ m/s}^2$, $m_2 = 2$ kg이라 하면, 뉴턴의 운동 법칙에서 $F = ma$이므로, 힘은 $F = m_1 a_1 = 4 \times 8 = 32$ N이다.

따라서 이 힘을 m_2에 적용하면, $F = m_2 a_2$에서 가속도는 다음과 같다.

$$a_2 = \frac{F}{m_2} = \frac{32}{2} = 16 \text{ m/s}^2$$

■

주의 중량

사용하는 단위 때문에 질량과 가장 많이 혼동을 일으키는 것이 중량(무게)이다. 중량은 '지구상에 있는 물체가 지구에서 받는 힘'을 의미한다. 따라서 중량은 질량과 다음의 관계를 갖는다.

(중량)≡(질량)×(중력가속도)

따라서 중량의 단위는 힘의 단위인 N이다. 그런데 과거 공학실무에서 많이 사용하는 중량의 단위는 N이 아니라 kgf 또는 kg중이다. kgf는 국제단위계가 아니며, 공학자들이 편리하게 쓰고자 만들어 낸 단위인 것으로 보인다. (그런데 언제 어떻게 만들어졌는지 그 기원에 대해서는 정확히 알 수 없다.) 이때 이 두 단위 사이에는 다음의 관계가 성립한다.

9.8 N = 1.0 kgf

그런데 일부 수리학 문헌에서는 힘의 단위인 kgf 대신에, 질량의 단위인 kg을 사용하여 혼동을 일으키는 경우가 종종 발생하니 분명히 구분하여 대응해야 한다. 따라서 이 책에서는 특별한 경우가 아니면 중량을 사용하지 않고, 만일 사용할 경우는 '중량'보다는 '중력'이라는 표현을 사용할 것이다.

만일 독자 여러분이 다른 문헌에서 문제를 풀 때는 다음과 같이 대처하기를 권한다.
① 만일 '중량이 몇 N'이라고 나오면, '중력이 몇 N'이라고 생각한다.
② '중량이 몇 kgf 또는 몇 kg'이라고 나오면, 중량 대신에 '질량이 몇 kg'이라고 생각한다.

(3) 단위계

단위들을 일정한 체계로 정리하여 제시한 것을 단위계(unit system) 또는 단위체계라고 한다.

▪ 국제단위계(SI 단위계)

1790년 프랑스의 파리과학아카데미가 정부의 위탁을 받고 만든 프랑스 기원의 도량형단위계다. 국제단위계를 종종 'SI 단위계' 또는 '미터법'이라 한다. 미터법은 기본단위로 길이는 m, 질량은 kg, 시간은 s를 이용한다.

미터법의 핵심은 십진법을 이용한다는 점이다. 즉, 여기서 10의 배수와 1/10의 배수에 각각 그리스어와 라틴어에 따른 접두어를 붙였다. 즉 1 m의 1,000배는 1 km(킬로미터), 1/100배는 1 cm(센티미터)이고, 1 g(그램)의 1,000배는 1 kg(킬로그램), 1/1,000배는 1 mg(밀리그램)으로 표현한다. 이 접두어에 대해서는 표 **1.2-2**에 제시하였다.

표 1.2-2 단위의 접두어와 수리학에서 사용한 예

배수	접두어	기호	수리학에서 사용하는 예
10^{12}	테라 (tera)	T	
10^{9}	기가 (giga)	G	
10^{6}	메가 (mega)	M	MPa
10^{3}	킬로 (kilo)	k	kg, km, kN
10^{2}	헥토 (hecto)	h	hPa
10	데카 (deca)	da	
10^{-1}	데시 (deci)	d	dL
10^{-2}	센티 (centi)	c	cm, cc
10^{-3}	밀리 (milli)	m	mm, mL
10^{-6}	마이크로 (micro)	μ	μm
10^{-9}	나노 (nano)	n	
10^{-12}	피코 (pico)	p	

전 세계적으로 단일화된 국제단위계를 만들려는 노력으로 1960년 10월 제11차 국제도량형총회(Conférence générale des poids et mesures)에서 국제단위계(프랑스어: Système international d'unités, 영어: International System Units, 약칭 SI)가 결정되었다. 국제단위계는 전류, 온도, 시간, 길이, 질량, 광도, 물질량을 미터법으로 나타낸 전 세계에서 표준화된 도량형이다. 현재 세계적으로 일상생활뿐만 아니라 상업적으로나 과학적으로 널리 쓰이는 도량형이다.

미터법은 지금은 미국, 미얀마, 라이베리아 세 국가를 제외한, 전 세계가 공식 단위계로 채택하여 사용하고 있다.

■ 영미단위계

영국과 미국을 중심으로 사용하던 단위이다. 그 기원은 아마 로마시대에서 찾을 수 있을 것이다. 길이는 크기순으로 차례로 인치(inch), 피트(feet), 야드(yard), 마일(mile) 등의 단위를 이용한다. 그런데 문제는 이들 사이의 변환관계가 아래와 같아 기억하기도 어렵고 실제 변환하기도 어렵다는 점이다.

$$1 \text{ in} = 2.54 \text{ cm}$$
$$1 \text{ ft} = 12 \text{ in} = 0.3048 \text{ m}$$
$$1 \text{ yd} = 3 \text{ ft} = 0.9144 \text{ m}$$
$$1 \text{ mile} = 1,760 \text{ yd} = 1.609 \text{ km}$$

질량은 온스(oz), 파운드(lb), 톤(ton) 등을 사용하나, 이들도 역시 증가가 십진법을 따르지 않으며 변환관계가 복잡하다. 예를 들어, 1 lb = 16 oz이고, 1 ton = 2,240 lb다. 실생활에서는 1 lb는 약 0.45 kg으로 환산하면 된다. 그런데 lb는 힘의 단위로 사용할 경우도 있다[9]. 이 경우는 1 lb = 4.448 N의 관계가 있다.

다행히도 시간은 미터법과 같은 단위를 사용한다.

온도를 나타내는 데는 영국단위계를 사용하는 미국에서는 주로 화씨(Fehrenheit degree)를 사용한다. 화씨온도에서 물이 어는 온도는 32 °F, 물이 끓는 온도는 212 °F이다. 섭씨온도와 화씨온도 사이의 변환은 다음의 관계를 이용한다.

$$°C = \frac{5}{9}(°F - 32)$$
$$°F = \frac{9}{5}°C + 32$$

현재 영국식 야드파운드법을 사용하는 국가는 라이베리아와 미얀마, 두 곳이다. 미국은 야드나 파운드 같은 단위를 사용하지만, 영국식과 다른 도량형 기준인 미국단위계를 사용한다.

g) 정확하게는 lbf로 표현해야 하나, 대부분은 lb로 표기하여 익숙하지 않으면 혼란스럽기 짝이 없다.

국제적으로 SI 단위계를 사용하는 것이 대세이나 일부 분야에서는 여전히 영국단위계가 통용되고 있다. 이들은 대부분 과거에 영국이, 현재는 미국이 독보적인 입지를 형성하고 있는 분야이다.

대표적인 것이 항공 관련 분야이며, 여기서는 여전히 길이 단위로 feet나 mile, 질량 단위로 pound를 사용한다. 최근 들어 민간여객기에서는 영미단위계와 국제단위계를 함께 표기하고 있다. 국제선 민간항공기가 날아가는 속도는 보통 10,000 m(33,000 ft) 상공이며, 이들의 순항속도는 대개 900 km/h(560 mi/h) 정도이다.

이와 비슷하게 해양 분야에서는 길이 단위로 해리(nautical mile, 1,852 m)를 사용하며, 속도로는 노트(kn: 1해리를 1시간에 이동하는 속도)를 이용한다. 그래서 영해는 12해리, 배타적 경제수역은 200해리이며, 선박의 속도는 몇 노트로 표기한다.

스포츠 분야에서 골프에서는 거리(yardage)를 야드(yd) 단위로 표시한다. 요즘 국내경기에서는 거리를 m로 표기하나, 국제대회는 여전히 yd 단위이다. yd와 m 사이의 변환은 1 yd ≒ 0.91 m, 1 m ≒ 1.1 yd의 관계를 이용한다.

■ MKS와 CGS

SI 단위계 안에서도 길이에 m, 질량에 kg, 시간에 s를 사용하는 단위계를 MKS 단위계라고 한다. 그런데 가끔은 이 단위가 너무 커서 이 단위계로 나타낼 경우 그 앞의 숫자가 지나치게 작아지는 경우가 있다. 이런 경우 길이는 cm, 질량은 g, 시간은 s를 채택할 수 있다. 이를 CGS 단위계라 한다. 예를 들어, 물의 동점성계수를 나타낼 경우, 이를 MKS 단위계로 나타내면 $\nu_w = 1.0 \times 10^{-6}$ m^2/s이다. 그런데 이것은 너무 작은 값이므로, 종종 CGS 단위계인 $\nu_w = 0.01$ cm^2/s로 나타내는 것이 훨씬 편한 경우가 많다. 또한 물의 표면장력도 $T_w = 0.075$ N/m보다는 $T_w = 75$ dyne/cm가 훨씬 사용하기 편하다.

■ 절대단위계와 공학단위계

질량, 길이, 시간을 기본물리량으로 하여 어떤 물리량을 나타내는 것을 절대단위계 (absolute unit system)라 한다. 또는 이들의 머리글자를 따서 [MLT]계로 표기하기도 한다.

한편, 세 기본물리량 중 질량 대신에 힘을 이용하여 어떤 물리량을 나타낼 수도 있다. 이때 $[F] = [MLT^{-2}]$의 차원을 가지므로, $[M] = [FL^{-1}T^2]$를 이용하여 [MLT]계 표현을 대신할 수도 있다. 이때 질량 [M] 대신에 힘 [F]가 이용되므로 이를 [FLT]계 표현이라고 하며, 이런 단위계를 공학단위계(engineering unit system)라고도 한다[h]. 즉 절대단위계 또는 [MLT]계 표기는 어떤 물리량을 질량, 길이, 시간으로 나타내는 것이며, 공학단위계 또는 [FLT]계 표기는 어떤 물리량을 힘, 길이, 시간으로 나타낸다.

---

h) 절대단위계와 공학단위계에 대한 설명은 책마다 다른 점이 많으며, 여기서는 대부분의 공통적으로 설명하는 부분을 간추린 것이다.

이 두 표현은 언제든지 바꿀 수 있는 것이며, 경우에 따라 어느 한쪽이 편리한 경우가 많다. 예를 들어, 밀도, 단위중량, 운동량 등과 같이 질량이 포함되는 물리량을 나타낼 때는 [MLT]계가 편리하다. 반면, 힘, 일, 일률, 표면장력 등과 같이 힘에 기반하여 만들어진 물리량을 나타낼 때는 [FLT]계가 편리하다.

이처럼 사용하는 기본물리량만을 바꿀 경우에는 물리량을 나타내는 숫자는 바뀌지 않는다는 데 유의해야 한다. 예를 들어, 물의 밀도를 MKS 단위계를 이용하여 [MLT]계와 [FLT]계의 두 가지로 표현해 보자.

$$\rho_w = 1,000 \ \text{kg/m}^3 = 1,000 \ \text{N} \cdot \text{s}^2/\text{m}^4$$

물의 표면장력을 같은 방법으로 [MLT]계와 [FLT]계로 표현해 보자. (이때는 모두 CGS 단위를 이용한다.)

$$T_w = 75 \ \text{dyne/cm} = 75 \ \text{g/s}^2$$

예제 1.2-2 ★★

밀도의 [MLT]계의 대표적 단위는 kg/m^{3}이고 차원은 [ML^{-3}]이다. 이것을 [FLT]계 차원과 대표적 단위로 나타내어라.

풀이

힘의 차원이 [F] = [MLT^{-2}]이므로, 질량의 차원은 [M] = [FL^{-1}T^2]이다.

따라서 밀도의 차원은 [ML^{-3}] = [FL^{-1}T^2][L^{-3}] = [FL^{-4}T^2]이다.

그리고 힘의 대표적인 단위가 N이므로, 차원 [FL^{-4}T^2]에 맞는 밀도의 대표적인 단위는 N·s^2/m^{4}이다. ■

(4) 단위의 변환

미터법으로 단위의 통일이 이루어졌다고 해도, 실생활에서 쓰이는 단위는 매우 다양하며 이 단위들을 바꾸어야만 하는 상황은 계속 발생한다.

예를 들어 누군가 여러분의 키가 얼마인지 물었다고 하자. 그러면 여러분은 키가 1.76 m 또는 176 cm라고 대답할 것이다. 이를 0.00176 km 또는 1,760 mm라고는 잘 이야기하지 않는다. 마찬가지로 몸무게도 65 kg이라고 이야기하지, 65,000 g이나 0.065 ton이라고는 하지 않을 것이다. 이처럼 어떤 물리량이든 일반적으로 쓰이는 적당한 크기의 단위가 있다. 이것은 대부분 유효숫자 자릿수가 3개 정도로 주어지는 숫자이다.

이처럼 적절한 단위를 찾기 위해서 주어진 단위를 변환해야 할 경우가 있다. 단위

변환방법은 다음과 같다. 기존의 단위를 새로운 단위로 변환하기 위해서는 새 단위와 기존 단위 사이의 단위변환비(unit conversion ratio) 또는 변환계수(conversion factor)를 활용한다. 단위변환비는 두 단위의 관계를 나타내는 식에서 한 변이 1이 되도록 (단위변환비)= $\frac{(\text{새 단위의 값})}{(\text{기존 단위의 값})}$ 을 구하면 된다. 예를 들어, m를 ft 단위로 바꾸려면 다음의 알고 있는 관계에서 시작한다. (단위와 숫자의 구분을 위해 일부러 단위를 괄호로 둘러 쌌다.)

$$1\,(\mathrm{ft}) = 0.305\,(\mathrm{m})$$

따라서 단위변환비는 다음과 같다.

$$(\text{단위변환비}) = \frac{(\text{새 단위의 값})}{(\text{기존 단위의 값})} = \frac{1\,(\mathrm{ft})}{0.305\,(\mathrm{m})}$$

변환계수는 이 단위변환비의 분모를 1로 놓고 다음과 같이 표현한다.

$$(\text{변환계수}) = 3.281\,(\mathrm{ft/m})$$

그러면 새 단위의 값은 다음과 같이 구한다.

$$(\text{새 단위의 값}) = (\text{기존 단위의 값}) \times (\text{변환계수})$$

단위변환비보다 변환계수를 이용하는 것이 계산식의 표현이 더 간단하다. 예를 들어, 3 m를 ft 단위로 변환하려면, 다음과 같이 한다.

$$3\,(\mathrm{m}) = 3\,(\mathrm{m}) \times 3.281\,(\mathrm{ft/m}) = 9.843\,(\mathrm{ft})$$

즉 3 m는 9.84 ft로 변환된다.

다른 예로, 물의 표면장력이 $T_w = 7.5 \times 10^{-2}$ N/m로 주어졌을 때, 이를 dyne/cm 단위로 바꾸는 방법을 생각해 보자. 먼저 1 N = 10^5 dyne이고, 1 m = 100 cm이므로, 분자와 분모의 변환계수는 각각 10^5 dyne/N과 100 cm/m이다. 그러면 물의 표면장력은 다음과 같이 dyne/cm 단위로 변환할 수 있다.

$$T_w = 7.5 \times 10^{-2} \left(\frac{\mathrm{N}}{\mathrm{m}} \right) \times \frac{10^5\,(\mathrm{dyne/N})}{10^2\,(\mathrm{cm/m})} = 75 \left(\frac{\mathrm{dyne}}{\mathrm{cm}} \right)$$

즉 물의 표면장력은 CGS 단위인 $T_w = 75$ dyne/cm로 나타낼 수 있으며, 이 편이 훨씬 기억하거나 다루기 쉽다.

주의 **단위의 표기법**

국제단위계의 이용방법은 국제표준화기구/기술위원회 12(ISO/TC 12)에 제시되어 있다. 이 규칙에 따른 단위의 올바른 사용법은 다음과 같다.

(1) 단위는 기울임체가 아닌 직립체로 쓴다.
   - 잘못된 사례: 100 m, 70 kg, 60 s, 20 $°C$
   - 올바른 사례: 100 m, 70 kg, 60 s, 20 ℃

(2) 숫자와 단위는 띄어 쓴다. 단, 알파벳이 아닌 기호와 수치 사이에는 간격을 두지 않으며, 대표적으로 각도를 나타내는 도(°), 분(′), 초(″)는 띄지 않는다.
   - 잘못된 사례: 100m, 70kg, 60s, 20℃, 50%, 90 °
   - 올바른 사례: 100 m, 70 kg, 60 s, 20 ℃, 50 %, 90°

(3) 소문자와 대문자를 정확히 구분해 사용한다. 단, 리터는 대소문자 중 어느 것이나 사용할 수 있다.
   - 잘못된 사례: 100 M, 70 KG, 60 S, 300k
   - 올바른 사례: 100 m, 70 kg, 60 s, 300 K, 340 L, 340 ℓ

(4) 2개 이상의 단위의 곱으로 표시되는 유도단위는 가운뎃점을 찍거나 한 칸을 띄어 쓴다.
   - 잘못된 사례: 100 Nm, 100 mN, 10 m×s
   - 올바른 사례: 100 N·m, 100 N m, 10 m·s, 10 m/s, 10 m·s^{-1}

(5) 빗금(슬래시 기호) 다음에 2개 이상의 단위가 올 때는 반드시 괄호를 사용하여 모호함을 없애주어야 한다.
   - 잘못된 사례: 100 m·kg/s^3·A, 10.0 m^3/s/m
   - 올바른 사례: 100 m·kg/(s^3·A), 10.0 m^3/(s·m)

(6) 단위에 괄호를 붙이는 데 대해서는 언급이 없다. 그러나 이 책에서는 단위와 숫자를 확실히 구분하기 위해 때때로 단위에 괄호 ( )를 붙인다. 이것은 차원을 나타낼 때 확실히 하기 위해 사각 괄호 [ ]를 이용하는 것과 같은 이유이다.

예제 **1.2-3**   ★★★

100 cm/s의 속도는 몇 km/hr에 해당하는가?

풀이

$$1 \text{ cm} = \frac{1}{10^5} \text{ km에서 변환계수 } 10^{-5} \text{ km/cm}$$

$$1 \text{ s} = \frac{1}{3600} \text{ hr에서 변환계수 } \frac{1}{3,600} \text{ hr/s}$$

$$\text{따라서 } 100 \frac{\text{cm}}{\text{s}} = 100 \frac{\text{cm}}{\text{s}} \times \frac{10^{-5} \text{ km/cm}}{\frac{1}{3,600} \text{ hr/s}} = 3.6 \text{ km/hr}$$

(5) 유체에 작용하는 힘

유체역학과 수리학은 유체에 작용하는 힘을 다루는 역학이다. 유체에 작용하는 힘은 유체 분자 하나하나에 작용하는 체적력(body force)과 유체요소의 표면에 작용하는 표면력

(surface force)의 두 가지가 있다. 체적력에는 관성력, 중력, 원심력, Coriolis 힘 등이 있고, 표면력에는 압력과 마찰력 등이 있다. 여기서 정지 상태나 운동 상태의 유체에 작용하는 힘을 하나씩 살펴보기로 한다.

■ 관성력

관성력(inertia force)은 유체가 가속도를 받을 때 작용하는 힘을 말한다. 따라서 뉴턴의 운동 제2법칙에 따라, 질량 m인 유체에 가속도 a가 가해질 때 관성력 F_i는 다음과 같다.

$$F_i = ma \tag{1.2-3}$$

■ 중력

중력(gravity force)은 지구가 유체에 작용하는 힘이며, 관성력과 마찬가지로 뉴턴의 운동 제2법칙으로 나타낼 수 있다. 유체에 가해지는 가속도가 중력가속도 g인 경우이며, 따라서 중력 F_g는 다음과 같이 나타낼 수 있다.

$$F_g = mg \tag{1.2-4}$$

여기서 주의할 점은 이 중력이 바로 우리가 일반적으로 사용하는 중량(또는 무게)이라는 점이다. 즉 중량은 질량과 같은 것이 아니라 질량에 중력가속도를 곱한 값이며, 단위 또한 kg이 아니라 N이다.

중력가속도는 보통 $g = 9.8$ m/s^2 = 980 cm/s^{2}의 값을 갖는다. 더 정확하게는 $g = 9.81$ m/s^{2}의 값을 쓸 수도 있으나, 굳이 이 정도로 세밀하게 계산할 필요는 없으며, $g = 9.8$ m/s^{2}로 충분하다고 생각한다. 오히려 간단히 계산할 때는 $g = 10.0$ m/s^{2}을 사용해도 그 오차는 2 % 정도에 지나지 않는다. (저자는 이 값을 이용하여 개략적으로 계산하는 것을 자주 연습하도록 권장한다.)

■ 점성력

고체와 달리 유체는 점성력(viscouse force)을 갖는다. 점성을 갖는 유체를 실제유체(real fluid)라 한다. 유체에 작용하는 점성력 F_τ은 유체에 작용하는 점성전단응력 τ와[i] 이 전단응력이 작용하는 면적 A의 곱으로 다음과 같이 나타낸다.

$$F_\tau = \tau A \tag{1.2-5}$$

---

i) τ는 그리스 문자 중 19번째 문자의 소문자로 영어의 t에 해당하며 타우(tau)라고 읽는다. 이 문자의 대문자는 T이다.

■ 압력힘

압력힘(pressure force)은 유체가 물체에 작용하는 압력(pressure)에 의해 생기는 힘이다. 압력힘은 F_p로 표기하며, 압력 p와 그 작용면적 A의 곱으로 나타낸다. 압력힘은 다음과 같이 나타낸다.

$$F_p = pA \tag{1.2-6}$$

■ 탄성력

실제유체는 탄성력(elastic force)을 가지며, 이것도 또한 실제유체의 큰 특징 중 하나이다. 유체에 작용하는 탄성력 F_e는 체적탄성계수 E와 이 탄성력이 작용하는 면적 A의 곱으로 다음과 같이 나타낸다.

$$F_e = EA \tag{1.2-7}$$

체적탄성계수에 대해서는 2.5절 압축성에서 다룬다.

■ 표면장력힘

표면장력힘(surface tension force)은 유체가 그 표면을 최소화하기 위해 만드는 표면장력에 의한 힘이다. 따라서 표면장력이 T인 유체가 길이 L에 걸쳐 작용할 때, 표면장력힘 F_s는 다음과 같다.

$$F_s = TL \tag{1.2-8}$$

표면장력은 전체적으로 볼 때 매우 작은 힘이므로, 수리학에서는 특별한 경우가 아니면 거의 다루지 않는다. 단위도 MKS 단위계보다는 CGS 단위계를 사용하는 것이 보통이다.

이런 여섯 가지 힘 중에서 관성력과 중력, 탄성력은 고체인 경우에도 작용하는 힘이며, 유체에만 특별히 작용하는 것은 점성력, 압력힘, 표면장력힘이다.

(6) 기타 사항들

■ 힘과 응력

유체에 작용하는 여섯 가지 힘들은 작용하는 상황에 따라 유체 전체에 작용하는 힘인 체적력(body force)과 유체 표면에 작용하는 힘인 표면력(surface force)으로 나눌 수 있다.

즉, 체적력은 유체를 이루는 분자 하나하나에 작용하는 힘이며, 앞의 여섯 가지 힘 중에서 관성력, 중력이 대표적인 체적력이다. 반면, 표면력은 유체나 물체의 표면에 작용하는 힘이며, 점성력, 압력힘, 탄성력이 표면력이라 볼 수 있다.

이런 힘들은 작용하는 상황에 따라 하나하나의 힘으로 다루는 경우(집중력)와 일정 면적에 작용하는 힘(응력)으로 다루는 경우가 있다. 우리가 일반적으로 힘이라 하면 한 점에 집중되어 작용하는 힘(force) F을 생각하고, 일정 면적에 나누어 작용하면 이것을 응력(stress)이라 하여 σ[j]나 τ와 같은 기호들을 사용한다. 힘과 응력은 별개의 것이 아니며, 서로 다음의 관계를 갖는다.

$$F = \sigma A \quad \text{또는} \quad \sigma = \frac{F}{A} \tag{1.2-9}$$

이 둘은 필요에 따라 더 편리한 것을 이용하면 된다.

앞의 여섯 가지 힘 중에서 압력힘과 전단력은 작용하는 방향이 다르다. 압력은 면에 수직으로 작용하고, 전단응력은 면에 평행하게 작용한다(그림 **1.2-4** 참조).

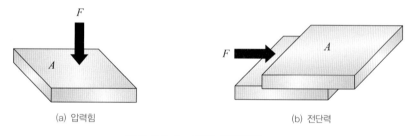

(a) 압력힘 (b) 전단력

그림 **1.2-4** **힘의 작용방향**

힘은 벡터[k]이므로, 크기와 방향을 갖는다. 따라서 삼각함수를 이용하면, 원하는 방향의 힘의 분력을 계산할 수 있다. 그림 **1.2-5**에서 힘 F가 수평방향과 θ만큼의 각을 이루고 있으면, 수평방향 분력 F_x와 연직방향 분력 F_y는 다음과 같은 관계를 갖는다.

$$F_x = F\cos\theta \tag{1.2-10a}$$

$$F_y = F\sin\theta \tag{1.2-10b}$$

힘의 방향과 작용방향이 일치하지 않은 경우의 해석에 식 (1.2-10)을 이용할 수 있다.

---

j) σ는 그리스 문자 중 18번째 문자의 소문자로 영어의 s에 해당하며 시그마(sigma)라고 읽는다. 이 문자의 대문자는 Σ이다. 소문자 σ는 고등학교 수학에서 표준편차를 나타내는 기호로, 대문자 Σ는 수열의 합을 나타내는 기호로 이용되었다.

k) 벡터(vector)량은 크기와 방향을 갖는 물리량을 말하며, 이에 반해 크기만을 갖는 물리량을 스칼라(scalar)량이라고 한다.

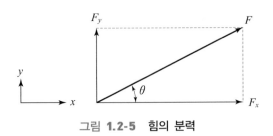

그림 **1.2-5** 힘의 분력

★★★

면적이 $A = 50$ cm²인 수평평판에 수평면에 대해 30°의 각을 갖고 $F = 100$ N의 힘이 작용한다. 이 면에 작용하는 수직응력(normal stress) σ를 구하라.

풀이 |

문제에서, 면적 $A = 50$ cm² $= 5.0 \times 10^{-3}$ m²

힘의 수직성분 $F_n = F\sin\theta = 100 \times \sin(30°) = 50$ N

수직응력 $\sigma = \dfrac{F_n}{A} = \dfrac{50}{5.0 \times 10^{-3}} = 10{,}000$ N/m² $= 10$ kN/m² ∎

쉬어가는 곳 **전단응력**

전단력(shear force) 또는 전단응력(shear stress)이란 용어에서 '전단'이란 剪(가위 전)과 斷(끊을 단)이 결합되어 마치 가위로 천을 잘라내듯이 작용하는 힘(또는 응력)을 말한다. 즉, 그림 1.2-4(b)에서 윗판의 아랫면에 τ라는 전단응력이 작용할 때, 아랫판의 윗면에는 이에 저항하는 (보이지 않는) 응력 τ가 반대방향으로 작용하여, 마치 두 힘(또는 응력)이 짝힘을 이루어 가위가 작용하듯이 작용한다고 해서 붙여진 이름이다.

■ **일, 일률, 에너지**

역학에서 일(work)이란 물체에 힘이 작용하여 물체를 움직이게 한 물리량이다. 따라서 힘 F에 의해 질량 m인 물체가 힘이 작용한 방향으로 L만큼 움직였을 때의 일 W는 다음과 같이 쓸 수 있다.

$$W = FL \tag{1.2-11}$$

일의 단위는 N·m이며, 보통 이를 J(joule)이라는 단위로 나타낸다.

어떤 일을 얼마나 빨리 하는가는 일률(power) 또는 동력이라는 물리량으로 나타낸다. 즉 일률 P는 힘 F가 유체에 한 일 W를 힘이 작용하는 시간 t로 나눈 것이다.

$$P = \frac{W}{t} = \frac{FL}{t} \tag{1.2-12}$$

일률(power, 동력)의 단위는 N·m/s = J/s이고 이것은 보통 W(watt)라는 단위로 나타낸다. 다만, 실제로는 W 대신에 그보다 큰 단위인 kW를 주로 사용하며, 영국단위인 마력(horse power)도 빈번하게 사용한다. 마력은 단위로는 HP(또는 PS)라는 기호를 주로 사용하며, 1 HP ≒ 735.5 W의 변환관계를 이용한다.

에너지는 물체가 일을 할 수 있는 능력을 나타내며, 기호로는 주로 E를 사용하고, 단위는 일의 단위와 같은 J을 사용한다. 에너지의 종류에는 위치에너지(퍼텐셜에너지, potential energy), 운동에너지(kinetic energy), 열에너지 등이 있다. 위치에너지는 중력에 의한 에너지로 $E_p = mgh$(여기서 m은 질량, g는 중력가속도, h는 높이)이다. 운동에너지는 운동을 하는 물체가 갖는 에너지로 $E_k = \frac{1}{2}mV^2$(여기서 m은 질량, V는 속도)이다. 위치에너지와 운동에너지의 합을 역학적에너지(mechanical energy)라고 부른다.

■ 무차원수

무차원수(dimensionless number)는 차원이 없는 수이며, 여러 물리량을 곱하고 나누어 차원이 없는 수로 만들어진 수이다. 간단한 예는 다음과 같이 정의되는 질량농도이다.

$$(농도) = \frac{(용질의\ 질량)}{(용액의\ 질량)} = \frac{(용질의\ 질량)}{(용매의\ 질량) + (용질의\ 질량)}$$

바닷물의 염분 농도는 약 28 ‰(퍼밀, ×1/1,000을 의미함)이며, 이는 바닷물 1 kg 중에 염분 28 g이 들어 있다는 의미이다.

경사 또한 대표적인 무차원수이며, 경사의 정의는 다음과 같다.

$$(경사) \equiv \frac{(연직방향\ 거리)}{(수평방향\ 거리)}$$

여기서 분모와 분자가 모두 길이의 차원이므로, 경사는 차원이 없으며, 종종 백분율이나 분수 또는 비율(m : 1)로 표시한다.

수리학에는 특별히 중요한 무차원수로 레이놀즈수(Reynolds number) Re와 프루드수(Froude number) Fr이 있다. 이들의 정의는 각각 다음과 같다.

$$레이놀즈수: \ \mathrm{Re} \equiv \frac{\rho V D}{\mu} \tag{1.2-13a}$$

$$프루드수: \ \mathrm{Fr} \equiv \frac{V}{\sqrt{gy}} \tag{1.2-13b}$$

여기서 ρ는 유체의 밀도[l], V는 유속, D는 직경, μ는 점성계수[m], g는 중력가속도, y는 수심이다. 식 (1.2-13)의 우변의 차원을 살펴보면 각각 다음과 같다.

$$[\mathrm{Re}] = \left[\frac{\rho V D}{\mu}\right] = \frac{[\mathrm{ML}^{-3}][\mathrm{LT}^{-1}][\mathrm{L}]}{[\mathrm{ML}^{-1}\mathrm{T}^{-1}]} = \frac{[\mathrm{ML}^{-1}\mathrm{T}^{-1}]}{[\mathrm{ML}^{-1}\mathrm{T}^{-1}]} = [\mathrm{M}^0\mathrm{L}^0\mathrm{T}^0]$$

$$[\mathrm{Fr}] = \left[\frac{V}{\sqrt{gy}}\right] = \frac{[\mathrm{LT}^{-1}]}{[(\mathrm{LT}^{-2}\mathrm{L})^{1/2}]} = \frac{[\mathrm{LT}^{-1}]}{[\mathrm{LT}^{-1}]} = [\mathrm{M}^0\mathrm{L}^0\mathrm{T}^0]$$

즉, 이 두 식 모두 무차원수이다.

■ 차원 동차성

차원 동차성(dimensional homogeneity)이란 식의 양변이 동일한 차원을 갖는다는 의미이다. 물리학에서 사용하는 대부분의 식들은 차원 동차성을 갖는다. 이것은 어떤 식이 있을 때, 좌변과 우변, 그리고 양변의 각 항들이 모두 같은 차원을 갖는다는 의미이다.

예를 들어, 자유낙하 문제에서 t시간 후의 속도 V는 아래 식과 같이 표현된다.

$$V = V_0 + gt \tag{1.2-14}$$

여기서 V_0는 초기속도, g는 중력가속도이다. 식 (1.2-14)에서 양변의 세 항 V, V_0, gt의 차원은 모두 $[\mathrm{LT}^{-1}]$이며, 이 식은 차원 동차성을 갖는다.

이론적으로 유도한 대부분의 식들은 식 (1.2-14)와 같이 차원 동차성을 가지나, 반면에 실험을 통해 경험적으로 유도한 경험식(empirical equation)들과 실험식(experimental equation)들 중 차원 동차성을 만족하지 않는 것도 있다.

예제 1.2-5 ★★★

유속 V와 단면적 A에서 유량(단위시간당 체적)을 산정하는 식 $Q = AV$에 대해 차원 동차성을 증명하라.

풀이

좌변의 유량 Q는 단위시간당 유체가 단면을 통과하는 체적이므로, 차원은 $[\mathrm{L}^3\mathrm{T}^{-1}]$이다.
우변에서 단면적 A의 차원은 $[\mathrm{L}^2]$, 유속 V의 차원은 $[\mathrm{LT}^{-1}]$이므로, 우변 AV의 차원은 $[\mathrm{L}^2][\mathrm{LT}^{-1}] = [\mathrm{L}^3\mathrm{T}^{-1}]$이다. 따라서 양변의 차원은 같다. ■

---

l) 그리스 문자 중 17번째 문자의 소문자로 영어의 r에 해당하며 로(rho)라고 읽는다. 이 문자의 대문자는 P이다.
m) 그리스 문자 중 12번째 문자의 소문자로 영어의 m에 해당하며 '뮤(mu)' 또는 '무로 읽는다. μ는 표 1.2-2에 보인 것처럼 10^{-6}을 나타내는 접두어로도 이용되는데, 접두어로 이용할 때는 '마이크로(micro)'라고 읽는다.

■ 중요한 물리량의 단위와 차원

기본 차원들을 조합하여 여러 가지 이차 차원(secondary dimension)을 유도할 수 있다. 이차 차원들은 몇 가지로 분류할 수 있다.

첫째는 기본 차원의 거듭제곱 형태이다. 예를 들어, 면적(area)은 '(가로)×(세로)'로 나타낼 수 있으므로, 그 차원은 $[L^2]$이 되며, SI 단위는 m^2이 된다. 또한 체적(volume)은 '(가로)×(세로)×(높이)'이므로, 그 차원은 $[L^3]$이며, SI 단위는 m^3이 된다.

두 번째 부류는 질량 또는 힘을 포함하지 않는 운동학적 물리량이다. 대표적인 것이 속도와 가속도이다. 예를 들어, 속도는 '단위시간당 움직인 거리'로 정의되므로, $[LT^{-1}]$의 차원을 가지며, 기본단위는 m/s이다. 또한 가속도는 '단위시간당 속도의 변화율'로 정의되므로, $[LT^{-2}]$의 차원을 가지며, 기본단위는 m/s^2이다.

세 번째 부류는 질량이나 힘이 포함된 역학적 물리량이다. 이들은 질량을 포함한

표 **1.2-3** 수리학에서 중요 물리량의 단위와 차원

물리량	name	기호	MLT		FLT	
			주요 단위	차원	주요 단위	차원
1. 기하학적 물리량						
길이	length	L, l	m	$[L]$	m	$[L]$
면적	area	A	m^2	$[L^2]$	m^2	$[L^2]$
체적	volume	V	m^3	$[L^3]$	m^3	$[L^3]$
2. 운동학적 물리량						
시간	second	t	s	$[T]$	s	$[T]$
속도	velocity	V	m/s	$[LT^{-1}]$	m/s	$[LT^{-1}]$
가속도	acceleration	a	m/s^2	$[LT^{-2}]$	m/s^2	$[LT^{-2}]$
동점성계수	kinematic viscosity	ν	m^2/s	$[L^2T^{-1}]$	m^2/s	$[L^2T^{-1}]$
유량	flow discharge	Q	m^3/s	$[L^3T^{-1}]$	m^3/s	$[L^3T^{-1}]$
3. 역학적 물리량						
질량	mass	m	kg	$[M]$	$N\cdot s^2/m$	$[FL^{-1}T^2]$
밀도	density	ρ	kg/m^3	$[ML^{-3}]$	$N\cdot s^2/m^4$	$[FL^{-4}T^2]$
운동량	momentum	M	$kg\cdot m/s$	$[MLT^{-1}]$	$N\cdot s$	$[FT]$
힘	force	F	$kg\cdot m/s^2$	$[MLT^{-2}]$	N	$[F]$
일	work	W	$kg\cdot m^2/s^2$	$[ML^2T^{-2}]$	$N\cdot m$	$[FL]$
에너지	energy	E	$kg\cdot m^2/s^2$	$[ML^2T^{-2}]$	$N\cdot m$	$[FL]$
일률	power	P	$kg\cdot m^2/s^3$	$[ML^2T^{-3}]$	$N\cdot m/s$	$[FLT^{-1}]$
표면장력	surface tension	T	kg/s^2	$[MT^{-2}]$	N/m	$[FL^{-1}]$
압력	pressure	p	$kg/(m\cdot s^2)$	$[ML^{-1}T^{-2}]$	N/m^2	$[FL^{-2}]$
단위중량	specific weight	γ	$kg/(m^2\cdot s^2)$	$[ML^{-2}T^{-2}]$	N/m^3	$[FL^{-3}]$

[MLT]계나 힘을 포함한 [FLT]계로 표현할 수 있다. 예를 들어 일(work)은 (힘)×(이동한 거리)이므로 N ·m = J의 단위를 가지며, [MLT]계로는 $[ML^2T^{-2}]$의 차원을 가지고, [FLT]계로는 [FL]의 차원을 갖는다.

수리학에서 중요한 물리량들의 단위와 차원을 살펴보면 표 **1.2-3**과 같다. 이 표에 나오는 물리량들의 단위와 차원은 독자 스스로 어려움 없이 결정할 수 있도록 노력하기 바란다.

(7) 연습문제

문제 **1.2-1** (★☆☆)
지구표면에서 어떤 물체의 무게가 150 N이다. 물체의 질량은 얼마(kg)인가? 단, 간단히 하기 위해 중력가속도를 $g = 10.0$ m/s^{2}으로 가정하라.

문제 **1.2-2** (★☆☆)
어떤 소형승용차의 동력이 120마력이라고 한다. 이것을 kW로 나타내어라.

문제 **1.2-3** (★☆☆)
압력의 [FLT]계의 대표적 단위는 N/m^{2}이고 차원은 $[FL^{-2}]$이다. 이것을 [MLT]계 차원과 대표적 단위로 나타내어라.

문제 **1.2-4** (★☆☆)
10장에서 배울 지하수의 유속을 나타내는 Darcy식은 다음과 같다.

$$V = -KI$$

여기서 V는 지하수 유속 또는 비유량(specific discharge)으로 $[LT^{-1}]$의 차원을 가지며, K는 투수계수(또는 수리전도도), I는 무차원인 지하수의 위압수두경사이다. 이 식이 차원 동차성을 가질 때 투수계수 K의 차원과 단위를 구하라.

문제 **1.2-5** (★☆☆)
면적이 $A = 50$ cm^{2}인 평판이 수평면에 대해 30°의 각을 갖고 $F = 100$ N의 힘이 작용한다. 이 평판에 작용하는 전단응력 τ를 구하라.

2장

유체의 기본 특성

이 장에서는 물을 포함하여 모든 유체들이 갖는 기본적인 성질을 다룬다. 먼저, 질량에 관련된 특성인 밀도, 단위중량, 비중을 살펴본다. 그 다음에 이상유체와 실제유체의 가장 큰 차이인 점성과 압축성을 살펴본다. 이 장의 구성은 다음과 같다.

레오나르도 다빈치(Loenardo da Vinch, 1452—1519)

이탈리아 출신의 다방면의 천재. 진리를 향한 그의 끊임없는 열정과 비할 수 없는 상상으로 여러 가지 도구들에 대한 놀랄만한 설계 스케치나 인체 해부도, 유체의 흐름도 등을 남겼다. 이 때문에 현대의 흐름의 가시화(flow visualization) 기법을 제안하였다는 평을 듣기도 한다.

2.1 유체의 정의와 종류

(1) 유체의 정의

　물질은 유체(流體, fluid)와 고체(固體, solid)로 나눌 수 있으며, 유체의 사전적인 정의는 문자 그대로, 흐를 류(流)와 몸 체(體), 즉 '흐르는 물질'이다. 이때, 흐른다는 것은 어떤 물질이 일정한 형태를 이루지 않은 채 이동하는 것을 말한다. 그러나 이렇게 정의하면, 모래나 곡물과 같이 입자들이 알갱이 상태로 흐르는 입상흐름(粒相流, granular flow)도 유체에 포함되어 버린다. 따라서 입상흐름과 구별하기 위해 이 정의에 '연속체 물질'이라는 설명이 추가되어야 한다. 여기서 말하는 연속체(連續體, continuum)란 '물체를 더 작은 요소로 무한히 나누어도 그 각각의 요소가 전체로서의 물질의 성질을 그대로 유지하는 물질'을 의미한다. 즉 연속체에서는, 물체 내에 물질이 균일하게 분포되어 있고, 물체가 차지한 공간을 완전히 꽉 채우고 있으며, 따라서 에너지나 운동량 등의 물리량들이 극소 극한에서도 그대로 유지된다고 가정한다. 따라서 연속체 역학에서는 문제를 푸는 데에 미분방정식을 사용할 수 있다.

　고체와 액체(기체도 액체와 같은 반응을 하지만, 알기 쉽게 여기서는 액체만을 대상으로 설명한다)는 전단응력에 대해 작용하는 방식이 다르다(그림 **2.1-1** 참조). 고체는 전단력을 가하면, 어느 정도(이것을 변위(displacement) 또는 변형량이라고 한다)까지 변형

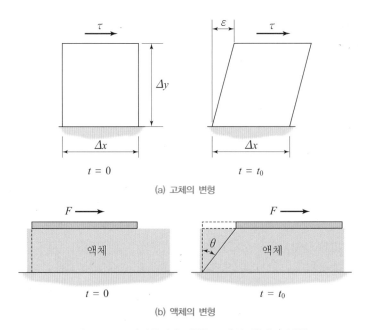

(a) 고체의 변형

(b) 액체의 변형

그림 **2.1-1** 전단응력에 대한 고체와 액체의 변형

$(\varepsilon)^{a)}$이 되며, 전단력과 변위는 물질에 따라 일정한 관계를 갖는다. 또 전단응력이 제거되면 원상태로 되돌아간다. (만일 전단응력이 지나치게 커서 고체가 견딜 수 있는 한계를 지나면 항복$_{(yield)}$이라 하고, 변위는 일정한 관계를 갖지 않고 전단응력을 없애도 원상태로 되돌아가지 않는다.)

반면, 액체는 표면에 떠 있는 평판에 일정 시간 동안 전단력을 가하면, 힘을 가하는 시간 동안 평판과 액체는 계속 밀리면서 변형각$(\theta)^{b)}$이 계속 커지게 된다. 그리고 전단력이 제거되더라도 액체는 원상태로 되돌아가지 않는다.

이런 점에서 고체와 구별하여, 유체를 더 정확하게 정의하면, '유체란 전단응력에 저항하지 못하고 계속 변형되는 연속체 물질'이다. 여기서 전단응력$_{(剪斷應力, \ shear \ stress)}$은 면에 평행하게 작용하는 응력이다. 우리가 다루는 유체는 이러한 연속체 가정에 입각한 것이다.

일상에서는 유체는 다시 액체$_{(液體, \ liquid)}$와 기체$_{(氣體, \ gas)}$로 이루어진다. 액체와 기체는 '자유표면의 유무'에 의해 구별할 수 있다. 자유표면$_{(free \ surface)}$이란 액체가 용기에 담겨 있을 때, 액체가 주변 공기와 닿는 경계면을 말한다. 액체의 경우는 응집력이 강하기 때문에 대기 중에 놓아둘 때 자유표면을 갖지만, 기체는 공기 중에서 확산되거나 확산되지 않더라도 공기와 명확한 경계를 갖지 않는다(그림 **2.1-2** 참조).

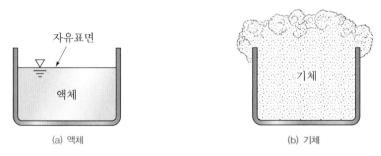

(a) 액체   (b) 기체

그림 **2.1-2** **액체와 기체의 구별**

쉬어가는 곳 **자유표면의 기호**

수리학에서는 액체의 자유표면(물의 수면)의 존재가 매우 중요하다. 이 때문에, 자유표면의 존재와 그 위치를 표시하는 기호로, ▽ 를 이용한다. 이것은 바다에 떠 있는 돛단배를 기호화한 것이며, 자유표면을 나타내는 만국 공통의 기호이다. ▽ 라 표시하면, 자유표면이라고 특별히 표기하지 않아도 된다.

---

a) ε은 그리스 문자 중 5번째 문자의 소문자로 '엡실론(epsilon)'이라고 읽는다. 이 문자의 대문자는 E이다.
b) θ는 그리스 문자 중 8번째 문자의 소문자로 '세타(theta)'라고 읽는다. 이 문자의 대문자는 Θ이다.

(2) 유체의 특성

일상에서 접하는 대표적인 유체는 공기, 물, 기름(각종 화학약품 포함)이라 할 수 있다. 유체역학에서는 이 셋을 모두 대상으로 하며, 수리학은 이 중에서도 물만을 주요 대상으로 한다.

■ 이상유체와 실제유체

유체를 수학적으로 다룰 때 어려움을 겪게 만드는 요인이 두 가지 있다. 하나는 유체의 점성(viscosity)이고, 다른 하나는 유체의 압축성(compressibility)이다. 따라서 처음 유체를 접할 때는 수학적으로 다루기 쉬운 가상의 유체를 만드는데, 이를 '이상유체(ideal fluid)' 또는 '완전유체(perfect fluid)'라 한다. 즉 이상유체란 '점성이 없고 압축되지 않는다고 가정한 가상적인 유체'이다. 더 간명하게 표현하면, 이상유체는 '비점성 비압축성 가상유체'라는 세 단어로 나타낼 수 있다. 이에 반해 실제로 현실에 존재하는 모든 유체는 점성과 압축성을 갖기 때문에, 이런 유체를 실제유체(real fluid)라고 한다.

■ 점성유체와 비점성유체

점성이란 '유체가 움직일 때, 유체 내부에 마찰이 생기는 성질'을 말한다. 쉽게 표현하면, 유체 분자 사이의 인력에 의해 서로 끈끈하게 당기는 성질이라 할 수 있다. 유체는 점성의 유무에 따라, 점성을 가진 점성유체(viscous fluid)와 점성이 없는 비점성유체(inviscid fluid)로 나눌 수 있다. 실제유체는 모두 점성이 있는 점성유체이나 수리적 해석을 위해 편의상 점성이 없는 비점성유체로 보는 경우도 있다. 점성에 대해서는 2.3절에서 다룬다.

물은 대부분의 경우 점성유체로 다루어야 한다. 그런데 점성유체로 보면 수학적으로 다루기가 어렵기 때문에, 일단 비점성유체로 가정하여 관련된 식을 유도하고, 나중에 점성에 의한 영향을 수두손실이라는 형태로 반영하는 방법을 채택한다.

■ 압축성유체와 비압축성유체

유체는 압축성에 따라 압축성유체(compressible fluid)와 비압축성유체(incompressible fluid)로 구분한다. 압력의 변화에 대하여 체적이 크게 변하지 않는 유체, 즉 밀도가 일정한 유체를 비압축성유체라 하고, 작은 압력변화에도 쉽게 체적이 변하는 유체, 즉 밀도변화가 큰 유체를 압축성유체라고 한다. 실제유체는 압축성유체이지만 다음과 같은 경우는 비압축성유체로 가정하고 해석해도 오차가 거의 없다.

① 물과 같이 압력의 변화에 대하여 체적이 크게 변하지 않는 유체

② 흐름장 내부의 압력변화가 크지 않아서 유체밀도의 변화가 매우 작은 경우

예를 들어, 상온에서의 액체는 보통 비압축성유체로 보며, 저속으로 자유 흐름(건물, 자동차 주위의 공기 흐름)을 하는 기체도 비압축성유체로 취급한다. 반면에 초음속 비행기 주위를 흐르는 공기와 압축기(compressor)에서 압축되는 공기 등과 같은 기체는 압축성유체로 취급한다. 보통 공기의 속도가 음속의 0.3배 이상이 되면 압축성유체로 다룬다.

2.2 질량 특성

이 절에서는 유체의 특성 중에서 질량과 관련이 있는 항목들을 다룬다. 여기에는 밀도, 단위중량, 비중이 포함된다. 엄밀히 말하자면, 단위중량은 유체만의 특성이 아니라 유체와 중력(중력가속도) 특성이 합해진 것이다.

(1) 밀도

유체의 단위체적당 질량을 밀도(density)라 한다. 질량을 m, 체적을 V 라 하면, 밀도 ρ는 다음과 같이 정의된다.

$$(밀도) \equiv \frac{(질량)}{(체적)}, \ \rho \equiv \frac{m}{V} \tag{2.2-1}$$

밀도는 단위체적당 질량이므로, 밀도의 단위는 일반적으로 [MLT] 단위계에서 kg/m^3 또는 g/cm^3를 사용하며, [FLT] 단위계로는 $N \cdot s^2/m^4$를 사용하기도 한다. 이 책에서는 특별한 이유가 없는 한, kg/m^3을 밀도의 대표적인 단위로 사용한다.

예를 들어, 물의 밀도를 ρ_w라 할 때, 4 ℃ 1기압일 때 물의 밀도를 여러 가지 단위로 나타내면 다음과 같다.

$$\rho_w = 1,000 \ kg/m^3 = 1,000 \ N \cdot s^2/m^4 = 1.0 \ g/cm^3$$

특히 물의 밀도 (4 ℃ 1기압일 때) $1,000 \ kg/m^3 = 1.0 \ g/cm^3$은 항상 기억해야 한다.

예제 2.2-1 ★★★

직경 $D = 14$ cm, 높이 $H = 10$ cm인 유리병에 4 ℃의 물이 가득 차 있다. 여기에 들어 있는 물의 질량 m은 얼마인가?

풀이

유리병 안의 물의 체적 V는

$$V = \frac{\pi D^2}{4} H = \frac{\pi \times 0.14^2}{4} \times 0.1 = 1.54 \times 10^{-3} \ m^3.$$

물의 밀도가 $\rho = 1,000 \ kg/m^3$이므로, 물의 질량 m은 다음과 같다.

$$m = \rho V = (1,000 \ kg/m^3) \times (1.54 \times 10^{-3} \ m^3) = 1.54 \ kg \qquad ■$$

수리학에서 기억해야 할 대표적인 물질들의 밀도를 살펴보면, 수은의 밀도는 $\rho_m = 13,600 \ \mathrm{kg/m^3}$이며, 석영질 암석과 유리의 밀도는 $\rho_s = 2,650 \ \mathrm{kg/m^3}$이다.

밀도가 중요한 이유는 밀도를 사용하면 유체 질량을 쉽게 결정할 수 있기 때문이다. 수리학에서 다루는 거의 모든 식에 유체의 질량이 포함되는데, 유체의 질량을 구하기 어려운 경우가 많다. 특히 유체가 정지 상태가 아니라 흐르고 있을 때는 질량을 측정하기 어렵다. 그런데 유체가 움직이고 있을 때도 체적은 비교적 쉽게 측정할 수 있으므로, 유체의 체적을 측정하고 여기에 유체의 밀도를 곱해서 질량을 결정하면 된다. 즉,

$$m = \rho V \tag{2.2-2}$$

쉬어가는 곳 얼음의 밀도가 물의 밀도보다 크다면?

물은 4 ℃에서 가장 밀도가 크고, 그보다 온도가 높거나 낮으면 밀도가 줄어든다. 이런 성질 때문에 지구상에서는 흥미로운 일이 벌어진다. 겨울이 되어 기온이 떨어지면 호수에서는 물의 온도가 차차 낮아져 빙점(어는점)에 이르게 되고 얼음이 생기기 시작한다. 그런데 얼음이 물보다 무겁다면 생성된 얼음은 호수 바닥으로 가라앉게 된다. 날씨가 차가워서 얼음이 계속 생성된다면 호수 바닥부터 차례로 얼음이 두껍게 쌓이게 되고, 호수 속에 있던 물고기나 생명체들은 얼음 안에 갇혀 동태신세를 면하지 못하게 된다. 그런데 다행히도 얼음의 밀도가 물의 밀도보다 작아서 생성된 얼음이 수면을 덮으면서 얼음층을 형성하게 된다. 이 얼음층은 물속의 열이 빠져나가는 것을 막아서 그 아래 있는 물고기들이 겨울에도 살 수 있도록 보호하게 된다.

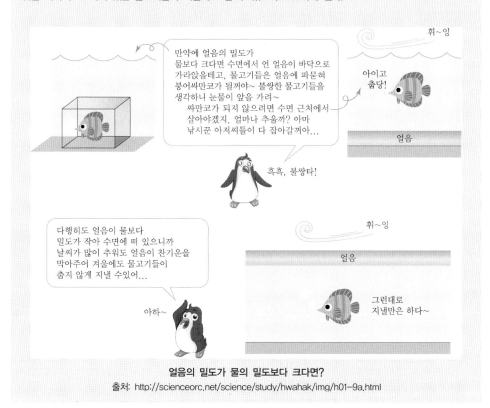

얼음의 밀도가 물의 밀도보다 크다면?
출처: http://scienceorc.net/science/study/hwahak/img/h01-9a.html

(2) 단위중량

유체의 단위체적당 중량(무게)을 단위중량(specific weight)[c]이라 하며, 기호로 보통 γ[d] 또는 w를 사용한다.

$$(\text{단위중량}) \equiv \frac{(\text{중량})}{(\text{체적})}, \quad \gamma \equiv \frac{W}{V} \tag{2.2-3}$$

여기서 W는 중량, V는 체적이다.

밀도와 단위중량의 관계는 중력가속도[e] g를 이용하여 다음과 같이 나타낼 수 있다.

$$\gamma = \rho g \tag{2.2-4}$$

단위중량은 그 정의에 따라 N/m^3 또는 kgf/m^3 등의 단위를 사용한다. 이 책에서는 N/m^3을 단위중량의 대표적인 단위로 사용한다.

예를 들어, 물의 단위중량을 γ_w라 할 때, 4 ℃ 1기압일 때 물의 단위중량을 이들 단위로 나타내면 다음과 같다.

$$\gamma_w = 9{,}800 \ N/m^3 = 1{,}000 \ kgf/m^3$$

여기서 유의할 점은 $\gamma_w = 1{,}000 \ kgf/m^3$로 나타낼 때, 앞서 보인 물의 밀도 $\rho_w = 1{,}000 kg/m^3$와 비교해 보면, 같은 숫자 1,000을 사용하지만 단위가 다르다는 점이다. 즉 kgf와 kg은 분명히 다른 단위라는 점을 명심하고 정확히 구분하여 사용하여야 한다. 수은의 단위중량은 $\gamma_m = 133{,}280 \ N/m^3 = 13{,}600 \ kgf/m^3$이다.

밀도와 마찬가지로, 단위중량에 체적을 곱하면 바로 중량이 되기 때문에, 중량을 결정할 때 많이 이용된다. 즉,

$$W = \gamma V. \tag{2.2-5}$$

예제 2.2-2 ★★★

어떤 유체의 밀도가 1,360 kg/m^3일 때 단위중량을 구하라.

풀이

단위중량 $\gamma = \rho g = 1{,}360 \times 9.8 = 13{,}328 \ N/m^3$ ∎

---

c) 단위체적에 대한 중량의 비이므로, 일부 문헌에서는 비중량이라고 하기도 한다.
d) 그리스 문자 중 3번째 문자의 소문자로 영어의 g에 해당하며 '가마(gamma)' 또는 '개머'라고 읽는다. 그런데 우리나라에 서는 일본식 영어 발음인 '감마'라고 굳어져 있다.
e) 중력가속도 값은 9.8 m/s² 또는 980 cm/s²을 이용한다. 개략적으로 계산할 때는 10.0 m/s²을 사용하기도 한다.

(3) 비중

비중(specific gravity)은 같은 체적을 가진 물의 질량 또는 무게에 대한 어떤 물질의 질량비 또는 무게의 비를 말한다. 비중을 나타내는 기호는 일반적으로 s를 사용하며, 차원은 무차원이다. 물의 밀도를 ρ_w, 물의 단위중량을 γ_w라 하면, 밀도가 ρ이고 단위중량이 γ인 어떤 물질의 비중은 다음과 같이 계산한다.

$$s \equiv \frac{\rho}{\rho_w} = \frac{\gamma}{\gamma_w} \qquad (2.2\text{-}6)$$

물의 비중은 $s_w = 1.0$이며, 수은의 비중은 $s_m = 13.6$이다.

비중은 물을 기준으로 하므로, 원하는 유체의 밀도나 단위중량을 알아내는 데 사용한다. 즉 어떤 유체가 비중이 s라 하면, 밀도와 단위중량을 다음과 같이 즉시 구할 수 있다.

$$\rho = s\,\rho_w \qquad (2.2\text{-}7a)$$

$$\gamma = s\,g\rho_w \qquad (2.2\text{-}7b)$$

예제 2.2-3 ★★☆

체적이 5 m³인 유체의 무게가 3,500 kgf이었다. 이 유체의 밀도와 비중을 SI 단위로 표시하라.

풀이

체적은 $V = 5$ m³, 무게가 3,500 kgf이므로 질량은 $m = 3,500$ kg이다.

밀도 $\rho = \dfrac{m}{V} = \dfrac{3,500}{5} = 700$ kg/m³

비중 $s = \dfrac{\rho}{\rho_w} = \dfrac{700}{1,000} = 0.7$ ∎

예제 2.2-4 ★★☆

단위중량이 1,025 kgf/m³인 해수의 체적이 4.0 m³이다. 해수의 중량 W (N), 밀도 ρ (kg/m³), 비중 s를 구하라.

풀이

체적은 $V = 4.0$ m³, 단위중량이 $\gamma = 1,025$ kgf/m³이므로 밀도는 $\rho = 1,025$ kg/m³이다.

중량 $W = \gamma V = 1,025 \times 4.0 = 4,100$ kgf = 40,180 N

해수의 비중 $s = \dfrac{\rho}{\rho_w} = \dfrac{1,025}{1,000} = 1.025$ ∎

(4) 연습문제

문제 2.2-1 (★☆☆)

질량 500 g인 용기 안에 물과 글리세린을 혼합시켜 $V = 18$ L인 액체를 만들고, 질량을 저울로 측정한 결과 용기를 포함하여 20.8 kg이었다. 이 액체의 밀도 ρ와 비중 s을 구하라.

문제 2.2-2 (★☆☆)

상온에서 어떤 액체의 비중이 1.8일 때 이 액체의 밀도는 얼마인가?

문제 2.2-3 (★☆☆)

비중 0.88인 벤젠의 밀도는 몇 kg/m^{3}인가?

문제 2.2-4 (★☆☆)

무게가 4,500 kgf인 어떤 기름의 체적이 5.36 m^{3}이다. 이 기름의 단위중량은 얼마(N/m^3)인가?

쉬어가는 곳 윗첨자와 아랫첨자

어떤 물리량을 기호로 나타낼 때 윗첨자와 아랫첨자를 사용하는 경우가 많다.

윗첨자는 계산을 위한 제곱을 나타내는 경우에 많이 이용한다. 따라서 보통 윗첨자는 숫자로 표시되며, 문자로 표시할 경우에도 나중에 숫자로 대치되는 경우가 많다. 예를 들어 $[\mathrm{L}^2]$은 길이가 두 번 곱해진 것으로 면적의 차원을 나타내며, 10^3은 10의 세제곱으로 1,000을 나타낸다. 윗첨자에 소괄호를 붙일 경우는 특별히 고차미분을 나타내기도 한다. 예를 들어 $f^{(3)}$은 함수 f를 세 번 미분한 것을 나타낸다.

아랫첨자의 경우는 특정 대상을 나타낼 때 보통 사용한다. 예를 들어, 물체 1의 질량은 m_1, A지점의 압력은 p_A, 물의 속도는 V_w와 같이 기호만 보아도 이 기호가 가리키는 대상이 무엇인지 쉽게 알아볼 수 있도록 한다. 아랫첨자로 사용하는 것은 보통 장소, 위치, 물질의 종류 등을 나타내는 기호를 많이 이용한다. 이 책에서는 아랫첨자 w는 물(water), m은 수은(mercury), c는 중앙점(center)과 같이 특별히 자주 이용하는 아랫첨자가 있다. 이런 기호들은 처음에 나올 때 간단한 설명을 붙인다.

2.3 점성

유체역학을 이론적으로 연구할 때, 가장 기본이 되는 것은 점성이 없는 이상유체에 대한 것이다. 이상유체의 운동에서는 두 유체층이 서로 접한 상태로 움직일 때, 접선 방향의 힘(전단력)이 작용하지 않으며, 수직방향의 힘(압력)만이 존재한다. 이처럼 유체의 점성을 무시한 이상유체의 유동에 대한 이론은 표면파의 운동, 공기 중에서의 분사류의 형성 등에서는 만족스런 결과를 보여주지만, 관로나 개수로의 유동에서의 압력 손실, 유체 속을 운동하는 물체의 항력을 설명할 수 없다.

실제유체의 경우 유체 입자에 접선방향의 전단응력이 존재하며, 이러한 전단응력을 일으키는 유체의 끈적이는 성질을 유체의 점성(viscosity)이라 한다. 유체의 점성은 유체 분자간의 상호 마찰이나 분자간의 응집력 때문에 발생한다. 즉, 실제유체에서는 유체 분자간에 서로 인력이 작용하며, 고체 벽면에서는 경계면에 유체 입자가 부착되게 된다.

주요 유체인 공기와 물의 경우 매우 작은 점성을 가지며, 많은 경우 점성을 무시한 이상유체의 운동과 어느 정도 일치한다. 그렇지만 비록 작은 값이라도 점성을 무시할 수 없는 경우도 많이 있다.

(1) Newton의 점성식

그림 **2.3-1**과 같이 평행한 두 평판 사이에 점성유체가 있을 때, 위 평판을 일정한 속도 U로 운동시키는 데 필요한 힘 F는 위 평판의 면적 A와 속도 U에 비례하고 두 평판 사이의 거리 h에 반비례한다. 이것을 식으로 나타내면 다음 식과 같다.

$$F \propto A \frac{U}{h} \tag{2.3-1}$$

식 (2.3-1)의 좌변의 힘 F를 단위면적당 힘(전단응력) τ로 표시하고, 여기에 비례상

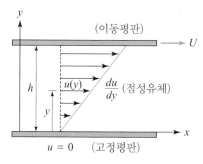

그림 **2.3-1** 평판 사이의 점성유체

수 μ를 도입하면, 식 (2.3-1)은 다음과 같이 표현할 수 있다.

$$\tau = \mu \frac{U}{h} \tag{2.3-2}$$

식 (2.3-2)를 미분형으로 나타내면, 미소구간 dy 사이의 속도변화 du의 형태(즉, 미분의 형태)로 다음과 같이 나타낼 수 있다.

$$\tau = \mu \frac{du}{dy} \tag{2.3-3}$$

여기서 비례상수 μ를 점성계수(viscosity) 또는 동역학적 점성계수(dynamic viscosity)라고 부르며, $u(y)$는 높이 y에서의 유속, $\frac{du}{dy}$는 속도경사(velocity gradient)이다. 따라서 점성계수는 '속도경사에 대한 전단응력의 비'라고 정의할 수 있다. 점성계수의 차원은 $[\mathrm{ML^{-1}T^{-1}}] = [\mathrm{FL^{-2}T}]$이며, 주요 단위는 $\mathrm{Pa \cdot s}(= \mathrm{N \cdot s/m^2} = \mathrm{kg/(s \cdot m)})$ 또는 poise $(= \mathrm{dyne \cdot s/cm^2} = \mathrm{g/(s \cdot cm)})$이다. 속도경사의 차원은 $[\mathrm{T^{-1}}]$이며, 단위는 $\mathrm{s^{-1}}$이다.

식 (2.3-3)을 Newton의 점성법칙이라 하고, 이 법칙을 만족하는 유체를 뉴턴유체(Newtonian fluid)라고 부른다. 즉 뉴턴유체는 '전단력이 속도경사와 비례 관계를 갖는 유체'이다. 한편, 이 관계를 만족하지 않는 유체를 비뉴턴유체라고 부른다. 속도를 미분하여 속도경사를 구하는 상세한 과정은 부록 A.1을 참조하라.

예제 2.3-1 ★★★

두 장의 평행평판이 간극 $D = 800~\mu\mathrm{m}$로 서로 마주 보고 놓여 있고, 그 사이에 비중 $s = 1.23$인 액체가 들어 있다. 한 평판을 고정시키고, 다른 평판에 평행한 힘 $F = 0.5~\mathrm{N}$을 작용시키니 속도 $U = 1.5~\mathrm{m/s}$로 움직였다. 이 액체의 점성계수 μ를 구하라. 단, 두 평판의 크기는 가로 210 mm, 세로 297 mm이다.

풀이

문제에서 유체의 밀도 $\rho = s\,\rho_w = 1.23 \times 1{,}000 = 1{,}230~\mathrm{kg/m^3}$

평판의 면적 $A = 0.210 \times 0.297 = 6.24 \times 10^{-2}~\mathrm{m^2}$

따라서 $F = \tau A = \mu \dfrac{U}{D} A$에서 액체의 점성계수 μ는

$$\mu = \frac{DF}{AU} = \frac{(800 \times 10^{-6}) \times 0.5}{(6.24 \times 10^{-2}) \times 1.5} = 4.27 \times 10^{-3}~\mathrm{Pa \cdot s}. \qquad \blacksquare$$

고정된 평판 위에 기름($\mu = 0.65$ Pa·s)이 0.5 mm 두께로 덮여 있고, 기름 위에 이동하는 평판 (250 mm×800 mm)이 놓여 있다. 평판을 0.2 m/s의 속도로 움직이기 위해 가해야 할 힘은 얼마인가?

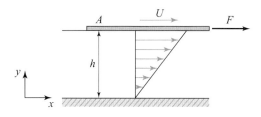

풀이 |

문제에서 $\mu = 0.65$ N·s/m², $U = 0.2$ m/s, $h = 0.5 \times 10^{-3}$ m, $A = 0.25 \times 0.8 = 0.2$ m²이다.

뉴턴의 점성법칙에서 전단응력 $\tau = \mu \dfrac{du}{dy} = \mu \dfrac{U}{h} = 0.65 \times \dfrac{0.2}{0.5 \times 10^{-3}} = 260$ N/m²

평판에 가해야 할 힘 $F = \tau A = 260 \times 0.2 = 52$ N ■

고정된 경계 위에 점성계수가 $\mu = 0.9$ Pa·s인 점성유체가 유속 분포 $u = 0.68y - y^2$으로 흐르고 있다. 여기서 u는 유속(m/s)이고, y는 고체 경계면 위의 거리(m)이다. 고체 경계면과 $y = 0.34$ m에서 전단응력을 구하라.

풀이 |

유속 분포가 $u = 0.68y - y^2$이므로, 유속경사는 $\dfrac{du}{dy} = 0.68 - 2y$이다.

따라서 고체 경계면($y = 0$)에서 전단응력 $\tau_1 = \mu \dfrac{du}{dy}\Big|_{y=0} = 0.9 \times 0.68 = 0.612$ N/m²

거리 $y = 0.34$ m에서 전단응력 $\tau_2 = \mu \dfrac{du}{dy}\Big|_{y=0.34} = 0.9 \times (0.68 - 2 \times 0.34) = 0$ N/m² ■

쉬어가는 곳 점착조건

그림 2.3-1에서 두 평판 사이에 점성유체를 채우고 아래 평판을 고정시키고 위의 평판을 속도 U로 이동시킨다고 하자. 이때 두 평판에서 평판(고체)과 유체가 접하는 경계면(고정평판면과 이동평판면)에서 유체의 속도(유속)는 평판의 속도와 같다. 즉 고정평판의 경계면에서 유속은 0이고, 이동평판의 경계면에서 유속은 U이다. 이처럼 고체와 유체의 경계면에서 유체의 속도가 고체의 속도와 같게 되는 조건을 점착조건(no-slip condition)이라 한다. 이 조건을 무활조건 또는 비활조건이라 하는 서적도 다수 있다.

(2) 점성계수와 동점성계수

일반적으로 온도가 증가하면 기체의 점성계수는 증가하는 경향이 있고, 액체의 경우는 반대로 점성계수가 감소하는 경향이 있다. 그 이유는 기체의 경우 점성이 주로 분자 상호간의 마찰로 생기는 데 반해, 액체는 분자간의 응집력이 점성을 좌우하기 때문이다.

점성계수는 전단응력을 속도경사로 나눈 것이므로, $Pa \cdot s(= N \cdot s/m^2)$ 또는 poise $(= dyne \cdot s/cm^2 = g/(cm \cdot s))$과 같은 단위를 사용할 수 있으며, 보통은 poise라는 단위[f]를 사용한다. 두 단위 사이의 변환관계는 $1\ Pa \cdot s = 10\ poise$이다. 점성계수의 차원은 다음과 같다.

$$\mu = \frac{\tau}{du/dy} \ \Rightarrow\ [\mu] = \frac{[ML^{-1}T^{-2}]}{[LT^{-1}/L]} = [ML^{-1}T^{-1}] = [FLT^{-2}] \qquad (2.3\text{-}4)$$

그런데 유체 유동의 방정식에서는 점성계수 μ보다는 이것을 밀도 ρ로 나눈 값 ν[g]를 많이 사용한다. 이것을 동점성계수(kinematic viscosity)[h]라고 하며, 식으로 나타내면 다음과 같다.

$$\nu \equiv \frac{\mu}{\rho} \qquad (2.3\text{-}5)$$

단위는 보통 m^2/s 또는 St(스토크스, stokes $= cm^2/s$)[i]를 사용한다. 두 단위 사이의 변환관계는 $1\ m^2/s = 10^4\ St$이다.

동점성계수의 차원은 다음과 같다.

$$\nu = \frac{\mu}{\rho} \ \Rightarrow\ \frac{[ML^{-1}T^{-1}]}{[ML^{-3}]} = [L^2T^{-1}] \qquad (2.3\text{-}6)$$

동점성계수는 질량이나 힘에 대한 차원이 없이 길이와 시간의 차원만 갖고 있다. 따라서 실제로 기억하고 다루기 쉽다. 예를 들어, 20 ℃의 순수한 물의 동점성계수는 $\nu_w = 1.0 \times 10^{-6}\ m^2/s = 0.01\ cm^2/s$이며, 기억해 두기를 권한다.

동점성계수를 이용하면, 점성계수와 관련된 사항들을 쉽게 처리할 수 있다. 예를

---

f) poise는 '포아즈'라고 읽으며 점성계수의 단위 g/(cm·s)이다. 프랑스의 유체공학자 푸아죄유(Jean Leonard Marie Poiseuille)를 기리기 위한 명칭이다.

g) 그리스 문자 중 13번째 문자의 소문자로 영어의 n에 해당하며 '누(nu)' 또는 '뉴'로 읽는다.

h) 동점성계수의 차원 식 (2.3-6)을 살펴보면, 힘의 차원이 들어 있지 않으며, 따라서 '운동학적 점성계수(kinematic viscosity)'라고도 표현한다.

i) St는 '스토크스(stokes)'라고 읽으며, 동점성계수의 단위 cm²/s이다. 영국의 수학자이자 물리학자 스토크스(Sir George Gabriel Stokes)를 기리기 위한 단위이다.

기초 수리학

들어, 앞서 언급한 20 ℃의 순수한 물의 동점성계수 $\nu_w = 0.01$ stokes를 이용해 물의 점성계수를 구해보자. 물의 밀도는 $\rho_w = 1{,}000$ kg/m^3 = 1 g/cm^{3}이므로, 점성계수는 다음과 같다.

$$\mu_w = \nu_w \rho_w = 0.01 \times 1 = 0.01 \ \text{g/(cm·s)} = 0.01 \ \text{poise}$$

20 ℃ 공기의 동점성계수는 $\nu_a = 0.150$ St, 밀도는 $\rho_a = 1.19$ kg/m$^3 = 1.19 \times 10^{-3}$g/cm^{3}이다. 따라서 공기의 점성계수는 다음과 같다.

$$\mu_a = \nu_a \rho_a = 0.150 \times (1.19 \times 10^{-3}) = 1.79 \times 10^{-4} \ \text{poise}$$

그런데 물과 공기를 비교해 보면, 점성계수는 물이 약 56배 크지만, 동점성계수는 오히려 공기가 물보다 15배 정도 크다.

물의 점성계수 μ_w를 구하는 Helmholtz의 실험식은 다음과 같다.

$$\mu_w = \frac{\mu_0}{1 + 0.03368\,T + 0.00022099\,T^2} \tag{2.3-7}$$

여기서 μ_0는 0 ℃일 때 물의 점성계수, T는 물의 온도(℃)이며, T의 적용범위는 $0 < T < 50$ ℃이다. 이 식은 기억할 필요는 없으며, 다만, 점성계수가 온도의 2차식에 반비례하여 변화된다는 정도만 기억해두면 된다.

예제 2.3-4 ★ ★ ★

단위중량이 1.22 kgf/m^{3}이고, 동점성계수가 0.15×10^{-4} m^2/s인 건조한 공기의 점성계수는 몇 poise인가?

풀이 |

문제에서 $\gamma_a = 1.22$ kgf/m^{3}이므로, 밀도 $\rho_a = 1.22$ kg/m^{3}이다.

$\nu_a = 0.15 \times 10^{-4}$ m^2/s

점성계수 $\mu_a = \nu_a \rho_a = (0.15 \times 10^{-4}) \times 1.22 = 1.83 \times 10^{-5}$ Pa·s $= 1.83 \times 10^{-4}$ poise ∎

예제 2.3-5 ★ ★ ★

점성계수가 $\mu = 0.60$ poise, 비중이 0.60인 유체의 동점성계수는 stokes 단위로 얼마인가?

풀이 |

문제에서 $\mu = 0.60$ poise $= 0.06$ Pa·s, 비중이 $s = 0.60$이므로,

$\rho = s\,\rho_w = 0.60 \times 1{,}000 = 600$ kg/m^{3}이다.

따라서 동점성계수 $\nu = \dfrac{\mu}{\rho} = \dfrac{0.06}{600} = 1.0 \times 10^{-4}$ m^2/s $= 1$ St이다. ∎

질량이 10 kg이고 바닥면적이 0.1 m²인 물체가 아래 그림과 같이 경사면을 따라 미끄러진다. 물체와 경사면 사이의 얇은 틈(0.2 mm)에 점성계수 0.40 N·s/m²인 윤활유가 채워져 있다. 틈 사이의 윤활유의 속도경사가 선형일 때, 물체의 최종속도를 구하라.

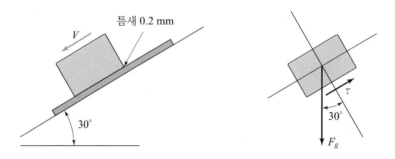

틈새 0.2 mm

풀이 |

물체에 작용하는 중력 $F_g = mg = 10 \times 9.8 = 98$ N

물체에 작용하는 경사면 방향의 힘 $F_s = F_g \sin\theta = 98 \times \sin(30°) = 49$ N

따라서 전단응력은 $\tau = \dfrac{F_s}{A} = \dfrac{49}{0.1} = 490$ N/m²이다.

Newton의 점성법칙에서 $\tau = \mu \dfrac{du}{dy} = \mu \dfrac{V}{B}$ 이므로,

물체의 속도 $V = \dfrac{\tau B}{\mu} = \dfrac{490 \times 0.0002}{0.40} = 0.245$ m/s ∎

(3) 연습문제

문제 **2.3-1** (★★☆)

두 고정평판 사이에 흐르는 유체의 유속 분포가 다음 식과 같다.

$$\frac{u}{u_{max}} = 1 - \left(\frac{2r}{D}\right)^2 \tag{①}$$

여기서 u는 평판면 사이의 중심에서 평판면 쪽으로 r만큼 떨어진 지점의 유속이고, u_{max}는 최대유속, D는 두 평판 사이의 거리이다. 유체의 점성계수가 μ일 때, 전단응력을 r의 함수로 구하라.

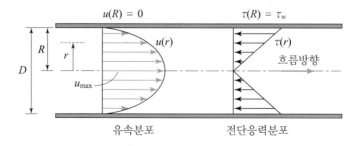

유속분포 　　　　　전단응력분포

문제 2.3-2 (★★☆)

가로 2 m, 세로 0.5 m인 두 평판이 간격 2 mm로 평행하게 놓여 있다. 두 평판 사이에 점성계수 16 poise인 기름이 차 있다. 위 평판이 아래 평판에 대해 5 m/s의 속도로 상대운동을 할 경우, 위 평판에 걸리는 힘은 얼마인가?

문제 2.3-3 (★☆☆)

동점성계수가 0.004 m^2/s이고, 비중이 0.8인 기름의 점성계수는 얼마인가?

문제 2.3-4 (★☆☆)

점성계수가 0.8 poise이고, 밀도가 900 kg/m^3인 기름의 동점성계수는 얼마인가?

문제 2.3-5 (★☆☆)

어떤 기름의 동점성계수가 1.5 stokes이고, 단위중량이 0.85 gf/cm^3일 때 점성계수는 얼마인가?

문제 2.3-6 (★★☆)

한 변의 길이가 0.2 m이고 질량이 3 kg인 정육면체가 수평선상에서 30° 기울어진 경사면에서 미끄러진다. 이 물체와 경사면 사이에 점성이 0.1 N·s/m^2인 기름막이 있다. 기름막 안의 유속 분포가 선형이고, 물체의 속도가 0.40 m/s로 일정하다고 할 때, 기름막의 두께는 얼마인가?

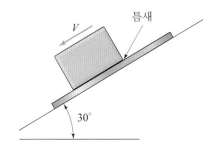

2.4 표면장력과 모관현상

표면장력과 모관현상은 정지 상태의 유체에서 점성 때문에 발생하는 현상이다.

(1) 표면장력

컵에 물을 채울 때 물이 넘치기 직전의 수면은 컵 상단의 평면보다 몇 mm 정도 높다. 또 잔잔한 물 위에 비중이 물보다 훨씬 큰 금속성 바늘이 뜨는 이유나 물체 위에 놓인 물방울이 볼록한 형태를 유지하는 이유 등은 물의 표면장력(surface tension) 때문이다 (그림 **2.4-1** 참조).

어떤 물질을 이루는 분자 사이에는 서로 당기는 인력이 존재하며, 이런 인력을 응집력(cohesion)이라 한다. 어떤 액체를 공기 중에 두면, 응집력 때문에 액체가 자신의 자유 표면(free surface)을 최소로 하려고 하는 힘이 생기며, 이 힘이 바로 표면장력(surface tension) 이다.

표면장력은 기호로는 T로 표현하며, 단위는 단위면적당의 에너지 또는 단위길이당 의 힘, 즉 N/m로 나타낸다. 많은 경우 이 단위는 매우 크기 때문에 그보다 작은 CGS 단위인 dyne/cm를 많이 이용한다. 표면장력은 분자간의 응집력에 의존하므로 온도가 증가함에 따라 감소한다.

0 ℃ 순수한 물의 표면장력은 $T_w = 75.6$ dyne/cm이다. 20 ℃ 에탄올의 경우 T_e = 22.3 dyne/cm이며, 수은의 경우 15 ℃일 때 $T_m = 487.0$ dyne/cm로 매우 크다. 수은은 이처럼 표면장력이 매우 크므로 고체면에 올려놓으면 둥글둥글한 모습을 보이 게 된다.

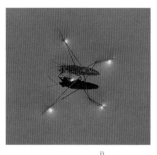
(a) 소금쟁이[j]

(b) 물방울[k]

(c) 컵에 가득찬 물

그림 **2.4-1** 표면장력

j) https://ywpop.tistory.com/7819에서 가져옴
k) https://www.tfmedia.co.kr/news/article.html?no=51151에서 가져옴

기초 수리학

쉬어가는 곳 〈터미네이터 2〉와 수은

공상과학영화인 〈터미네이터〉는 엄청난 흥행을 거둔 미국영화이다. 일련의 시리즈 중에서 〈터미네이터 2〉는 1991년 개봉하였으며, 여기서는 액체금속 사이보그인 T-1000이 등장한다. 이 액체금속 T-1000은 물론 대부분이 컴퓨터그래픽(computer graphic)으로 만들어졌으며, 그 기본적인 모습은 수은을 이용한 것이다.

고체면에 놓인 수은   〈터미네이터 2〉 영화의 한 장면

(2) 물방울

비눗방울이나 빗방울과 같은 액체방울이 공기 중에 놓이면 표면장력이 작용하여 표면을 최소화하려 한다. 이때 생기는 표면장력과 액체방울 안팎의 압력차를 구해보자.

그림 **2.4-2**와 같이 직경이 D인 액체방울 내부의 압력과 외부의 압력차를 Δp라 하고, 여기에 작용하는 표면장력을 T라고 하자. 그러면 이들 사이에는 작용하는 힘은 다음과 같다.

$$(\text{표면장력에 의한 힘}) = \pi D\, T \tag{①}$$

$$(\text{액체방울 안팎의 압력차에 의한 힘}) = \frac{\pi D^2}{4} \times \Delta p \tag{②}$$

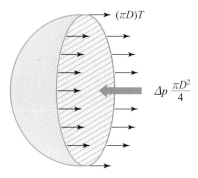

그림 **2.4-2** 액체방울의 표면장력

2장 유체의 기본 특성

위의 두 힘이 평형을 이루어야 하므로, ①＝②로 놓고 정리하면 다음의 관계를 갖는다.

$$\pi D T = \frac{\pi D^2}{4} \Delta p \tag{2.4-1}$$

따라서

$$\Delta p = \frac{4T}{D} \tag{2.4-2}$$

예제 2.4-1 ★★

직경이 40 mm인 비눗방울의 내부 초과압력이 20 N/m²일 때 표면장력 T는 얼마인가?

풀이 |

주어진 자료를 모두 CGS 단위로 나타내면, $D = 4$ cm, $\Delta p = 200$ dyne/cm²이며,

액체방울에서 표면장력과 내부압력의 관계에서 $T = \frac{\Delta p D}{4}$ 이므로,

$T = \frac{\Delta p D}{4} = \frac{200 \times 4}{4} = 200$ dyne/cm이다. ■

예제 2.4-2 ★★

직경 0.1 cm인 비눗방울에 공기를 불어서 10 cm 크기로 만드는 데 필요한 힘은 얼마인가? 단, 비눗물의 표면장력은 34 dyne/cm이다.

풀이 |

문제에서 $D_1 = 0.1$ cm, $D_2 = 10$ cm, 표면장력 $T = 34$ dyne/cm이다.

직경 0.1 cm일 때 압력 $\Delta p_1 = \frac{4T}{D_1} = \frac{4 \times 34}{0.1} = 1,360$ dyne/cm²

비눗방울의 표면적 $A_1 = \pi D_1^2 = \pi \times 0.1^2 = 0.0314$ cm²

이때 작용하는 힘 $F_1 = \Delta p_1 A_1 = 1,360 \times 0.0314 = 42.7$ dyne

직경 10 cm일 때 압력 $\Delta p_2 = \frac{4T}{D_2} = \frac{4 \times 34}{10} = 13.6$ dyne/cm²

비눗방울의 표면적 $A_2 = \pi D_2^2 = \pi \times 10^2 = 314.2$ cm²

이때 작용하는 힘 $F_2 = \Delta p_2 A_2 = 13.6 \times 314.2 = 4,273$ dyne

따라서 필요한 힘 $F = F_2 - F_1 = 4,273 - 42.7 = 4,230$ dyne ■

기초 수리학

(3) 모관현상

액체가 고체와 만날 경우, 그 경계면에는 부착력(adhesion)이 작용한다. 앞서 설명한 액체의 응집력(cohesion)과 부착력[l]의 상호관계에서 액체–고체 경계면은 일정한 부착각 (contact angle)이 생긴다. 이 부착각이 예각인 경우(그림 **2.4-3(a)** 참조)와 둔각인 경우(그림 **2.4-3(b)** 참조)가 있다. 이 부착각은 액체 고유의 성질인 응집력뿐만 아니라, 고체의 성질에도 관련이 있다.

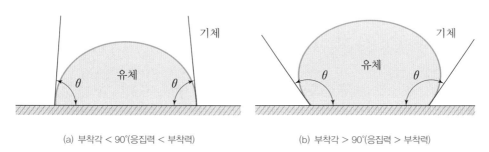

(a) 부착각 < 90°(응집력 < 부착력)　　　　(b) 부착각 > 90°(응집력 > 부착력)

그림 **2.4-3** **액체–고체 경계면의 부착각**

모관현상(capillary action)은[m] 유체가 고체와 만나는 경계면에서 발생하는 현상이다. 특히 머리카락처럼 가느다란 관(毛管)에서는 이런 현상이 매우 확실하게 나타나므로 이런 이름이 붙었다. 모관현상은 식물이 토양 속에 뿌리를 내리고 물을 끌어올릴 수 있도록 해주는 매우 중요한 역할을 한다.

모관현상에 영향을 미치는 것은 액체의 응집력, 액체와 고체의 부착력, 그리고 경계에서의 부착각이다. 그림 **2.4-4**는 대표적인 액체인 물과 수은의 모관현상이다. 그림 **2.4-4**에서 물은 (응집력) < (부착력)이므로 (부착각) < 90°이며 수면이 상승한다. 반면에 수은은 (응집력) > (부착력)이므로 (부착각) > 90°이며 수은 표면이 하강한다.

관 내부에서 액체가 상승 또는 하강하는 높이 h를 구해보자. 이때 작용하는 힘은 액체에 작용하는 중력, 표면장력이 액체를 끌어올리는 힘이다. 액체에 작용하는 중력은 (액체의 체적)×(액체의 단위중량)이며, 표면장력이 끌어올리는 힘은 (관의 원주)×(표면장력의 연직방향성분)이다.

l) 응집력은 유체 분자끼리 서로 당기는 힘이고, 부착력은 유체 입자가 고체 벽에 달라붙는 힘이다.
m) 모세관(毛細管) 현상이라고도 한다.

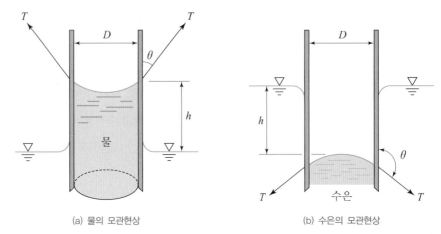

(a) 물의 모관현상   (b) 수은의 모관현상

그림 2.4-4 유리관 속의 액체의 모관현상

(액체에 작용하는 중력): $\left(\dfrac{\pi D^2}{4} \times h\right) \times (\rho g)$ ①

(표면장력이 끌어올리는 힘): $\pi D \times T\cos\theta$ ②

위의 ①과 ②가 평형을 이룬다.

$$\frac{\pi D^2 h}{4} \times \rho g = \pi D \times T\cos\theta \qquad (2.4\text{-}3)$$

이를 정리하면 액면상승고는 다음과 같다.

$$h = \frac{4\,T\cos\theta}{\rho g D} \qquad (2.4\text{-}4)$$

| 예제 | 2.4-3 | ★★★ |

직경 0.2 cm인 매끈한 유리관을 15 ℃의 물에 세웠을 때 모세관 현상에 의한 수면상승고 h를 구하라. 단, 15 ℃ 물의 표면장력은 $T = 75$ dyne/cm이고, 간편한 계산을 위해 $g = 10$ m/s²이라 가정하라.

풀이 |

    문제에서 $D = 0.2$ cm이고, 매끈한 유리관이므로 부착각이 0°라 가정한다.

    물의 밀도 $\rho_w = 1$ g/cm³, 중력가속도 $g = 10$ m/s² = 1,000 cm/s²

    수면상승고 $h = \dfrac{4T\cos\theta}{\rho g D} = \dfrac{4 \times 75 \times \cos(0°)}{1 \times 1000 \times 0.2} = 1.5$ cm   ■

(4) 연습문제

문제 2.4-1 (★☆☆)

직경 3 mm인 물방울의 내부압력은 얼마인가? 단, 물의 표면장력은 75 dyne/cm이다.

문제 2.4-2 (★★☆)

다음 그림에 보인 것처럼 액체 속에 폭 B인 평행평판이 간격 δ로 연직으로 놓여 있다. 액체가 모관현상에 의해 상승하는 높이 h를 구하라. 단, 액체의 밀도는 ρ, 표면장력은 T, 접촉각은 θ로 하고, 판이 양폭단면의 영향은 무시할 수 있다고 하자.

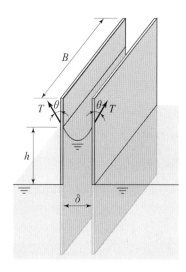

문제 2.4-3 (★☆☆)

어떤 액체 안에 내경 $D = 1.8$ mm인 유리관을 수직으로 세웠을 때, 모관현상에 의해 관 내의 액면은 어느 정도 상승하는지 구하라. 단, 이 액체의 밀도는 $\rho = 713$ kg/m³, 표면장력 $T = 17.2$ dyne/cm, 접촉각 $\theta = 16°$이다.

문제 2.4-4 (★☆☆)

연직관 속의 액체기둥의 높이를 측정하여 압력을 재는 경우가 있다. 모관현상에 의한 영향이 1.0 mm 이하가 되도록 하려면 관의 직경은 얼마가 되어야 하는가? 단, 이때 깨끗한 유리관과 20 ℃의 물(표면장력 $T = 72.8$ dyne/cm이고, 단위중량 $\gamma_w = 9.8$ kN/m³)을 사용한다고 가정하자.

2.5 압축성

(1) 체적탄성계수

완전유체가 아닌 실제유체는 외부에서 압력을 가하면 약간이라도 수축되며, 그 힘을 제거하면 처음 상태로 되돌아가는 성질이 있다. 이때 유체가 압축되는 정도를 압축성 (compressibility)이라 한다. 그리고 압력에 대한 체적변화율을 체적탄성계수(bulk modulus of elasticity)라고 한다. 체적탄성계수는 보통 E라는 기호를 사용하며, 다음과 같이 나타낸다.

$$E = - \frac{\Delta p}{\Delta V / V} \qquad (2.5-1)$$

여기서 Δp는 압력변화량, ΔV는 체적변화량, 그리고 V는 원래의 체적이다. 따라서 식 (2.5-1)의 분모 $\Delta V / V$는 무차원인 체적변화율이며, 결과적으로 체적탄성계수는 압력변화량과 같은 단위(예를 들어, N/m^2)를 갖게 된다. 식 (2.5-1)에서 분자인 압력 변화량과 분모인 체적변화율의 변화방향이 서로 반대이기 때문에, 이 둘을 계산하면 항상 음수가 되며, 이를 양수로 표현하는 것이 편리하기 때문에 우변에 음부호 (−)를 붙였다.

유체역학에서는 체적탄성계수의 역수인 압축계수(modulus of compressibility)를 종종 사용하기도 한다.

$$K = \frac{1}{E} \qquad (2.5-2)$$

물의 체적탄성계수는 매우 커서 15 ℃에서 $E = 2.15 \times 10^8$ Pa이다. 예를 들어, 만일 물을 1 % 압축하려면($\Delta V / V = -0.01$), $\Delta p = 2.15 \times 10^6$ Pa, 즉 2.15 MPa의

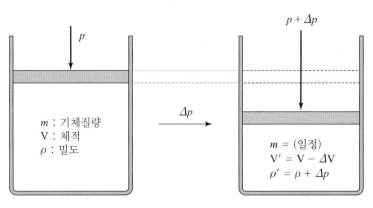

그림 **2.5-1** 기체의 압축

엄청난 압력[n]을 가해야 한다.

예제 2.5-1 ★★★

온도 30 ℃의 질소 10 m^{3}을 압력 40 N/cm^{2}으로 등온압축하여 체적이 2 m^{3}이 되었을 때 압축 후의 체적탄성계수는 얼마인가?

풀이 |

문제에서 $\Delta p = 40$ N/cm$^2 = 4.0 \times 10^5$ N/m^{2}이다.

체적 변화량 $\Delta \mathrm{V} = 2 - 10 = -8$ m^3

따라서 체적탄성계수 $E = -\dfrac{\Delta p}{\Delta \mathrm{V}/\mathrm{V}} = -\dfrac{4.0 \times 10^5}{-8/10} = 5.0 \times 10^5$ N/m^2 ∎

예제 2.5-2 ★★★

강체 용기 안에 표준대기압 101.3 kPa, 체적 V = 100 L, 온도 10 ℃인 해수가 들어 있다. 이 용기 내의 압력을 $\Delta p = 5$ MPa만큼 상승시켰을 때, 체적의 감소량 $\Delta \mathrm{V}$를 m^3 단위로 나타내라. 단, 이때 해수의 체적탄성계수는 $E = 2.23 \times 10^9$ Pa이다.

풀이 |

문제에서 용기 안의 체적은 V = 0.1 m^3, 압력변화량 $\Delta p = 5 \times 10^6$ Pa,

체적탄성계수 $E = 2.23 \times 10^9$ Pa이므로,

체적감소량 $\Delta \mathrm{V} = -\dfrac{\Delta p}{E} \mathrm{V} = -\dfrac{5 \times 10^6}{2.23 \times 10^9} \times 0.1 = -2.24 \times 10^{-4}$ m^3 ∎

(2) 음속

어떤 유체 속에서 압력이 변하면, 이 압력변화량은 유체 전체에 고르게 전달되며, 이것이 3장에서 다룰 Pascal의 원리(유체압력 전달원리라고도 함)이다. 압력변화량이 소리라고 할 때 압력의 전파속도가 바로 음속이 된다. 음속은 이 경우 체적탄성계수와 밀도의 관계로 다음과 같이 나타낼 수 있다.

$$C = \sqrt{\frac{E}{\rho}} \qquad (2.5-3)$$

표준대기압에서 온도가 15 ℃일 때(단열변화일 때) 공기의 체적탄성계수는 $E_a = 147$ kPa이고, 밀도는 대략 $\rho_a = 1.23$ kg/m^{3}이다. 따라서 공기 중의 음속은 다음과 같다.

---

n) 약 220 m의 물기둥에 의한 압력, 즉 수심 220 m에서의 수압과 같고, 대기압으로 환산하면 표준대기압의 21배이다.

$$C_a = \sqrt{\frac{E_a}{\rho_a}} = \sqrt{\frac{1.47 \times 10^5}{1.23}} = 345.7 \ \text{m/s}$$

그래서 공기 중 음속을 보통 340 m/s를 기본값으로 한다.

물의 체적탄성계수는 15 ℃일 때 $E_w = 2.1 \times 10^9$ Pa이고, 밀도는 $\rho_w = 1,000$ kg/m³이므로, 물속에서 음속은 다음과 같다.

$$C_w = \sqrt{\frac{E_w}{\rho_w}} = \sqrt{\frac{2.1 \times 10^9}{1,000}} = 1,449.1 \ \text{m/s}$$

즉, 물속에서 음속이 공기 중 음속보다 약 4배 정도 빠르다는 것을 알 수 있다.

(3) 연습문제

문제 2.5-1 (★☆☆)

상온상압의 물의 체적을 1 % 축소시키는 데 필요한 압력은 몇 Pa인가? 단, 물의 압축률은 5.0×10^{-10} m²/N이다.

3장

유체정역학

유체가 정지하고 있거나 균일 속도로 움직이고 있을 때는, 전단력을 받지 않고 압력만을 받게 된다. 이와 같이 압력만을 받는 상태를 정적 상태라 말하고, 정적 또는 정지 상태에 있는 유체에 의해서 생기는 힘을 다루는 학문을 유체정역학(fluid statics)이라 한다. 그리고 유체가 특별히 물인 경우에는 이를 정수역학(hydrostatics)이라고 한다.

유체정역학은 유체 내의 입자들 사이에 상대운동이 없는 유체를 다루는 학문이며, 여기에는 정지유체, 등가속도 직선 운동을 하는 유체, 등속 원운동을 하는 유체에 작용하는 힘을 다룬다. 이때 유체 내의 속도경사는 0이므로, 유체가 점성이 있다고 해도, 점성력이나 유체의 전단응력은 고려하지 않는다.

이 장에서는 압력과 부력, 상대적 평형 문제를 다룬다. 이 장의 구성은 다음과 같다.

3.1 정수압
3.2 압력의 측정
3.3 압력힘
3.4 압력과 관벽의 두께
3.5 부력과 부체의 안정
3.6 상대적 정지평형

파스칼(Blaise Pascal, 1623−1662)
프랑스의 수학자, 물리학자, 철학자. 어려서부터 천재성을 발휘하였으며, 19세에 산술 계산기를 발명하였고, 유체역학의 주요 원리들을 발견하였다. 압력의 단위로 여러 가지 단위들을 보였으며, 유체역학에 대한 그의 공헌을 기리기 위해 국제단위계에서는 압력 단위로 Pa(파스칼)을 이용한다.

3.1 정수압

(1) 압력과 압력힘

압력(pressure)은 유체에 의하여 미소입자 또는 미소면적에 작용되는 힘의 세기[a]로 정의한다. 따라서 압력은 명칭에 한자로 누를 압(壓)과 힘 력(力)으로 표현하고 있으나, 실제로는 힘이 아니라 힘의 강도인 응력(단위면적당 힘)이다.

압력의 분포가 균일한 경우에는, 압력 p는 다음과 같다.

$$p = \frac{F_p}{A} \tag{3.1-1}$$

여기서 F_p는 면에 수직으로 작용하는 힘(압력힘), A는 힘이 작용하는 면적이다. 압력의 단위는 보통 $Pa(=N/m^2)$을 이용한다.

식 (3.1-1)을 변형해서 힘에 대해 정리하면, 압력 p와 압력이 작용하는 면적 A를 곱하면, 압력의 작용에 의해 발생하는 힘이 된다. 이 힘을 '압력힘(pressure force)'이라고 하며 기호는 F_p를 사용[b]한다. 압력힘은 다음과 같다.

$$F_p = pA \tag{3.1-2}$$

압력의 분포가 균일하지 않을 때는 압력힘은 압력분포를 면적에 대해 적분해서 계산하며, 다음과 같이 표현한다.

$$F_p = \int_A p\,dA \tag{3.1-3}$$

예제 **3.1-1** ★★★

질량 $m = 50$ kg, 면적 $A = 100$ cm^{2}인 피스톤이 실린더 안에 있는 물 위에 놓여 있다. 평형상태로 놓인 피스톤의 하부는 물과 접해 있다. 물에 전달되는 압력은 얼마인가?

풀이

피스톤의 무게(힘) $F = mg = 50 \times 9.8 = 490$ N

피스톤의 면적 $A = 100$ cm$^2 = 0.01$ m^2

(압력) = (힘)/(면적)이므로, $p = \dfrac{F}{A} = \dfrac{490}{0.01} = 4.9 \times 10^4$ Pa ∎

---

a) 어떤 책에서는 압력을 굳이 '압력강도(pressure intensity)'라고 표현하기도 한다.
b) 압력힘을 다른 책에서는 '총압력(total pressure)'이나 '전수압'이라 하기도 하고, 기호로 영어 대문자 P를 사용하기도 한다.

(2) 압력의 단위

압력의 정의는 (작용하는 힘)/(작용하는 면적)이므로, 기본이 되는 단위는 N/m^2이다. 이 단위를 Pa(파스칼)이라고 표기한다. 이 외에도 bar나[c] 물기둥(수주)의 높이인 mH_2O로도 나타낼 수 있다. 압력을 물기둥의 높이(水頭, hydraulic head)로 나타내면 그 크기를 쉽게 알아볼 수 있다. 이때 1.0 mH_2O는 물기둥의 높이 1.0 m에 해당하는 압력을 의미한다. 마찬가지로 1.0 mmHg는 수은기둥의 높이 1.0 mm에 해당하는 압력을 의미한다.

어떤 경우에는 압력을 나타내는 데 대기압을 이용하기도 한다. 대기압은 1643년 이탈리아의 토리첼리(Evangelista Torricelli)가 수은을 이용하여 측정하였다. 토리첼리는 그림 **3.1-1**처럼 수은이 가득 찬 유리관을 수은그릇에 거꾸로 세웠다. 그랬더니 수은은 중력에 의해 내려가다가 76 cm 지점까지 내려가면 더 이상 내려가지 않게 되며, 관을 흔들거나 기울여도 76 cm라는 값은 변하지 않았다. 수은이 76 cm에서 움직이지 않는 이유는 접시의 표면에 대기압이 작용하여 수은이 접시로 나오지 못하기 때문이다. 따라서 대기압은 수은기둥 76 cm의 높이에 해당한다.

이 수은기둥의 높이를 이용하면 대기압을 다음과 같이 계산할 수 있다. 압력은 (유체의 밀도)×(중력가속도)×(유체기둥의 높이)로 계산하며 다음과 같이 쓸 수 있다.

$$1\ atm\ =\ 760\ mmHg\ =\ 10.336\ mH_2O\ =\ 101.325\ Pa \qquad (3.1-4)$$

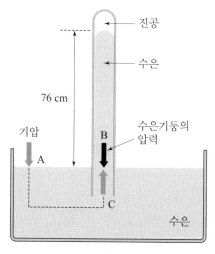

그림 3.1-1 토리첼리의 대기압 측정

---

c) bar(바)는 (SI 단위는 아니지만) 압력의 단위 중 하나이며, 과거에 기압을 나타내는 단위로 자주 사용되었다. 10^5 bar= 1 Pa이다.

식 (3.1-4)의 1 atm은 표준대기압(standard atmospheric pressure)이라고 부르며, 보통 p_{atm} 으로 나타낸다. 그런데 Pa 단위로 나타내면 숫자가 매우 크므로, 실제로 사용할 때는 그 100배인 hPa(헥토파스칼)을 사용하여 1,013 hPa을 표준대기압이라 한다.

기상예보에서 저기압이란 이 표준대기압보다 기압이 낮을 때, 고기압이란 이보다 높을 때를 말한다. 태풍은 대표적인 저기압이며, 중형 태풍이라면 최저중심기압이 보통 930~970 hPa 정도이다.

예제 3.1-2 ★★

200 kPa의 압력을 수은주와 수주의 높이로 환산하라.

풀이

표준대기압 101.325 kPa일 때, 수은기둥 높이 760 mm, 물기둥 높이 10.336 m이므로, 200 kPa일 때

수은기둥 높이 $h_m = \dfrac{200}{101.325} \times 760 = 1,500.0$ mm

물기둥 높이 $h_w = \dfrac{200}{101.325} \times 10.336 = 20.40$ m ∎

예제 3.1-3 ★★

국제단위는 아니지만, 실제 현장에서는 압력의 단위로 kgf/cm^{2}을 많이 사용한다. 1.0 kgf/cm^{2}이 몇 Pa인지 계산하라.

풀이

1 kgf = 9.8 N이므로 분자 (변환계수) = 9.8 (N/kgf).

또한 1 cm = 0.01 m 이므로 분모 (변환계수) = $10^{-4} \left(\mathrm{m^2/cm^2}\right)$.

따라서

$$1.0 \left(\frac{\mathrm{kgf}}{\mathrm{cm^2}}\right) = 1.0 \left(\frac{\mathrm{kgf}}{\mathrm{cm^2}}\right) \times \frac{9.8 \ (\mathrm{N/kgf})}{10^{-4} \ (\mathrm{m^2/cm^2})} = 9.8 \times 10^4 \ \mathrm{Pa}$$

실제로 간략히 계산할 때는 1 kgf/cm^2 ≒ 10^5 Pa로 보아도 좋다. ∎

예제 3.1-4 ★★

물에 대한 압력수두가 15 m이라면 비중이 0.75인 기름에서 이에 해당하는 수두는 얼마인가?

풀이

문제에서 물의 밀도 $\rho_w = 1,000$ kg/m^3, 물의 압력수두 $h_w = 15$ m,

기름의 밀도 $\rho_o = 750$ kg/m^{3}이고, 기름의 비중 $s_o = 0.75$이다.

기름의 압력수두를 h_o라고 하자.

둘의 압력이 같으므로, $\rho_o g h_o = \rho_w g h_w$이며,

기름의 수두는 $h_o = \dfrac{\rho_w g}{\rho_o g} h_w = \dfrac{1}{s_o} h_w = \dfrac{1}{0.75} \times 15 = 20$ m이다. ∎

(3) 절대압과 계기압

압력을 나타내는 데는 두 가지 방법이 있다. 하나는 완전 진공을 기준으로 측정하는 절대압(절대압력, absolute pressure)이며 p_{abs}로 표시한다. 다른 하나는 대기압(대기압력, atmospheric pressure) p_{atm}을[d] 기준으로 측정하는 계기압(계기압력, gauge pressure)이며, p_{gauge} 또는 p로 표시[e]한다. 계기압과 절대압의 관계는 다음과 같다.

$$(계기압) = (절대압) - (대기압)$$
$$p = p_{gauge} = p_{abs} - p_{atm} \tag{3.1-5}$$

수리학 문제에서 대상으로 하는 시스템에서 대기압은 전역적으로 작용하기 때문에 계기압으로 처리해도 되는 경우가 대부분이다. 따라서 (압력) = (계기압)이라고 이해하면 된다.

계기압에서, 1기압 이하의 압력은 부압(negative pressure)이라고 하며, 음의 값으로 표시된다. 절대압과 대기압, 계기압의 관계는 그림 **3.1-2**로 표시된다.

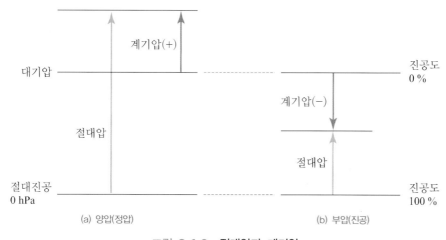

그림 **3.1-2** 절대압과 계기압

예제 3.1-5 ★★★

국소대기압이 750 mmHg이고 계기압력이 3 kgf/cm²일 때, 이를 절대압력으로 나타내라. 단, 수은의 비중은 13.6이다.

풀이 |

표준대기압 $p_{atm} = 760$ mmHg $= 101,325$ Pa

---

d) 대기압은 주변 공기의 압력을 말하며, 위치와 시간에 따라 변한다는 점을 기억하자.
e) gauge와 gage는 같은 뜻을 가진 단어이다.

국소대기압 $p_a = 750$ mmHg $= \dfrac{750}{760} \times 101{,}325 = 99{,}992$ Pa

계기압 $p = 3$ kgf/cm$^2 = 3 \times 9.8/(1.0 \times 10^{-4}) = 294{,}000$ Pa

절대압 $p_{abs} = p + p_{atm} = 294{,}000 + 99{,}992 = 393{,}992$ Pa ∎

예제 3.1-6 ★★★

국소대기압이 760 mmHg일 때, 진공도가 10 %인 용기 안의 절대압력은 몇 mmHg인가?

풀이 │

진공압 $760 \times 0.1 = 76$ mmHg

(절대압)=(대기압)−(진공압)

$= 760 - 76 = 684$ mmHg ∎

(4) 압력의 특성

정지유체 속에서의 압력은 다음의 세 가지 성질을 갖는다.

- 성질 ①: (압력은 작용면에 수직): 정지유체 내의 압력은 고체면에 항상 수직(그림 **3.1-3(a)** 참조)으로 작용한다.
- 성질 ②: (압력의 등방성): 정지유체 내의 한 점에 작용하는 압력은 방향에 관계없이 그 크기가 같다(그림 **3.1-3(b)** 참조).

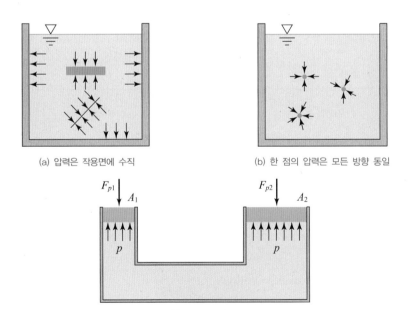

(a) 압력은 작용면에 수직   (b) 한 점의 압력은 모든 방향 동일

(c) 파스칼의 원리

그림 **3.1-3 정지유체 속의 압력의 성질**

기초 수리학

■ 성질 ③: 밀폐된 용기 중에서 정지유체의 일부에 가해진 압력은 그림 **3.1-3(c)**와 같이 유체 중의 모든 부분에 일정하게 전달된다. 이것을 파스칼의 원리 (Pascal's principle)라 부른다.

성질 ①과 ②에 대해 간단히 살펴보자.

■ 성질 ①: 유체는 전단을 지지(support)할 수 없는 물질이라서, 고체 경계면에서는 경계에 수직방향의 힘(또는 압력)만 발생한다.

■ 성질 ②: 수학적인 면에서 보면, 점이란 '위치만 있고 크기가 없는 도형'을 말한다. 한 점에서의 압력의 등방성은 이 점은 크기가 없으므로 이 점에 작용하는 모든 방향의 힘은 서로 상쇄되어야 한다는 의미이다. 그렇지 않으면, 이 점이 움직이게 되어 '정지유체'라는 기본 가정이 무너지게 된다. 수학적으로 증명하려면, 그림 **3.1-4**와 같이 유체 속에 위치한 미소 삼각프리즘(prism)의 세 면에 작용하는 압력에 대한 평형 방정식을 이용하면 된다. 이 증명은 대부분의 유체역학 교과서에 실려 있으며, 이 책에서는 생략한다.

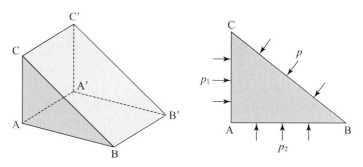

그림 **3.1-4** 정지유체 속 미소 삼각프리즘에 작용하는 압력

(5) 유압기

밀폐된 용기 중에 정지유체 중 일부에서 압력변화가 생기면, 그 변화는 유체 중 모든 부분에 전달된다. 이것이 Pascal의 원리이다. 이 성질에 대해서는 그림 **3.1-3(c)**를 참고로 하면, $p_1 = \dfrac{F_{p1}}{A_1}$, $p_2 = \dfrac{F_{p2}}{A_2}$ 이며, $p_1 = p_2$에서 다음 관계를 얻는다.

$$\frac{F_{p1}}{A_1} = \frac{F_{p2}}{A_2} \tag{3.1-6}$$

(a) 자동차용 유압기

(b) 백호에 설치된 유압장치

그림 **3.1-5** 유압기

식 (3.1-6)을 정리하면 $F_{p2} = \dfrac{A_1}{A_2} F_{p1}$ 이므로, 이 식을 이용하여 장치를 만들면 $A_2 \gg A_1$ 일 경우 작은 힘 F_{p1} 에서 큰 힘 F_{p2} 를 만들 수 있다. 이것이 유압기(hydraulic jack) 또는 유압장치의 원리이다. 유압기[f]는 그림 **3.1-5**와 같이 실생활의 여러 분야에서 쓰인다.

예제 **3.1-7** ★★

그림과 같은 수압기에서 피스톤 ①과 피스톤 ②의 직경이 각각 4 cm와 20 cm라고 하면, 피스톤 ② 위에 놓인 물체를 들어올리기 위해서 150 kN의 힘이 필요할 때 지레의 손잡이 ③에 몇 N의 힘이 필요한가?

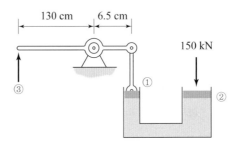

풀이

문제에서 피스톤 ①의 직경 $D_1 = 0.04$ m, 피스톤 ②의 직경 $D_2 = 0.20$ m.
피스톤 ②에 가해지는 힘 $F_2 = 150,000$ N. 피스톤 ①점에 가해야 하는 힘은

$$F_1 = \frac{A_1}{A_2} F_2 = \frac{\frac{\pi}{4} D_1^2}{\frac{\pi}{4} D_2^2} F_2 = \left(\frac{0.04}{0.20} \right)^2 \times 150,000 = 6,000 \ \text{N}$$

---

f) 영어를 그대로 번역하면 '수압기'이지만, 그 안에 들어가는 것이 보통 물이 아닌 기름이기 때문에 '유압기'라고 하며, 이 표현이 더 낫다고 생각한다.

기초 수리학

지레의 원리에서, $L_3 = 1.30$ m, $L_1 = 0.065$ m. 따라서 손잡이 ③에 작용하는 힘은

$$F_3 \times 1.30 = F_1 \times 0.065$$

$$F_3 = \frac{0.065}{1.30} \times F_1 = \frac{0.065}{1.30} \times 6,000 = 300 \text{ N}$$ ∎

예제 3.1-8 ★★★

다음 그림과 같은 유압잭 내부에 비중이 $s_o = 0.8$인 기름이 채워져 있다. 양쪽 피스톤의 무게를 무시할 때, 이 장치에서 1,000 kg의 질량의 물체를 지탱하기 위해서는 손잡이에 어느 정도의 힘(F)을 가해야 하는가?

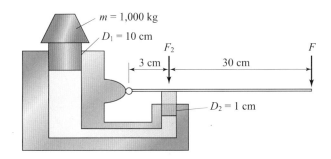

풀이 |

큰 피스톤의 면적을 A_1, 여기에 작용하는 힘을 F_1, 작은 피스톤의 면적을 A_2, 여기에 작용하는 힘을 F_2라 하면, 두 피스톤 사이에서 다음의 관계가 성립한다.

$$\frac{F_1}{A_1} = \frac{F_2}{A_2}$$

따라서 작은 피스톤의 힘은

$$F_2 = \frac{A_2}{A_1} F_1 = \left(\frac{1}{10}\right)^2 \times (1,000 \times 9.8) = 98 \text{ N}$$

지레의 원리에서 작용팔의 길이가 $L = 0.33$ m, 받침점 길이가 $L_2 = 0.03$ m이므로, (여기서 지레의 팔 길이가 30 cm가 아니라 33 cm라는 데 유의해야 한다.)

$$F \times L = F_2 \times L_2$$

따라서 손잡이에 작용하는 힘 $F = \dfrac{L_2}{L} F_2 = \dfrac{0.03}{0.33} \times 98 = 8.91$ N ∎

예제 3.1-9 ★★★

그림과 같은 상황에서 압력계로 잰 압력이 90.0 kPa일 때 피스톤의 질량을 구하라.

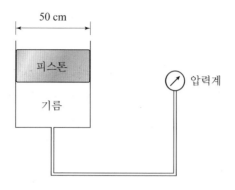

풀이 |

피스톤의 질량을 m, 아랫면의 면적을 A라고 하자. 피스톤의 아랫면의 압력을 구하면,

$$p = \frac{mg}{A}$$

$$m = \frac{A}{g}p = \frac{\pi \times 0.5^2/4}{9.8} \times 90,000 = 1,803.2 \ \text{kg}$$ ■

(6) 수심에 따른 압력변화

유체정역학의 기본방정식은 유체 내부의 압력을 유체의 밀도와 수직방향의 위치의 관계로 표현한다. 비압축성유체(incompressible fluid)에 대해 그림 **3.1-6**과 같은 미소요소에 작용하는 힘의 평형관계를 적용한다. Newton의 운동 제2법칙 $\sum \vec{F} = m\vec{a} = m\dfrac{d\vec{v}}{dt}$ 에서 정지유체의 경우($\vec{a} = 0$) 관성력이 없으므로 $\sum \vec{F} = 0$이 된다. 그림 **3.1-6**의 미소요소에 작용하는 외력은 압력에 의한 힘(압력힘)과 중력이므로 다음과 같다.

$$\sum F_x = -\left(\frac{\partial p}{\partial x}\right) dx \, dy \, dz = 0, \quad \frac{\partial p}{\partial x} = 0 \qquad (3.1\text{-}7a)$$

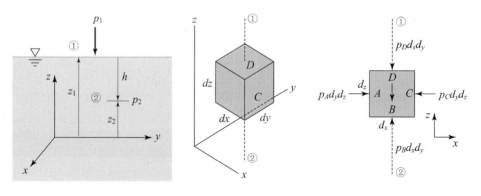

그림 **3.1-6** 정지유체 내 임의 깊이의 압력

$$\sum F_z = -\left(\frac{\partial p}{\partial z}\right)dx\,dy\,dz - \rho g\,dx\,dy\,dz = 0, \quad \frac{\partial p}{\partial z} = \rho g \qquad (3.1\text{-}7\text{b})$$

식 (3.1-7a)는 수평방향으로는 압력변화가 없다는 것을 의미하며, 따라서 압력은 연직방향의 변화만 있으므로 식 (3.1-7b)를 적분하면 다음과 같은 압력분포식을 얻을 수 있다.

$$p_{abs} = -\rho g z + p_{atm} = \rho g h + p_{atm} \qquad (3.1\text{-}8\text{a})$$

$$p = \rho g h = \gamma h \qquad (3.1\text{-}8\text{b})$$

여기서 h는 자유표면으로부터의 거리(수심)이다. 위의 내용을 정리하면, 다음과 같이 요약할 수 있다.

① 수평방향: 정지유체 내에서 수평방향으로는 압력이 모두 같다.
② 연직방향: 정지유체 내에서 연직방향으로는 압력차는 (두 지점 사이의 거리) × (유체의 밀도) × (중력가속도)를 계산한 것[g]과 같다.

그림 **3.1-7**과 같이 다양한 모양을 가진 용기 안에 밀도 ρ인 액체가 정지 상태로 들어 있다. 수면에서 깊이 h(수심)에서 압력 p는 용기의 형상이나 크기에 상관없이 계기압 력 p 또는 절대압력 p_{abs}로 식 (3.1-8)에서 구할 수 있다. 또한 각 용기의 바닥면적 A가 같으므로, 자유표면에서 바닥면까지 수심 H가 같다면, 바닥면에 작용하는 압력 힘 F_p는 모든 용기에 대해서 $F_p = pA = \rho g h A$로 같게 된다.

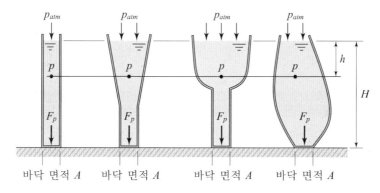

그림 **3.1-7** 다양한 액체 용기 내부의 압력

---

g) 또는 단위중량 $\gamma(=\rho g)$를 곱한 것과 같다.

비중이 0.8인 기름의 수심 $h = 3$ m에서 압력은 몇 Pa인가?

풀이 │

문제에서 기름의 밀도 $\rho_o = 800$ kg/m^3, 깊이 $h = 3$ m이다.

압력 $p = \rho_o g h = 800 \times 9.8 \times 3 = 23{,}520$ Pa ■

수중의 두 지점에서 압력을 측정하였더니 $p_1 = 15{,}000$ Pa, $p_2 = 28{,}000$ Pa이었다. 두 지점 간 수심차를 구하라.

풀이 │

$p_1 = \rho_w g h_1$, $p_2 = \rho_w g h_2$이므로,

$$\Delta h = h_2 - h_1 = \frac{p_2 - p_1}{\rho_w g} = \frac{28{,}000 - 15{,}000}{1{,}000 \times 9.8} = 1.33 \text{ m}$$ ■

수심 30 m에서의 압력을 계기압력 p와 절대압력 p_{abs}로 나타내어라. 단, 표준대기압은 $p_{tam} = 101.3$kPa이다.

풀이 │

문제에서 $\rho_w = 1{,}000$ kg/m^3, 중력가속도 $g = 9.8$ m/s^2, 수심 $h = 30$ m, 표준대기압 $p_{tam} = 101.3$ kPa이다.

계기압은 다음과 같다.

$$p = \rho g h = 1{,}000 \times 9.8 \times 30 = 294{,}000 \text{ Pa} = 294 \text{ kPa}$$

한편, 절대압력은 계기압력과 표준대기압의 합이므로 다음과 같다.

$$p_{abs} = p + p_{atm} = 294{,}000 + 101{,}300 = 395{,}300 \text{ Pa} = 395.3 \text{ kPa}$$ ■

바다에서 가장 깊은 곳은 태평양의 마리아나 해구로 깊이가 11,304 m로 알려져 있다. 해수의 밀도가 $\rho = 1{,}025$ kg/m^{3}으로 일정하다고 보고 해저의 압력을 구하라.

풀이 │

주어진 자료에서 $h = 11{,}304$ m이므로, 해구에서의 압력은 다음과 같다.

$$p = \rho g h = 1{,}025 \times 9.8 \times 11{,}304 = 1.14 \times 10^8 \text{ Pa} = 114 \text{ MPa}$$ ■

다음 그림과 같이 한쪽은 대기에 접해 있고 한쪽은 밀폐되어 그 위에 공기가 있는 기름 수조가 있다. 기름의 비중이 0.9일 때 A, B, C, D, E 및 F, 그리고 오른쪽 밀폐된 곳의 공기의 압력을 계기압력으로 계산하라.

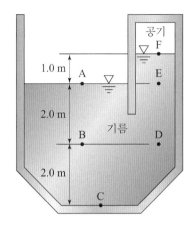

풀이

문제에서 기름의 밀도 $\rho_o = 900$ kg/m^3

A 지점은 대기와 접하고 있으므로 $p_A = 0$ N/m^2

E 지점도 A 지점과 같은 유체와 같은 높이에 있으므로 $p_E = p_A = 0$ N/m^2

B와 D 지점은 A 지점 2 m 아래에 있으므로

$$p_B = p_D = p_A + \rho_o g h = 0 + 900 \times 9.8 \times 2 = 17,640 \text{ N/m}^2$$

C 지점은 자유수면보다 2+2 m 아래에 있으므로

$$p_C = p_B + \rho_o g h_C = 17,640 + 900 \times 9.8 \times 2 = 35,280 \text{ N/m}^2$$

F 지점은 자유수면보다 1.0 m 위에 있으므로

$$p_F = p_E - \rho_o g h_F = 0 - 900 \times 9.8 \times 1.0 = -8,820 \text{ N/m}^2$$

오른쪽 수조의 밀폐된 공기는 F와 접하고 있으므로, 압력은 −8,820 N/m^{2}이다.   ■

(7) 밀도가 다른 액체층 속의 압력

그림 **3.1-8**과 같이 밀도(비중)가 다른 액체들이 층을 이루고 있는 경우는 위에서부터 차례대로 압력을 더하면 된다. 즉 유체 ①과 유체 ②의 경계면의 압력은 다음과 같다.

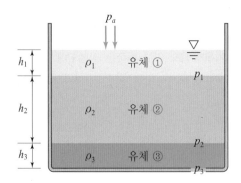

그림 **3.1-8** 밀도가 다른 액체층 속의 압력

$$p_1 = \rho_1 g h_1 \qquad (3.1-9)$$

그 다음 유체 ②와 유체 ③의 경계면에서의 압력은 다음과 같다.

$$p_2 = p_1 + \rho_2 g h_2 = \rho_1 g h_1 + \rho_2 g h_2 \qquad (3.1-10)$$

마찬가지로 유체 ③의 경계면에서의 압력은 다음과 같다.

$$p_3 = p_2 + \rho_3 g h_3 = \rho_1 g h_1 + \rho_2 g h_2 + \rho_3 g h_3 \qquad (3.1-11)$$

이처럼 밀도가 다른 여러 유체층이 쌓여 있는 경우에도, 압력을 구하고자 하는 지점보다 위에 있는 유체에 의한 압력을 차례대로 더하면 된다.

예제 **3.1-15** ★★★

벤젠이 담긴 밀폐 수조가 있다. 벤젠의 표면과 수조 사이에 있는 공기의 압력이 0.255 kgf/cm^{2}일 때, 표면 아래 2 m에서의 벤젠의 압력은 몇 Pa인가? 단, 벤젠의 밀도는 899 kg/m^{3}이다.

풀이

문제에서 공기의 압력 $p_a = 0.255$ kgf/cm$^2 = 24{,}990$ N/m^2,

벤젠의 밀도 $\rho_b = 899$ kg/m^3.

표면 아래 2 m에서 압력은

$$p = p_a + \rho_b g h = 24{,}990 + 899 \times 9.8 \times 2 = 42{,}610 \text{ Pa}. \qquad ■$$

예제 **3.1-16** ★★★

그림과 같이 상부가 개방된 원통 속에 비중이 0.8인 기름이 채워져 있고 기름 아래에 물이 3 m 채워져 있다. 수조의 바닥에서 압력은 얼마인가?

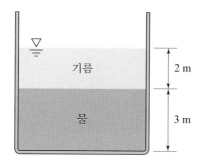

문제에서 기름의 밀도 $\rho_o = 800 \ \text{kg/m}^3$,

기름층의 두께 $h_o = 2 \ \text{m}$.

물의 밀도 $\rho_w = 1,000 \ \text{kg/m}^3$, 물층의 두께 $h_w = 3 \ \text{m}$.

수조 바닥의 압력은

$$p = \rho_o g h_o + \rho_w g h_w = 800 \times 9.8 \times 2 + 1,000 \times 9.8 \times 3 = 45,080 \ \text{Pa}. \quad \blacksquare$$

(8) 연습문제

문제 **3.1-1** (★☆☆)

직경 13 mm인 가는 호스 안에 들어 있는 물(밀도 1,000 kg/m³)에 압력을 가해 10 m 높이의 수조까지 올리려고 한다. 이때 100,450 N/m²의 압력을 가해야 한다면, 이 압력을 발생시키는 힘은 얼마인가?

문제 **3.1-2** (★☆☆)

압력 p가 350,000 Pa일 때, 이를 물기둥의 높이(수두)로 나타내어라. 이때 물의 밀도는 1,000 kg/m³이다.

문제 **3.1-3** (★☆☆)

혈압계로 혈압을 측정하였더니 125 mmHg이었다. 이 계기압력을 SI 단위로 나타내어라.

문제 **3.1-4** (★☆☆)

수은에 대한 압력수두가 500 mm라면 비중이 0.75인 기름에서 이에 해당하는 수두는 얼마인가?

문제 **3.1-5** (★☆☆)

어느 날 토리첼리의 방법으로 대기압을 측정했더니 수은기둥의 높이가 $h = 720$ mm이었다. 이때의 대기압을 절대압력(Pa)으로 나타내어라.

문제 **3.1-6** (★☆☆)

수압기의 큰 피스톤의 직경이 25 cm, 작은 피스톤의 직경이 2.5 cm이다. 지금 큰 피스톤 위에 질량 2,000 kg인 물체를 올려놓으려면 작은 피스톤에 얼마의 힘을 가하면 되는가?

문제 3.1-7 (★★☆)

다음 그림과 같이 피스톤 A의 직경이 20 mm, 피스톤 B의 직경이 500 mm일 때, 피스톤 B에 질량 300 kg의 물체가 놓여 있다. 이를 유지하기 위해 피스톤 A에 가해야 할 힘을 계산하라. 단, 피스톤 B의 질량은 50 kg이고, 피스톤 A의 질량은 무시한다. 또 유압기 안에 채워진 기름은 밀도가 $\rho_o = 900$ kg/m³이다.

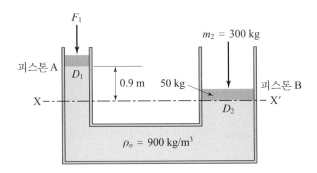

문제 3.1-8 (★☆☆)

액체 속 20 m 지점의 압력이 309.7 kPa이다. 이 액체의 밀도는 얼마인가?

문제 3.1-9 (★☆☆)

단위중량이 1,025 kgf/m³인 액체를 직경 13 mm의 호스를 사용하여 연직으로 10 m 높이려면 얼마의 압력(Pa)을 가해야 하는가? 단, 모관현상은 고려하지 않는다.

문제 3.1-10 (★☆☆)

해수면에서 측정한 기압이 10.3 mH₂O이고 산 정상에서 측정한 기압이 9.7 mH₂O일 때, 산의 높이를 구하라. 단, 물의 밀도는 1,000 kg/m³, 공기의 밀도는 1.3 kg/m³이라 가정한다.

문제 3.1-11 (★☆☆)

밑면이 5 m × 5 m인 수조에 비중이 0.8인 기름과 물이 그림과 같이 들어 있다. 바닥면에 작용하는 압력은 몇 kPa인가?

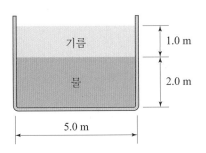

문제 3.1-12 (★☆☆)

다음 그림에 보인 것처럼 밀폐용기 안에 수은, 물, 기름과 같이 서로 다른 유체가 아래부터 차례로 높이 $h_m = 0.3$ m, $h_w = 4$ m, $h_o = 1.2$ m로 섞이지 않고 들어 있다. 또 용기의 상부에는 계기압력이 $p_a = 50$ kPa인 공기가 채워져 있다. 단면 ①, 단면 ②, 단면 ③의 계기압력 p_1, p_2, p_3을 구하라. 단, 수은과 기름의 비중은 각각 $s_m = 13.6$, $s_o = 0.85$이고, 공기의 밀도에 의한 영향은 무시한다.

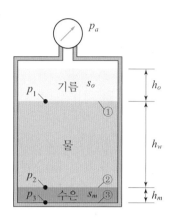

3.2 압력의 측정

압력을 측정하는 방법은 다음과 같이 나눌 수 있다.

① 액주식: 위압액주계, 시차액주계, 경사액주계
② 탄성식: Burdon관, 박막형
③ 스트레인게이지
④ 압전형 압력 변환기
⑤ 전위차형 압력 변환기

이들 중 유체역학의 관점에서 유의해야 하는 압력계들을 간단히 살펴보기로 한다.

(1) 위압액주계

액체기둥의 높이를 이용하여 유체의 압력을 측정하는 기구를 액주계(manometer)라고 한다. 예를 들어, 관 속을 흐르는 액체의 압력을 측정하는 경우에, 그림 **3.2-1**에 보인 것과 같이 관의 옆에 작은 구멍을 뚫고 여기에 연직으로 액주계를 세운 뒤 액주계 내 액체의 높이 h를 측정하여 압력 p를 구할 수 있다. 이처럼 측정하고자 하는 유체와 액주계 내의 유체가 같을 경우는 특별히 위압액주계(piezometer)라고 부르기도 한다.

정지유체 중에서 수평방향으로는 압력이 같다는 점을 생각하면, 그림 **3.2-1**에서 기준선 O-O′의 압력은 같아야 한다. 유체의 밀도가 ρ일 때, A점의 압력 p는 다음과 같다.

$$p = \rho g h \qquad\qquad (3.2\text{-}1)$$

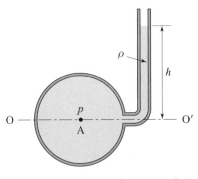

그림 **3.2-1** 액주계(위압수두계)

여기서 g는 중력가속도, h는 유체기둥의 높이이다. 유체의 밀도 ρ를 알고 있을 때, 유체기둥의 높이 h를 측정하면 바로 압력을 구할 수 있다는 의미이다.

밀폐된 용기 옆면에 직경이 $D = 3.0$ mm인 관이 그림과 같이 연결되어 있다. 수면에서의 압력이 $p_a = 3.0$ kPa이고 $h_w = 30$ cm라면 물기둥의 상승높이 h는 얼마인가?

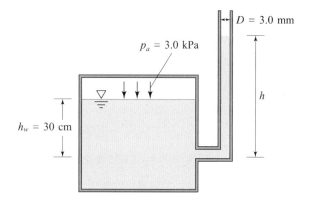

풀이

$h_w = 0.3$ m, 공기의 압력 $p_a = 3.0$ kPa $= 3,000$ N/m², 물의 밀도 $\rho_w = 1,000$ kg/m³, 중력가속도 $g = 9.8$ m/s²이다.

관 연결부에서 수조의 압력과 관의 압력은 같으므로

$$p_a + \rho_w g h_w = \rho_w g h$$

따라서 $h = \dfrac{p_a}{\rho_w g} + h_w = \dfrac{3,000}{1,000 \times 9.8} + 0.3 = 0.606$ m. ∎

위압수두계로 측정하려는 압력이 커지면, h가 증가하기 때문에 위압수두계의 높이가 너무 커지는 문제가 발생할 수 있다. 이럴 경우 측정하고자 하는 유체보다 밀도가 훨씬 큰 다른 유체(예를 들어, 수은)를 이용한 U자형 액주계(그림 **3.2-2(a)** 참조)를 사용한다.

수평선 O–O'을 기준으로 잡으면 이 기준선에서 압력은 같아야 하므로, 아래와 같이 방정식을 구성할 수 있다.

$$p + \rho_1 g h_1 = \rho_m g h_m \tag{3.2-2}$$

여기서 p는 (측정하고자 하는) A점의 압력, ρ_1은 측정하고자 하는 유체의 밀도, ρ_m는 액주계 내 유체의 밀도이며, h_1과 h_m는 그림에 보인 것과 같이 유체기둥의 높이이다. 식 (3.2-2)는 다음과 같이 정리하여 유체의 압력 p를 측정할 수 있다.

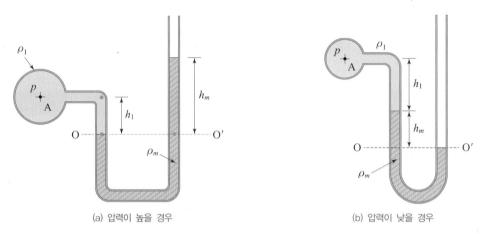

(a) 압력이 높을 경우　　　　　　　　(b) 압력이 낮을 경우

그림 **3.2-2**　U자형 위압액주계

$$p = \rho_m g h_m - \rho_1 g h_1 \qquad (3.2-3)$$

만일 측정하고자 하는 압력이 낮은 경우는 그림 **3.2-2(b)**와 같이 된다. 이 경우에도 기준선에 대해 양쪽의 압력이 같아야 하므로, 압력의 관계식은 다음과 같이 된다.

$$p + \rho_1 g h_1 + \rho_m g h_m = 0 \qquad (3.2-4)$$

즉, 다음과 같이 되어 부압으로 측정된다.

$$p = - \rho_1 g h_1 - \rho_m g h_m \qquad (3.2-5)$$

예제　3.2-2　　　　　　　　　　　　　　　　　　　　　　★★★

다음 그림과 같이 물이 흐르는 관로에 수은이 들어 있는 액주계가 붙어 있다. U자관 수은 액주계의 높이가 $h_1 = 450$ mm, $h_2 = 300$ mm일 때 관로의 압력 p를 구하라.

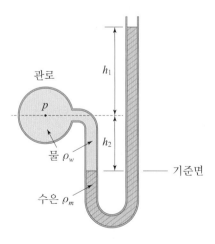

풀이

물의 밀도를 ρ_w, 수은의 밀도를 ρ_m로 하면, 관로에 대해서 U자관 액주계의 기준면에서 좌측의 압력과 우측의 압력은 다음과 같다.

$$p + \rho_w g h_2 = \rho_m g (h_1 + h_2)$$

따라서 관로의 압력 p는 다음과 같다.

$$
\begin{aligned}
p &= \rho_m g (h_1 + h_2) - \rho_w g h_2 \\
&= 13{,}600 \times 9.8 \times (0.45 + 0.3) - 1000 \times 9.8 \times 0.3 \\
&= 9.70 \times 10^4 \ \text{Pa}
\end{aligned}
$$

예제 3.2-3 ★★★

다음 U자형 액주계를 이용하여 물이 흐르는 두 관 A와 B 사이의 압력 차이를 구하라. U자형 액주계에 비중이 $s_m = 13.6$인 수은이 들어 있고 $h_a = 1.8$ m, $h_b = 0.9$ m, $h = 0.6$ m이다.

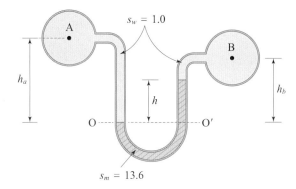

풀이

O–O′을 기준면으로 한 압력 평형식에서 압력차를 구할 수 있다.

$$
\begin{aligned}
p_a + \rho_w g h_a &= p_b + \rho_m g h + \rho_w g (h_b - h) \\
p_a - p_b &= -\rho_w g h_a + \rho_m g h + \rho_w g (h_b - h) = \rho_w g (h_b - h_a) + (\rho_m - \rho_w) g h \\
&= 1{,}000 \times 9.8 \times (0.9 - 1.8) + (13{,}600 - 1{,}000) \times 9.8 \times 0.6 = 65{,}268 \ \text{Pa}
\end{aligned}
$$

(2) 시차액주계

관로에서 두 지점 사이의 압력 차이를 측정하려 할 때는 그림 **3.2-3**과 같은 U자 모양의 시차액주계(differential manometer)를 이용한다. 압력 차이가 클 때는 밀도가 큰 유체를 사용하는 U자 액주계(그림 **3.2-3(a)** 참조)를 사용하고 압력 차이가 작을 때는 밀도가 작은 유체를 사용하는 역U자 액주계(그림 **3.2-3(b)** 참조)를 사용한다.

그림 **3.2-3(a)**의 U자 시차액주계에서는 기준선 $\overline{OO'}$을 기준으로 양쪽의 압력을 구

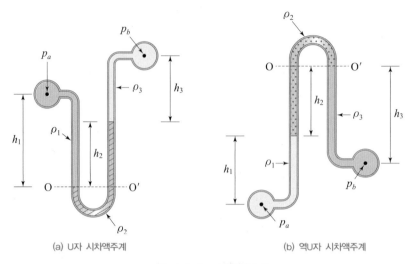

(a) U자 시차액주계   (b) 역U자 시차액주계

그림 **3.2-3** **시차액주계**

하면 다음과 같다.

$$p_a + g\rho_1 h_1 = p_b + g\rho_2 h_2 + g\rho_3 h_3 \qquad (3.2\text{-}6)$$

따라서 압력차 $p_a - p_b$는 다음과 같다.

$$p_a - p_b = g\rho_2 h_2 + g\rho_3 h_3 - g\rho_1 h_1 \qquad (3.2\text{-}7)$$

측정하고자 하는 유체가 공기와 같이 밀도가 작은 경우, 그림 **3.2-3(b)**와 같은 역U자 시차액주계를 구성한다. 역U자 액주계에서는 기준선을 O−O′으로 하고 양쪽의 압력 평형식을 구성한다. 다만, 이때는 액체기둥이 기준선보다 낮으므로, 주어진 압력은 그대로 더하고, 유체기둥에 의한 압력인 (유체밀도)×(중력가속도)×(액체기둥 높이)를 뺀다.

$$p_a - g\rho_1 h_1 - g\rho_2 h_2 = p_b - g\rho_3 h_3 \qquad (3.2\text{-}8)$$

따라서 압력차 $p_a - p_b$는 다음과 같다.

$$p_a - p_b = g\rho_1 h_1 + g\rho_2 h_2 - g\rho_3 h_3 \qquad (3.2\text{-}9)$$

액주계를 이용한 압력 측정 방법을 다음과 같이 요약할 수 있다.

① 액주계 양쪽의 압력이 동일한 수평 기준선을 잡는다. 즉, 두 관 사이에 넣은 유체의 경계선 중 양쪽이 동일한 유체가 되도록 선택한다.

② 기준선에서 유체기둥 양쪽의 압력을 구한다. 이때 주어진 압력은 그대로 더하고,

액체기둥이 기준선보다 높으면 액체기둥에 의한 압력인 (유체밀도)×(중력가속도)×(액체기둥 높이)를 더한다. 즉 식 (3.2-6)의 좌변과 우변이 이렇게 만들어진 것이다.

③ 만일, 액체기둥이 기준선보다 낮으면 액체기둥에 의한 압력인 (유체밀도)×(중력가속도)×(액체기둥 높이)를 주어진 압력에서 뺀다. 즉 식 (3.2-8)의 좌변과 우변이 이렇게 만들어진 것이다.

예제 3.2-4 ★★

다음 그림과 같은 시차액주계에서 액체 1의 비중은 1.0, 액체 2의 비중은 13.6, 그리고 액체 3의 비중은 0.8이다. $h_1 = 20$ cm, $h_2 = 50$ cm, 그리고 $h_3 = 30$ cm일 때 A관과 B관 사이의 압력차를 Pa 단위로 구하라.

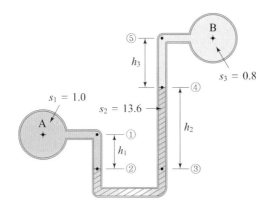

풀이 |

시차액주계에서 ②–③을 연결하는 선이 기준선이다. 이 기준선 양쪽의 압력 평형식은

$$p_a + \rho_1 g h_1 = p_b + \rho_2 g h_2 + \rho_3 g h_3.$$

두 관 사이의 압력차는 다음과 같다.

$$
\begin{aligned}
p_a - p_b &= \rho_2 g h_2 + \rho_3 g h_3 - \rho_1 g h_1 \\
&= (13{,}600 \times 9.8) \times 0.5 + (800 \times 9.8) \times 0.3 - (1{,}000 \times 9.8) \times 0.20 \\
&= 67{,}032 \text{ Pa}
\end{aligned}
$$

예제 3.2-5 ★★

다음 그림에서 두 수조 A와 B의 밑면에서의 압력차를 계산하라.

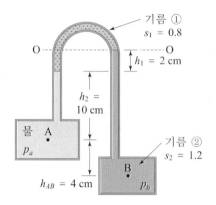

기름 ①
$s_1 = 0.8$

O — — — O

$h_1 = 2$ cm

$h_2 = 10$ cm

물 A
p_a

기름 ②
$s_2 = 1.2$

B
p_b

$h_{AB} = 4$ cm

풀이 |

오른쪽 관의 기름 ①과 기름 ②의 경계면을 기준선으로 잡고 압력 평형식을 구한다.

$$p_a - \rho_w g h_2 - \rho_1 g h_1 = p_b - \rho_2 g(h_1 + h_2 + h_{AB})$$

이 식에서 지점 A와 지점 B 사이의 압력차 $p_a - p_b$는 다음과 같다.

$$\begin{aligned} p_a - p_b &= \rho_w g h_2 + \rho_1 g h_1 - \rho_2 g(h_1 + h_2 + h_{AB}) \\ &= 1{,}000 \times 9.8 \times 0.10 + 800 \times 9.8 \times 0.02 - 1{,}200 \times 9.8 \times (0.02 + 0.10 + 0.04) \\ &= -744.8 \text{ Pa} \end{aligned}$$

■

예제 **3.2-6** ★★

다음 그림에서 A와 B의 압력 차이를 계산하라.

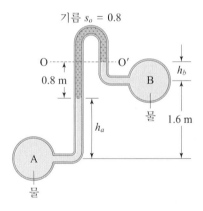

기름 $s_o = 0.8$

O — — — O′

0.8 m

h_b

B

물

h_a

1.6 m

A

물

풀이 |

문제에서 기름의 높이 $h_o = 0.8$ m이고, $h_a + 0.8 = h_b + 1.6$이다.

따라서 $h_b = h_a - 0.8$의 관계가 있다.

x와 y를 기준면으로 한 압력 평형식에서 압력차를 구한다.

$$p_a - \rho_w g h_a - \rho_o g h_o = p_b - \rho_w g(h_a - 0.8)$$

$$p_a - p_b = \rho_w g h_a + \rho_o g h_o - \rho_w g(h_a - 0.8) = \rho_w g \times 0.8 + \rho_o g h_o$$

$$= 1{,}000 \times 9.8 \times 0.8 + 800 \times 9.8 \times 0.8 = 14{,}112 \text{ Pa}$$

■

(3) 경사액주계

경사액주계(inclined-tube manometer)는 압력차가 작을 경우 정확한 측정을 위해 **그림 3.2-4**에 보인 것처럼 경사지게 만든 액주계이다. 액주계의 한쪽이 θ만큼 기울어져 있으며, 경사길이 L를 측정하여 관로 ①과 관로 ② 사이의 압력차를 구한다. 앞과 같은 방법으로 기준선 O-O′에 대해 압력의 평형방정식을 만들면 다음과 같다.

$$p_a + g\rho_1 h_1 = p_b + g\rho L\sin\theta + g\rho_2 h_2 \qquad (3.2\text{-}10)$$

이 식을 정리하면 다음과 같다.

$$p_a - p_b = g\rho L\sin\theta + g\rho_2 h_2 - g\rho_1 h_1 \qquad (3.2\text{-}11)$$

따라서 L의 길이만 측정하면 압력차를 알 수 있다. 이때 경사각 θ가 너무 작으면 오히려 자체 오차를 증가시키므로 $30°$ 이하의 작은 경사는 피해야 한다.

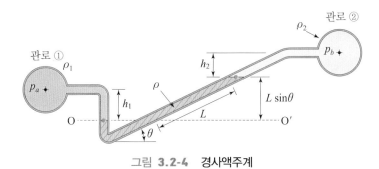

그림 3.2-4 경사액주계

예제 3.2-7 ★★★

다음 그림과 같이 확대율$\left(\varepsilon = \dfrac{L}{\Delta p/(\rho g)} = \dfrac{1}{\sin\theta}\right)$이 $\varepsilon = 5$인 경사액주계에서 압력차 $\Delta p = p_1 - p_2$를 계측한 읽음이 $L = 300$ mm이었다. 이때의 압력차 Δp 및 액주계의 경사각 θ를 구하라. 단, 작동액은 물이라 하자.

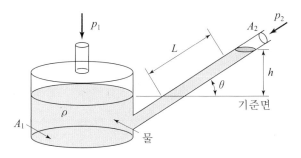

경사관 액주계의 압력차 Δp는 확대율의 정의에서 다음과 같다.

$$\Delta p = \frac{\rho g L}{\varepsilon} = \frac{1000 \times 9.8 \times 0.3}{5} = 588 \; \text{Pa}$$

또한 확대율의 정의에서 이때의 경사각 θ는 다음과 같다.

$$\theta = \sin^{-1}\left(\frac{1}{\varepsilon}\right) = \sin^{-1}\left(\frac{1}{5}\right) = 11.5°$$

■

(4) 기타 압력계

앞항까지 유체역학적인 지식을 이용한 압력계인 액주계들을 살펴보았다. 여기서는 탄성형 압력계와 전기형 압력계에 대해 간단히 살펴본다.

■ 탄성형 압력계

탄성형 압력계는 유체의 압력에 의한 힘과 탄성체의 변형력이 균형을 이루도록 하여 압력을 측정하는 압력계이다. 버든관(Bourdon tube)이나 박막압력계(diaphram) 등이 널리 이용되는 탄성형 압력계이다.

이들 중 그림 **3.2-5(a)**의 버든관 압력계가 산업계에서 가장 널리 이용되고 있다. 타원형 단면을 가진 금속제 곡선관(Bourdon관)의 한쪽은 막혀 있지만 자유롭게 움직일 수 있고, 다른 한쪽은 틀에 고정되어 있다. 고정된 쪽으로 압력이 가해지면, 관의

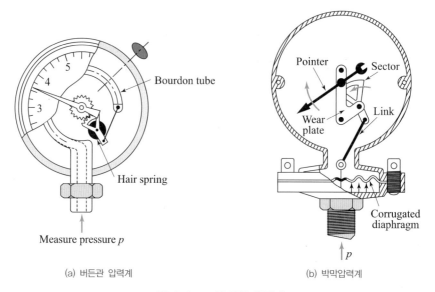

(a) 버든관 압력계   (b) 박막압력계

그림 **3.2-5 탄성형 압력계**

쉬어가는 곳 kgf/cm²과 psi

이 책에서는 압력을 주로 Pa 단위로 쓴다. 그래서 일상에서 많이 쓰는 단위인 kgf/cm²과 psi를 언급하지 않았다. kgf/cm²은 다음과 같이 Pa로 변환할 수 있다.

$$1 \text{ kgf/cm}^2 = 9.8 \text{ N/cm}^2 = 9.8 \times 10^4 \text{ Pa}$$

따라서 실제로 쓸 때는 $1 \text{ kgf/cm}^2 \simeq 10^5$ Pa로 보고 계산하는 것이 편리하다.

다음으로 psi는 제곱인치당 파운드힘(lbf/in²)의 의미이다.

$$1 \text{ lbf} = 0.45 \text{ kg} \times 9.8 \text{ m/s}^2 = 4.45 \text{ N}$$

$$1 \text{ in}^2 = 2.54 \times 2.54 \text{ cm}^2 = 6.45 \text{ cm}^2$$

따라서

$$1 \text{ lbf/in}^2 = 6,895 \text{ Pa}$$

따라서 일상에서는 $1 \text{ psi} \simeq 7,000$ Pa로 보고 계산해도 문제없다.

미국에서는 압력의 단위로 상당히 자주 쓰며, 대기압은 14.7 psi, 자동차 타이어 압력은 32 psi 정도이다. 혹시 자동차를 갖고 있으면, 자동차의 관리 매뉴얼에 타이어 압력을 32 psi로 하라는 것을 찾아볼 수 있을 것이다.

자동차 타이어 압력계

계기판의 타이어 압력

단면은 원형이 되려고 하며 자유단이 바깥쪽으로 움직인다. 이 움직임을 확대하여 압력을 측정할 수 있다. 압력이 대기압보다 작아지면(진공) 자유단은 안쪽으로 움직이며, 이 경우 압력계는 진공계(vacuum gauge)로 이용할 수 있다.

■ 전기형 압력계

압력을 박막, 버든관의 바람통(Bourdon tube bellows) 등을 지나는 힘 또는 변위로 바꾸어 선응력계(wire strain gauge), 반도체 응력계(semiconductor strain gauge)[h] 등을 이용하여 전기적 특성의 변화로 측정한다. 이 종류의 압력계는 변동 압력을 측정하는 데 유용하다. 그림 **3.2-6**에 선응력계를 이용한 압력계 두 종류를 예로 보였다.

---

h) 액주저항 효과(piezoresistance effect)를 이용

(a) 소형(PGM-C)

(b) 엔진의 압력 표시(PE-J, P)

그림 **3.2-6** 선응력계형 압력 변환기

(5) 연습문제

문제 **3.2-1** (★☆☆)

다음 그림과 같이 밀폐된 용기에 직경이 $D = 3.0$ mm인 관을 세웠다. 수면에서의 압력이 $p_a = 0.3$ kPa이고 $h_w = 20$ cm라면 물기둥의 상승높이 h는 얼마인가? 단, 모세관 현상도 고려하고, 물의 온도는 20 ℃로 하고, 물의 표면장력은 $T = 72.7$ dyne/cm, 물과 유리의 접촉각은 0°로 계산한다.

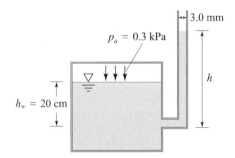

문제 **3.2-2** (★☆☆)

다음 그림과 같이 물이 흐르는 관로에 수은이 들어 있는 액주계가 붙어 있다. U자관 수은 액주계의 높이가 $h_1 = 350$ mm, $h_2 = 600$ mm일 때 관로 A의 압력 p_a를 구하라.

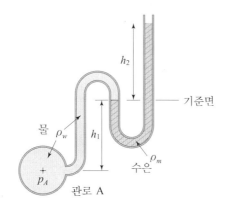

문제 3.2-3 (★☆☆)

다음 그림과 같이 밀도 $\rho_o = 830$ kg/m³인 기름을 윗부분에 채워 넣은 역U자관 액주계로 $h = 20$ cm의 고저차가 있는 2개의 관로 중의 물의 압력차를 계측하려 한다. 역U자관 액주계의 눈금이 $h_o = 90$ cm일 때, 물이 흐르고 있는 두 관로 중심의 압력차 $p_1 - p_2$를 구하라. 또 기름 대신에 $\rho_a = 1.20$ kg/m³인 공기를 넣으면 눈금 h_o는 어떻게 변화하는지 답하라.

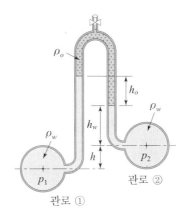

문제 3.2-4 (★☆☆)

다음 그림과 같은 액주계는 두 수조의 수면 차를 측정하는 데 사용할 수 있다. 두 수조를 연결하는 액주에 비중이 $s_o = 0.9$인 기름을 사용하였다. 두 수조의 수면 차를 구하라.

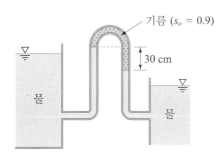

문제 3.2-5 (★★☆)

다음 그림과 같이 직경 8 cm의 피스톤이 직경 7 mm인 액주계 안의 유체를 누른다. 무게가 m인 추를 피스톤 위에 놓을 때 액주계 내의 유체가 10 mm 더 상승한다. 추의 질량은 얼마인가?

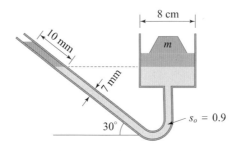

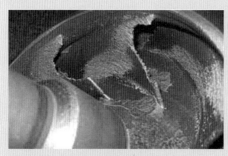
공동현상에 의한 펌프의 회전날개 손상

공동현상에 의한 댐 여수로 표면 손상

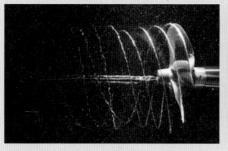
공동터널(cavitation tunnel)의 선박 프로펠러 시험

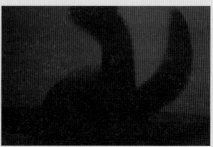
영화 〈붉은10월〉 중에서 역회전으로 공동현상을 일으키는 장면

쉬어가는 곳 공동현상

공동현상(cavitation)은 액체가 빠른 속도로 운동할 때 액체의 압력이 증기압 이하로 낮아져서 액체 내에 증기 기포가 발생하는 현상이다. 발생한 증기기포는 문자 그대로 물속에 빈 곳(공동, cavity)을 형성하며, 이 증기기포가 벽에 닿으면서 터지면 관로나 구조물에 부식과 소음 등이 발생한다.

공동현상이 발생하려면, 액체 내 압력이 증기압 이하로 낮아질 정도로 액체의 유속이 빨라져야 하므로, 선박의 프로펠러(propeller), 펌프의 회전날개(impeller), 여수로 표면, 도수터널 등에 주로 발생한다. 특히 잠수함의 프로펠러에서 공동현상이 발생하면, 은밀성을 최우선으로 하는 잠수함에서는 치명적이 되므로 잠수함 프로펠러는 공동현상이 생기지 않도록 설계하며, 이것은 특급비밀에 해당하는 사항이다. 수리학 분야에서는 발전기 터빈의 회전날개의 손상이나 여수로 표면의 손상을 일으킬 수 있다.

3.3 압력힘

유체와 접하는 구조물은 보통 수력학적인 힘을 계산해야 한다. 압력에 따른 유체의 밀도변화를 무시하면 식 (3.1-8) $p = \rho g h$를 적용할 수 있으며 압력은 자유표면에서의 깊이에 비례한다.

(1) 정수압의 분포

정지유체 중에 있는 평면에 작용하는 정수압의 크기는 수심에 비례하고 작용방향은 경계면에 직각이다. 따라서 수평면에 작용하는 압력분포는 그림 **3.3-1(a)**의 AB 면이나 그림 **3.3-1(c)**의 GH 면에 작용하는 것처럼 직사각형 분포가 된다. 반면, 연직면이나 경사면에 작용하는 압력분포는 그림 **3.3-1(b)**의 CD 면이나 그림 **3.3-1(c)**의 GH 면을 제외한 여러 면에 작용하는 것처럼 삼각형 또는 사다리꼴 분포가 된다.

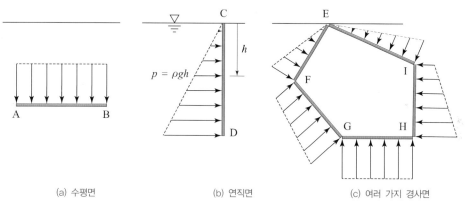

| (a) 수평면 | (b) 연직면 | (c) 여러 가지 경사면 |

그림 **3.3-1** 정수압의 분포 형태

(2) 수평평면에 작용하는 압력힘

그림 **3.3-2**와 같이 밀도 ρ인 정지유체에 h만큼 깊이에 단면적 A인 평판이 수평으로 놓여 있을 때 전압력의 크기는 다음과 같다.

$$F_v = pA = \rho g h A \qquad (3.3-1)$$

그러므로 전압력은 '물체의 위에 있는 유체의 무게($W = \rho g \mathrm{V}$)와 같다'는 것을 알 수 있다. 왜냐하면 평판의 면적 A와 유체의 깊이 h가 평판 위의 유체의 체적(V)이 되고,

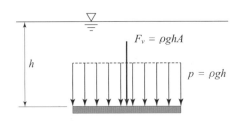

그림 **3.3-2** 정지유체 중의 수평평면이 받는 힘

여기에 유체의 단위중량($\gamma = \rho g$)을 곱한 결과가 된 것이다.

예제 **3.3-1** ★★

다음 그림과 같이 바닥면적이 3 m × 4 m인 수조에 물이 1.5 m 깊이로 차 있을 때 바닥면에 작용하는 힘의 크기를 구하라.

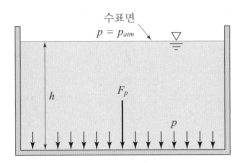

풀이 |

수평한 수조 바닥에 작용하는 압력힘은

$$F_p = pA = \rho_w g\,h\,A = 1,000 \times 9.8 \times 1.5 \times (3 \times 4) = 176,400 \text{ N.}$$ ■

(3) 연직평면에 작용하는 압력힘

연직평면이 받는 전압력의 크기를 알아보자. 그림 **3.3-3**과 같이 밀도 ρ인 유체 속에 높이가 a이고 폭이 b인 평판이 연직으로 h만큼 액체에 잠겨 있으며, 잠긴 부분의 면적은 $A = bh$이다.

평판에 작용하는 수평방향의 압력힘은 다음과 같이 구할 수 있다.

$$F_h = \int_A p\,dA = b\int_0^h p\,dh \tag{3.3-2}$$

여기서 p는 수심 h의 함수이다. 이 식을 적분하고 정리하면 다음과 같이 쓸 수 있다.

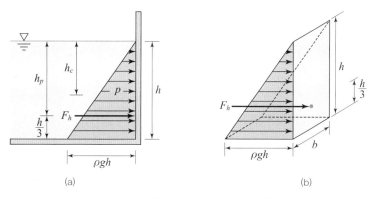

그림 **3.3-3** 정지유체 속 연직평면이 받는 압력힘

$$F_h = \rho g\, h_c A \qquad (3.3-3)$$

여기서 h_c는 평면의 도심까지의 깊이이다. 따라서 식 (3.3-3)에서 $\rho g h_c$는 평면의 도심에서의 압력이므로, 압력힘은 (평면의 도심에 작용하는 압력)×(평면의 단면적)으로 계산된 것이라 해석할 수 있다.

그림 **3.3-3**에서 알 수 있듯이 압력분포는 수심이 깊어질수록 커진다. 따라서 이 압력힘이 작용하는 위치는 도심이 아니라 그보다 약간 더 깊은 곳이 된다. 이 압력분포의 도심을 압력힘의 작용점이라 하며, 기호 h_p로 표기한다. h_p는 다음 식으로 구한다.

$$h_p = h_c + \frac{I_x}{h_c A} \qquad (3.3-4)$$

표 **3.3-1** 대표적인 도형들의 단면2차모멘트

도형	단면 형상	면적	도심 위치 (수면 아래)	단면2차모멘트
직사각형	O — G — O′, h, b	bh	$h_c = \dfrac{h}{2}$	$I_x = \dfrac{bh^3}{12}$
삼각형	O — G — O′, h, b	$\dfrac{bh}{2}$	$h_c = \dfrac{2h}{3}$	$I_x = \dfrac{bh^3}{36}$
원형	O — G — O′, D	$\dfrac{\pi D^2}{4}$	$h_c = \dfrac{D}{2}$	$I_x = \dfrac{\pi D^4}{64}$

여기서 I_x는 도심을 통과하는 축에 대한 단면2차모멘트(moment of inertia)이며, 대표적인 도형들의 단면2차모멘트는 **표 3.3-1**과 같다. 식 (3.3-4)에서 알 수 있듯이 작용점은 평면의 도심 h_c보다 $\dfrac{I_x}{h_c A}$만큼 아래에 위치한다.

예제 3.3-2 ★★★

그림과 같이 수면에 한쪽 끝이 닿아 있는 $b \times h$ 크기의 연직 사각판에 작용하는 압력힘의 작용점 h_p는 $\dfrac{2}{3}h$임을 보여라.

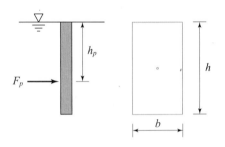

풀이

사각판의 단면적 $A = bh$, 중심 h_c, 단면2차모멘트 $I_x = \dfrac{bh^3}{12}$이므로, 작용점은 다음과 같다.

$$h_p = h_c + \frac{I_x}{h_c A} = \frac{h}{2} + \frac{\dfrac{bh^3}{12}}{\dfrac{h}{2} \times bh} = \frac{h}{2} + \frac{h}{6} = \frac{4}{6}h = \frac{2}{3}h$$ ∎

예제 3.3-3 ★★★

폭 3.0 m, 높이 2.0 m의 직사각형 수문이 수심 5.0 m에 수문의 윗부분이 일치하도록 설치되어 있다. 수문에 작용하는 힘과 작용점을 구하라.

풀이

수문의 중심까지 수심 $h_c = 6.0$ m, 수문의 높이 $h = 2.0$ m, 수문폭 $b = 3.0$ m이다.

수문에 작용하는 수평력 $F_h = \rho g h_c A = 1{,}000 \times 9.8 \times 6.0 \times (3.0 \times 2.0) = 352{,}800$ N

작용점 $h_p = h_c + \dfrac{I_x}{h_c A} = 6.0 + \dfrac{3.0 \times 2.0^3/12}{6.0 \times (3.0 \times 2.0)} = 6.06$ m ∎

예제 3.3-4 ★★★

그림과 같이 수문이 A 지점에 힌지로 연결되어 있다. B 지점에 100 kN 이상의 힘이 작용하면 받침이 파괴된다. B 지점의 받침이 파괴되지 않기 위한 최대 수심 h를 구하라. 수문의 폭은 3 m이고 자중은 무시한다.

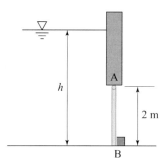

풀이 |

수심 h가 미지이므로, 수문의 중심까지의 깊이 h_c도 역시 미지이다.

수문에 작용하는 압력힘 $F_p = \rho g h_c A = 1,000 \times 9.8 \times h_c \times (3 \times 2) = 58,800 h_c$ N

작용점 $h_p = h_c + \dfrac{I_g}{h_c A} = h_c + \dfrac{\dfrac{3 \times 2^3}{12}}{h_c \times (3 \times 2)} = h_c + \dfrac{1}{3h_c}$

이때 압력힘의 모멘트팔은 $h_p - h_c + 1 = 1 + \dfrac{1}{3h_c}$ 이다.

A점에 대한 시계방향 모멘트를 구하면

$$\sum M = -58,800 h_c \times \left(1 + \frac{1}{3h_c} \right) + 2 \times (100 \times 10^3) = 0.$$

시산법으로 구하면 $h_c = 3.07$ m.

따라서 수심은 $h = h_c + 1 = 4.07$ m이다. ■

(4) 경사평면에 작용하는 압력힘

경사평면에 작용하는 힘을 알아보자. 그림 **3.3-4**는 액체 속에 완전히 잠겨 있는 평판을 나타낸 것이며, 자유표면과의 경사각은 θ이다. 이런 경우 경사면을 수평면과 연직면으로 나누어 생각할 수 있다. 먼저, 수평면은 그림 **3.3-4(b)**와 같이 수평투영면을 생각하면 된다. 따라서 길이가 $l \cos \theta$로 줄어들고, 면적도 $A \cos \theta$로 변한다. 따라서

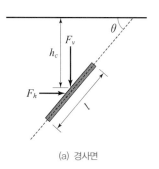

(a) 경사면

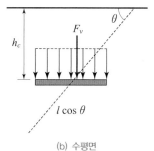

(b) 수평면

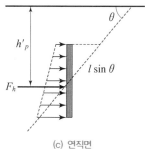

(c) 연직면

그림 **3.3-4** 경사면에 작용하는 압력힘

수평면에 작용하는 연직력 F_v는 다음과 같다.

$$F_v = \rho g h_c A \cos\theta$$

연직면에 작용하는 수평력 F_h는 그림 **3.3-4(c)**와 같이 다음과 같다.

$$F_h = \rho g h_c A \sin\theta$$

따라서 압력힘 F는 다음과 같다.

$$F = \sqrt{F_v^2 + F_h^2} = \rho g h_c A \tag{3.3-5}$$

식 (3.3-5)와 같이 전압력은 평면이 자유표면과 어떤 각을 이루든지 상관없이 일정하다. 즉 면적 A인 평판을 수중에 두고 평판의 도심 h_c를 중심으로 회전시키면 수평력과 연직력이 그 비율이 달라지지만 압력힘은 항상 일정한 값 $\rho g h_c A$를 갖는다.

경사면에 작용하는 압력힘의 작용점은 다음과 같다. (이 식의 유도는 조금 복잡하므로 유도하지 않고 그냥 제시한다.)

$$h_p = h_c + \frac{I_x \sin^2\theta}{h_c A} \tag{3.3-6}$$

예제 3.3-5 ★★★

그림과 같이 원형의 수문이 경사지게 설치되어 있다. 수문에 작용하는 힘과 작용점을 구하라.

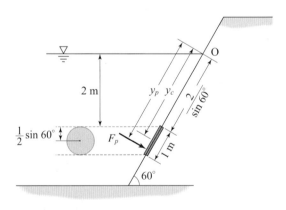

풀이

도심 $h_c = 2 + \dfrac{1}{2} \times 1 \times \sin(60°) = 2.433$ m

단면적 $A = \dfrac{\pi \times 1.0^4}{4} = 0.785$ m²

압력힘 $F_p = \rho_w g h_c A = 1{,}000 \times 9.8 \times 2.433 \times 0.785 = 18{,}750$ N

작용점 $h_p = h_c + \dfrac{I_x \sin^2\theta}{h_c A} = 2.433 + \dfrac{\dfrac{\pi \times 1.0^4}{64} \times \sin^2(60^o)}{2.433 \times 0.785} = 2.45$ m ■

(5) 곡면에 작용하는 압력힘

곡면의 한쪽이 받는 압력힘은 수평과 연직 성분으로 표시하는 것이 편리하다. 힘의 크기와 방향을 알면 직각 성분을 구할 수 있고, 반대로 직각 성분을 알면 힘의 크기와 방향을 알 수 있다. 곡면이 받는 전압력의 성분들은 그림 **3.3-5**와 같이 자유물체도의 평형조건을 적용하면 쉽게 구해진다. 정적 평형상태를 생각할 때는 유체가 외부로부터 받은 힘을 생각하므로 유체가 벽면에 미치는 힘은 그 반대방향으로 작용하는 것이다.

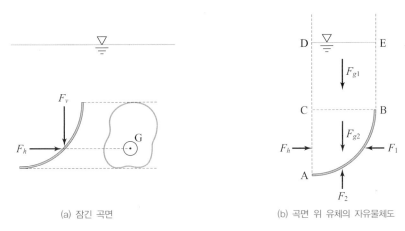

(a) 잠긴 곡면   (b) 곡면 위 유체의 자유물체도

그림 **3.3-5** 곡면에 작용하는 정수압

곡면에 작용하는 압력힘도 앞의 경사면과 같이 연직력과 수평력으로 나누어 각각 계산하고 두 힘의 합을 계산하면 된다.

■ 곡면이 자유표면과 만나는 경우

그림 **3.3-6**과 같이 반경이 R인 원형 곡면이 자유표면과 만나는 경우를 생각해 보자. x방향의 힘의 평형조건으로부터 다음과 같다.

$$\sum F_x = 0$$

$$F_h = p_c A = \left(\rho g \, \frac{R}{2} \right) \times (Rb) = \rho g \, b \, \frac{R^2}{2}$$

단위폭$(b = 1)$에 대한 수평력은 다음과 같이 된다.

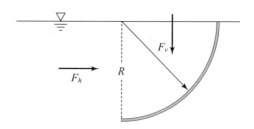

그림 **3.3-6** 자유표면과 만나는 사분원

$$F_h = \frac{\rho g \, R^2}{2} \tag{3.3-7}$$

다음은 y방향의 힘의 평형조건으로부터 식을 세우면 다음과 같다.

$$\sum F_y = -F_g + F_v = 0$$

여기서 F_g는 물체에 작용하는 중력($= mg = \rho g \, \mathrm{V}$)이다.

$$F_v = F_g = \rho g \, \mathrm{V} = \rho g \times \left(\frac{\pi R^2}{4} b \right)$$

따라서 단위폭에 대하여 연직력은 다음과 같다.

$$F_v = \frac{\rho g \, \pi R^2}{4} \tag{3.3-8}$$

전체 합력은 $F = \sqrt{F_h^2 + F_v^2}$ 이고, 작용방향은 $\theta = \tan^{-1}\left(\dfrac{F_v}{F_h} \right)$이다.

■ 곡면판이 임의 깊이 속에 잠겨 있는 경우

곡면판이 임의 깊이 속에 잠겨 있는 경우를 계산해 보자. x방향의 힘의 평형조건으로부터 다음과 같다.

$$F_h = \int_a^{a+R} \rho g \, y \, dA = \rho g \, h_c A = \rho g \left(a + \frac{R}{2} \right) R b \tag{3.3-9}$$

y방향의 경우는 다음과 같다.

$$F_v = F_{g1} + F_{g2} = \rho g \, \mathrm{V}_1 + \rho g \, \mathrm{V}_2 = \rho g (Ra) b + \rho g \left(\frac{\pi R^2}{4} \right) b \tag{3.3-10}$$

여기서 F_{g1}과 F_{g2}는 잠겨 있는 곡면 위의 유체에 작용하는 중력(즉, 각각의 무게)이다.

따라서 수평 성분은 곡면의 수평 투영면적에 작용하는 전압력과 같고, 연직 분력은 곡면의 연직상방에 있는 유체 무게와 같다. 또 수평 분력의 작용점은 3.3절 압력힘 (2)항에서 구한 평면에서의 작용점 위치와 같고, 연직 분력의 작용점은 유체 무게중심을 통과하는 연직선상에 있다.

예제 3.3-6 ★★★

다음 그림과 같이 1/4원으로 된 곡면의 길이가 2 m일 때, 1/4호 $\widehat{AB}$면에 작용하는 힘의 연직 성분은 몇 N인가? 단, 액체의 밀도는 $\rho = 1{,}270$ kg/m³이다.

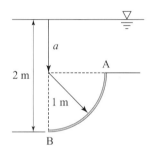

풀이

길이를 L이라 하면, 유체의 연직방향 압력힘은 (유체의 단위중량)×(연직기둥의 체적)이므로,

$$F_v = \rho g\,\mathrm{V} = \rho g\left(Ra + \frac{\pi R^2}{4}\right)L$$

$$= 1{,}270 \times 9.8 \times \left(1 \times 1 + \frac{\pi \times 1^2}{4}\right) \times 2 = 44{,}442 \text{ N}. \quad\blacksquare$$

(6) 빈 공간이 있는 경우의 압력힘

유체 속에 빈 공간이 있는 경우는 그 빈 공간의 체적에 해당하는 부력이 연직상향으로 작용하게 된다. 부력에 대해서는 3.5절에서 자세히 다룬다. 여기서는 몇 가지 상황에 대해 살펴보자.

그림 **3.3-7**과 같이 바닥면의 면적이 같으나 모양이 다른 여러 가지 용기에서 용기 밑바닥에 작용하는 압력과 압력힘을 생각해 보자. 식 (3.1-8)에서 바닥에 작용하는 압력은 수심에만 의존하므로, 그림 **3.3-7**의 모든 용기에서 바닥에 작용하는 압력은 다음과 같다.

$$p = \rho g h \tag{3.3-11}$$

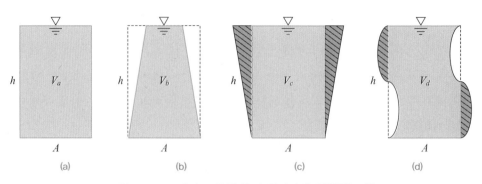

그림 **3.3-7** 여러 모양의 용기 밑바닥에 작용하는 힘

그리고 밑바닥 면적이 A로 모두 같으므로, 밑바닥에 작용하는 압력힘은 다음과 같이 모두 같다.

$$F_p = pA = \rho g h A \qquad (3.3-12)$$

그런데 이 용기를 저울에 올리면 상황이 달라진다. 먼저, 그림 **3.3-7(a)**의 원통형 용기일 때의 무게(중력)는 $W_a = \rho g h A$로 식 (3.3-12)의 압력힘과 같다. 그런데 그림 **3.3-7(b)**와 같이 회색으로 표시한 윗부분이 비어 있을 때는 여기에 연직상향의 부력이 작용한다. 따라서 무게 W_b는 $W_b = F_p - F_b$가 되어 W_a보다 작게 된다. 그리고 그림 **3.3-7(c)**과 같이 (빗금으로 표시한 부분처럼) 윗부분에 추가적인 유체 체적이 있을 경우는 이 부분의 추가적인 무게(용기 옆면에 작용하는 압력힘의 연직 분력) W_c'가 더해져서 $W_c = F_p + W_c'$로 되어 W_a보다 크게 된다. 마지막으로 그림 **3.3-7(d)**의 경우는 모양이 어떻게 달라지든 전체 체적에 변화가 없다면, 그 무게는 W_a와 같게 된다.

그림 **3.3-8**과 같이 원형의 빈 공간(안쪽 방향은 폭 b라고 하자)이 있을 때 여기에 작용하는 압력힘을 계산해 보자. 수평압력힘은 투영단면적(여기서는 직사각형)으로 계산하면 되므로 특별히 고민할 필요가 없다. 따라서 여기서는 연직압력힘만을 생각한다. 곡면 $\widehat{AB}$가 받는 압력힘은 $F_{AB} = \rho g \times (\widehat{AB}$ 윗부분 체적)이다. 이 힘은 연직 아랫방향으로 작용한다. 그 다음에 곡면 $\widehat{BC}$가 받는 압력힘은 $F_{BC} = \rho g \times (\widehat{BC}$ 윗부분 체적)이며, 이 힘은 연직 윗방향으로 작용한다. 따라서 곡면 $\widehat{ABC}$가 받는 압력힘은 $F_{ABC} = F_{BC} - F_{AB} = \rho g \times (\widehat{ABC}$의 체적)이다. 이 힘은 연직 윗방향으로 작용한다. 결국 이 힘은 부체 $\widehat{ABC}$에 작용하는 부력(3.5절 참조)과 같다.

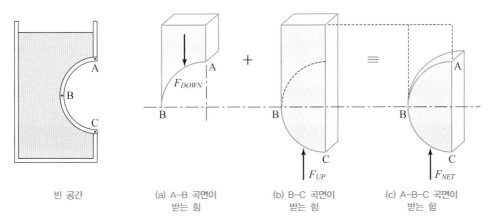

그림 **3.3-8** 빈 공간이 있는 물체에 작용하는 힘

(a) A–B 곡면이 받는 힘   (b) B–C 곡면이 받는 힘   (c) A–B–C 곡면이 받는 힘

빈 공간

쉬어가는 곳 내가 항상 피곤한 이유

우리가 지구 위에서 사는 동안 항상 공기가 우리를 누르고 있다. 이 중에서 머리와 어깨를 위에서 누르는 압력힘을 계산해 보자. 우리를 위에서 내려다 본 투영면적을 약 0.1 m²(어깨 폭 50 cm, 앞뒤 폭 20 cm 가정)라고 가정하면, 여기에 표준대기압을 곱하면 된다.

$$F_p = p_{atm} \times A = 101,300 \times 0.1 = 10,130 \text{ N}$$

이 힘은 질량 10,336 kg(무게로 따지면 약 10톤)인 물체가 누르는 중력과 같다. 성체 코끼리 한 마리의 무게가 3~4톤임을 감안하면, 우리는 평상시 코끼리 세 마리 정도를 어깨에 지고 다니는 것과 같다. 어쩐지 아침에 일어날 때 엄청 피곤하더니 그 이유가 공기 때문이었다.

위의 이야기는 우스갯소리로 해본 것이다. 실제로는 우리는 대기압을 느끼지 않는다. 그 이유는 우리 몸속에도 같은 압력이 작용하기 때문이다.

예제 **3.3-7** ★★★

그림과 같은 수조에 물이 들어 있다. BC면에 작용하는 힘은 얼마인가?

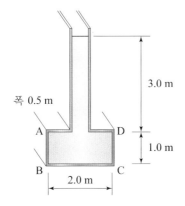

폭 0.5 m

3.0 m

1.0 m

2.0 m

풀이 |

바닥에 작용하는 압력힘은 오직 유체의 밀도, 중력가속도, 수심, 바닥면적에만 관련이 있다. 따라서

$$F = \rho g h A = 1,000 \times 9.8 \times 4 \times (2 \times 0.5) = 39,400 \text{ N.} \quad \blacksquare$$

예제 3.3-8 ★★★

그림과 같이 지면으로부터 폭이 3.0 m인 반원통형 수문이 B점에서 힌지로 연결되어 있다. 수문의 자중을 무시할 경우 수문이 열리지 않게 할 힘 F를 구하라.

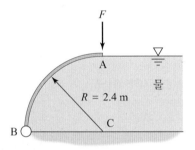

풀이 |

힘의 평형 관계를 그리면 다음 그림과 같다. (여기서 파란색 점은 빈 공간 ABD의 도심이며, F_h와 F_v는 빈 공간 ABD에 물이 차 있을 때 곡면 AB에 작용하는 힘과 같은 크기이다.)

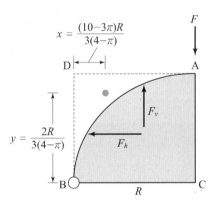

물에 의한 수평력은

$$F_h = \rho_w g h_c A = 1,000 \times 9.8 \times \frac{2.4}{2} \times (2.4 \times 3.0) = 84,672 \text{ N.}$$

수평력의 힘의 작용점은

$$h_p = h_c + \frac{I_x}{h_c A} = \frac{2.4}{2} + \frac{3 \times 2.4^3/12}{(2.4/2) \times (2.4 \times 3.0)} = 1.6 \text{ m.}$$

(단, 수평력에 대해서는 높이 2.4 m, 폭 3.0 m인 연직판과 같으므로 간단히 높이 2.4 m의

2/3인 1.6 m로 생각해도 된다.)

수문에 연직상향으로 수문 위쪽의 빈 공간의 체적(V)과 물의 단위중량을 곱한 것과 같다.

$$F_v = \rho_w g \, \mathrm{V} = 1,000 \times 9.8 \times \left(2.4 \times 2.4 - \frac{\pi \times 2.4^2}{4}\right) \times 3 = 36,342 \ \mathrm{N}$$

연직력의 작용점(그림에서 파란색 점)은 빈 공간 ABD의 도심과 같으므로,

$$x = \frac{(10 - 3\pi)R}{3(4 - \pi)} = \frac{(10 - 3\pi) \times 2.4}{3(4 - \pi)} = 0.536 \ \mathrm{m}.$$

힌지인 점 B에 대한 (시계방향) 모멘트의 합을 구하면

$$-F_v \times x - F_h \times \frac{R}{3} + F \times R = 0$$

따라서 $F = \dfrac{1}{R}\left(F_v \times x + F_h \times \dfrac{R}{3}\right) = \dfrac{1}{2.4} \times \left(36,342 \times 0.536 + 84,672 \times \dfrac{2.4}{3}\right) = 36,342 \ \mathrm{N}.$ ■

(7) 연습문제

문제 3.3-1 (★★☆)

다음 그림과 같이 수조 바닥에 반경이 0.6 m인 반구 모양의 돌출부가 있을 때, 이 반구에 작용하는 힘을 구하라.

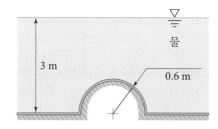

문제 3.3-2 (★☆☆)

직경이 D인 원형 평면이 그림과 같이 액체 속에 잠겨 있다. 상부가 수면과 일치할 때, 이 평면에 작용하는 힘과 작용점을 구하라.

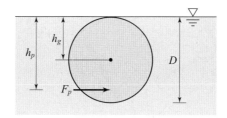

문제 3.3-3 (★★☆)

폭이 5.0 m인 수문이 그림과 같이 설치되어 있다. 수문 상류와 하류의 수심은 각각 7.5 m와 3.0 m이다. 수문에 작용하는 힘과 작용점을 구하라.

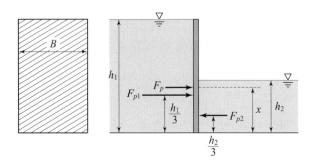

문제 3.3-4 (★☆☆)

저수심이 10 m인 곳에 그림과 같이 댐이 시공되어 있다. 댐의 길이가 100 m일 때 댐에 작용하는 힘과 작용점을 계산하라.

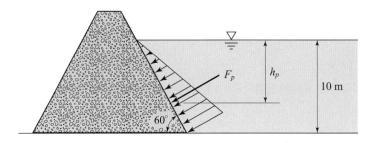

문제 3.3-5 (★★☆)

다음 그림과 같은 저수지의 경사면에 직경 4.0 m의 수문이 설치되어 있다. 원형 수문의 중심에 축이 설치되어 있으며, 중심으로부터 수면까지의 깊이가 10.0 m이다. 물에 의해 수문에 미치는 힘의 크기와 작용점을 구하라.

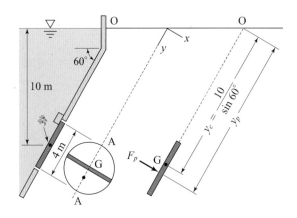

문제 3.3-6 (★☆☆)

다음 그림과 같이 폭 3.0 m인 사분원통의 수문이 있다. B에 힌지가 있을 때 이 수문이 열리지 않도록 하기 위해서 점 A에서 왼쪽으로 가해주어야 할 수평력은 얼마인가?

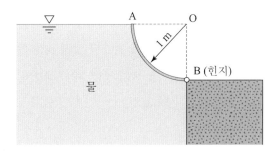

3.4 압력과 관벽의 두께

(1) 관벽의 두께

허용인장응력이 σ_a인 재질로 된 직경 D의 관에서 압력 p가 작용하고 있다. 이 압력을 견디기 위해서 관벽의 두께 t는 얼마로 해야 하는지 구해보자. 그림 **3.4-1**에서 관의 횡단면을 절반으로 자른 개요도를 살펴보자.

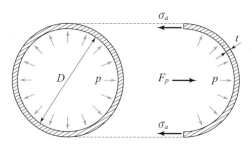

그림 **3.4-1** 관벽의 두께

이 개요도에서 관벽에 작용하는 인장력과 관 내부에서 작용하는 압력힘은 다음과 같이 평형을 이룬다.

$$2\sigma_a t = pD \tag{3.4-1}$$

따라서 관벽의 두께는 다음과 같다.

$$t = \frac{pD}{2\sigma_a} \tag{3.4-2}$$

예제 3.4-1 ★★★

허용인장응력이 $\sigma_a = 14$ kN/cm^{2}인 내경 500 mm의 강관에서 압력수두가 150 m일 때, 강관의 두께는 얼마이어야 하는가?

풀이

문제에서 $\sigma_a = 1.4 \times 10^8$ Pa, $D = 0.5$ m, 압력수두가 150 m이므로,

압력은 $p = \rho_w g h = 1,000 \times 9.8 \times 150 = 1.47 \times 10^6$ Pa이다. 따라서 강관의 두께는 다음과 같다.

$$t = \frac{pD}{2\sigma_a} = \frac{(1.47 \times 10^6) \times 0.5}{2 \times (1.40 \times 10^8)} = 2.6 \times 10^{-3} \text{ m} = 2.6 \text{ mm}$$ ■

(2) 연습문제

문제 3.4-1 (★☆☆)

해수면 아래 240 m 지점에 반경 1 m인 강관을 설치할 경우 관의 두께를 얼마로 하면 안전한가?
단, 강관의 허용압축응력은 $\sigma_a = 10 \ \mathrm{kN/cm^2}$이다.

3.5 부력과 부체의 안정

(1) 부력의 원리

부력(buoyant force)에 관한 원리는 기원전 200년경 아르키메데스(Archimedes)가 발견한 것인데 정지유체 속에 잠겨 있거나 혹은 떠 있는 물체의 표면에 작용하는 유체의 압력힘(표면력)에 의해 연직 윗방향으로 받는 힘, 또는 물체의 체적에 해당하는 유체의 무게(= 물체가 배제한 유체의 무게)를 말한다.

정지유체이므로 물체에 작용하는 표면력은 유체 압력뿐이다. 지금 그림 **3.5-1**과 같이 액체 속에 잠겨 있는 물체(임의의 형상)에 작용하는 표면력을 생각해 보자. 유체의 밀도를 ρ, 중력가속도를 g, 부체가 잠긴 체적(배수 체적, 유체를 밀어낸 체적이라고도 한다)을 V_d라 할 때 부력 F_b의 크기는 다음과 같이 쓸 수 있다.

$$F_b = \rho g V_d \tag{3.5-1}$$

부력의 작용점은 배제된 유체 체적의 중심이며, 이 점을 부심(center of buoyancy)이라 한다. 그리고 유체표면에서 부체의 가장 깊은 곳까지의 깊이를 흘수(draft)라 하고, 유체표면이 부체를 절단하는 가상면을 부양면이라 부른다.

(2) 수면에 떠 있는 물체에 작용하는 부력

물체가 그림 **3.5-1(a)**와 같이 수면에 떠 있을 때, 물체에 작용하는 힘은 중력과 부력의 두 가지이다. 이 두 힘은 크기는 같고 작용선은 동일한 연직선상에 있고 작용방향은 반대이다. 물체에 작용하는 중력은 보통 중량이라고 하며 다음과 같다.

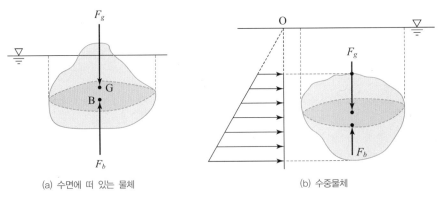

(a) 수면에 떠 있는 물체   (b) 수중물체

그림 **3.5-1** 부력

기초 수리학

$$F_g = mg = \rho_s g \mathrm{V} \tag{3.5-2}$$

여기서 ρ_s는 물체의 밀도, g는 중력가속도, V는 물체의 체적이다. 물체에 작용하는 부력은 다음과 같다.

$$F_b = \rho_w g \mathrm{V}_d \tag{3.5-3}$$

여기서 ρ_w는 유체(대부분은 물)의 밀도, V_d는 유체 속에 잠긴 부체의 체적이다.

이 두 힘이 평형을 이루어야 하므로,

$$F_g = F_b \tag{3.5-4}$$

또는

$$\rho_s g \mathrm{V} = \rho_w g \mathrm{V}_s \tag{3.5-5}$$

이것을 다시 쓰면 다음의 관계가 있다.

$$\frac{\rho_s}{\rho_w} = \frac{\mathrm{V}_d}{\mathrm{V}} \tag{3.5-6}$$

그런데 식 (3.5-6)에서 유체가 물일 경우 이 식의 좌변은 바로 물체의 비중이다. 따라서 어떤 물체가 물 위에 떠 있을 때, (잠긴 체적) V_d와 (전체 체적) V의 비율은 바로 비중과 같다는 것을 알 수 있다(비중계의 원리).

예제 3.5-1　　★★★

비중계가 그림처럼 액체에 떠 있다. 기둥의 직경은 0.6 cm로 일정하며, 비중계 전체 질량이 20 g이고, 밑에 있는 구는 중심을 잡는 데 쓰인다. 이 비중계가 비중 $s_f = 1.3$인 액체에 떠 있을 때, 높이 h를 계산하라.

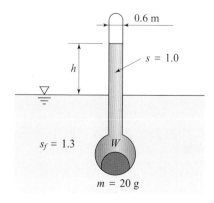

3장 유체정역학

문제에서, 비중계 질량 $m = 20$ g, 직경 $D = 0.6$ cm, 비중계 밀도 $\rho_s = 1.0$ g/cm^{3}이다.

비중계 전체의 체적

$$\mathrm{V}_0 = \frac{m}{\rho_s} = \frac{20}{1.0} = 20 \ \text{cm}^3$$

따라서 비중 $s_f = 1.3$, 밀도 $\rho_f = 1.3$ g/cm^{3}인 액체 속에서 평형을 이루기 위해서는, (부력) = (중력)이므로

$$\rho_f g \mathrm{V} = mg$$
$$\rho_f g \left(\mathrm{V}_0 - \frac{\pi}{4} D^2 h \right) = mg$$
$$h = \frac{4}{\pi D^2} \left(\mathrm{V}_0 - \frac{m}{\rho_f} \right) = \frac{4}{\pi \times 0.6^2} \left(20 - \frac{20}{1.3} \right) = 16.3 \ \text{cm} \quad \blacksquare$$

예제 3.5-2 ★★★

빙산의 일부가 해수에 그림과 같이 잠겨 있다. 빙산의 전체 체적을 구하라.

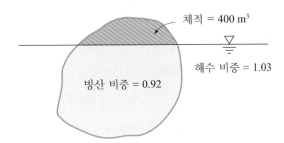

체적 = 400 m^3

해수 비중 = 1.03

빙산 비중 = 0.92

풀이 |

수면 위 빙산의 체적은 $\mathrm{V}_o = 400$ m^3, 빙산의 비중은 $s_i = 0.92$, 해수의 비중은 $s_w = 1.03$이므로, 빙산의 밀도는 $\rho_i = 920$ kg/m^2, 해수의 밀도는 $\rho_w = 1,030$ kg/m^{2}이다.

빙산 전체의 체적을 V, 잠긴 부분의 체적을 V_d라 놓으면, (빙산에 작용하는 중력) = (부력)이므로

$$\rho_i g \mathrm{V} = \rho_w g \mathrm{V}_d$$
$$\rho_i g \mathrm{V} = \rho_w g (\mathrm{V} - \mathrm{V}_o)$$

따라서 빙산의 체적은 $\mathrm{V} = \dfrac{\rho_w}{\rho_w - \rho_i} \mathrm{V}_o = \dfrac{1,030}{1,030 - 920} \times 400 = 3,745.5 \ \text{m}^3$이다. $\quad \blacksquare$

예제 3.5-3 ★★☆

중량이 150,000 kN인 선박이 바다(비중 $s_s = 1.025$)에서 운항할 때 흘수가 10 m이었다. 이 선박이 담수로 채워진 운하로 진입하면 흘수는 얼마나 증가하는가? 단, 선박의 부양면 부근에서 단면적은

2,500 m²이다.

풀이 |

바다에서 선박이 잠긴 체적은 선박의 중량(또는 중력)만큼 부력을 받는다. 즉,

$$1.5 \times 10^8 = \rho_s g V_s$$

여기서 ρ_s는 해수의 밀도(kg/m³), V_d는 물에 잠긴 체적이다. 그러므로

$$V_d = \frac{W}{\rho_s g} = \frac{1.5 \times 10^8}{1,025 \times 9.8} = 14,932.8 \text{ m}^3$$

운하에서 선박이 잠긴 체적은

$$V_f = \frac{1.5 \times 10^8}{1,000 \times 9.8} = 15,306.1 \text{ m}^3$$

즉 운하에서 선박이 $15,290.52 - 14,917.58 = 372.94$ m³만큼 더 잠긴다.

이 체적을 부양면의 단면적으로 나누면 $\frac{372.91}{2,500} = 0.149$ m만큼 더 잠긴다는 것을 알 수 있다.

즉 운하의 담수에서 흘수는 $10 + 0.149 = 10.149$ m이다. ■

(3) 수중에 잠겨 있는 물체에 작용하는 부력

물체가 그림 **3.5-1(b)**와 같이 물속에 잠겨 있을 때는 물체의 체적과 물속에 잠긴 체적이 같게 된다. 즉, 앞의 식 (3.5-5)와 (3.5-6)에서 $V = V_s$이므로, 당연히 중력 F_g와 부력 F_b는 차이가 생긴다. 이 차이를 다음과 같이 정의한다.

$$(\text{수중중량}) = (\text{중량}) - (\text{부력})$$
$$W' = F_g - F_b = (\rho_s - \rho_w) g V \qquad (3.5-7)$$

만일 $\rho_s > \rho_w$, 즉 비중이 1.0보다 큰 물체(물보다 무거운 물체)인 경우는 수중중량 $W' > 0$이 되어, 무언가 추가적인 힘을 가해주지 않으면 계속 물속으로 가라앉는다. 반대로 $\rho_s < \rho_w$, 즉 비중이 1.0보다 작은 물체(물보다 가벼운 물체)인 경우는 수중중량 $W' < 0$이 되어, 무언가 추가적인 힘을 가해주지 않으면 물체는 계속 물 위로 떠오르려고 한다.

예제 **3.5-4** ★★★

다음 그림과 같이 직경 1 m, 질량 500 kg인 부표를 케이블로 고정시켜 수표면에 떠 있도록 하였다. 만일 수심이 증가하여 부표가 물에 완전히 잠기게 되면 케이블에 걸리는 장력 T는 얼마인가?

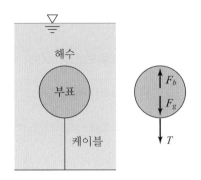

풀이 |

부표의 공기 중 무게(중력) $F_g = mg = 500 \times 9.8 = 4,900$ N

부력 $F_b = \rho_w g \mathrm{V} = \rho_w g \dfrac{\pi D^3}{6} = 1,000 \times 9.8 \times \dfrac{\pi \times 1^3}{6} = 5,131$ N

따라서 장력 $T = F_b - F_g = 5,131 - 4,900 = 231$ N ■

예제 3.5-5 ★★

공기 중에서 돌의 무게가 500 N이고 물속에서의 무게가 272 N이었다. 이 돌의 체적과 비중을 계산하라.

풀이 |

먼저, 이 상황을 개략도로 그리면 다음 그림과 같다.

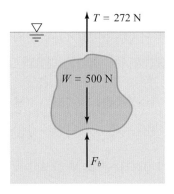

돌의 무게(중력) $F_g = 500$ N이 아랫방향으로 작용하고 있으며, 윗방향으로 줄에 수중중량 $T = W_s = 272$ N이 걸린다. 부력 F_b는 윗방향을 향한다. 그러므로

$$\sum F_v = T + F_b - W = 272 + F_b - 500 = 0$$
$$F_b = 228 \text{ N}$$

부력은 배제된 물의 무게와 같으므로,

돌의 체적 $\mathrm{V} = \dfrac{F_b}{\rho_w g} = \dfrac{228}{1,000 \times 9.8} = 0.023$ m³

돌의 비중 $s = \dfrac{F_g}{F_b} = \dfrac{500}{228} = 2.19$ ■

(4) 부체의 안정성

물에 떠 있는 부체에는 일정한 크기의 중력(F_g)과 부력(F_b)이 작용한다. 중력은 작용점이 무게중심 G로 일정하나, 부력 작용점(부심) B는 물에 잠긴 체적의 형상에 따라 변하기 때문에, 부체에 변위가 생기면 잠긴 부분의 형상이 변하고, 따라서 부심의 위치가 변한다.

따라서 중력과 부력 작용점의 위치관계에 따라 다음의 세 경우가 발생한다. 그림 **3.5-2(a)**와 같이 중력과 부력의 작용선이 일치하여 평형을 이루고 있는 경우는 중립(neutral)이라 한다. 그림 **3.5-2(b)**와 같은 경우는 부체가 시계방향으로 각도 θ만큼 기울었을 때 부심 B가 B′으로 이동하게 된다. 그러면 중력과 부력은 반시계방향의 짝힘을 이루어 부체를 원래 상태로 되돌리려는 복원모멘트(restoring moment)가 작용하게 된다. 이런 상태를 안정(stable)이라 한다.

반면, 그림 **3.5-2(c)**와 같은 경우는 부체가 시계방향으로 각도 θ만큼 기울었을 때 부심 B가 B″으로 이동한다. 이때 중력 F_g와 부력 F_b가 시계방향의 짝힘을 이루며, 부체를 오히려 더 기울어지게 만드는 전도모멘트가 작용한다. 이런 경우를 불안정(unstable)이라 한다.

즉, 부체에서는 중심과 부심의 위치 관계에 따라 부체의 상태가 달라진다. 부체의 안정성은 그림 **3.5-3**을 이용하여 판단해 보자. 그림 **3.5-3(a)**와 같은 상태에 있던 부체가 시계방향으로 각도 θ만큼 기울어지면 부심 B는 새로운 부심 B′으로 이동한다. 이때 새로운 부심 B′을 지나는 연직선이 부양축과 만나는 교점 M이 생긴다. 이 교점 M을 경심(metacenter)이라고 하고, 경심과 중심의 거리 $\overline{\text{MG}}$를 경심고(height of metacenter)라 한다. 경심고 $\overline{\text{MG}}$는 다음과 같이 계산한다.

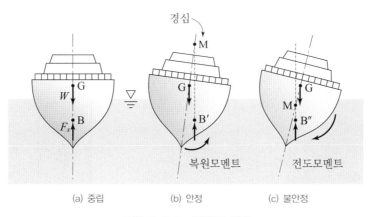

| (a) 중립 | (b) 안정 | (c) 불안정 |

그림 3.5-2 부체의 상태

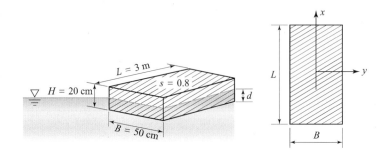

그림 **3.5-3** 부체의 안정성 판단

(a) 안정 (b) 불안정 (c) 중립

$$\overline{\text{MG}} = \frac{I}{V_d} - \overline{\text{GB}} \tag{3.5-8}$$

여기서 I는 G점을 통과하는 축에 대한 단면2차모멘트, V_d는 수중에 잠긴 체적, $\overline{\text{GB}}$는 중심 B와 부심 B 사이의 거리이다.

식 (3.5-8)에서 부체의 안정 상태는 다음과 같이 판단한다.

$$\overline{\text{MG}} > 0 \text{이면, 안정 상태}$$
$$\overline{\text{MG}} = 0 \text{이면, 중립 상태}$$
$$\overline{\text{MG}} < 0 \text{이면, 불안정 상태이다.}$$

정리하면, 중심, 경심, 부심의 위치 관계에 의해 안정이 결정된다. M이 G보다 위에 있을 때는, 부체가 약간 기울어졌을 때 복원력이 작용하여 안정된 상태로 되돌아간다. 그러나 M이 G보다 아래에 있으면 부체가 기울어진 방향으로 힘이 작용하여 부체의 기울기가 더 커지고 결국 부체는 전복되고 만다.

예제 3.5-6 ★★★

그림과 같이 비중 $s = 0.8$인 직육면체 물체가 수중에 떠 있다. 이 물체의 안정 여부를 판단하라.

기초 수리학

물체의 질량을 m, 중량을 W, 체적을 V, 물체의 물속에 잠긴 부분의 체적을 V_d, 물체의 밀도를 ρ_s, 물의 밀도를 ρ_w라 하자.

물체 중량 $W = \rho_s g V = (0.8 \times 1,000) \times 9.8 \times (0.2 \times 0.5 \times 3) = 2,352$ N

(중량) = (부력)이므로, $W = F_b = \rho_w g V_d$이다. 그러므로

$$V_d = \frac{W}{\rho_w g} = \frac{2,352}{1,000 \times 9.8} = 0.24 \ \text{m}^3$$

물체의 흘수를 d라 하면,

$$d = \frac{V_d}{BL} = \frac{0.24}{3 \times 0.5} = 0.16 \ \text{m}$$

물체의 바닥으로부터 중심 G까지의 거리를 d_g라 하고, 부심 C의 위치를 d_c라 하면,

$$d_g = \frac{H}{2} = 0.1 \ \text{m}, \ d_c = \frac{d}{2} = 0.08 \ \text{m}$$

부양면에 대한 최소 단면2차모멘트 I_x는

$$I_x = \frac{LB^3}{12} = \frac{3 \times 0.5^3}{12} = 0.031 \ \text{m}^4$$

중심 G와 경심 M까지의 거리 $\overline{GM}$은

$$\overline{GM} = \frac{I_x}{V_d} - \overline{GC} = \frac{0.031}{0.24} - (0.1 - 0.08) = 0.109 \ \text{m} > 0$$

$\overline{GM}$이 0보다 크므로 안정이다. ■

예제 3.5-7 ★★★

그림과 같은 콘크리트 케이슨(비중 = 2.4)이 해수(비중 = 1.025)에 떠 있을 때 콘크리트 케이슨의 안정을 판별하라.

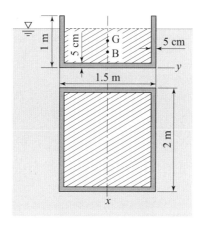

콘크리트의 체적을 V_c, 중량을 W라 하자.

$$V_c = 2 \times 1.5 \times 1.0 - 1.9 \times 1.4 \times 0.95 = 0.473 \ \text{m}^3$$

$$W = \rho_c g \, V_c = (2,400 \times 9.8) \times 0.473 = 11,125 \ \text{N}$$

흘수를 d, 단면적을 A라고 하면, (무게)=(부력)의 관계에서 $W = F_b = \rho_w g \, A d$

흘수 $d = \dfrac{W}{\rho_w g A} = \dfrac{11,125}{1,000 \times 9.8 \times (2 \times 1.5)} = 0.369 \ \text{m}$

케이슨의 바닥에서 중심까지의 높이를 h_g라 하고 y축에 관한 케이슨의 모멘트를 M_y라 하면,

$$h_g = \frac{M_y}{V_c}$$

$$= \frac{1}{0.473} \left[2 \times (2 \times 1 \times 0.05 \times 0.5) + 2 \times (1.4 \times 1.0 \times 0.05 \times 0.5) + (1.9 \times 1.4 \times 0.05 \times 0.025) \right]$$

$$= 0.366 \ \text{m}$$

바닥에서 부심 C까지 높이 $d_c = \dfrac{d}{2} = \dfrac{0.369}{2} = 0.185 \ \text{m}$

경심높이 $\overline{GM} = \dfrac{I_x}{V} - \overline{GC} = \dfrac{\dfrac{2.0 \times 1.5^3}{12}}{2 \times 1.5 \times 0.369} - (0.367 - 0.185) = 0.325 \ \text{m}$ ■

(5) 연습문제

문제 3.5-1 (★☆☆)

직경이 8 cm인 원통형 통나무가 물속에 그림과 같이 잠겨 있을 때 이 통나무의 무게를 구하라.

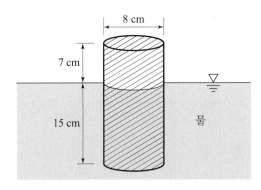

문제 3.5-2 (★☆☆)

정육면체의 목재가 그림과 같이 물속에 일부가 잠겨 있다. 목재의 비중이 0.7이라면 목재가 잠긴 깊이(흘수)를 구하라.

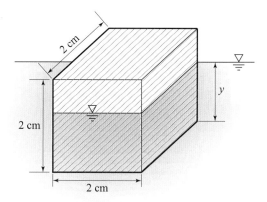

문제 3.5-3 (★★☆)

다음 그림과 같이 길이가 5.0 m이고, 직경이 2.0 m인 원기둥이 매끈한 벽에 기대어져 있다. 이 상태에서 평형을 이루고 있다면, 이 원기둥의 질량과 비중을 구하라. (단, 벽과 원기둥의 마찰은 무시한다.)

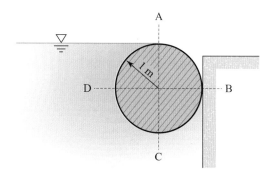

문제 3.5-4 (★★☆)

공기 중에서 왕관의 질량이 1.5 kg이었다. 물속에서 이 왕관의 무게가 1.4 kgf이라면 이 왕관은 순수한 금(순금)으로 만들어졌는가? 단, 순금의 비중은 $s_g = 19.3$이다.

문제 3.5-5 (★★☆)

비중이 7.25이고 체적이 V인 금속으로 된 정육면체가 비중이 13.67인 수은 안에 놓이면, 전체 체적 중 얼마만큼이 수은 위에 뜨게 되는가?

다음 그림과 같은 가로 6 m, 세로 3 m, 높이 3 m의 상자 케이슨의 질량이 25,000 kg이다. 이 케이슨의 흘수를 구하고, 가로 및 세로 방향의 안정성을 판단하라.

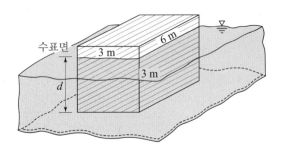

3.6 상대적 정지평형

(1) 직선 등가속운동

유체가 직선방향으로 등가속 운동을 하는 경우도 유체 내부에 상대적인 운동이 발생하지 않고, 따라서 상대적 정지평형상태로 해석할 수 있다. 직선 등가속 운동을 하는 유체 내부의 미소체적(그림 **3.6-1** 참조)에 작용하는 힘의 평형을 이용하면 직선 등가속 운동의 일반식을 유도할 수 있다.

그림 **3.6-1**과 같이 y방향의 길이는 1이고 가속도 성분이 a_x와 a_z인 유체요소에 Newton의 운동 제2법칙을 적용하면 다음과 같다.

$$\sum F_x = \left(-\frac{\partial p}{\partial x}\right) dx\, dz = \rho\, a_x\, dx\, dz \qquad (3.6\text{-}1\text{a})$$

$$\sum F_z = \left(-\frac{\partial p}{\partial z} - \rho g\right) dx\, dz = \rho a_z\, dx\, dz \qquad (3.6\text{-}1\text{b})$$

식 (3.6-1)을 정리하면 다음과 같다.

$$-\frac{\partial p}{\partial x} = \rho\, a_x \qquad (3.6\text{-}2\text{a})$$

$$-\frac{\partial p}{\partial z} = \rho\, a_z + \rho g = \rho\,(a_z + g) \qquad (3.6\text{-}2\text{b})$$

식 (3.6-2)는 등가속되고 있는 유체 내부에서 각 방향의 압력변화 특성을 표시한다. 압력에 대한 전미분은 다음과 같다.

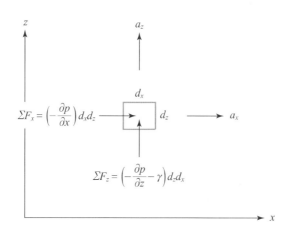

그림 **3.6-1** 직선 등가속 운동 유체 내부에 작용하는 힘과 가속도

$$dp = -\frac{\partial p}{\partial x}\,dx + \frac{\partial p}{\partial z}\,dz = -\rho\,a_x\,dx - \rho\,(a_z + g)\,dz \qquad (3.6\text{-}3)$$

압력 전미분을 이용하면 등압선(압력변화가 없는 선이므로 $dp = 0$을 만족)의 경사식을 다음과 같이 구할 수 있다.

$$\frac{dz}{dx} = -\frac{a_x}{a_z + g} \qquad (3.6\text{-}4)$$

(2) 연직 등가속 운동

그림 **3.6-2**와 같이 유체가 들어 있는 윗면이 열린 용기를 연직방향의 등가속도 a로 이동시킨다고 하자. 이 경우에 식 (3.6-2b)를 적용하면 압력은 다음과 같다.

$$\frac{dp}{dz} = -\rho(a_z + g) \qquad (3.6\text{-}5a)$$

$$p = -\rho(a_z + g)z = \rho(a_z + g)h = \rho g\left(\frac{a_z}{g} + 1\right)h \qquad (3.6\text{-}5a)$$

연직상향으로 등가속도 운동을 하는 유체는 정지 상태의 유체에 비해 더 큰 압력을 받고, 연직하향으로 등가속도 운동을 하는 유체는 정지 상태의 유체에 비해 더 작은 압력을 받는다. 유체가 자유낙하하는 경우 $a_z = -g$이므로, 식 (3.6-5)에서 $p = 0$이 되며, 무중력 상태이다.

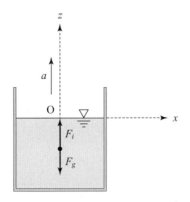

그림 **3.6-2** 연직 등가속도 운동을 받는 유체

| 예제 **3.6-1** | ★★★ |

물이 3.0 m 깊이로 담긴 수조가 4.9 m/s²의 가속도로 연직상향으로 움직이고 있다. 수조 바닥에서

의 압력은 얼마인가? 이 압력은 수조가 정지되어 있을 때와 비교하여 얼마만큼 증가한 것인가?

풀이 |

$$p = \rho_w g \left(1 + \frac{a}{g}\right) h = 1,000 \times 9.8 \times \left(1 + \frac{4.9}{9.8}\right) \times 3.0 = 44,100 \ \text{Pa}$$

한편, 정지 상태의 압력은

$$p_0 = \rho_w g h = 1,000 \times 9.8 \times 3.0 = 29,400 \ \text{Pa}.$$

따라서 압력은 $\frac{44,100}{29,400} = 1.5$배 증가한 것이다. 이것은 윗방향 가속도가 중력의 절반이기 때문이다. ■

(3) 수평 등가속 운동

그림 **3.6-3**과 같이 유체가 들어 있는 용기가 오른쪽 수평방향으로 일정한 가속도 a_x를 받는다고 하자. 이 경우에 식 (3.6-2a)를 적용하면 압력은 다음과 같다.

$$\frac{dp}{dx} = -\rho a_x, \quad p = -\rho a_x x + p_0 \tag{3.6-6}$$

여기서 p_0는 적분상수(기준압력)이며, 오른쪽으로 등가속도 운동을 하는 유체 내부에서 압력은 왼쪽으로 갈수록 높아진다.

수평 등가속 운동에 의한 액체표면의 경사 θ는 식 (3.6-4)를 이용하면 다음과 같이 구할 수 있다.

$$\tan\theta = \frac{dz}{dx} = -\frac{a_x}{a_z + g} \tag{3.6-7a}$$

$$\theta = -\arctan\left(\frac{a_x}{a_z + g}\right) \tag{3.6-7b}$$

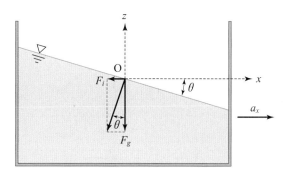

그림 **3.6-3** 수평 등가속도 운동을 받는 유체

다음 그림과 같은 수조가 오른쪽으로 가속을 받아서 그림과 같이 수면이 기울어져 있다. 이때의 가속도 a_x를 구하여라.

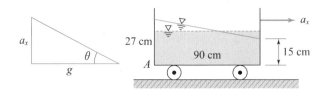

풀이 |

수면의 기울기에서

$$\tan\theta = \frac{a_x}{g} = \frac{12}{90}$$

따라서 수평가속도 $a_x = g\tan\theta = 9.8 \times \dfrac{12}{90} = 1.31 \ \mathrm{m/s^2}$ ∎

(4) 등속회전 운동

그림 **3.6-4**와 같이 반경 R인 용기에 수심 h로 유체가 담겨 있다고 하자. 이 용기를 중심축을 중심으로 일정 각속도 ω로 회전시키면 원통 안의 유체는 각속도 ω로 회전하게 된다. 평형상태에 이르게 되면 그림과 같이 곡면을 이루게 된다. 이 곡면은 유체에 작용하는 힘을 고려하여 결정한다. 유체에 작용하는 힘은 중력 $F_g = -mg$와 관성력(원심력) $F_i = r\omega^2$이 평형을 이룬다. 이 두 힘의 관계를 이용하면 중심에서 반경 r만큼 떨어진 위치의 액체표면의 높이는 다음과 같이 쓸 수 있다.

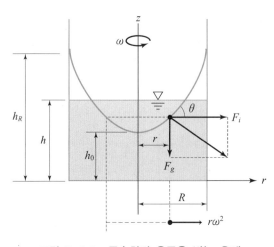

그림 **3.6-4** 등속회전 운동을 받는 유체

$$h(r) = h_i + \frac{\omega^2}{4g}\left(2r^2 - R^2\right) \tag{3.6-8}$$

여기서 h_i는 정수시 수심, ω는 각속도, R는 용기의 반경이다. 식 (3.6-6)을 이용하면, 용기 중심축($r=0$)의 액체표면의 높이 h_0와 원통벽($r=R$)에서의 높이 h_R는 각각 다음과 같이 쓸 수 있다.

$$h_0 = h_i - \frac{\omega^2}{4g}R^2 \tag{3.6-9a}$$

$$h_R = h_i + \frac{\omega^2}{4g}R^2 \tag{3.6-9b}$$

액체표면이 등압면으로 대기압이 작용하고, 압력은 수심에 비례한다. 따라서 중심축에서 압력이 가장 낮고, 용기벽에서 가장 높게 된다.

그림과 같이 직경 40 cm, 깊이 120 cm인 원통에 80 cm 깊이로 물이 차 있다. 이 원통을 중심을 축으로 하여 120 rpm으로 회전시켜서 평형상태에 도달했을 때 중심축에서의 압력 p_0와 원통벽에서의 압력 p_R은 각각 얼마인가?

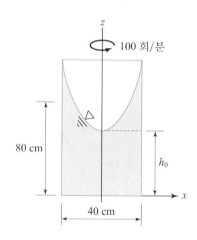

풀이

문제에서 회전각속도 $\omega = 120$ rpm $= 120 \times \dfrac{2\pi}{60} = 12.6$ rad/s,

원통의 반경 $R = 0.2$ m.

따라서 중심축에서 수위는 $h_0 = h - \dfrac{\omega^2}{4g}R^2 = 0.8 - \dfrac{12.6^2}{4 \times 9.8} \times 0.2^2 = 0.639$ m

원통벽에서 수위는 $h_R = h + \dfrac{\omega^2}{4g}R^2 = 0.8 + \dfrac{12.6^2}{4 \times 9.8} \times 0.2^2 = 0.961$ m

따라서 각각의 압력은

$$p_0 = \rho g h_0 = 1,000 \times 9.8 \times 0.639 = 6,261 \ \text{Pa}$$
$$p_R = \rho g h_R = 1,000 \times 9.8 \times 0.961 = 9,419 \ \text{Pa}$$ ■

쉬어가는 곳 　자유낙하와 무중력 상태

　놀이공원에 빠지지 않고 있는 것이 롤러코스터나 낙하기구이다. 그림 속에 있는 낙하기구는 자이로드롭이라 불리는 놀이기구이며, 수십 m 높이의 타워에 탑승의자를 기계의 힘으로 끌어올렸다가, 떨어질 때는 어떠한 힘이나 기계장치의 도움 없이 곧장 아래로 떨어뜨린다. 이렇게 자유낙하를 하면, 앞의 연직운동에서 본 것처럼 사람의 인체는 중력을 받지 않게 된다. 이때 몸속에 있는 내장들은 갑자기 중력이 없어져 공중에 붕 뜬 상태가 되므로 매우 이상한 느낌을 받게 된다. 이 때문에 대부분의 사람들은 놀래서 소리를 지르게 되는 것이다.

　이렇게 자유낙하를 하는 물체 속에 있으면 무중력 상태가 되는 것을 이용하여 지구상에서도 무중력 상태를 만들 수 있기 때문에, 우주비행사들은 훈련을 할 때 특수하게 개조된 비행기를 타고 높은 고도에 올라갔다가 비행기를 수직으로 낙하시키거나 특별한 경로의 포물선 비행을 하면서 수십 초 정도의 무중력 상태를 만들어 직접 경험한다.

자이로드롭

우주비행사 훈련(출처: 연합뉴스)

(5) 연습문제

문제 3.6-1 (★☆☆)

다음 그림과 같은 수조에 물을 1 m 깊이로 채우고 아랫방향으로 3 m/s²의 가속도로 이동시킬 때 수조 바닥에 작용하는 압력과 힘을 계산하라. 수조 바닥은 가로 5 m, 세로 3 m이다.

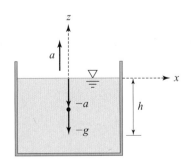

문제 3.6-2 (★☆☆)

폭 3.0 m, 높이 1.8 m, 길이 6.0 m인 사각형 수조에 물을 가득 채우고 수평방향으로 1.5 m/s²으로 수조가 이동할 때 어느 정도의 물이 수조 밖으로 넘치겠는가?

문제 3.6-3 (★★☆)

직경이 150 mm이고 높이가 380 mm인 원통에 물을 채우고 연직축에 대해 34.0 rad/s의 각속도로 회전시켰더니 상당량의 물이 넘쳤다. 이 원통을 정지시킨 후에 물의 깊이를 구하라.

4장

유체운동학

이 장에서는 유체의 이동, 즉 유체의 흐름에 따른 여러 가지 현상에 대해서 다룬다. 이때 유체 입자의 특성이나 유체 입자에 미치는 힘은 고려하지 않고, 오직 유체 입자의 운동만을 기하학적으로 살펴본다. 이런 유체역학의 분야를 유체운동학(kinematics of fluids)이라 부른다.

아이삭 뉴턴(Isaac Newton, 1642−1727)
영국의 수학자, 물리학자, 천문학자. 케임브리지 대학에서 공부하였다. 그의 3대 발견은 빛의 스펙트럼 분석, 우주의 중력, 미분과 적분이다. 그러나 그 외에도 그의 이름을 붙인 과학 용어(예를 들어 뉴턴의 고리, 뉴턴의 점성법칙 등)가 여럿 있으며, 이 때문에 현대 자연과학의 기초를 세운 사람으로 평가받는다.

4.1 유속과 유량

(1) 유속과 유량

유체가 연속적으로 운동하는 것을 흐름(flow)이라고 하며, 한자말로는 유동(流動)이라고 한다. 유체가 흐르도록 하는 힘은 압력 차이나 고저 차이이다. 이것을 힘으로 생각하면, 압력힘(pressure force)과 중력(gravitational force)이 흐름을 발생시키는 주요 힘이라는 것을 알 수 있다. 이처럼 압력힘과 중력이 같이 작용하는 흐름은 관로 흐름(pipe flow)이고, 중력만 중요하게 작용하는 흐름은 개수로 흐름(open-channel flow)이다. 관로 흐름과 개수로 흐름에 대해서는 뒤에서 자세하게 다룬다.

물과 같은 액체의 흐름은 관로(또는 개수로)를 통해 흐른다. 이런 관로나 개수로에서 흐름 방향에 수직으로 흐름을 자른 횡단면적을 흐름단면적(cross sectional area of flow) 또는 간단히 단면적(flow area)이라 하며, 보통 A라는 기호를 이용하여 표시한다. 그리고 흐름 단면적의 단위는 보통 m^2을 사용한다. 그림 **4.1-1**에 관련 기호의 개요를 보인다.

흐름의 속도를 유속(flow velocity)이라고 한다. 흐름단면적에 걸쳐 유속이 일정할 경우는 평균유속(average flow velocity)이라 하고 보통 V 또는 U로 표시한다. 이에 반해 일정하지 않고 분포를 가질 경우는 u 또는 v로 표시한다. 유속의 단위는 국제단위로 대부분 m/s를 사용한다. 다만, 지하수와 같이 매우 느린 유속을 표현할 때는 m/day를 사용하기도 한다.

유량(flow discharge, flowrate)은 '단위시간 동안 흐름단면적을 통과한 유체의 체적'으로 정의한다. 따라서 위의 흐름단면적과 평균유속을 이용하면 다음과 같이 쓸 수 있다.

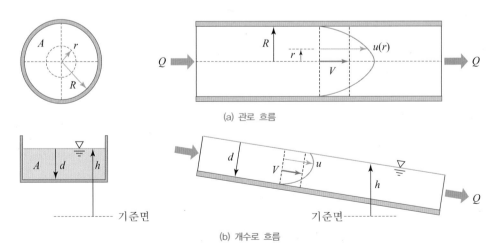

(a) 관로 흐름

(b) 개수로 흐름

그림 **4.1-1** 유체 흐름 관련 기호의 정의

$$Q = A V \qquad (4.1\text{-}1)$$

여기서 Q는 유량으로 보통 $\mathrm{m^3/s}$ 단위를 사용하며[a], A는 흐름단면적, V는 평균유속이다.

그런데 횡단면 안의 유속이 일정하지 않을 경우는 다음과 같은 면적분을 이용한다.

$$Q = \int_A u \, dA \qquad (4.1\text{-}2)$$

이처럼 횡단면 내 유속 분포가 일정하지 않은 흐름 중 쿠에트 흐름과 푸아쥬 흐름에 대해서는 '4.6절 유속 분포와 전단응력 분포'에서 다룬다. 또 식 (4.1-2) 형태의 면적분의 계산에 대해서는 부록 'A.4 면적분(유량)'을 참조하기 바란다.

유량에 대한 식 (4.1-1)이나 (4.1-2)를 이용하면 단면평균유속을 다음과 같이 정의할 수 있다.

$$V \equiv \frac{Q}{A} \quad \text{또는} \quad V \equiv \frac{1}{A} \int_A u \, dA \qquad (4.1\text{-}3)$$

쉬어가는 곳 질량유량과 체적유량

원래 유체의 흐름을 나타내는 방법 중 하나는 질량유량(mass flow discharge)을 사용하는 방법이다. 질량유량은 '단위시간당 질량 이동량'이며 기호로는 $\dot{m} \equiv \dfrac{dm}{dt}$ 로 나타낼 수 있다. 이를 이용하면, 질량유량과 유량의 관계는 $\dot{m} = \rho Q$이다. 실제로 나중에 질량보존의 법칙을 유체 흐름에 적용하면 연속방정식이 된다. 그런데 여기서 (질량의 시간당 이동량인) 질량유량 $\dot{m}$ kg/s을 사용하지 않고, (체적의 시간 이동량인) 체적유량 Q $\mathrm{m^3/s}$를 사용하는 이유를 생각해 보자.

고체와 달리 유체는 움직이는 상태에서 측정을 해야 하므로, 유체의 질량을 측정하기는 어려운 경우가 많다. 반면에, 유체의 체적을 측정하는 것은 간단하고 직관적으로 알기 쉽다. 그래서 수리학에서는 대부분의 경우 비압축성(밀도가 일정)이라고 가정할 수 있는 물을 다루기 때문에 질량유량보다는 체적유량을 사용한다.

예제 4.1-1 ★★★

대기압 하에서 20 ℃인 물이 직경 10 cm의 관 속을 속도 3.0 m/s로 흐를 때 유량을 구하라.

풀이 |

유량 $Q = A V = \left(\dfrac{\pi}{4} \times 0.1^2 \right) \times 3.0 = 0.0236 \ \mathrm{m^3/s}$ ■

---

a) $\mathrm{m^3/s}$라는 단위를 영어로 읽으면 cubic meter per second이다. 그래서 이를 약자로 CMS 또는 cms라 표기하는 경우도 가끔 있으나 이것도 공학적인 견지에서는 부적절하며, $\mathrm{m^3/s}$를 이용하는 것이 가장 깔끔하고 합리적이다. 일반인들의 경우 tons/s와 같은 단위도 사용하나, 역시 공학적으로는 부적절하므로 사용하지 않기를 권한다.

직경 70 mm의 관 속을 글리세린이 200 L/min으로 흐를 때 평균속도는 얼마인가?

풀이 |

관의 직경 $D = 70$ mm $= 0.07$ m

유량 $Q = 200$ L/min $= 0.0033$ m³/s

유속 $V = \dfrac{Q}{A} = \dfrac{0.0033}{\dfrac{\pi}{4} \times 0.07^2} = 0.866$ m/s ∎

(2) 연습문제

문제 **4.1-1** (★☆☆)

밀도가 $\rho_o = 800.0$ kg/m³인 기름이 단면 0.03 m × 0.05 m인 도관(duct) 속을 흐르고 있다. 도관 속 기름의 질량유량이 0.9 kg/s일 때, 이 기름의 평균유속을 구하라.

문제 **4.1-2** (★☆☆)

직사각형 단면 수로에서 폭 3.0 m, 평균유속 1.0 m/s, 유량 4.5 m³/s라면 수로의 수심 y는 얼마인가?

4.2 흐름의 분류

흐름의 상태는 여러 가지 요인에 따라 변화한다. 그 중에서 가장 큰 관계가 있는 것이 시간적 변화와 공간적 변화이다.

(1) 흐름의 수학적 표현과 차원

■ 흐름의 수학적 표현

공학에서는 어떤 흐름이 있을 때, 이 흐름을 수학식으로 표기해야 비로소 다룰 수 있다. 예를 들어, 어떤 하천에서 유속이 얼마인가 알고 싶다면, 이 유속 V를 그 하천지점의 위치를 나타내는 공간변수 x, y, z와 언제인지 시각을 나타내는 시간 t의 함수로 나타내어야만 한다. 이를 수학식으로 표현하면 다음과 같다.

$$\overrightarrow{V} = f(x, y, z, t) \tag{4.2-1}$$

여기서 $\overrightarrow{V}$는 유속벡터, x, y, z는 위치를 나타내는 공간좌표, t는 시간, $f(\ )$는 이들의 관계를 나타내는 함수이다.

예를 들어, 공간적으로 x, y, z 방향의 유속은 다음과 같이 나타낼 수 있다.

$$u = f_x(x, y, z, t) \tag{4.2-2a}$$
$$v = f_y(x, y, z, t) \tag{4.2-2b}$$
$$w = f_z(x, y, z, t) \tag{4.2-2c}$$

그런데 흐름을 나타내는 특성은 유속만 있는 것이 아니라 수심 d, 압력 p, 유량 Q 등 매우 다양하다. 이들은 모두 식 (4.2-2)와 비슷한 형태로 위치 (x, y, z)와 시간 t의 함수로 표현된다.

이처럼 흐름을 나타내는 여러 가지 특성(예를 들어, 유속, 수심, 압력 등)을 Φ[b]라고 할 때, 이 특성이 한 변수에 따라 변화되는 비율은 그 변수에 대한 미분으로 나타낼 수 있다. 그런데 이 특성이 어떤 독립변수(이 독립변수를 x라 하자) 하나에 대한 함수 $\Phi = f(x)$이면, 이때의 미분은 상미분(ordinary differntial) 또는 그냥 미분이라 하며, $\dfrac{d\Phi}{dx}$와 같이 나타낼 수 있다. 우리가 고등학교 때 배운 미분이 모두 상미분이다. 그런데 이 독립변수가 여러 개(예를 들어, 식 (4.2-2)에서 보인 것처럼 x, y, z, t로 네 개)인

b) Φ는 그리스 문자 중 23번째 문자의 대문자로 영어의 F에 해당하며 파이(phi)라고 읽는다. 이 글자의 소문자는 ϕ이다.

경우에는 흐름 특성 $\Phi = f(x, y, z, t)$의 변화를 각 독립변수별로 다루어야 한다. 이때 각 독립변수별 변화는 편미분(partial differential) $\dfrac{\partial \Phi}{\partial x}$, $\dfrac{\partial \Phi}{\partial y}$, $\dfrac{\partial \Phi}{\partial z}$, $\dfrac{\partial \Phi}{\partial t}$로 나타낼 수 있다. (편미분에 대해서는 '부록 A. 기초적인 수학'을 참조하기 바란다.) 예를 들어, 속도 V가 시간에 따라 변화되는 비율은 $\dfrac{\partial V}{\partial t}$, 압력 p가 z방향으로 변화되는 비율은 $\dfrac{\partial p}{\partial z}$와 같이 나타낼 수 있다.

■ 3차원 흐름과 1차원 흐름

식 (4.2-2)는 그림 **4.2-1**과 같은 흐름을 나타내며, 흐름이 x, y, z 세 방향 모두의 성분을 가지므로 3차원 흐름(three-dimensional flow)이라 한다. 이 식을 이용한다면 어떤 흐름이든 충분히 잘 나타낼 수 있다. 그런데 이 식은 너무 복잡해서 실제 현실에서 적용하기에는 많은 어려움이 있다. 따라서 흐름을 하나의 선으로 생각하고, 이 선을 따르는 방향을 주흐름 방향(main flow direction)이라 하여 새로운 좌표축 s를 설정하여, 흐름을 표현하면 그림 **4.2-1(b)**와 같이 된다. 그러면 수학적인 처리가 매우 간단하게 된다. 이 흐름은 주흐름 방향 성분 하나만 있으므로, 이를 1차원 흐름(one-dimensional flow)이라 한다. 이 책에서 대상으로 하는 흐름은 대부분 1차원으로 취급할 수 있는 흐름이다.

이 외에도 개수로 흐름에서는 흐름을 위에서 바라본 평면 흐름을 다루는 그림 **4.2-1(c)**

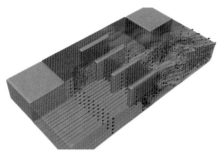

(a) 3차원 흐름(Flow3D)

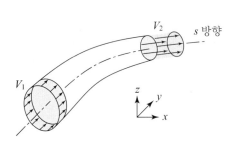

(b) 1차원 흐름(주흐름 s방향)

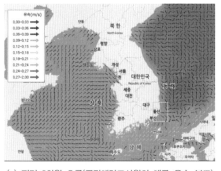

(c) 평면 2차원 흐름(국립해양조사원의 해류 유속 분포)

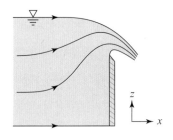

(d) 연직 2차원 흐름(예연보 전후의 흐름)

그림 **4.2-1** 흐름의 차원

와 같은 평면 2차원 흐름과 측면에서 바라본 형태로 다루는 그림 **4.2-1(d)**와 같은 연직 2차원 흐름이 있다.

(2) 흐름의 시간적 분류

■ 정상류와 부정류

시간에 대한 변화율, 즉 $\dfrac{\partial \Phi}{\partial t}$가 0이 되는 흐름을 정류 또는 정상류(steady flow)라고 한다. (이 책에서는 앞으로 '정상류'라는 용어를 사용한다.) 즉, 정상류는 '흐름 특성이 시간에 따라 변하지 않는 흐름'을 말하며, 다음과 같은 식으로 표시할 수 있다.

$$\text{정상류: } \frac{\partial \Phi}{\partial t} = 0 \tag{4.2-3}$$

여기서 t는 시간, Φ는 흐름 특성을 나타내는 물리량이다.

반면에, '흐름 특성이 시간에 따라 변하는 흐름'을 부정류(unsteady flow)라고 한다. 이때 부정류를 수식으로 나타내면 다음과 같다.

$$\text{부정류: } \frac{\partial \Phi}{\partial t} \neq 0 \tag{4.2-4}$$

그림 **4.2-2**는 어떤 흐름이 정상류일 때와 부정류일 때 시각 t_1과 t_2에서의 유선의 모습을 보인다. 정류일 때는 시각 t_2의 유선이 시각 t_1의 모습을 그대로 유지하나, 부정류일 때는 다른 모습을 보인다.

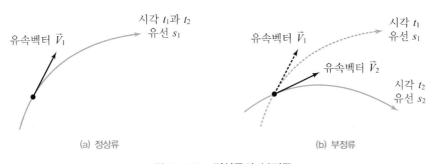

그림 **4.2-2** 정상류와 부정류

(3) 흐름의 공간적 분류

■ 등류와 부등류

앞서 물리량의 시간에 따른 변화를 살펴보았다. 그러면 이번에는 공간에 따른 변화를 살펴보자. 그런데 공간은 x, y, z의 세 방향이 있다. 그래서 이들을 모두 고려하기 곤란하므로, 흐름과 평행한 방향을 '주흐름 방향(main flow direction)' s 라고 표현하자. 주흐름 방향 s을 따른 흐름 특성 Φ의 변화는 $\frac{\partial \Phi}{\partial s}$로 쓸 수 있다. 예를 들어, 임의 시각의 유속 V의 주흐름 방향의 변화는 $\frac{\partial V}{\partial s}$, 압력 p의 주흐름 방향의 변화는 $\frac{\partial p}{\partial s}$와 같은 식이다.

'흐름 특성이 주흐름 방향을 따라 변하지 않는 흐름'은 다음과 같이 쓸 수 있다.

$$\text{등류:} \quad \frac{\partial \Phi}{\partial s} = 0 \qquad (4.2\text{--}5)$$

여기서 s는 주흐름 방향, Φ는 흐름 특성을 나타내는 물리량이다. 식 (4.2-5)를 만족하는 흐름을 등류(uniform flow)라고 한다.

이에 반해 '흐름 특성이 주흐름 방향을 따라 변하는 흐름'은 부등류(nonuniform flow)라고 하며 다음 식으로 나타낼 수 있다.

$$\text{부등류:} \quad \frac{\partial \Phi}{\partial s} \neq 0 \qquad (4.2\text{--}6)$$

그림 **4.2-3**은 관로와 개수로에서 등류와 부등류가 발생하는 상황[c]을 보여준다. 두 경우 모두 단면이 어느 정도 이상 긴 거리에서 일정하게 유지되면 등류가 형성되며, 단면의 변화나 경사의 변화 등에 의해 부등류가 생긴다.

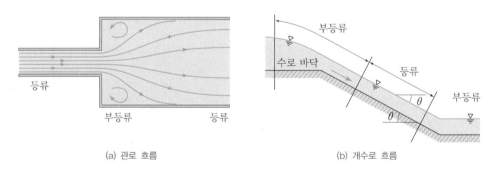

(a) 관로 흐름　　　　　　　(b) 개수로 흐름

그림 **4.2-3** 등류와 부등류

(4) 정상등류

위의 정상류–부정류 개념과 등류–부등류 개념은 서로 독립이다. 따라서 이론적으

c) 다만 관로 흐름에서는 등류와 부등류를 보통 구분하지 않으며, 등류와 부등류 구분은 개수로 흐름에서 유용한 개념이다.

로는 다음과 같은 정상등류, 정상부등류, 부정등류, 부정부등류의 네 가지 흐름이 존재한다. 이들에 대해 간략히 살펴보면 다음과 같다.

① 정상등류(steady uniform flow)

$$\frac{\partial \Phi}{\partial t} = 0, \quad \frac{\partial \Phi}{\partial s} = 0 \tag{4.2-7}$$

가장 간단한 흐름이며, 학부 교과서에서 다루는 흐름의 대부분은 이에 해당한다. 단면이 일정한 관로 흐름은 대부분 정상등류로 취급한다.

② 정상부등류(steady nonuniform flow)

$$\frac{\partial \Phi}{\partial t} = 0, \quad \frac{\partial \Phi}{\partial s} \neq 0 \tag{4.2-8}$$

하천과 같은 개수로에서 가장 일반적인 흐름 상태이며, 실제적인 사용성이 높다.

③ 부정등류(unsteady uniform flow)

$$\frac{\partial \Phi}{\partial t} \neq 0, \quad \frac{\partial \Phi}{\partial s} = 0 \tag{4.2-9}$$

이론적으로만 가능하며 실제로는 불가능한 흐름이다.

④ 부정부등류(unsteady nonuniform flow)

$$\frac{\partial \Phi}{\partial t} \neq 0, \quad \frac{\partial \Phi}{\partial s} \neq 0 \tag{4.2-10}$$

엄밀하게 따지자면 세상의 거의 대부분의 흐름이 이에 해당한다. 그러나 가장 어렵고 복잡하여 다루기 힘들다. 따라서 흐름을 다룰 때는 대부분 정상부등류로 간략화해서 다루는 경우가 많다.

4.3 흐름을 나타내는 곡선

(1) 유선, 유적선, 유맥선

유체의 흐름에 대해 수학적으로 다루기 위해서는 곡선을 이용하여 유체가 흘러가는 모습을 나타내는 것이 크게 도움이 된다. 이 흐름 모습을 나타내는 방법은 크게 세 가지이다. 첫째는 유체 입자가 실제로 흘러간 자취 또는 궤적을 이용하는 방법이며, 이를 유적선(pathline)이라 한다. 둘째는 어떤 한 순간에 여러 유체 입자들이 선 모양을 이룬 것을 이용하는 방법으로, 이것을 유맥선(streakline)이라 한다. 셋째는 순수하게 수학적으로 만든 가상의 선이며, 이것을 유선(streamline)이라 한다.

이 셋은 특수한 경우에 하나로 같아지지만 일단은 각각을 좀 더 세부적으로 먼저 살펴보자. 유적선은 이해하기 가장 쉽다. 유적선의 정의는 '유체 입자가 어떤 시간 동안 흘러간 경로'이다. 유적선을 한자로 표현하면 流跡線인데, '적'자가 '자취 적'이므로 쉽게 이해할 수 있다. 예를 들면, 유리창에 빗방울이 부딪혀 흘러내린 흔적이나 비록 유체 입자는 아니지만 그림 **4.3-1(a)**와 같이 풍선이 흘러지나간 경로 등이 이에 해당한다.

유맥선은 '어떤 한 점을 통과한 많은 유체 입자가 한 순간에 이루는 선'이다. 즉, 실제로는 선이 아니지만 마치 선을 이룬 것처럼 보이는 것을 유맥선이라 한다. 대표적인 것으로 그림 **4.3-1(b)**에서 유체 흐름 중에 염료를 조금씩 흘렸을 때 생기는 선을 들 수 있다. 이것은 앞의 층류와 난류에서 다룬 Reynolds 실험에서 이미 살펴본 바 있다. 또한 그림 **4.3-1(b)**와 같이 굴뚝에서 나오는 연기, 수돗물의 흐름, 소방호스에서 뿜어져 나오는 물의 흐름, 폭이 좁은 개울을 흘러가는 흐름처럼 실제로는 선이 아니지만 우리 눈에는 마치 선처럼 보이는 것이다.

유선(streamline)은 '특정 순간에 임의의 곡선상의 모든 점에서 접선방향과 유속벡터의

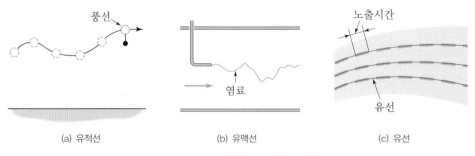

| (a) 유적선 | (b) 유맥선 | (c) 유선 |

그림 **4.3-1** 흐름을 나타내는 선들

(a) 평판의 풍동실험

(b) 자동차 풍동실험

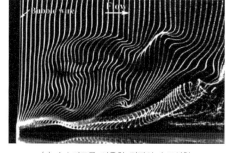
(c) 수소기포를 이용한 평판의 수조실험

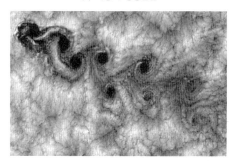
(d) 칠레 연안 후안페르난데스제도 주변의 카르만와류 위성사진

그림 **4.3-2** 유맥선을 이용한 흐름의 가시화

방향이 일치하는 가상적인 곡선'을 말한다. 즉, 유체 속에 작은 물체가 떠 있을 때, 셔터 노출시간을 길게 유지하면 생기는 그림 **4.3-1(c)**와 같은 선을 예로 들 수 있다.

유선, 유적선, 유맥선 중에 수학적으로 가장 다루기 쉬운 것은 유선이며, 유적선과 유맥선은 수학적으로 다루기 힘들다. 그런데 정상류가 되면 세 곡선은 모두 일치하게 된다. 이런 성질을 이용하여 유체 실험에서는 흐름을 정상상태로 유지하면서 염료나 연기를 흘리게 되면, 눈에 보이는 것은 유맥선이지만 이것이 유선과 일치하기 때문에 보통 유선 실험이라 부른다. 그림 **4.3-2**는 풍동(wind tunnel)이나 수조(water tank) 내에서 연기와 수소기포를 이용하여 흐름을 가시화하는 실험의 예를 보인다.

(2) 유선과 유관

어떤 흐름 안에 폐곡선을 만들고 이 곡선 안쪽의 모든 점을 통과하는 유선을 그리면 그림 **4.3-3**과 같이 유선의 묶음(다발)을 얻을 수 있다. 관 모양의 이런 유선의 다발을 유관(stream tube)이라 정의한다. 유관의 중요한 성질은 유체 입자가 유관의 경계를 가로지를 수 없다는 것이다. 따라서 유관은 마치 관과 같은 역할을 하며, 실제 고체로 된 관 안에서 흐르는 흐름과 유사하다.

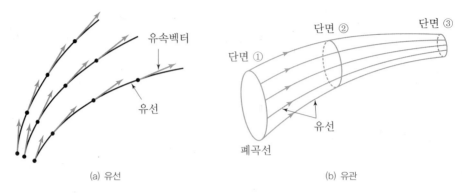

(a) 유선　　　　　　　　　　　　　　(b) 유관

그림 **4.3-3** 유선과 유관

(3) 유선의 식

유선상의 한 점 $(x,\ y,\ z)$에서 유속 $\vec{V}$의 $x,\ y,\ z$ 방향 성분을 각각 $u,\ v,\ w$라고 하자. 유속벡터의 방향여현(directional cosine)을 이용하면 유선을 다음 식으로 나타낼 수 있다.

$$\frac{dx}{u} = \frac{dy}{v} = \frac{dz}{w} \tag{4.3-1}$$

여기서 $dx,\ dy,\ dz$는 각각 $x,\ y,\ z$ 방향의 선요소의 성분이다. 식 (4.3-1)을 유선의 식이라 한다.

유속성분 $u,\ v,\ w$을 알면, 이것들을 식 (4.3-1)에 대입하고 적분하면 유선의 형태를 알 수 있다. (적분방법에 대해서는 부록 'A.3 적분(유선의 식)'을 참조하기 바란다.) 이 방법은 특히 퍼텐셜 흐름(potential flow)과 같은 흐름을 분석할 때, 그리고 비행기 날개와 같은 단면('익형'이라고 부른다)을 설계하는 데 유용하다.

예제 `4.3-1`　　　　　　　　　　　　　　　　　　　★ ★ ★

유속 분포가 $u=-ky,\ v=kx,\ w=0$로 주어지는 2차원 흐름의 유선을 구하라.

풀이 |

유선의 식 $\dfrac{dx}{u} = \dfrac{dy}{v}$에 유속 분포를 대입하면 다음과 같다.

$$\frac{dx}{-ky} = \frac{dy}{kx}$$

이 식을 정리하면 $x\,dx = -y\,dy$이고,

양변을 적분하면 $\displaystyle\int x\,dx = -\int y\,dy$이다.

이 적분을 계산하면 $\dfrac{1}{2}x^2 + \dfrac{1}{2}y^2 = C$이고, 여기서 C는 적분상수이다.

따라서 이때의 유선은 다음과 같으며 원을 이룬다.

$$x^2 + y^2 = R^2$$

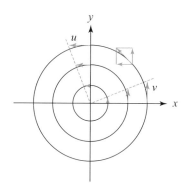

(4) 연습문제

문제 **4.3-1** (★ ☆ ☆)

유속 분포가 $u = kx$, $v = -ky$, $w = 0$로 주어지는 2차원 흐름의 유선을 구하라.

4.4 연속방정식

(1) 1차원 연속방정식

그림 **4.4-1**과 같은 관로에서 흐르는 1차원 흐름을 생각하자. 이 관로에 유체가 흐를 때, 유속 분포는 곡선을 이룬다. 이때 단위시간 동안 단면 ①을 통과하는 질량은 모두 단면 ②를 통과해야 한다. 단면 ①의 미소면적(또는 유관)을 dA_1, 단면 ②의 미소면적을 dA_2라 하고, 각 관로의 유속을 각각 v_1과 v_2라 하고, 물의 밀도를 ρ_1과 ρ_2라고 하면, 질량보존의 법칙에 의해 다음 관계가 성립한다.

$$\rho_1 v_1 dA_1 = \rho_2 v_2 dA_2 = (일정) \tag{4.4-1}$$

식 (4.4-1)의 양변을 면적에 대해 적분하면 다음과 같다.

$$\dot{m} = \rho_1 \int_{A_1} v_1 dA_1 = \rho_2 \int_{A_2} v_2 dA_2 = (일정) \tag{4.4-2}$$

식 (4.4-2)는 질량유량(mass flowrate, 어떤 단면을 단위시간당 통과한 질량)이며, 기호로는 $\dot{m} \equiv \dfrac{dm}{dt}$로 나타낼 수 있다. 물과 같은 액체는 비압축성으로 가정할 수 있다. 따라서 밀도가 일정($\rho_1 = \rho_2$)하므로 소거할 수 있으며, 남은 것은 '단위시간 동안 흐름단면적을 통과한 유체의 체적'인 유량(체적유량) Q이다. 즉, 식 (4.4-2)는 다음과 같은 연속방

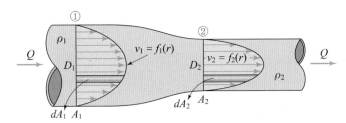

(a) 유속 분포가 일정하지 않을 때

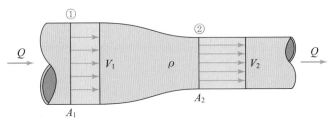

(b) 유속 분포가 일정할 때

그림 **4.4-1** 연속방정식의 개념

정식이 된다.

$$Q = \int_{A_1} v_1 \, dA_1 = \int_{A_2} v_2 \, dA_2 = (일정) \tag{4.4-3}$$

이 식은 관로 안의 유속 분포가 주어지면 적분하여 구할 수 있다.

단면 ①과 단면 ②의 평균유속이 일정하고 각각 V_1과 V_2라면(그림 4.4-1(b) 참조), 식 (4.4-3)은 다음과 같이 쓸 수 있다.

$$Q = A_1 V_1 = A_2 V_2 = (일정) \tag{4.4-4}$$

식 (4.4-4)가 1차원 연속방정식(continuity equation) 또는 연속식이며, 이 식은 비압축성유체의 정상류에 적용할 수 있다.

예제 4.4-1 ★★★

그림과 같이 단면 ①에서 직경이 40 cm, 유속이 1.0 m/s이고, 단면 ②의 직경 20 cm일 때 단면 ②의 유속은 얼마인가?

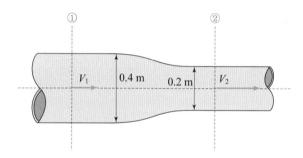

풀이

연속방정식에서 $Q = A_1 V_1 = A_2 V_2$

따라서 $V_2 = \dfrac{A_1}{A_2} V_1$

$$= \left(\frac{0.4}{0.2} \right)^2 \times 1.0 = 4.0 \text{ m/s}$$

다른 풀이: 직경이 1/2로 줄어들었으므로 단면적은 1/4로 감소하고, 따라서 유속은 V_1보다 4배 증가한다. ■

예제 4.4-2 ★★★

다음 그림과 같이 직경 $D_1 = 1.0$ m인 원통형 수로에서 내경 $D_2 = 20$ cm인 철관으로 송수를 할 때, 관 안의 평균유속이 2 m/s라면 유량 Q와 수조 내 수면강하속도 V_1은 얼마인가?

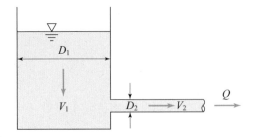

풀이

연속방정식에서 다음과 같이 쓸 수 있다.

$$Q = A_1 V_1 = A_2 V_2$$

따라서 유량 $Q = A_2 V_2 = \left(\dfrac{\pi}{4} \times 0.2^2 \right) \times 2 = 0.0628 \ \text{m}^3/\text{s}$

수조의 유속 $V_1 = \dfrac{Q}{A_1} = \dfrac{0.0628}{\dfrac{\pi}{4} \times 1^2} = 0.08 \ \text{m/s}$ ∎

예제 4.4-3   ★★★

직경이 0.3 m인 원통형 수조의 밑바닥에 있는 배출구를 통해 물이 배출된다. 물의 깊이가 0.6 m인 순간에 수조에서 배수되는 유량이 4 L/s이다. 이 순간의 수조 수위의 변화율을 구하라.

풀이

수조에서 배수되는 유량 $Q = 4 \ \text{L/s} = 0.004 \ \text{m}^3/\text{s}$

(수조에서 배수되는 유량) = (수조의 수면강하속도) × (수조의 단면적)이므로

수조의 수면강하속도 $V_s = \dfrac{Q}{A} = \dfrac{0.004}{\dfrac{\pi}{4} \times 0.3^2} = 0.057 \ \text{m/s} = 5.7 \ \text{cm/s}$ ∎

쉬어가는 곳   물리학의 보존 법칙과 수리학

물리학에서 핵심이 되는 3개의 보존 법칙이 있다. 즉, 질량보존 법칙, 운동량보존 법칙, 에너지 보존 법칙이다. 이 세 보존 법칙을 유체역학과 수리학에 적용하면 각각 다음과 같이 정리된다.

보존물리량	물리학	유체역학	수리학
질량	질량보존 법칙	(3차원) 연속방정식	(1차원) 연속방정식
운동량	운동량보존 법칙	운동량방정식	운동량방정식
에너지	에너지 보존 법칙	에너지 방정식	베르누이방정식

앞으로 다룰 수리학 문제들을 해결하는 데, 연속방정식, 운동량방정식, 그리고 베르누이방정식은 필수적으로 이용된다. 일반적인 수리학 문제는 대부분 미지수가 유속과 압력이므로 연속방정식과 베르누이방정식을 이용하며, 여기에 작용하는 힘을 구하는 문제에서는 운동량방정식을 같이 적용하게 된다.

기초 수리학

여기서 다루는 1차원 연속방정식은 어느 한 방향을 한정하는 것은 아니다. 예를 들어, 그림 **4.4-2**와 같이 유입구와 유출구가 여러 개 있는 시간적 변화가 없는 정상 시스템을 생각해 보자.

시간적 변화가 없는 정상 시스템(그림 **4.4-2**의 사각형과 같은 체적을 검사체적(control volume)이라 한다)에 들어오는 유량의 합과 나가는 유량의 합은 같아야 한다. 이를 수식으로 표시할 때, 들어오는 유량을 음(−)으로 잡고, 나가는 유량을 양(+)이라고 하면, 모든 유량의 합은 반드시 0이 되어야 한다.

$$\sum_i Q_i = \sum_i A_i V_i = 0 \qquad (4.4-5)$$

나가는 유량을 양(+)으로 하는 것은, 검사체적을 이용한 Reynolds 이송정리 (Reynolds' transport theorem)에서 나온 것인데, 이것이 익숙하지 않다면, 나가는 유량을 좌변에, 들어오는 유량을 우변에 놓고 각각 더해서 이 두 값이 같다고 생각하면 이해하기 쉽다.

$$\sum_i Q_{유출,i} = \sum_j Q_{유입,j} \qquad (4.4-6)$$

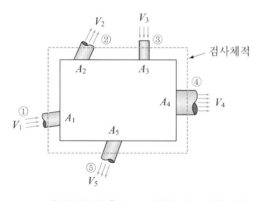

그림 **4.4-2** 유입구와 유출구가 여럿인 시스템의 연속방정식

예제 4.4-4 ★★★

다음 그림과 같이 중간에 분기되는 관이 있다. 주관의 직경이 30 cm이고, 분기 후의 관의 직경이 각각 20 cm와 15 cm이다. 주관 입구에서 평균유속은 3 m/s이고, 분기된 후의 유속이 서로 같다고 할 때, 분기관에서 평균유속과 유량을 구하라. 단, 흐름은 정상류이다.

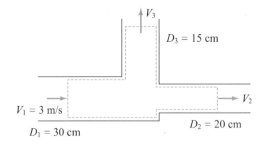

풀이 |

주관의 유량 $Q_1 = A_1 V_1 = \left(\dfrac{\pi}{4} \times 0.3^2 \right) \times 3.0 = 0.212 \ \mathrm{m^3/s}$

세 관에 대해 연속방정식을 적용하면, (유입유량) = (유출유량)이므로

$$Q_1 = Q_2 + Q_3 = A_2 V_2 + A_3 V_3$$

따라서 분기 후의 유속 $V = V_2 = V_3$은

$$V = \frac{Q_1}{A_2 + A_3} = \frac{0.212}{\dfrac{\pi}{4} \times 0.2^2 + \dfrac{\pi}{4} \times 0.15^2} = 4.32 \ \mathrm{m/s}$$

따라서 분기관 ②의 유량

$$Q_2 = A_2 V_2 = \left(\frac{\pi}{4} \times 0.2^2 \right) \times 4.32 = 0.136 \ \mathrm{m^3/s}$$

분기관 ③의 유량

$$Q_3 = A_3 V_3 = \left(\frac{\pi}{4} \times 0.15^2 \right) \times 4.32 = 0.0763 \ \mathrm{m^3/s} \qquad ■$$

예제 **4.4-5** ★★★

다음 그림과 같이 직경이 $D_1 = 50 \ \mathrm{mm}$인 수조로 관 ①에서 유속 $V_1 = 5 \ \mathrm{m/s}$로 유입되고, 관 ②에서 유량 $Q_2 = 0.015 \ \mathrm{m^3/s}$로 유입된다. 만일 수조의 수위 h가 일정하게 유지된다면, 직경 120 mm인 관 ③을 통해 유출되는 유속 V_3를 구하라.

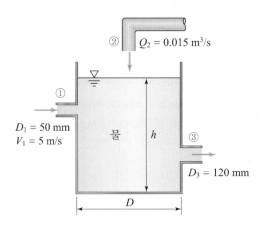

수위가 일정하므로 (유입유량) = (유출유량)이다.

$$Q_3 = Q_1 + Q_2 = \left(\frac{\pi}{4} \times 0.05^2 \right) \times 5 + 0.015 = 0.0248 \ \text{m}^3/\text{s}$$

따라서 관 ③의 유속

$$V_3 = \frac{Q_3}{A_3} = \frac{0.0248}{\frac{\pi}{4} \times 0.12^2} = 2.19 \ \text{m/s}$$ ■

(2) 3차원 연속방정식

일반적인 형태의 3차원 연속방정식은 다음과 같이 쓸 수 있다.

$$\frac{\partial \rho}{\partial t} + \frac{\partial (\rho u)}{\partial x} + \frac{\partial (\rho v)}{\partial y} + \frac{\partial (\rho w)}{\partial z} = 0 \tag{4.4-7}$$

여기서 t는 시간, x, y, z는 각각 공간좌표, ρ는 유체의 밀도, u, v, w는 각각 x, y, z 방향의 유속성분이다.

식 (4.4-7)에서 흐름이 정상류($\frac{\partial \varPhi}{\partial t} = 0$, 여기서 $\varPhi$는 일반적인 흐름 특성)라고 하면, 식 (4.4-7)은 다음과 같이 간략하게 된다.

$$\frac{\partial (\rho u)}{\partial x} + \frac{\partial (\rho v)}{\partial y} + \frac{\partial (\rho w)}{\partial z} = 0 \tag{4.4-8}$$

유체가 비압축성($\rho = (일정)$)이라 하면, 식 (4.4-8)은 다음과 같이 간단하게 된다.

$$\frac{\partial u}{\partial x} + \frac{\partial v}{\partial y} + \frac{\partial w}{\partial z} = 0 \tag{4.4-9}$$

식 (4.4-9)는 일반적으로 물을 3차원적으로 다룰 때 사용하는 연속방정식이다. 식 (4.4-9)를 1차원으로 한정하면, 앞의 식 (4.4-4)로 정리된다. 이 식은 각 방향의 유속성분이 주어질 때, 이 유속성분이 연속방정식을 만족하는지 확인하는 데 사용할 수 있다. (편미분에 대한 설명은 부록 'A.2 편미분(연속방정식)'을 참조하기 바란다.)

예제 4.4-6 ★★★

비압축성유체의 흐름장이 다음과 같이 주어진 경우 연속방정식을 만족하는지 검토하라.

$$u = \frac{2kx}{(x^2+y^2)}, \quad v = \frac{2ky}{(x^2+y^2)}, \quad w = 0, \text{ 여기서 } k\text{는 상수.}$$

풀이 |

각 유속성분의 편미분을 구해보자.

$$\frac{\partial u}{\partial x} = \frac{2k \times (x^2+y^2) - 2kx \times 2x}{(x^2+y^2)^2} = \frac{2kx^2 + 2ky^2 - 4kx^2}{(x^2+y^2)^2} = \frac{2k(y^2-x^2)}{(x^2+y^2)^2} \qquad ①$$

$$\frac{\partial v}{\partial y} = \frac{2k \times (x^2+y^2) - 2ky \times (2y)}{(x^2+y^2)^2} = \frac{2kx^2 + 2ky^2 - 4ky^2}{(x^2+y^2)^2} = \frac{2k(x^2-y^2)}{(x^2+y^2)^2} \qquad ②$$

$$\frac{\partial w}{\partial z} = 0 \qquad ③$$

위의 식 ①~③을 식 (4.4-4) 연속방정식에 대입하면,

$$\frac{\partial u}{\partial x} + \frac{\partial v}{\partial y} + \frac{\partial w}{\partial z} = \frac{2k(y^2-x^2)}{(x^2+y^2)^2} + \frac{2k(x^2-y^2)}{(x^2+y^2)^2} + 0 = 0$$

따라서 위의 흐름은 연속방정식을 만족한다. (이 예제의 보다 세부적인 풀이과정은 부록 A에 제시되어 있다.) ■

예제 4.4-7　　★★★

유속의 각 방향 성분이 다음과 같을 때 흐름이 정상류이고 유체가 비압축성이라면 이 흐름은 연속방정식을 만족하는 것을 보여라.

$$u = 2x^2 - xy + z^2, \quad v = x^2 - 4xy + y^2, \quad w = -2xy - yz + y^2$$

풀이 |

각 유속성분을 대응하는 방향으로 편미분해 보자.

$$\frac{\partial u}{\partial x} = 4x - y, \quad \frac{\partial v}{\partial y} = -4x + 2y, \quad \frac{\partial w}{\partial z} = -y$$

이 식들을 연속방정식에 대입하자.

$$\frac{\partial u}{\partial x} + \frac{\partial v}{\partial y} + \frac{\partial w}{\partial z} = (4x-y) + (-4x+2y) + (-y) = 0$$

따라서 이 흐름은 연속방정식을 만족한다. ■

(3) 연습문제

문제 4.4-1 (★★☆)

다음 그림과 같은 주사기에 비중이 1.02인 액체가 담겨 있다. 피스톤을 2 cm/s의 속도로 밀면, 주사바늘의 끝에서 유속은 얼마인가?

기초 수리학

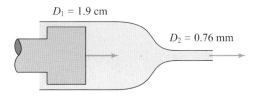

문제 4.4-2 (★★☆)

직경 D m인 원형관에 유량 Q m³/s의 물이 흐르고 있다. 정사각관에 유속을 1/2배로 하되, 같은 유량을 흐르게 하려면 한 변의 길이 a는 얼마가 되어야 하는가?

문제 4.4-3 (★★☆)

다음 그림과 같이 수표면적이 3.6 km²인 저수지에서 상류에서 500 m³/s가 유입되고, 방수로를 통해 300 m³/s가 유출된다. 저수지 수표면의 시간당 상승률은 얼마인가?

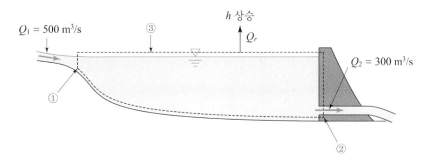

문제 4.4-4 (★★☆)

그림과 같은 혼합장치에 물과 기름이 유입되어 혼합된 뒤, 관 ③으로 유출된다고 하자. 물은 관 ①을 통해 160 L/s로 유입되고, 비중이 0.8인 기름은 관 ②를 통해 40 L/s로 유입된다. 관 ③의 직경이 30 cm라 할 때, 이 관을 통해 유출되는 혼합유체의 평균유속을 구하라.

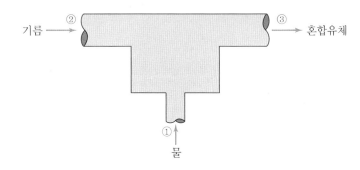

문제 4.4-5 (★★☆)

그림과 같은 관로에서 $D_1 = 300$ mm, $Q_1 = 200$ L/s, $D_2 = 200$ mm, $V_2 = 2.5$ m/s, $D_3 = 150$ mm일 때, 관로 ③의 유량 Q_3와 유속 V_3는 얼마인가?

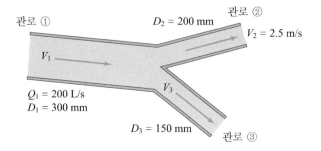

문제 4.4-6 (★★☆)

비압축성유체의 정상류의 유속성분이 $u = (2x-3y)t$, $v = (x-2y)t$, $w = 0$ 로 주어진다. 이 흐름은 연속방정식을 만족하는지 보여라.

문제 4.4-7 (★★☆)

어떤 비압축성유체의 유속성분이 $u = \dfrac{xy^2}{2} - x^2y$, $v = xy^2 - \dfrac{x^2y}{2}$, $w = 0$ 로 주어진다. 이들은 연속방정식을 만족하는지 보여라.

4.5 층류와 난류

4.2절에서 다룬 시간과 공간에 따른 흐름 분류와 달리, 흐름 자체의 특성에 따라 흐름을 분류하는 방법들이 있다. 그 중의 하나가 이 절에서 다루는 층류와 난류이다. 층류와 난류의 구분은 특히 관로 흐름에서 매우 유용하다. (이 절에서는 4.6절에서 다룰 유속 분포의 이해를 돕기 위해 5장에서 다루어야 층류와 난류에 대해 먼저 간단히 살펴보기로 한다.)

(1) 층류와 난류

바람이 없는 고요한 날, 굴뚝에서 나오는 연기는 그림 **4.5-1(a)**와 같이 한 줄로 보일 것이다. 그러나 바람이 세지면, 그림 **4.5-1(b)**와 같이 연기는 한쪽으로 기울어지고 흩어져서 더 이상 하나의 선을 이루지 못하게 된다.

(a) 바람이 없는 날   (b) 바람이 있는 날

그림 **4.5-1** 굴뚝에서 나오는 연기와 흐름의 상태

이런 현상을 체계적으로 연구한 사람이 레이놀즈(Osborne Reynolds)이다. 레이놀즈는 그림 **4.5-2**에 보인 장치를 이용하였다.

(a) Reynolds의 실험

(b) 현대적인 레이놀즈수 실험장치

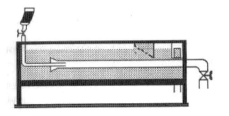

(c) 레이놀즈수 실험장치 개요도

그림 **4.5-2** 레이놀즈수 실험장치

이 장치의 유리관 유출부에 있는 밸브를 조금 열어 유리관 안에 느린 흐름을 만들고, 주사기를 이용하여 유리관의 입구에 조심스럽게 색소를 주입하면 그림 **4.5-3(a)**와 같이 색소가 유입되어 주변의 물과 섞이지 않고 하나의 실 모양을 이룬다. 이때 밸브를 조금 더 열어 물의 속도가 어떤 값에 이르면 그림 **4.5-3(b)**와 같이 색소의 선이 주변의

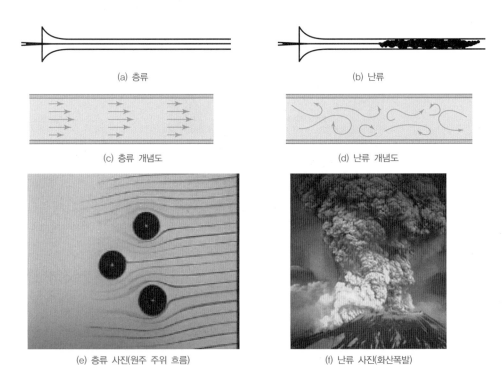

(a) 층류

(b) 난류

(c) 층류 개념도

(d) 난류 개념도

(e) 층류 사진(원주 주위 흐름)

(f) 난류 사진(화산폭발)

그림 **4.5-3** Reynolds가 그린 층류와 난류의 모습 및 그 개념도와 사진

물과 뒤섞이면서 교란된다. 레이놀즈는 색소가 하나의 실처럼 흘러가는 흐름을 층류(larminar flow)라고 하고, 색소가 섞이는 흐름을 난류(turbulent flow)라고 불렀다.

(2) 레이놀즈수

레이놀즈는 직경 7, 9, 15, 27 mm의 유리관과 수온이 4~44 ℃인 물을 이용하여 다양한 조건에서 실험을 하였다. 그는 평균유속 V, 유리관의 지름 D, 물의 밀도 ρ_w, 물의 점성계수 μ_w가 어떤 값을 갖든지 상관없이, 이들을 조합한 무차원수 $\dfrac{\rho_w VD}{\mu_w}$의 값이 어떤 값에 도달할 때 흐름 상태가 층류에서 난류로 바뀐다는 것을 발견하였다. 이런 그의 업적을 기리기 위해 다음과 같은 무차원수를 정의하고, 이 수를 레이놀즈수(Reynolds number)라고 부른다.

$$\mathrm{Re} \equiv \frac{\rho VD}{\mu} = \frac{VD}{\nu} \qquad (4.5\text{--}1)$$

여기서 ρ는 유체의 밀도, V는 유체의 유속, μ는 유체의 점성계수, ν는 유체의 동점성계수, D는 관의 직경이다.

식 (4.5–1)에서 보면, 점성계수를 이용하는 방법과 동점성계수를 이용하는 방법이 있는데, 일반적으로는 동점성계수를 이용하는 것이 더 편리하다.

레이놀즈수를 역학적 관점에서 보면 관성력과 점성력의 비율로 볼 수 있다. 즉 $\mathrm{Re} = 1,000$이라는 것은 이 유체에 작용하는 관성력이 점성력의 1,000배라고 생각할 수 있다.

레이놀즈수를 이용하여 흐름 상태를 구분해 본 결과 2,100 이상이 되면 어떤 경우에도 더 이상 층류를 만들 수 없다는 것을 알았다. 그래서 이 경계가 되는 값 2,100을 임계레이놀즈수(critical Reynolds number)라 하고 Re_c라고 표기하며, 이때 유속은 하임계 유속이라 한다. 반면에 약 4,000 정도가 되면 항상 난류가 되었으며, 이때 유속을 상임계 유속이라 하고, 그 사이를 천이(transient) 상태라고 한다. 이를 요약하면 다음과 같다.

$$\begin{cases} \mathrm{Re} < 2,100 & ,\ \text{층류} \\ 2,100 < \mathrm{Re} < 4,000 & ,\ \text{천이} \\ \mathrm{Re} > 4,000 & ,\ \text{난류} \end{cases} \qquad (4.5\text{--}2)$$

다만, 이 값은 명확한 것이 아니라 대충 그 근처의 값이라는 데 주의해야 한다. 즉, 연구자에 따라서는 하임계레이놀즈수를 2,000부터 2,300까지 다양하게 제시하였다.

직경이 75 mm인 관이 직경 150 mm인 관과 연결되어 있다. 어떤 유체가 75 mm인 관에서 흐를 때, 레이놀즈수가 20,000이었다면, 150 mm인 관에서 레이놀즈수는 얼마인가?

풀이 |

75 mm 관에서, 직경은 $D_1 = 0.075$ m이고 레이놀즈수는 $\mathrm{Re}_1 = 2 \times 10^4$이다.

이때 레이놀즈수는 $\mathrm{Re}_1 = \dfrac{V_1 D_1}{\nu}$의 관계가 있다.

150 mm 관의 직경 $D_2 = 2D_1$이고, 연속방정식에 의해 유속 $V_2 = \dfrac{V_1}{4}$이므로 150 mm 관의 레이놀즈수는 다음과 같다.

$$\mathrm{Re}_2 = \frac{V_2 D_2}{\nu} = \frac{(V_1/4) \times (2D_1)}{\nu} = \frac{1}{2} \frac{V_1 D_1}{\nu} = \frac{1}{2} \mathrm{Re}_1 = \frac{1}{2} \times 20,000 = 10,000 \qquad \blacksquare$$

동점성계수가 1.0×10^{-6} m^2/s인 물이 직경 5 cm인 원관 속을 흐른다. 유량이 0.001 m^3/s일 때, 레이놀즈수는 얼마인가?

풀이 |

문제에서 $\nu_w = 1.0 \times 10^{-6}$ m^2/s, $D = 0.05$ m, 유량 $Q = 0.001$ m^3/s.

관 속의 유속 $V = \dfrac{Q}{A} = \dfrac{0.001}{\dfrac{\pi}{4} \times 0.05^2} = 0.509$ m/s

레이놀즈수 $\mathrm{Re} = \dfrac{VD}{\nu} = \dfrac{0.509 \times 0.05}{1.0 \times 10^{-6}} = 2.55 \times 10^4$ ■

(3) 수리반경

레이놀즈수의 정의에서 직경 D를 사용하였다. 즉, 식 (4.5-1)은 원형관에만 적용할 수 있다. 많은 관로 흐름에서 대부분의 관로는 원형 단면을 갖고 있다고 생각하여 풀지만, 실제로는 원형관이 아닌 사각관, 말굽형관과 같이 비원형관인 경우도 많다. 또한 원형관이라도 일부만 차서 흐르는 개수로 흐름일 경우에는 원관처럼 다룰 수 없는 경우가 많다.

이런 문제를 해결하기 위해 비원형관에 대해 직경 D를 대신할 새로운 변수를 도입한다. 윤변(wetted perimeter)을 고체벽이 유체와 만나는 길이(마찰이 작용하는 길이)로 정의하고, 이를 P라는 기호로 표기하자. 윤변은 유체와 고체벽이 만나는 길이(마찰이 작용하는 길이)를 나타낸다. 그 다음 수리반경(hydraulic radius)[d]이라는 새로운 변수를 다음과

---

d) 수리반경은 동수반경, 경심, 수리평균심 등으로 불리기도 한다. 그러나 혼동을 방지하기 위해 이 책에서는 '수리반경'이라는 용어만 사용할 것이다. 이에 대해서는 개수로 수리학 부분에서 좀 더 자세히 다루기로 한다.

같이 정의하고, 그 기호를 R_h로 표기한다[e].

$$(\text{수리반경}) \equiv \frac{(\text{흐름단면적})}{(\text{윤변의 길이})}$$

이를 기호로 나타내면, 다음과 같다.

$$R_h \equiv \frac{A}{P} \tag{4.5-3}$$

여기서 A는 흐름단면적, P는 윤변의 길이이다.

몇몇 수로 단면의 윤변을 그림 **4.5-4**에 정리하였다. 이 그림에서 파란색 파선으로 보인 것이 윤변이다. 앞의 셋은 관에 유체가 가득 차 있는 경우이며, 다음 셋은 유체가 수심 h(원관에서는 정확히 $\frac{D}{2}$)만큼 일부만 차 있는 경우에 대한 것이다.

예를 들어, 원관에 대해 살펴보자. 가득 차서 흐르는 원관의 경우 단면적 $A = \frac{\pi D^2}{4}$, 윤변 $P = \pi D$이므로 수리반경은 다음과 같다.

$$R_h = \frac{A}{P} = \frac{\frac{\pi}{4} D^2}{\pi D} = \frac{D}{4} \tag{4.5-4}$$

식 (4.5-4)를 이용하면, 원관에 대해 유도된 식들에 D 대신 $4 R_h$를 대입하여 비원

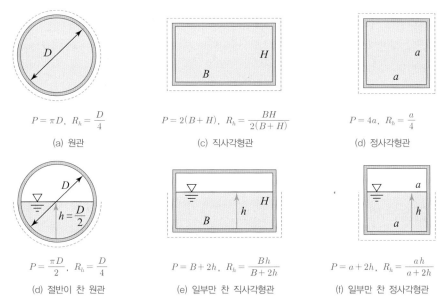

(a) 원관 $P = \pi D, \ R_h = \frac{D}{4}$

(c) 직사각형관 $P = 2(B+H), \ R_h = \frac{BH}{2(B+H)}$

(d) 정사각형관 $P = 4a, \ R_h = \frac{a}{4}$

(d) 절반이 찬 원관 $P = \frac{\pi D}{2}, \ R_h = \frac{D}{4}$

(e) 일부만 찬 직사각형관 $P = B + 2h, \ R_h = \frac{Bh}{B+2h}$

(f) 일부만 찬 정사각형관 $P = a + 2h, \ R_h = \frac{ah}{a+2h}$

그림 **4.5-4** 몇 가지 단면형의 관로의 윤변과 수리반경

---

e) 수리반경의 기호도 R을 사용하는 경우가 많으나, 이럴 경우 반경과 혼동되기 쉬우므로 이 책에서는 항상 R_h를 이용한다.

관에 적용할 수 있다. 따라서 비원형관의 레이놀즈수에 대해서는 다음과 같이 된다.

$$\mathrm{Re} \equiv \frac{4\rho V R_h}{\mu} = \frac{4 V R_h}{\nu} \tag{4.5-5}$$

예제 **4.5-3** ★★

0.4 m × 0.3 m 크기의 도관(duct)에 동점성계수가 0.156 St인 공기가 2.0 m/s로 흐르고 있다. 이 흐름의 레이놀즈수를 계산하라.

풀이 |

문제에서 $\nu_a = 0.156$ St $= 1.56 \times 10^{-5}$ m^2/s

도관의 수리반경 $R_h = \dfrac{A}{P} = \dfrac{0.4 \times 0.3}{2 \times (0.4 + 0.3)} = 0.0857$ m

레이놀즈수 $\mathrm{Re} = \dfrac{4 V R_h}{\nu} = \dfrac{4 \times 2.0 \times 0.0867}{1.56 \times 10^{-5}} = 4.40 \times 10^4$ ■

예제 **4.5-4** ★★

폭 3.0 m인 직사각형 수로에 수심 1.5 m로 3.0 m^3/s의 물이 흐르고 있다. 흐름단면적 A, 윤변의 길이 P, 수리반경 R_h를 구하고, 이 흐름이 층류인지 난류인지를 구분하라. 단, 물의 동점성계수는 1.0×10^{-6} m^2/s이다.

풀이 |

문제에서 $B = 3.0$ m, $h = 1.5$ m, $Q = 3.0$ m^3/s, $\nu = 1.0 \times 10^{-6}$ m^2/s.
흐름단면적 $A = Bh = 3.0 \times 1.5 = 4.5$ m^2
윤변의 길이 $P = B + 2h = 3.0 + 2 \times 1.5 = 6.0$ m
수리반경 $R_h = \dfrac{A}{P} = \dfrac{4.5}{6.0} = 0.75$ m
유속 $V = \dfrac{Q}{A} = \dfrac{3.0}{4.5} = 0.667$ m/s
레이놀즈수 $\mathrm{Re} = \dfrac{4 V R_h}{\nu} = \dfrac{4 \times 0.667 \times 0.75}{1.0 \times 10^{-6}} = 2.0 \times 10^6$
이 흐름은 난류이다. ■

(4) 연습문제

문제 **4.5-1** (★☆☆)

직경 5 cm의 관 속에 10 ℃의 물(동점성계수 $\nu = 0.0131$ St)이 1.5 m/s로 흐를 경우 이 흐름은 어떤 상태인가?

기초 수리학

문제 **4.5-2** (★☆☆)

10 ℃의 물(동점성계수 $\nu = 0.0131$ St)이 직경 4 cm의 관 안에서 흐를 때, 임계레이놀즈수를 $Re_c = 2,100$이라 하면, 이 흐름이 층류가 되기 위한 최대유속은 얼마인가?

문제 **4.5-3** (★☆☆)

폭이 1.0 m인 개수로에 수심 0.3 m로 물이 흐르고 있다. 개수로의 임계레이놀즈수를 $Re_c = 500$이라 할 때 이 흐름이 층류가 되기 위한 최대유속은 얼마인가? 단, 물의 동점성계수는 $\nu_w = 0.01$ St로 가정하라. 참고로 개수로 레이놀즈수는 $Re = \dfrac{VR_h}{\nu}$ 이다.

문제 **4.5-4** (★☆☆)

폭 3.0 m인 직사각형 개수로에 수심 1.5 m로 3.0 m³/s의 물이 흐르고 있다. 흐름단면적 A, 윤변의 길이 P, 수리반경 R_h를 구하고, 이 흐름이 층류인지 난류인지 구분하라. 단, 물의 동점성계수는 1.0×10^{-6} m²/s이다. 참고로 개수로 레이놀즈수는 $Re = \dfrac{VR_h}{\nu}$ 이고, 개수로에서 임계레이놀즈수는 $Re_c = 500$ 이다.

4.6 유속 분포와 전단응력 분포

(1) 유속 분포

이상유체는 유체의 흐름을 수학적으로 쉽게 나타내기 위해 만들어낸 가상적인 유체
이다. 이상유체는 점성과 압축성이 없으며, 점성이 없기 때문에 벽면과의 마찰이 없다.
반면, 실제유체는 점성을 갖고 있으며, 고체벽에서 마찰이 생기며 전단응력이 발생한
다. 이상유체와 실제유체의 유속 분포는 그림 **4.6-1**과 같다.

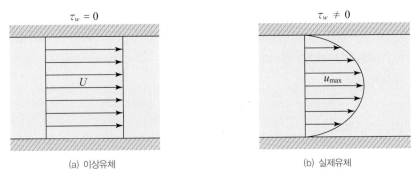

그림 **4.6-1** **이상유체와 실제유체의 유속 분포**

이상유체는 점성이 없기 때문에 유체 내부와 경계면에서 마찰이 없다. 따라서 경계
면에서 유체 입자는 내부 입자와 같은 속도로 이동하며, 횡단면 전체에 걸쳐 균일한
유속을 유지한다. 즉, 횡단면 전체가 평균유속으로 동일하며, 평균유속은 유량을 횡단
면적으로 나누면 된다.

실제유체에서는 벽면에 점성의 작용으로 마찰력이 작용하고, 점착조건(no-slip condition)
에 따라 벽면에 접한 유체의 속도는 벽면의 속도와 같아야 한다. 따라서 경계가 관로와
같은 고체벽일 경우 속도는 0이 되며, 이 벽면에 접한 유체의 속도도 0이 된다. 또한
경계면에서 멀어질수록 마찰은 점차 감소되고 유속은 점차 증가하여, 그림 **4.6-1(b)**와
같이 관의 중심 부분에서 최대유속 $u_{\max}$를 갖게 된다.

(2) 층류의 유속 분포

점성유체의 유속 분포를 구하기 위해서는 Navier-Stokes 방정식을 풀어야 한다.
그렇지만 일반적인 경우에 Navier-Stokes 방정식을 푸는 것은 불가능하며, 아주 특

쉬어가는 곳 Navier–Stokes 방정식

프랑스의 물리학자 나비에(Claude Louis Marie Henri Navier)와 영국의 수학자이자 물리학자인 스토크스(Sir George Gabriel Stokes)가 1822년경에 독자적으로 개발한 유체 거동에 대한 식이다. 둘 사이의 교류가 없이 독자적으로 개발하였기에, 나중에 둘의 공로를 기려서 두 사람의 이름을 같이 붙였다. 이 식은 다음과 같이 연속방정식과 운동량방정식으로 이루어져 있으며, 점성유체의 거동을 나타내는 궁극적인 식이다.

연속방정식: $\dfrac{\partial \rho}{\partial t} + \dfrac{\partial (\rho u)}{\partial x} + \dfrac{\partial (\rho v)}{\partial y} + \dfrac{\partial (\rho w)}{\partial z} = 0$

운동량방정식: $\dfrac{\partial u}{\partial t} + u\dfrac{\partial u}{\partial x} + v\dfrac{\partial u}{\partial y} + w\dfrac{\partial u}{\partial z} = -\dfrac{1}{\rho}\dfrac{\partial p}{\partial x} + \nu\left(\dfrac{\partial^2 u}{\partial x^2} + \dfrac{\partial^2 u}{\partial y^2} + \dfrac{\partial^2 u}{\partial z^2}\right)$

$\dfrac{\partial v}{\partial t} + u\dfrac{\partial v}{\partial x} + v\dfrac{\partial v}{\partial y} + w\dfrac{\partial v}{\partial z} = -\dfrac{1}{\rho}\dfrac{\partial p}{\partial y} + \nu\left(\dfrac{\partial^2 v}{\partial x^2} + \dfrac{\partial^2 v}{\partial y^2} + \dfrac{\partial^2 v}{\partial z^2}\right)$

$\dfrac{\partial w}{\partial t} + u\dfrac{\partial w}{\partial x} + v\dfrac{\partial w}{\partial y} + w\dfrac{\partial w}{\partial z} = g - \dfrac{1}{\rho}\dfrac{\partial p}{\partial z} + \nu\left(\dfrac{\partial^2 w}{\partial x^2} + \dfrac{\partial^2 w}{\partial y^2} + \dfrac{\partial^2 w}{\partial z^2}\right)$

이 방정식을 풀면 유체거동을 완벽하게 이해할 수 있으나, 불행히도 몇 가지 특별한 경우를 제외하고는 해석해를 구할 수 없다. 또 컴퓨터를 이용한 수치해석으로도 쉽게 풀 수 있는 경우는 거의 없다.

별한 경우에 대해서만 해석해를 구할 수 있다.

앞서 배운 층류와 난류에 대해 살펴보면, 층류의 경우는 유속 분포를 수학적으로 유도하는 데 별 문제가 없다. 그렇지만 난류의 경우는 이론적인 유속 분포를 구하는 것은 거의 불가능하며, 측정결과에서 유속 분포를 표시하기도 매우 어렵다. 이 책에서는 층류에 한정하여 유속 분포를 간단히 살펴본다.

층류가 발생하는 경우를 그림 **4.6-2**와 같은 두 평행평판 사이의 흐름을 살펴보자.

■ 쿠에트 흐름

그림 **4.6-2(a)**는 아래의 수평 평판은 고정되어 있고 위의 평판이 등속도 U로 움직일 때 발생하는 흐름으로, 쿠에트 흐름(Couette flow)이라 한다. 이 흐름에는 수평방향의 압력

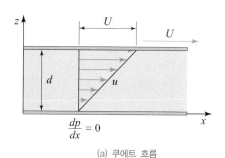

(a) 쿠에트 흐름

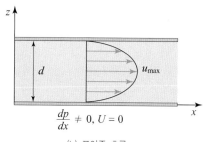

(b) 포아쥬 흐름

그림 **4.6-2** 층류의 유속 분포

차가 없으며($\frac{dp}{dx} = 0$), 순수하게 전단응력에 의해 유속 분포가 생긴다. 따라서 유속 분포는 다음과 같다.

$$u(z) = \frac{U}{d} z \qquad (4.6-1)$$

여기서 d는 두 평판 사이의 거리, z는 고정평판을 기준으로 한 연직상향의 거리이다.

■ 포아쥬 흐름

그림 **4.6-2(b)**는 고정된 두 평판 사이에 있는 점성유체에 좌우 수평방향의 압력차 ($\frac{dp}{dx} \neq 0$)로 인해 생기는 흐름이다. 이 흐름을 포아쥬 흐름(Poiseuille flow)이라 한다. 이 경우 유속 분포는 다음과 같다.

$$u(z) = -\frac{1}{2\mu} \frac{dp}{dx} z(d-z) \qquad (4.6-2)$$

여기서 μ는 유체의 점성계수, $\frac{dp}{dx}$는 x방향 압력경사, d는 두 평판 사이의 거리, z는 아래 평판을 기준으로 한 연직상향의 거리이다. 즉 포아쥬 흐름의 유속 분포는 그림 **4.6-2(b)**에 보인 것처럼 포물선 형태이다.

예제 4.6-1 ★★★

2개의 고정된 평판이 간격 $d = 6$ cm 떨어져 있다. 이 두 평판 사이를 물이 50 m 흐르는 동안 압력강하량이 $\Delta p = 5$ Pa이었다면, 두 평판 사이의 중간에서의 유속과 한쪽 평판에서 1.0 cm 떨어진 곳의 유속은 각각 얼마인가? 단, 물의 동점성계수 $\nu_w = 0.01$ St이다.

풀이

모든 단위를 CGS로 바꾸어 계산한다.

물의 밀도는 $\rho_w = 1$ g/cm³이므로, 물의 점성계수는 $\mu_w = \rho_w \nu_w = 1.0 \times 0.01 = 0.01$ poise이다.

압력강하량 $\Delta p = -5$ N/m² $= -50$ dyne/cm² (강하량이므로 음수로 표시)

압력강하거리 $\Delta x = 50$ m $= 5,000$ cm

유속 분포 $u(z) = -\frac{1}{2\mu} \frac{dp}{dx} z(d-z) = -\frac{1}{2 \times 0.01} \times \frac{(-50)}{5,000} \times z(6-z) = \frac{1}{2} z(6-z)$

따라서 평판 사이의 중간인 $z = 3.0$ cm에서 유속

$$u(3.0) = \frac{1}{2} \times 3.0 \times (6.0 - 3.0) = 4.5 \text{ cm/s}$$

평판에서 1.0 cm 떨어진 곳인 $z = 1.0$ cm에서 유속

$$u(1.0) = \frac{1}{2} \times 1.0 \times (6.0 - 1.0) = 2.5 \text{ cm/s}$$

■

기초 수리학

■ **원관 층류**

포아쥬 흐름을 원관에 적용하면 그림 **4.6-3**과 같다. 여기서 두 평판 사이 거리 d 대신에 원관의 반경(R)을 이용하고, 위치 변수를 z 대신에 원관의 중심을 원점으로 하는 방사방향의 $r(= R - z)$로 잡으면, 식 (4.6-2)는 다음과 같이 쓸 수 있다.

$$u(r) = -\frac{1}{2\mu} \frac{dp}{dx}(R^2 - r^2) \tag{4.6-3}$$

여기서 μ는 유체의 점성계수, $\dfrac{dp}{dx}$는 x방향 압력경사, R는 원관의 반경, r은 원관의 중심을 원점으로 하는 방사방향의 거리이다.

유속 분포는 그림 **4.6-3**과 같이 포물선형을 이룬다. 즉, 유속은 관벽에서 0이고, 관의 중심에서 최대값을 갖는다. 유속이 관벽에서 0인 것은 점착조건 때문이다.

(3) 평균유속

그림 **4.6-3**과 같은 원관의 유속 분포가 다음 식으로 주어진다고 하자. (이 식은 원관 층류의 유속 분포이다.)

$$u(r) = u_{\max}\left(1 - \frac{r^2}{R^2}\right) \tag{4.6-4}$$

여기서 R은 원관의 반경, r은 원관의 중심에서 방사방향의 거리, $u_{\max}$는 최대유속으로 원관의 중심($r = 0$)에서 생긴다.

유량은 다음과 같이 유속을 단면적에 대해 면적분하여 구할 수 있다.

$$Q = \int_A u(r)dA \tag{4.6-5}$$

유속 분포가 r의 함수이므로, 면적분을 r에 대한 적분으로 바꾸어야 한다. 그러면 적

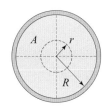

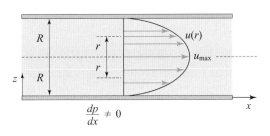

그림 **4.6-3** 원관 층류의 유속 분포

분의 하한과 상한은 각각 0과 R로 바뀌며, $dA = 2\pi r\,dr$로 바꿀 수 있다. 그러면 식 (4.6-5)는 다음과 같이 바뀐다. 더 자세한 내용은 부록 'A.2 편미분(연속방정식)'을 참조하기 바란다.

$$Q = \int_0^R u(r)\,2\pi r\,dr \qquad (4.6\text{-}6)$$

여기에 식 (4.6-6)을 대입하고 적분하여 유량을 구하면 다음과 같다.

$$Q = \int_0^R u_{\max}\left(1 - \frac{r^2}{R^2}\right)2\pi r\,dr = 2\pi\,u_{\max}\int_0^R\left(r - \frac{r^3}{R^2}\right)dr$$

$$= 2\pi\,u_{\max}\left[\frac{r^2}{2} - \frac{r^4}{4R^2}\right]_0^R = \frac{1}{2}\pi R^2 u_{\max} \qquad (4.6\text{-}7)$$

평균유속 V는 (유량)/(단면적)으로 정의되므로, 다음과 같이 구한다.

$$V = \frac{Q}{A} = \frac{\dfrac{1}{2}\pi R^2 u_{\max}}{\pi R^2} = \frac{1}{2}u_{\max} \qquad (4.6\text{-}8)$$

즉, 원관 층류에서 평균유속은 최대유속의 절반이 된다.

예제 **4.6-2** ★★★

폭이 무한히 넓은 평행평판이 $2h$만큼 떨어져 있을 때, 그 사이를 흐르는 유체의 유속 분포가 $u(z) = u_{\max}\left(1 - \dfrac{z^2}{h^2}\right)$의 포물선 분포를 할 때, 평균유속을 구하라.

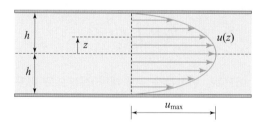

풀이

평균유속은 유속 분포를 적분한 뒤 면적으로 나누면 된다. 여기서는 중앙선을 중심으로 상하대 칭이므로 위나 아래의 절반만 이용해도 된다. 그리고 이때 안쪽 방향의 폭은 1로 생각한다.

$$V \equiv \frac{1}{A}\int_A u(z)\,dA$$

$$= \frac{1}{h} \int_0^h u_{\max}\left(1 - \frac{z^2}{h^2}\right)dz = \frac{u_{\max}}{h} \int_0^h \left(1 - \frac{z^2}{h^2}\right)dz.$$

$$= \frac{u_{\max}}{h}\left[z - \frac{z^3}{3h^2}\right]_0^h = \frac{u_{\max}}{h}\left(h - \frac{h^3}{3h^2}\right) = \frac{2}{3}u_{\max} \qquad \blacksquare$$

(4) 전단응력 분포

2장에서 Newton의 점성법칙에서 전단응력은 점성계수와 유속경사의 곱이라는 것을 배웠다. 이 식을 위의 평행평판(그림 **4.6-2**)과 원관(그림 **4.6-3**)에 적용하면, 각각 다음과 같이 된다.

$$\text{쿠에트 흐름:} \quad \tau(z) = \mu\frac{U}{d} \qquad\qquad (4.6\text{-}9a)$$

$$\text{포아쥬 흐름:} \quad \tau(z) = -\frac{1}{2}\frac{dp}{dx}(d - 2z) \qquad\qquad (4.6\text{-}9b)$$

$$\text{원관의 층류:} \quad \tau(r) = \frac{dp}{dx}r \qquad\qquad (4.6\text{-}9c)$$

이 결과를 그림으로 보이면, 그림 **4.6-4**와 같다. 여기서 알 수 있듯이, 쿠에트 흐름에서 전단응력의 분포는 일정하다. 포아쥬 흐름에서 전단응력의 분포는 '<' 형의 직선 분포를 가지며, 전단응력은 평행판 또는 원관벽에서 최대이며, 평행판의 중심 또는 원관의 중심에서는 0이다.

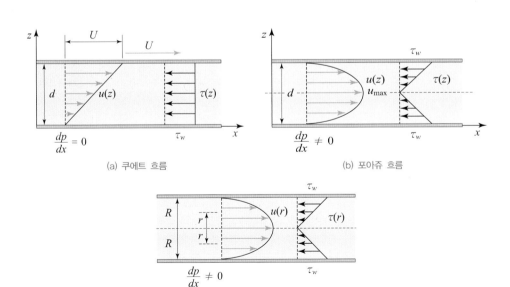

(a) 쿠에트 흐름   (b) 포아쥬 흐름

(c) 원관의 층류

그림 **4.6-4** 층류의 전단응력 분포

(5) 연습문제

문제 4.6-1 (★★☆)

그림과 같이 평행판 사이에 유체가 $V_1 = 5$ cm/s의 속도로 균일하게 유입된 후에, 단면 ②에서 층류로 바뀌어 유속 분포가 $v(z) = az(D-z)$로 되었다. 여기서 a는 상수이다. 만일 평판 사이 간격 $D = 60$ mm이고, 평판의 안쪽 방향 깊이를 B라고 하면, 최대유속 v_{max}는 얼마가 되겠는가?

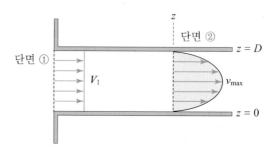

5장

유체동역학

이 장에서는 유체의 흐름에 따라 발생하는 유속과 힘, 그리고 압력변화 등을 다룬다.
이 장의 주요 내용은 다음과 같다.

5.1 베르누이식
5.2 베르누이식의 응용
5.3 실제유체의 베르누이식
5.4 운동량방정식
5.5 수정계수

다니엘 베르누이(Daniel Bernoulli, 1700-1782)
네덜란드의 그로닝겐 출신의 수학자. 오일러의 친구. 유체 운동의 법칙을 대중화하는 데 노력하였으며, 유체정역학과 유체동역학에서 다양한 새로운 문제들을 다루었다. 그의 저서 《Hydrodynamica》는 유체역학을 의미하는 라틴어이다.

5.1 베르누이식

(1) 수두와 에너지

앞 장에서 유체의 운동을 나타내는 연속방정식이 질량보존 법칙을 유체에 적용한 것임을 배웠다. 이번에는 유체의 운동량과 에너지에 대해 살펴보자. 에너지란 일을 할 수 있는 능력을 말한다. 즉, 에너지가 크다는 것은 일을 할 수 있을 능력이 크다는 의미이다. 예를 들어, 어떤 물체가 운동할 때 가지는 에너지는 위치에너지와 운동에너지가 있으며, 이 둘은 다음과 같이 나타내었다.

$$(총에너지) = (위치에너지) + (운동에너지)$$

즉, 질량이 m인 물체가 높이 h에서 V의 속도로 움직일 때 에너지는 다음과 같다.

$$E = mgh + \frac{mV^2}{2} \tag{5.1-1}$$

그런데 유체에서는 질량 m을 측정하기 어려우므로, 질량 대신에 유량 Q과 밀도 ρ를 사용하며, 유체에는 고체에 없는 압력이 있으므로 이에 따른 에너지를 고려해야 한다.

유체가 큰 에너지를 가진 경우를 살펴보면 **그림 5.1-1**에서 보인 것과 같다. **그림 5.1-1(a)**는 폭포처럼 높은 곳에 있는 유체를 나타내며, 위치에너지에 해당한다. **그림 5.1-1(b)**는 압력에 의해 생기는 에너지이며, **그림 5.1-1(c)**는 소방호스의 분사류와 같이 빠른 유속에 의한 에너지이다.

에너지의 크기는 눈으로 보기 힘들기 때문에 이를 눈에 볼 수 있도록 하기 위해 유체역학에서는 수두(水頭, hydraulic head)라는 개념을 도입한다. 수두는 '단위중량당 유체가 가진 에너지를 물기둥의 높이로 나타낸 것'이다. 식 (5.1-1)의 에너지를 유체의

(a) 높은 곳에 있는 유체   (b) 큰 압력을 가진 유체   (c) 속도가 빠른 유체
　　(빅토리아 폭포)　　　　　　　(잠수함 주위의 유체)　　　　　　(소방호스의 분사류)

그림 5.1-1 유체가 가진 에너지

중량 $W(=mg)$로 나누면, 식 (5.1-1)의 각 항은 차원이 [L]인 항들로 나타나며, 이를 수두라고 한다.

유체가 가진 에너지를 나타내기 위한 식은 오일러와 베르누이의 노력으로 마련되었다. 오일러(Leonhard Euler)는 다음과 같은 가정하에서 유선상에 뉴턴의 제2법칙을 적용하여 유체의 운동량을 구하는 운동방정식(Euler equation of motion)을 유도하였으며, 식을 유도할 때 사용한 가정은 다음과 같다.

- 정상 유동이다.
- 유체는 마찰이 없다($\mu = 0$).
- 유체 입자는 유선에 따라 흐른다.

베르누이(Daniel Bernoulli)는 오일러의 운동방정식을 유선에 따라 적분하여 다음과 같은 베르누이식(Bernoulli equation)을 유도하였다.

$$H = z + \frac{p}{\rho g} + \frac{V^2}{2g} \tag{5.1-2}$$

여기서 H는 유체의 단위중량당 총에너지, z는 유체의 높이, p는 유체의 압력, ρ는 유체의 밀도, g는 중력가속도, V는 유체의 평균유속이다. 식 (5.1-2)의 각 항들은 다음과 같이 부른다.

- H: 총수두(total head)
- z: 위치수두(potential head)
- $\dfrac{p}{\rho g}$: 압력수두(pressure head)
- $\dfrac{V^2}{2g}$: 유속수두(velocity head)

이를 에너지 관점에서 보면, 좌변은 총에너지, 우변은 각각 위치에너지, 압력에너지, 속도에너지라고 볼 수 있다. 그리고 위치수두와 압력수두의 합, 즉 $z + \dfrac{p}{\rho g}$를 위압수두(piezometric head)라고 부른다.

이 식을 관로 흐름에 대해 적용하면 그림 **5.1-2**와 같다. 그림 **5.1-2**를 보면 지점 ①과 지점 ②에서 각각 두 개의 가는 관이 꽂혀 있다. 하나는 관벽을 뚫고 관의 중심에서 흐름과 평행한 관(피토관)이고, 다른 하나는 관벽에 접속된 관(액주계, 위압수두계)이다. 단면 ①에서 두 관의 자유표면은 차이를 보이며, 이 차이가 지점 ①의 유속수두 $\dfrac{V_1^2}{2g}$이다. 그리고 피토관 입구(정체점)의 높이가 바로 단면 ①의 위치수두 z_1이고,

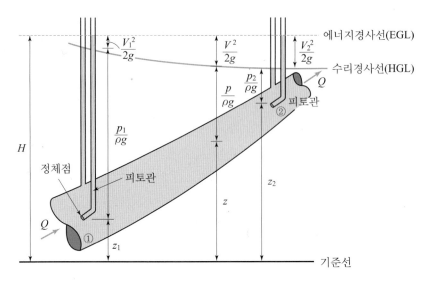

그림 **5.1-2** 관로 흐름에서 수두

액주계의 자유표면까지의 높이가 단면 ②의 압력수두 $\dfrac{p_1}{\rho g}$ 이다. 압력수두에 대해서는 3장의 액주계를 생각하면 쉽게 알 수 있다. 그리고 이들을 합한 것이 총수두이며, 이것은 피토관의 유체 표면과 같은 높이이다.

  단면 ①과 단면 ②처럼 서로 다른 지점의 총수두의 높이를 연결한 선을 에너지경사선(EGL, energy grade line) 또는 에너지선(EL, energy line)이라 하고, 위압수두(위치수두 +압력수두)의 높이를 연결한 선을 수리경사선(HGL, hydraulic grade line)이라 한다[a]. 이 두 선은 그림 **5.1-2**에 표시되어 있다. 에너지 손실이 없을 경우 에너지경사선은 수평이며, 에너지 손실이 있을 경우는 경사선의 높이가 점차 낮아진다. 즉 에너지경사선은 펌프와 같이 에너지를 공급하는 장치가 없는 한 흐름 방향으로는 항상 감소하는 방향이 된다. 반면, 수리경사선은 위압수두의 크기에 따라 흐름 방향으로 증가할 수도 있고 감소할 수도 있다. 그리고 수리경사선은 항상 에너지경사선보다 유속수두 $\dfrac{V^2}{2g}$ 만큼 아래에 위치한다. 그래서 이 두 경사선을 그릴 때는 거의 대부분 에너지경사선을 먼저 그리고, 여기서 유속수두만큼 빼서 수리경사선을 그리는 것이 일반적이다.

  개수로 흐름이나 수조와 같이 자유표면이 있는 경우, 자유표면의 표고는 바로 위압수두의 높이와 같으며, 바꾸어 말하자면 자유수면은 곧 수리경사선이다.

---

a) hydraulic grade line을 '동수경사선'이라 하는 문헌도 많이 있다.

기준면에서 5 m의 높이에 흐르고 있는 물의 압력이 78.4 kPa이고, 유속이 5 m/s이다. 이 유체의 위치수두, 압력수두, 유속수두, 총수두는 각각 얼마인가?

풀이

위치수두 $z = 5$ m

압력수두 $\dfrac{p}{\rho g} = \dfrac{78,400}{1,000 \times 9.8} = 8.0$ m

유속수두 $\dfrac{V^2}{2g} = \dfrac{5^2}{2 \times 9.8} = 1.28$ m

총수두 $H = z + \dfrac{p}{\rho g} + \dfrac{V^2}{2g} = 5.0 + 8.0 + 1.28 = 14.28$ m ∎

흐르는 물의 속도가 6 m/s, 압력이 1기압이다. 위치수두가 0 m이면, 총수두 H는 얼마인가?

풀이

압력 $p = 1$ atm $= 101,300$ Pa

따라서 총수두 $H = z + \dfrac{p}{\rho g} + \dfrac{V^2}{2g} = 0.0 + \dfrac{101,300}{1,000 \times 9.8} + \dfrac{6^2}{2 \times 9.8} = 12.17$ m ∎

(2) 베르누이식의 적용

그림 **5.1-2**와 같이 지점 ①에서 어느 정도 떨어진 지점 ②에 지점 ①과 같은 방법으로 두 개의 관을 하나는 관벽에, 다른 하나는 관의 중심에 설치하면 지점 ①처럼 자유표면이 형성된다. 그림 **5.1-2**에서 지점 ②의 위치수두, 압력수두, 유속수두를 각각 찾아볼 수 있다. 그런데 지점 ①과 지점 ② 사이에서 에너지 손실이 없다면, 지점 ①과 지점 ②의 에너지는 같아야 하며, 식 (5.1-2)로 나타내면 다음과 같다.

$$z_1 + \frac{p_1}{\rho g} + \frac{V_1^2}{2g} = z_2 + \frac{p_2}{\rho g} + \frac{V_2^2}{2g} = (\text{일정}) \qquad (5.1\text{-}3)$$

식 (5.1-3)에는 z_1, p_1, V_1, z_2, p_2, V_2의 6개의 변수가 있다. 따라서 변수 5개의 값을 알고 있다면 다른 한 변수의 값을 구할 수 있다. 또 식 (5.1-3)과 앞의 4장에서 배운 연속방정식을 연립해서 사용하면, 우리가 이용할 수 있는 식은 베르누이식 식 (5.1-3)과 연속방정식 식 (4-23)의 2개이므로, 만일 6개의 변수 중 4개의 값을 알고 있다면 나머지 2개의 값을 구할 수 있다.

직경이 100 mm인 원관에 밀도가 900 kg/m^{3}인 유체가 평균유속 8 m/s로 흐르고 있다. 압력이 20 kPa만큼 낮아진 지점에서 유속수두는 얼마인가?

풀이

상류단면을 단면 ①, 하류단면을 단면 ②라고 하면,

문제에서 $p_1 - p_2 = 20$ kPa, $V_1 = 8$ m/s, $\rho = 900$ kg/m^3, $D = 0.1$ m.

단면 ①과 단면 ②에 베르누이식을 적용하면,

$$z_1 + \frac{p_1}{\rho g} + \frac{V_1^2}{2g} = z_2 + \frac{p_2}{\rho g} + \frac{V_2^2}{2g}$$

$$0 + \frac{p_1}{900 \times 9.8} + \frac{8^2}{2 \times 9.8} = 0 + \frac{p_2}{900 \times 9.8} + \frac{V_2^2}{2g}$$

$$\frac{V_2^2}{2g} = \frac{p_1 - p_2}{900 \times 9.8} + \frac{8^2}{2 \times 9.8} = \frac{20,000}{900 \times 9.8} + \frac{8^2}{2 \times 9.8} = 5.53 \text{ m} \quad \blacksquare$$

다음 그림에서 밀도 ρ_w인 물이 들어 있는 수조 바닥의 지점 ②에 작은 구멍이 뚫려 있을 때, 이 구멍으로부터 흘러나오는 물의 속도는 얼마인지 그림에 주어진 기호를 이용하여 나타내어라. 단, 물의 자유표면 ①의 압력을 p_1, 지점 ②의 압력을 p_2라 하고, 작은 구멍에서 수면까지의 높이를 h라고 하자. 구멍은 매우 작고, 흐름은 정상류라고 가정한다.

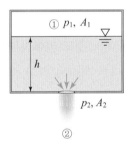

풀이

위치수두의 기준면을 수조 바닥으로 잡으면 $z_1 = h$, $z_2 = 0$, 단면 ②에서는 대기압을 받으므로 $p_2 = 0$이다.

$A_1 \gg A_2$이므로, 연속방정식에서 $V_2 \gg V_1 \fallingdotseq 0$이다. 단면 ①과 단면 ②에 베르누이식을 적용하면,

$$z_1 + \frac{p_1}{\rho_w g} + \frac{V_1^2}{2g} = z_2 + \frac{p_2}{\rho_w g} + \frac{V_2^2}{2g}$$

$$h + \frac{p_1}{\rho_w g} + 0 = 0 + 0 + \frac{V_2^2}{2g}$$

따라서 지점 ②의 유속 $V_2 = \sqrt{2g\left(h + \frac{p_1}{\rho_w g}\right)}$ $\blacksquare$

다음 그림과 같이 물이 흐르고 있다. 두 압력계의 눈금이 같도록 하는 데 필요한 관의 직경 D_2를 구하라.

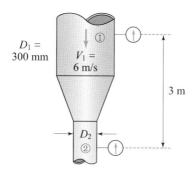

풀이 |

문제에서 $z_1 = 3$ m, $V_1 = 6$ m/s, $z_2 = 0$ m.

지점 ①과 지점 ②의 압력수두가 같으므로 $p_1 = p_2 = 0$이다. 베르누이식을 적용하면,

$$z_1 + \frac{p}{\rho_w g} + \frac{V_1^2}{2g} = z_2 + \frac{p}{\rho_w g} + \frac{V_2^2}{2g}$$

$$3 + \frac{6^2}{2 \times 9.8} = 0 + \frac{V_2^2}{2 \times 9.8}$$

따라서 지점 ②의 유속 $V_2 = 9.74$ m/s

지점 ①과 지점 ②에 연속방정식을 적용하면 다음과 같다.

$$A_1 V_1 = A_2 V_2$$

$$A_2 = A_1 \frac{V_1}{V_2} = \left(\frac{\pi \times 0.3^3}{4} \right) \times \frac{6.0}{9.74} = 0.0436 \text{ m}^2$$

$$D_2 = \sqrt{\frac{4 A_2}{\pi}} = \sqrt{\frac{4 \times 0.0436}{\pi}} = 0.236 \text{ m} \qquad ■$$

(3) 연습문제

문제　5.1-1 (★☆☆)

어떤 기준면에서 높이 5 m에서 물이 유속 3 m/s로 흐르고 있다. 이때 압력을 재어보니 0.5 kgf/cm²이었다. 총수두는 얼마인가?

문제　5.1-2 (★☆☆)

물이 수평관로에서 0.4 m³/s로 흐르고 있다. 관의 상류 쪽 직경이 400 mm, 하류 쪽 직경이 200 mm이고, 상류 쪽 압력이 200 kPa일 때 하류 쪽 압력을 구하라.

문제 5.1-3 (★☆☆)

수평으로 설치된 직경이 다른 관로가 연결되어 있다. 상류와 하류 쪽 관의 직경이 각각 20 cm와 40 cm이고, 상류의 한 지점 ①의 물의 평균유속이 2 m/s, 압력이 1 kgf/cm²일 때, 하류의 한 지점 ②의 압력을 구하라.

문제 5.1-4 (★☆☆)

다음 그림과 같은 관로에 물이 흐를 때, 지점 ①의 유속이 2.4 m/s이면, 액주계 B의 수두는 얼마인가?

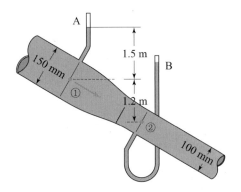

5.2 베르누이식의 응용

(1) 토리첼리 정리

1643년 토리첼리(Torricelli)는 정수두 상태(수두가 변하지 않는 상태)에 있는 작은잠공 (small orifice)에서 유출되는 흐름의 평균유속을 계산하는 식을 유도하였다. 그는 그림 **5.2-1**과 같이 뚜껑이 없는 수조의 밑바닥 또는 측벽에 작은 구멍[b]을 뚫고 물을 방류하였다.

잠공의 직경을 D_o, 면적을 A_o라 하고, 잠공에서 수면까지의 높이를 h라 하자[c]. 수면상의 점 ①과 유출구의 점 ②에 베르누이식을 적용한다.

$$z_1 + \frac{p_1}{\rho g} + \frac{V_1^2}{2g} = z_2 + \frac{p_2}{\rho g} + \frac{V_2^2}{2g} \qquad (5.2-1)$$

양쪽 모두 대기압이 작용하므로 $p_1 = p_2 = 0$이고, 수조단면적이 잠공단면적에 비해 매우 클 경우에 $V_1 \simeq 0$이므로, 식 (5.2-1)은 다음과 같이 정리된다.

$$z_1 + 0 + 0 = z_2 + 0 + \frac{V_2^2}{2g}$$

따라서

$$V_2 = \sqrt{2g(z_1 - z_2)} = \sqrt{2gh} \qquad (5.2-2)$$

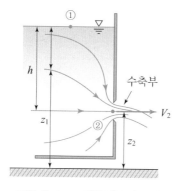

그림 **5.2-1** 작은잠공의 유속

---

b) 이런 구멍을 오리피스(orifice)라 하고, 우리말로는 잠공(潛孔)이라 한다.

c) 이때 잠공의 직경이 수면까지의 높이에 비해 작은 경우$\left(D_o \le \dfrac{h}{5}\right)$를 작은잠공(small orifice)이라 한다. 반면에, 잠공의 직경이 수면까지의 높이에 비해 큰 경우$\left(D_o > \dfrac{h}{5}\right)$를 큰잠공(large orifice)이라 한다.

식 (5.2-2)를 토리첼리의 정리(Torricelli's principle)라고 한다.

다음 그림과 같은 노즐이 있을 때, 분출속도와 유량을 구하라.

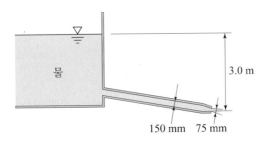

풀이

토리첼리의 정리를 이용하면,

노즐의 분출속도 $V = \sqrt{2gh} = \sqrt{2 \times 9.8 \times 3.0} = 7.67$ m/s

유량은 다음과 같다.

$$Q = AV = \left(\frac{\pi \times 0.075^2}{4} \right) \times 7.67 = 0.0339 \text{ m}^3/\text{s} \quad \blacksquare$$

그림과 같이 밀폐된 수조에서 물 위의 공기 압력이 103 kPa일 때, 노즐에서 나오는 물의 유속은 몇 m/s인가? 단, 물의 밀도는 1,000 kg/m³이다.

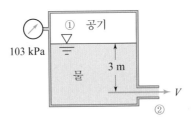

풀이

수조 안의 수표면을 지점 ①, 노즐 끝을 지점 ②로 하고, 주어진 자료를 정리하면,

$$z_1 = 3 \text{ m}, \ p_1 = 1.03 \times 10^5 \text{ Pa}, \ V_1 = 0 \text{ m/s}, \ z_2 = 0 \text{ m}, \ p_2 = 0 \text{ Pa}$$

지점 ①과 지점 ②에 베르누이 정리를 적용하면,

$$z_1 + \frac{p_1}{\rho g} + \frac{V_1^2}{2g} = z_2 + \frac{p_2}{\rho g} + \frac{V_2^2}{2g}$$

$$3 + \frac{1.03 \times 10^5}{1,000 \times 9.8} + 0 = 0 + 0 + \frac{V_2^2}{2 \times 9.8}$$

따라서 노즐유속은 다음과 같다.

$$V_2 = 16.27 \ \text{m/s}$$

(2) 동압력과 피토관

베르누이식 식 (5.1-2)의 양변에 유체의 단위중량($\gamma = \rho g$)을 곱하면, 각 항은 압력이 된다.

$$\rho g z + p + \frac{\rho V^2}{2} = (\text{일정}) \tag{5.2-3}$$

식 (5.2-3)은 베르누이식을 압력의 형태로 나타낸 것이며, $\rho g z$는 위치압력(potential pressure), p는 정압력(static pressure)이라 부른다. $\frac{\rho V^2}{2}$는 유속이 압력의 항으로 나타난 것이며, 동압력(dynamic pressure)라 부른다.

동압력을 알아보기 위해, 그림 **5.2-2(a)**와 같이 유체가 물체에 부딪히는 경우를 생각하자. 물체의 앞부분에는 유속이 0이 되는 지점이 생긴다. 이런 지점을 정체점(stagnation point)이라 한다. 그림 **5.2-2(a)**의 지점 ①과 지점 ② 사이에 베르누이식을 적용해 보자.

$$z_1 + \frac{p_1}{\rho g} + \frac{V_1^2}{2g} = z_2 + \frac{p_2}{\rho g} + \frac{V_2^2}{2g} \tag{5.2-4}$$

두 지점의 높이가 같으므로, 위치수두는 생략하거나 $z_1 = z_2 = 0$으로 놓을 수 있다. 그리고 정체점 ②에서 $V_2 = 0$이므로, 식 (5.2-4)는 다음과 같이 정리된다.

$$0 + \frac{p_1}{\rho g} + \frac{V_1^2}{2g} = 0 + \frac{p_2}{\rho g} + 0$$

따라서 정체점 ②의 압력은 다음과 같다.

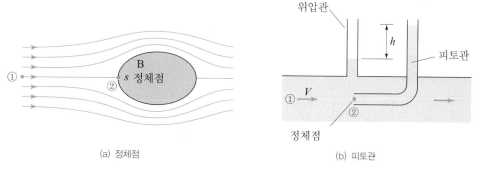

(a) 정체점

(b) 피토관

그림 **5.2-2** 정체점과 피토관

$$p_2 = p_1 + \frac{\rho V_1^2}{2} \tag{5.2-5}$$

즉 정체점의 압력은 정압력과 동압력의 합으로 나타나며, 점 ②의 동압력은 점 ①의 유속수두가 압력으로 변환된 것이라 생각할 수 있다.

이런 원리를 이용하여, 정압력과 동압력을 측정하고, 이 동압력에서 유속을 측정하는 장치를 피토관(Pitot tube)이라 한다. 그림 **5.2-2(b)**의 지점 ①과 지점 ② 사이에 베르누이식을 적용하고, 측정된 수두차 h를 이용하면, 유속을 구할 수 있다.

$$V = \sqrt{2gh} \tag{5.2-6}$$

피토관은 프랑스의 피토(H. Pitot)가 1728년 파리의 세느강에서 L자형 관을 이용하여 유속을 측정한 데서 유래하였다. 현재, 피토관은 그림 **5.2-3**과 같이 항공기의 속도나 풍속을 알기 위한 용도로 다양하게 사용된다.

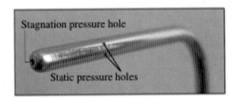

(a) 피토관의 구조

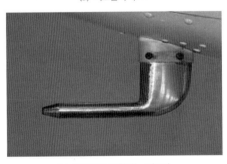

(b) 항공기에 장착되는 피토관

(c) 피토관이 장착된 곳

그림 **5.2-3** **피토관의 이용**

예제 5.2-3 ★★★

어떤 비행기가 밀도 ρ_a인 상공에서 V_a의 속도로 비행하고 있다. 비행기에서 멀리 떨어진 지점 ①에서 압력이 p_1이고, 피토관으로 측정한 정체압이 p_s라고 할 때, 비행기의 속도를 식으로 표현하라.

풀이 |

비행기가 움직이고 공기는 정지해 있지만, 베르누이의 정리를 적용하는 데 편리하도록 하기

기초 수리학

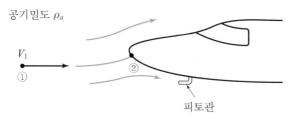

공기밀도 ρ_a

V_1

①

②

피토관

위해 비행기는 정지해 있고 공기가 비행기의 속도로 이동한다고 가정하자.
지점 ①과 지점 ②에 대해 베르누이방정식을 적용하면

$$z_1 + \frac{p_1}{\rho g} + \frac{V_1^2}{2g} = z_2 + \frac{p_2}{\rho g} + \frac{V_2^2}{2g}$$

$$0 + \frac{p_1}{\rho_a g} + \frac{V_1^2}{2g} = 0 + \frac{p_s}{\rho_a g} + 0$$

따라서 지점 ①의 유속(비행기의 속도와 크기가 같고 방향이 반대) $V_1 = \sqrt{\dfrac{2}{\rho_a}(p_s - p_1)} = \sqrt{2gh}$
여기서 h는 피토관의 읽음(유속수두와 압력수두의 차이)이다. ∎

예제 **5.2-4**　　　　　　　　　　　　　　　　　　★★★

그림과 같이 물이 흐르는 관의 중심에 피토관을 설치했더니 5 cm의 수두차가 생겼다. 관중심의
유속을 구하라.

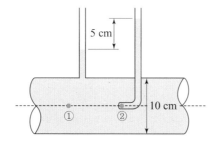

5 cm

10 cm

①　②

풀이

지점 ①과 지점 ②에 베르누이식을 적용하면 다음과 같다.

$$z_1 + \frac{p_1}{\rho g} + \frac{V_1^2}{2g} = z_2 + \frac{p_2}{\rho g} + \frac{V_2^2}{2g} \qquad \text{(a)}$$

높이가 같으므로 $z_1 = z_2 = 0$으로 놓을 수 있으며, $\dfrac{p_2}{\rho g} - \dfrac{p_1}{\rho g} = h$이다. 또한 $V_1 = V$로 놓을 수
있고, 정체점이므로 $V_2 = 0$이다. 따라서 식 (a)는 다음과 같이 정리된다.

$$0 + 0 + \frac{V^2}{2g} = 0 + h + 0 \qquad \text{(b)}$$

따라서 중심유속은 다음과 같다.

$$V = \sqrt{2gh} = \sqrt{2 \times 9.8 \times 0.05} = 0.99 \ \text{m/s}$$ ∎

(3) 사이펀

유체가 담긴 수조에 액체가 담긴 관을 넣고 관의 한쪽 끝을 수면 이하의 높이에 위치시키면 유체가 수조 밖으로 배출된다. 이때, 유체는 일시적으로 수면(수리경사선)보다 높은 위치를 지나게 된다. 이처럼 수리경사선을 넘어서 유체가 지나가도록 하는 장치를 사이펀(cyphon)이라 한다.

그림 **5.2-4**의 지점 ②에서 유체가 중력에 의해 떨어지면, 연속방정식에 의해 지점 ③은 지점 ②의 유속과 같다. 그러면 베르누이식에 의해 지점 ③의 압력은 대기압(지점 ①과 지점 ②의 압력)보다 낮아지게 된다. 따라서 지점 ①의 대기압에 의해 유체가 지점 ③으로 밀려올라가게 된다.

지점 ②의 유속을 구하기 위해, 베르누이식을 지점 ①과 지점 ②에 적용해 보자.

$$z_1 + \frac{p_1}{\rho g} + \frac{V_1^2}{2g} = z_2 + \frac{p_2}{\rho g} + \frac{V_2^2}{2g} \tag{5.2-7}$$

$z_1 - z_2 = h$, $p_1 = p_2 = 0$, 수조단면적이 관의 단면적에 비해 훨씬 크다고 하면, $V_1 \simeq 0$ 이므로, 식 (5.2-7)을 정리하면 다음과 같다.

$$h + 0 + 0 = 0 + 0 + \frac{V_2^2}{2g} \tag{5.2-8}$$

따라서 유속 V_2는 다음과 같다.

$$V_2 = \sqrt{2g(z_1 - z_2)} = \sqrt{2gh} \tag{5.2-9}$$

사이펀의 유속은 잠공의 유속과 같은 형태이다.

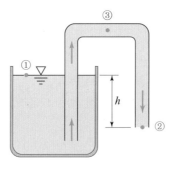

그림 **5.2-4** 사이펀

기초 수리학

예제 **5.2-5** ★★★

그림과 같은 사이펀에서 충분한 흡입력을 작용해서 물이 흐르도록 하였다. 관에서 물이 지속적으로 흐르는 동안 수조의 수위 변화가 없다고 하자. 손실을 무시하면, 사이펀의 최고지점 ③의 압력을 물의 밀도 ρ_w와 중력가속도 g, 주어진 높이의 함수로 나타내어라.

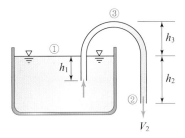

풀이

단면 ②와 ③에 베르누이식을 적용하면, $V_2 = V_3$ 이므로

$$z_2 + \frac{p_2}{\rho_w g} + \frac{V_2^2}{2g} = z_3 + \frac{p_3}{\rho_w g} + \frac{V_3^2}{2g}$$

$$0 = (h_2 + h_3) + \frac{p_3}{\rho_w g}$$

지점 ③의 압력 p_3에 대해 정리하면,

$$p_3 = -\rho_w g(h_2 + h_3)$$ ∎

예제 **5.2-6** ★★★

다음 그림의 사이펀 출구 ②에서 흐르는 유량은 얼마인가? 단, 관의 직경은 일정하고, 손실은 무시한다.

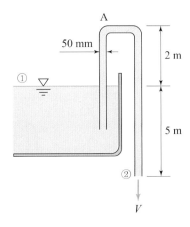

문제에서 $D = 50$ mm $= 0.05$ m, $h = 5$ m.

지점 ①과 지점 ②에 베르누이식을 적용하면,

$$z_1 + \frac{p_1}{\rho_w g} + \frac{V_1^2}{2g} = z_2 + \frac{p_2}{\rho_w g} + \frac{V_2^2}{2g}$$

$$5 + 0 + 0 = 0 + 0 + \frac{V_2^2}{2g}$$

사이펀의 출구가 수조 수표면의 5 m 아래에 위치하므로,

출구유속 $V = \sqrt{2gh} = \sqrt{2 \times 9.8 \times 5.0} = 9.90$ m/s

유량 $Q = AV = \left(\frac{\pi}{4} \times 0.05^2\right) \times 9.90 = 0.0194$ m³/s ■

쉬어가는 곳   일상생활 속의 사이펀

1990년대 이전에는 집집마다 석유곤로를 이용하여 취사를 하고 석유난로로 난방을 하는 경우가 많았다. 이때, 꼭 필요한 것이 그림에 보인 석유펌프(자바라펌프라고도 한다)이다. 이 펌프는 공기조절꼭지가 있어 이 꼭지를 잠그면 사이펀 원리에 의해 계속 석유를 배출하게 된다. 사이펀 커피머신도 사이펀의 원리를 이용하여 커피를 추출한다. 그리고 일상생활에서 사이펀 원리가 가장 적절히 이용되는 것은 수세식 변기이다.

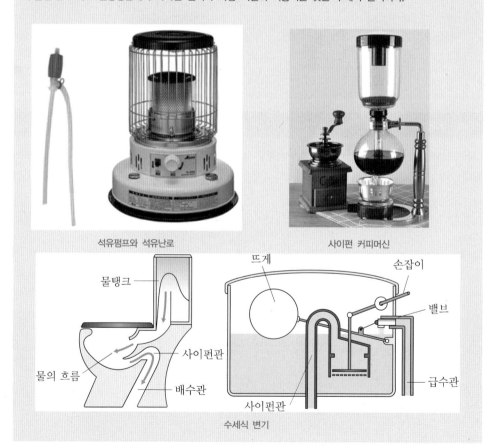

석유펌프와 석유난로

사이펀 커피머신

수세식 변기

(4) 벤츄리미터

관의 일부를 잘록한 허리를 갖는 축소된 단면으로 만들어, 베르누이식을 이용하여 관 안의 유속과 유량을 측정하는 장치를 벤츄리미터(venturimeter)라고 한다. 벤츄리미터는 그림 **5.2-5**와 같이 입구부와 목부분에 시차액주계를 연결한 구조로 되어 있다.

벤츄리미터에서 사전에 알고 있는 것은 관로에 흐르는 유체의 밀도 ρ, 액주계 안의 유체의 밀도(대부분 수은이므로 ρ_m이라 하자), 지점 ①의 단면적 A_1과 지점 ②의 단면적 A_2, 그리고 시차액주계를 이용하여 측정한 수두차(h)뿐이다. 이 자료들을 이용하여 관 안의 유속과 유량을 구해보자.

그림 **5.2-5**의 지점 ①과 지점 ②에 대해 연속식을 적용하면 다음과 같다.

$$Q = A_1 V_1 = A_2 V_2 \tag{5.2-10}$$

식 (5.2-10)에서 V_1을 V_2의 항으로 나타내면 다음과 같다.

$$V_1 = \left(\frac{A_2}{A_1}\right) V_2 \tag{5.2-11}$$

지점 ①과 지점 ②에 대해 베르누이식을 적용한다.

$$z_1 + \frac{p_1}{\rho g} + \frac{V_1^2}{2g} = z_2 + \frac{p_2}{\rho g} + \frac{V_2^2}{2g} \tag{5.2-12}$$

$z_1 = z_2$이므로 소거하고, 식 (5.2-11)을 대입하여 정리하면 다음과 같다.

$$V_2 = \frac{1}{\sqrt{1 - \left(\dfrac{A_2}{A_1}\right)^2}} \sqrt{2\left(\frac{p_1 - p_2}{\rho}\right)} \tag{5.2-13}$$

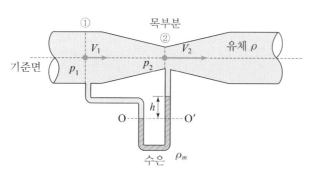

그림 **5.2-5** 벤츄리미터

시차액주계에서 O-O′ 선을 기준으로 압력평형식을 구하면 다음과 같다.

$$p_1 + \rho gh = p_2 + \rho_m gh \tag{5.2-14}$$

따라서

$$\frac{p_1 - p_2}{\rho} = \left(\frac{\rho_m}{\rho} - 1\right)gh \tag{5.2-15}$$

식 (5.2-15)를 식 (5.2-13)에 대입하고 정리하면,

$$V_2 = \frac{A_1}{\sqrt{A_1^2 - A_2^2}} \sqrt{2\left(\frac{\rho_m}{\rho} - 1\right)gh} \tag{5.2-16}$$

따라서 지점 ①의 유속 V_1과 유량 Q는 다음과 같다.

$$V_1 = \left(\frac{A_2}{A_1}\right)V_2 = \frac{A_2}{\sqrt{A_1^2 - A_2^2}} \sqrt{2\left(\frac{\rho_m}{\rho} - 1\right)gh} \tag{5.2-17}$$

$$Q = A_2 V_2 = \frac{A_1 A_2}{\sqrt{A_1^2 - A_2^2}} \sqrt{2\left(\frac{\rho_m}{\rho} - 1\right)gh} \tag{5.2-18}$$

만일 유체가 물이라면, 수은의 비중 $s_m = 13.6$을 이용하여 식 (5.2-16)~(5.2-18)은 다음과 같이 다시 쓸 수 있다.

$$V_2 = \frac{A_1}{\sqrt{A_1^2 - A_2^2}} \sqrt{2(s_m - 1)gh} \tag{5.2-19}$$

$$V_1 = \frac{A_2}{\sqrt{A_1^2 - A_2^2}} \sqrt{2(s_m - 1)gh} \tag{5.2-20}$$

$$Q = \frac{A_1 A_2}{\sqrt{A_1^2 - A_2^2}} \sqrt{2(s_m - 1)gh} \tag{5.2-21}$$

다음 그림과 같은 벤츄리관에 물이 흐르고 있다. 단면 ①과 단면 ②의 단면적비가 2이고, 압력수두차가 h일 때, 단면 ①의 속도를 압력수두차 h, 물의 밀도 ρ_w, 중력가속도 g의 함수로 구하라.

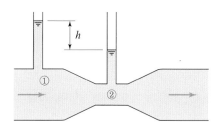

풀이 |

단면 ①과 단면 ②의 연속방정식에서

$$A_1 V_1 = A_2 V_2$$

$$V_2 = \frac{A_1}{A_2} V_1 = 2 V_1$$

단면 ①과 단면 ②에 베르누이방정식을 적용하면,

$$z_1 + \frac{p_1}{\rho g} + \frac{V_1^2}{2g} = z_2 + \frac{p_2}{\rho g} + \frac{V_2^2}{2g}$$

$$0 + h + \frac{V_1^2}{2g} = 0 + 0 + \frac{(2V_1)^2}{2g}$$

단면 ①의 유속 V_1에 대해 정리하면,

$$V_1 = \sqrt{\frac{2gh}{3}} \qquad ■$$

다음 그림과 같이 수평으로 놓인 관로 내의 유량을 측정하기 위해 벤츄리미터를 설치하였다. $D_1 = 10$ cm, $D_2 = 4.5$ cm이며, 그 안에 흐르는 유량이 $Q = 10$ L/s일 때, 수은이 담긴 시차액주계의 높이(h)를 계산하라. 단, 수은의 비중은 13.6이며, 손실은 없다고 가정한다.

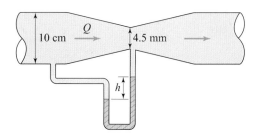

액주계의 양쪽에 대해 압력평형식을 적용하면, 다음과 같다.

$$p_1 + \rho_w gh = p_2 + \rho_m gh \tag{a}$$

여기서 ρ_w는 물의 밀도, ρ_m은 수은의 밀도이다. 식 (a)를 h에 대해 정리하면,

$$h = \frac{p_1 - p_2}{(\rho_m - \rho_w)g} = \frac{1}{(s_m - 1)}\frac{p_1 - p_2}{\rho_w g} \tag{b}$$

주어진 자료를 정리하면, $Q = 10$ L/s $= 0.01$ m³/s이며, 지점 ①과 지점 ②의 유속은 다음과 같다.

$$V_1 = \frac{Q}{A_1} = \frac{0.01}{\pi \times (0.1)^2/4} = 1.27 \text{ m/s} \tag{c}$$

$$V_2 = \frac{Q}{A_2} = \frac{0.01}{\pi \times (0.045)^2/4} = 6.29 \text{ m/s} \tag{d}$$

지점 ①과 지점 ②에 베르누이식을 적용하면, 다음과 같다.

$$z_1 + \frac{p_1}{\rho_w g} + \frac{V_1^2}{2g} = z_2 + \frac{p_2}{\rho_w g} + \frac{V_2^2}{2g} \tag{e}$$

그러면 $z_1 = z_2$이므로, 식 (e)는 다음과 같이 정리할 수 있다.

$$\frac{p_1 - p_2}{\rho_w g} = \frac{1}{2g}\left(V_2^2 - V_1^2\right) \tag{f}$$

식 (f)를 식 (b)에 대입하면, h를 유속관계로 얻을 수 있다.

$$h = \frac{1}{(s_m - 1)}\frac{p_1 - p_2}{\rho_w g} = \frac{1}{(s_m - 1)}\frac{\left(V_2^2 - V_1^2\right)}{2g}$$

$$= \frac{1}{(s_m - 1)}\frac{\left(V_2^2 - V_1^2\right)}{2g} = \frac{1}{(13.6 - 1)} \times \frac{(6.29^2 - 1.27^2)}{2 \times 9.8} = 0.154 \text{ m}$$

식 (5.2-21)을 이미 알고 있어 이용할 수 있다면, 다음과 같이 쓸 수 있다.

$$Q = \frac{A_1 A_2}{\sqrt{A_1^2 - A_2^2}}\sqrt{2(s_m - 1)gh}$$

이 식을 h에 대해 정리하면,

$$h = \frac{\left(A_1^2 - A_2^2\right)}{A_1^2 A_2^2}\frac{Q^2}{2(s_m - 1)g}$$

$$= \frac{(0.00785^2 - 0.00159^2)}{0.00785^2 \times 0.00159^2} \times \frac{0.01^2}{2 \times (13.6 - 1) \times 9.8} = 0.154 \text{ m} \quad ■$$

쉬어가는 곳 분무기의 원리

    분무기는 유체에 압력을 가하여 노즐을 통해 안개와 같은 미세한 입자로 분사시키는 도구이다. 분무기는 일상생활에서 손쉽게 찾아볼 수 있다. 다림질할 때 사용하는 물분무기, 살충제 스프레이 등이 대표적이다.

    분무기는 베르누이 정리를 이용하면 원리를 쉽게 이해할 수 있다. 그림과 같이 한쪽 빨대 ①에 공기를 불면, 빨대 속 공기가 빠르게 지나면서 입구의 압력을 낮춘다. 그러면 주변보다 낮은 압력 때문에 대기압이 용기 속의 액체를 빨대 ②를 통해 위로 밀어 올린다. 이렇게 빨대 끝에 올라온 액체는 빠른 공기에 의해 ③ 흩어져 분사된다.

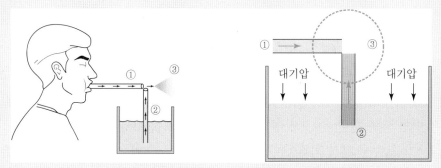

빨대를 이용한 분무기

    아래 사진은 이 원리를 이용한 입으로 부는 살충제와 현대적으로 개량하여 가압제를 이용한 살충제를 보여준다. 입으로 부는 살충제는 1980년대까지 직접 시중에서 판매되었다.

입으로 부는 분무기 살충제

가압제를 이용한 분무기 살충제

5장 유체동역학

191

(5) 분사류

분사류(jet flow)는 노즐이나 잠공 등을 통해 주변 매체로 분출되는 유체 흐름이다. 노즐이나 잠공의 방향에 따라 분사되는 방향이 수평 또는 연직 흐름이 될 수 있다.

그림 **5.2-6**은 연직분사류와 수평분사류의 개략적인 모습이다. 그림 **5.2-6(a)**의 연직분사류에서는 분사류가 최고점에 도달하는 높이 h를 구하는 것이 관심대상이다. 이를 위해서는 단면 ②와 단면 ③ 사이에 베르누이식을 적용하면 된다.

$$z_2 + \frac{p_2}{\rho g} + \frac{V_2^2}{2g} = z_3 + \frac{p_3}{\rho g} + \frac{V_3^2}{2g} \tag{5.2-22}$$

식 (5.2-22)에서 단면 ②와 단면 ③의 특성을 살펴보자. 가장 쉽게 알 수 있는 것은 단면 ②와 단면 ③ 모두 압력이 대기압이 작용하므로, $p_2 = p_3 = 0$으로 둘 수 있다. 그리고 단면 ②를 기준으로 잡으면, $z_2 = 0$, $z_3 = h$가 되고, 단면 ③에서는 유속 $V_3 = 0$이 된다. 즉, 식 (5.2-22)는 다음과 같이 간략하게 된다.

$$0 + 0 + \frac{V_2^2}{2g} = h + 0 + 0 \tag{5.2-23}$$

따라서

$$h = \frac{V_2^2}{2g} \tag{5.2-24}$$

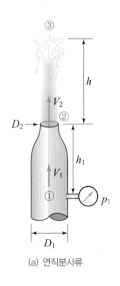

(a) 연직분사류

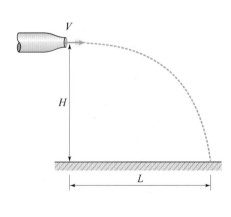

(b) 수평분사류

그림 **5.2-6** 분사류

식 (5.2-24)가 의미하는 바는, 단면 ②의 유속수두가 모두 단면 ③의 위치수두로 바뀐다는 점이다. 그러면 유일한 미지수는 V_2이며, 이것은 단면 ①과 단면 ② 사이에 연속방정식과 베르누이방정식을 적용해서 구해야 한다. 즉, 다음 식을 풀어서 V_2를 구하고 이것을 식 (5.2-24)에 대입하면, 분수의 최고도달높이를 계산할 수 있다.

$$A_1 V_1 = A_2 V_2 \qquad\qquad (5.2\text{-}25\text{a})$$

$$h_1 + 0 + \frac{V_1^2}{2g} = 0 + \frac{p_2}{\rho g} + \frac{V_2^2}{2g} \qquad\qquad (5.2\text{-}25\text{b})$$

그림 **5.2-6(b)**와 같은 수평분사류의 경우는 보통 수평도달거리(L)를 묻는 문제이다. 수평방향의 속도 V는 일정하므로, 연직방향으로 H를 낙하하는 시간 t 동안 유체가 이동한다. 따라서 연직방향으로는 등가속도 운동이므로, 연직낙하거리는 다음의 관계를 갖는다.

$$H = \frac{1}{2} g t^2 \qquad\qquad (5.2\text{-}26)$$

따라서 낙하시간 t와 수평도달거리 L은 각각 다음과 같이 계산된다.

$$t = \sqrt{\frac{2H}{g}} \qquad\qquad (5.2\text{-}27)$$

$$L = V t = V \sqrt{\frac{2H}{g}} \qquad\qquad (5.2\text{-}28)$$

예제 5.2-9 ★★★

그림과 같이 밀폐된 수조에 수심 d만큼 물이 차 있다. 여기에 공기압 p_a를 가하였을 때, 분수가 분출되는 높이 h를 구하라.

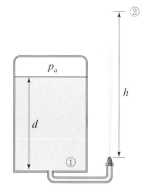

수면과 분수의 최고점 ②에 대해 베르누이방정식을 적용하면,

$$z_1 + \frac{p_1}{\rho_w g} + \frac{V_1^2}{2g} = z_2 + \frac{p_2}{\rho_w g} + \frac{V_2^2}{2g}$$

$$d + \frac{p_a}{\rho_w g} + 0 = h + 0 + 0$$

따라서 분수의 분출 높이 $h = d + \dfrac{p_a}{\rho_w g}$ ■

예제 5.2-10 ★★★

다음 그림에 보인 것처럼, 수조의 측벽에 잠공을 뚫으려 한다. 물을 수평으로 분출시킬 때, 물이 가장 멀리 떨어지도록(즉, 낙하지점 L이 최대가 되도록) 하려면 잠공의 높이는 얼마로 하는 것이 좋은가?

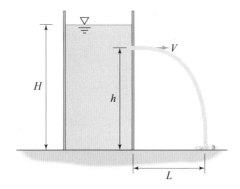

풀이 |

잠공의 높이가 h일 때, 잠공에서의 분출속도는 다음과 같다.

$$V = \sqrt{2g(H-h)} \tag{a}$$

그런데 물이 높이 h만큼 낙하하는 데 걸리는 시간은 다음 식에서 계산할 수 있다.

$$h = \frac{1}{2} g t^2 \tag{b}$$

낙하시간은

$$t = \sqrt{\frac{2h}{g}} \tag{c}$$

따라서 수평방향으로는 일정 속도이므로, 물이 h만큼 낙하하는 동안 수평으로 이동하는 거리는 다음과 같다.

$$L = Vt = \sqrt{2g(H-h)} \ \sqrt{\frac{2h}{g}} = \sqrt{4(H-h)h} \tag{d}$$

식 (d)는 h에 대한 함수이므로, 최대거리를 구하기 위해서는 L을 h로 미분한 값이 0이 되면 된다.

$$\frac{dL}{dh} = \frac{H-2h}{\sqrt{(H-h)h}} = 0 \tag{e}$$

따라서 $h = \dfrac{H}{2}$일 때 최대값 $L_{\max} = H$을 갖는다. ■

(6) 연습문제

문제 5.2-1 (★☆☆)

그림과 같은 큰 수조에서 관을 통하여 물이 분출될 때, 관에 의한 수두손실이 1.0 m라면, 물의 분출속도는 얼마인가?

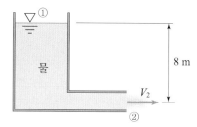

문제 5.2-2 (★★☆)

다음 그림과 같은 상태에서 손실을 무시하고 물의 분출속도를 구하면 얼마인가?

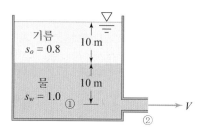

문제 5.2-3 (★★☆)

원관 속에서 흐르는 물의 유속을 측정하기 위해 그림과 같이 피토관을 수은이 든 U자형 액주계에 연결하였다. 관 속의 유속 V를 구하라.

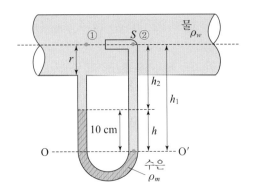

문제 5.2-4 (★☆☆)

다음 그림과 같이 수평 관로에 물이 흐르고 있을 때, 정압관과 피토관을 세웠더니 각각의 수두가 4.7 m와 5.7 m가 되었다. 지점 ①의 평균유속을 구하라. 단, 점성에 의한 에너지 손실은 없다고 가정한다.

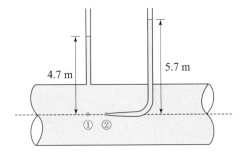

문제 5.2-5 (★★☆)

그림과 같은 사이펀을 통하여 물이 마찰 없이 흐른다고 가정하자. 유량은 0.03 m^3/s이고, 온도는 20 ℃이며, 관의 직경은 75 mm이다. 지점 ③의 압력이 물의 증기압(vapor pressure)인 $p_v = 2.34$ kPa보다 높게 유지되도록 허용하는 최대높이 h_3를 구하라.

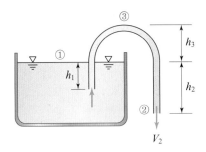

문제 5.2-6 (★★☆)

다음 그림과 같은 사이펀을 통하여 물이 흐른다고 하자. 지점 ③의 압력이 절대압력 2.0 kPa 이상이 되도록 유지할 수 있는 최대낙차 h_2는 얼마인가?

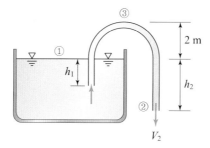

문제 5.2-7 (★★☆)

다음 그림과 같이 $D_1 = 20$ cm, $D_2 = 10$ cm인 벤츄리미터에서 단면 ①과 단면 ②의 압력차를 U자형 액주계로 측정할 때 수은주의 차가 $h = 10$ cm이었다. 평균유속과 유량은 얼마인가?

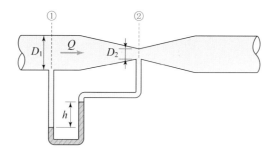

문제 5.2-8 (★★☆)

다음 그림과 같이 연직관로 내의 유량을 측정하기 위하여 벤츄리미터를 설치하였다. 시차액주계의 수은의 높이차가 25 cm이었다면 관 내의 유량은 얼마이겠는가?

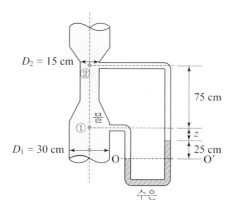

문제 5.2-9 (★☆☆)

그림과 같이 관에 노즐이 부착되어 있다. 관의 직경은 100 mm이고, 노즐의 직경은 50 mm이다. 단면 ①에서 압력이 100 kPa이라면 노즐에서 분사되는 물의 속도는 얼마인가? 단, 노즐에서 분사류의 수두손실은 무시한다.

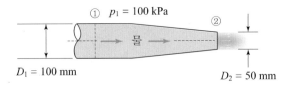

① $p_1 = 100 \text{ kPa}$
②
물
$D_1 = 100 \text{ mm}$
$D_2 = 50 \text{ mm}$

문제 5.2-10 (★★☆)

그림에서 모든 손실을 무시하면 노즐에서 분출되는 물이 올라가는 높이 h는 얼마인가?

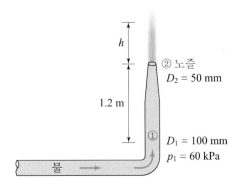

h

② 노즐
$D_2 = 50 \text{ mm}$

1.2 m

① $D_1 = 100 \text{ mm}$
$p_1 = 60 \text{ kPa}$

물

기초 수리학

198

5.3 실제유체의 베르누이식

(1) 수두손실을 고려한 베르누이식

　5.1절에서 오일러식과 베르누이식을 유도할 때 마찰이 없는 이상유체라 보고 유도하였다. 이 때문에 베르누이식은 이상유체의 에너지 보존 법칙을 나타내게 된다. 그런데 실제유체는 모두 점성을 갖고 있으며, 점성유체는 흐르는 동안 발생하는 마찰에 의해 에너지 손실이 발생한다. 이 에너지손실을 수두단위로 표현할 때 수두손실(headloss)이라고 하며 h_L로 표기한다.

　그림 **5.3-1**에서 지점 ①과 지점 ② 사이에 베르누이식을 적용하면 다음과 같다.

$$z_1 + \frac{p_1}{\rho g} + \frac{V_1^2}{2g} = z_2 + \frac{p_2}{\rho g} + \frac{V_2^2}{2g} + h_L \qquad (5.3-1)$$

식 (5.3-1)이 손실이 발생하는 실제유체에 대한 베르누이식이다. 이 식에서 알 수 있는 것은 흐름이 지점 ①에서 지점 ②로 흐른다는 사실이다. 즉 유체는 에너지가 높은 쪽에서 에너지가 낮은 쪽으로 흐른다. 또한 수두손실은 항상 0보다 크거나 같아야 하며, 절대로 음이 될 수 없다. 이 때문에 식 (5.3-1)에서 지점 ①의 에너지가 지점 ②의 에너지보다 항상 크다.

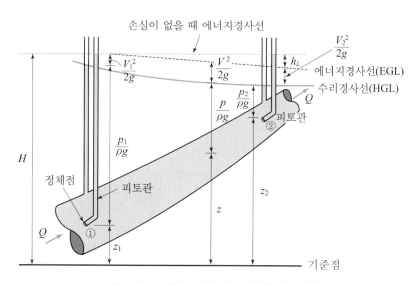

그림 5.3-1 **관로 흐름에서 실제유체의 수두**

(2) 수축류

토리첼리의 정리를 유도할 때, 또 사이펀의 유속을 계산할 때 유체가 이상유체라고 가정하였다. 즉 잠공의 유출 흐름에서 손실이 없다고 가정하였으며, 수조의 단면적이 잠공의 단면적보다 훨씬 커서 수조의 하강속도(V_1)를 무시할 수 있다고 생각하였다. 이때 이론적으로 유도된 잠공의 유속의 식 (5.2-2)와 사이펀의 유속의 식 (5.2-9)는 수조의 수표면과 잠공(배출구)의 사이의 수두차 h만으로 나타낼 수 있으며, 이론유속이므로 V_i라고 하여 다음과 같이 쓸 수 있다.

$$V_i = \sqrt{2gh} \tag{5.3-2}$$

그러나 실제의 경우는 수조의 수면하강속도 V_1이 작기는 하지만 0이 아니며, 배출수의 공기와의 마찰이나 기타 사유로 이와는 다소간의 차이가 발생한다. 따라서 실제로 나타난 유속 V_a는 이론유속에 보정계수를 곱해서 다음과 같이 표시한다.

$$V_a = C_v\,V_i = C_v\,\sqrt{2gh} \tag{5.3-3}$$

여기서 C_v는 일반적으로 실험에 의해 결정하는 보정계수이며, 유속계수(velocity coefficient)라고 부른다. 이 값은 대개 0.90~0.95 정도의 값을 갖는다.

이상유체와 실제유체의 유선을 비교해서 설명하면, 그림 **5.3-2(a)**는 이상유체일 경우의 잠공에서의 배출 흐름이며, 그림 **5.3-2(b)**는 실제유체의 경우를 보인 것이다. 그림 **5.3-2(b)**의 실제흐름은 잠공의 구멍에 접근하는 유선 사이의 간격이 좁아지면 서로의 진행을 방해하게 되며, 이에 따라 배출 흐름은 분사류 직경의 몇 배 되는 곳에서 최소수축단면을 갖게 된다. 이 단면을 수축부(vena contracta)라고 부른다. 이 수축부의 단면적을 A_c라고 하고, 잠공단면적을 A_o라고 하면, 수축계수(contraction coefficient)는 다음과 같이 정의된다.

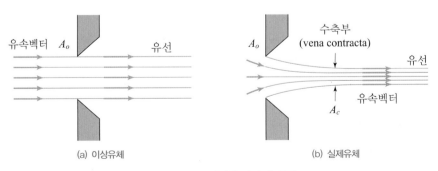

(a) 이상유체   (b) 실제유체

그림 **5.3-2** 실제유체의 수축류

$$C_c \equiv \frac{A_c}{A_o} \qquad (5.3-4)$$

작은잠공의 이론적인 유량 Q_i는 잠공의 단면적 A_o과 이론유속 V_i의 곱이므로 다음과 같이 쓸 수 있다.

$$Q_i = A_o V_i = A_o \sqrt{2gh} \qquad (5.3-5)$$

작은잠공의 실제유량 Q_a는 수축부 단면적 A_c와 실제유속 V_a의 곱이므로, 이 둘은 다음의 관계를 갖는다.

$$Q_a = A_c V_a = (C_c A_o) \times (C_v V_i) = C_c C_v (A_o V_i) = C Q_i \qquad (5.3-6)$$

여기서 $C(\equiv C_c C_v)$를 유량계수(discharge coefficient)라 부르며, 유량계수는 유속계수와 수축계수의 곱이다.

예제 5.3-1 ★★★

수조의 옆면에 $D = 5$ cm의 구멍이 뚫려 있다. 이 구멍을 통해 분출되는 유속을 측정해 보니 $V_a = 10$ m/s이었다. 이런 속도를 갖기 위해서는 잠공 중심에서 수면까지의 높이는 몇 m가 되어야 하는가? 단, 유속계수 $C_v = 0.95$로 가정한다.

풀이 |

수면과 잠공 중심 사이에 베르누이식을 적용하면 이론유속은 다음과 같다.

$$V_i = \sqrt{2gh}$$

그런데 실제유속은 다음과 같다.

$$V_a = C_v V_i = C_v \sqrt{2gh}$$

따라서 잠공 중심에서 수면까지 높이 h는 다음과 같다.

$$h = \frac{V_a^2}{C_v^2 \, 2g} = \frac{10^2}{0.95^2 \times 2 \times 9.8} = 5.65 \text{ m} \qquad \blacksquare$$

(3) 연습문제

문제 5.3-1 (★★☆)

직경이 75 mm이고 유속계수가 0.96인 노즐이 직경 400 mm인 관에 부착되어 물을 분출한다. 이 400 mm 관의 압력수두가 6 m일 때, 노즐 출구에서의 유속은 얼마인가?

문제 5.3-2 (★★☆)

다음 그림과 같이 큰 수조에서 관을 통해 물을 분출시킬 때 관에 의한 수두손실이 1.5 m, 유속계수가 0.95라면, 물의 분출속도는 몇 m/s인가?

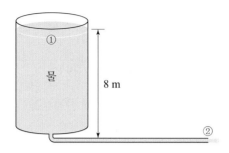

쉬어가는 곳 비과학적 주장 하나

　2008년 10월에 서울시 지하철을 운영하는 서울메트로에서 "지하철 바람을 이용한 풍력발전설비를 지난 4월 특허출원했으며 다음 달 시험가동에 들어간다."고 발표하였다. 회사 측은 지하철 바람으로 재생에너지를 만들어내는 기술은 국내·외적으로 처음이며 내년에는 국제특허도 출원할 계획이라고 덧붙였다. 이 설비는 전동차가 달릴 때 발생하는 '주행풍'과 터널 내부공기를 강제로 환기시키는 '환기풍' 등이 빠져 나오는 환기구에 소형 풍력발전기를 설치하는 방식이다.

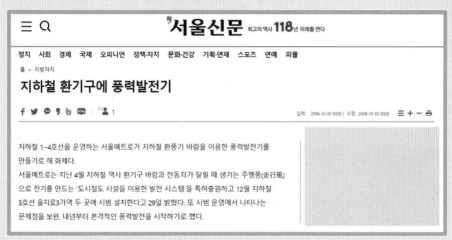

출처: https://www.seoul.co.kr/news/newsView.php?id=20081030014009

　이 기사에서 먼저 생각해야 할 것은 과연 이 장치가 제대로 작동할 것인가 하는 점이다. 지하철의 환기구의 바람은 자연적으로 생기는 것이 아니라 전동차가 이동함에 따라 발생되는 것이며, 이 전동차는 전기에너지를 공급해 주어야 움직인다. 만일 환기구에 풍력발전기를 설치하면, 바람이 이 발전기를 돌리기 위한 추가적인 에너지를 공급해 주어야 하며, 이 바람은 결국 전기에너지에서 온다. 결국 소형발전기로 전기를 만들기 위해서는 전동차를 움직이기 위한 추가적인 전기에너지를 공급해 주어야만 한다. 그런데 이 모든 과정에서 손실이 생기므로, 실제 생산된 전기에너지는 추가된 전기에너지보다 작게 되고 만다. 이렇게 비과학적인 주장을 하는 일들이 우리 주변에서 종종 일어난다.

5.4 운동량방정식

(1) 운동량방정식

유체역학에서 기본이 되는 세 가지 물리량, 즉 질량, 운동량, 에너지 중에서 질량보존은 연속방정식으로, 에너지방정식은 베르누이식으로 표현된다는 것을 배웠다. 이번에는 운동량보존을 나타내는 운동량방정식(equations of momentum)에 대해 살펴보자.

그림 **5.4-1**에서 보인 것처럼, 날아오는 야구공이나 빠르게 달리는 자동차를 정지시키기는 쉽지 않다. 둘 다 질량(m)과 속도(V)의 곱으로 나타내는 운동량(momentum)이란 물리량이 크기 때문이다. 운동량의 미소시간 Δt 동안의 변화량(운동량을 시간에 대해 미분)을 충격량(impulse)이라 하며, $\dfrac{\Delta(mV)}{\Delta t}$ 로 나타낼 수 있다. 야구공의 경우는 글러브를 사용하면 비교적 긴 시간 동안 속도를 줄일 수 있으므로 이 충격량이 작게 되지만, 자동차의 경우는 전봇대와 같이 딱딱한 물체에 부딪칠 경우 충돌시간이 짧아서 매우 큰 충격량이 발생하게 된다.

충격량은 바로 힘을 의미하므로 운동량의 시간적 변화는 바로 힘이 된다는 것을 알 수 있다. 유체에서는 질량 m 대신에 밀도와 유량의 곱(이것을 질량유량이라 하며, $\dot{m} \equiv \dfrac{dm}{dt} = \rho Q$로 쓰기도 한다)을 주로 사용하므로, $\dfrac{\Delta(mV)}{\Delta t} = \rho Q \Delta V$로 나타낼 수 있다.

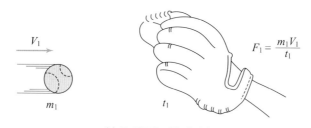

$$F_1 = \frac{m_1 V_1}{t_1}$$

(a) 큰 운동량, 작은 충격량

$$F_2 = \frac{m_2 V_2}{t_2}$$

(b) 큰 운동량, 큰 충격량

그림 **5.4-1** 운동량과 충격량

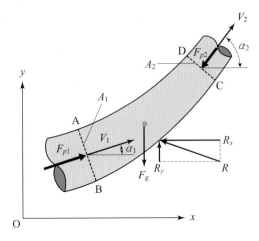

그림 **5.4-2** 운동량방정식의 성분들

유체역학에서는 그림 **5.4-2**와 같은 검사체적 ABCD에 대해서 x, y, z방향의 유속 성분을 각각 V_x, V_y, V_z라 하고, 각 방향의 외력의 합을 각각 $\sum F_x$, $\sum F_y$, $\sum F_z$라 하면, (외력의 합) = (운동량의 변화율)에서 다음과 같이 쓸 수 있다. (다만, 힘과 유속 은 벡터이므로 각 방향별로 하나씩 식을 구성해야 하며, 식을 구성할 때도 방향에 따라 서 양(+)과 음(−)의 값을 적절히 표시해 주어야 한다.)

$$\sum F_x = \rho Q \Delta V_x = \rho Q (V_{x2} - V_{x1}) \qquad (5.4-1a)$$

$$\sum F_y = \rho Q \Delta V_y = \rho Q (V_{y2} - V_{y1}) \qquad (5.4-1b)$$

$$\sum F_z = \rho Q \Delta V_z = \rho Q (V_{z2} - V_{z1}) \qquad (5.4-1c)$$

식 (5.4-1)은 '외력의 합은 단위시간 동안의 운동량의 변화와 같다'는 의미이다. 따라서 운동량의 변화를 알면 여기에 작용하는 외력의 크기를 구할 수 있다. 다만, 운동량방정식은 유동장 내부의 변화에 대해서는 전혀 알 필요가 없고, 검사체적(control volume)의 입구와 출구에서의 조건만 알면 되므로 쉽게 적용할 수 있다.

이때 주의할 것은 외력을 다루는 방법이다. 외력은 그림 **5.4-2**에 보인 것과 같이 압력힘 F_{p1}과 F_{p2}, 그리고 이 시스템(관로)이 움직이지 않도록 작용하는 반력 R과 중력 F_g가 대표적이다. 분사류인 경우에는 대기압이 작용하여 서로 상쇄되므로 압력힘 은 고려하지 않아도 된다. 그리고 운동량방정식을 계산할 때는 반드시 방향을 정확하 게 지정해야 한다.

운동량방정식을 이용하는 경우는 다음과 같은 두 가지 경우이다. 많은 수리문제들은 연속방정식과 베르누이방정식을 연립하여 풀 수 있다. 그런데 이 두 방정식에는 힘이 포함되어 있지 않다. 따라서 힘에 대해 풀고자 하는 경우 운동량방정식을 이용해야 한다. 분사류(jet flow)의 반작용이나 유체와 접촉하는 고체벽에 작용하는 힘을 구할 때 운동량방정식을 유용하게 이용할 수 있다. 다른 경우는 베르누이방정식에 수두손실이 있는데, 그 크기를 모를 경우이다. 이런 경우 미지수가 하나 더 추가되므로, 운동량방정식을 추가하여 풀어야 한다.

(2) 분사류

■ 고정연직평면에 작용하는 분사류

그림 5.4-3에 보인 것 같이 유속 V의 분사류가 정지 상태의 연직평판에 부딪힌 후 위와 아래로 나뉜다고 하자. 이때 연직평판이 움직이지 않도록 작용해 주어야 할 힘(분사류가 연직평판에 가하는 힘과 방향이 반대)인 반력 R_x를 구해보자.

수평방향의 운동량방정식을 이 시스템에 적용하면 다음과 같다.

$$\sum F_x = \rho Q \Delta V_x \tag{5.4-2}$$

$$- R_x = \rho \times \left(\frac{\pi}{4} D^2 \times V \right) \times (0 - V) \tag{5.4-3}$$

따라서 연직평판이 움직이지 않도록 작용해 주어야 할 힘 R_x는 다음과 같다.

$$R_x = \rho \frac{\pi}{4} D^2 V^2 \tag{5.4-4}$$

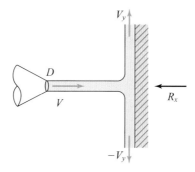

그림 **5.4-3** 고정연직평면에 작용하는 분사류

다음 그림과 같이 수평으로 놓인 직경 5 cm의 노즐을 통해 속도 20 m/s로 분사되는 물이 연직판에 수직으로 충돌하여 방향이 변하였다. 이때 연직판에 작용하는 힘을 구하라.

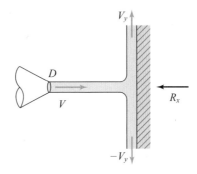

풀이 |

노즐을 통해 분출되는 유량은 다음과 같다.

$$Q = AV = \frac{\pi \times 0.05^2}{4} \times 20 = 0.0393 \ \text{m}^3/\text{s}$$

수평으로 분사되므로 y방향의 힘은 없다.

x방향 운동량방정식에 적용하면,

$$\sum F_x = \rho Q \Delta V_x$$
$$-R_x = \rho Q (0 - V)$$
$$R_x = \rho Q V = 1,000 \times 0.0393 \times 20 = 785.4 \ \text{N}$$

■

■ **고정경사평면에 작용하는 분사류**

그림 **5.4-4**에 보인 것 같이 2차원 분사류가 정지 상태의 경사평판에 부딪힌 후 위와 아래로 나뉜다고 하자. 분사류는 대기압을 받는다($p = 0$). 평판에 부딪히는 데 따른 손실이 없다고 가정하면, 유체는 평판에 부딪힌 후에도 평판을 따라 속도 V로 흐른다.

평판에 수직인 방향에서는 흐름이 $V \sin\theta$로 부딪힌 후에 분사류 속도는 0이 되므

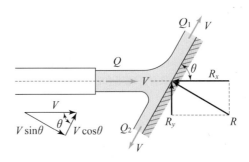

그림 **5.4-4** 고정경사평면에 작용하는 분사류

로, 평판에 수직인 힘은 다음과 같다.

$$R = \rho Q V \sin\theta \qquad (5.4-5)$$

그러면 분사류의 방향으로 작용하는 힘 R_x는 다음과 같다.

$$R_x = R\sin\theta = \rho Q V\sin^2\theta \qquad (5.4-6)$$

또한 분사류에 직각방향으로 작용하는 힘 R_y는 다음과 같다.

$$R_y = R\cos\theta = \rho Q V\sin\theta\cos\theta \qquad (5.4-7)$$

평판을 따라서 유량이 Q_1과 Q_2로 나뉜다고 하자. 경사각 θ에 따라서 Q_1과 Q_2의 비율의 변화를 구하자. 이 경우 손실을 무시하면, 평판을 따라서는 힘이 작용하지 않으므로, 평판을 따른 방향으로 운동량방정식을 적용하면 다음과 같은 관계를 얻는다.

$$\rho Q V\cos\theta = \rho Q_1 V - \rho Q_2 V \qquad (5.4-8a)$$

$$Q\cos\theta = Q_1 - Q_2 \qquad (5.4-8b)$$

Q_1과 Q_2는 연속방정식 $Q = Q_1 + Q_2$를 이용하여 다음과 같이 구할 수 있다.

$$Q_1 = Q\frac{(1+\cos\theta)}{2} \qquad (5.4-9a)$$

$$Q_2 = Q\frac{(1-\cos\theta)}{2} \qquad (5.4-9b)$$

예제 5.4-2   ★★★

그림과 같이 θ만큼 기울어진 경사판에 물이 분사되고 있다. 판에 대한 수직방향의 힘 R를 구하라.

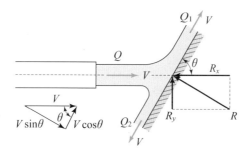

풀이

판에 수직방향의 운동량방정식을 적용하면 다음과 같다.

$$\sum F = \rho Q(V_2 - V_1)$$

$$-R = \rho Q(0 - V\sin\theta) = -\rho A V^2 \sin\theta$$

따라서 $R = \rho A V^2 \sin\theta$　　　　　　　　　　　　　　　　　　　■

■ 고정곡면에 작용하는 힘

이번에는 그림 **5.4-5**에 보인 것 같이 유속 V의 분사류가 정지 상태의 고정곡면에 부딪히는 경우를 생각하자. 분사류의 두께가 얇은 경우 단면 ①과 단면 ②에서 압력에 의한 힘과 검사체적 내의 중력은 무시할 수 있다.

x방향의 운동량방정식은 다음과 같다.

$$\sum F_x = \rho Q \Delta V_x \tag{5.4-10}$$

여기에 외력과 주어진 자료들을 대입하고 정리하면, x방향의 반력 R_x는 다음과 같다.

$$-R_x = \rho Q(V_2 \cos\theta - V_1) \tag{5.4-11}$$

$$R_x = \rho Q(V_1 - V_2 \cos\theta) \tag{5.4-12}$$

y방향의 운동량방정식은 다음과 같다.

$$\sum F_y = \rho Q \Delta V_y \tag{5.4-13}$$

여기에 외력과 주어진 자료들을 대입하면, y방향의 반력 R_y는 다음과 같다.

$$R_y = \rho Q(V_2 \sin\theta - 0) \tag{5.4-14}$$

$$R_y = \rho Q\, V_2 \sin\theta \tag{5.4-15}$$

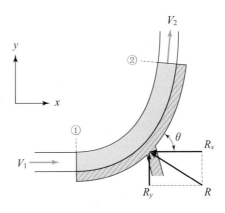

그림 **5.4-5**　고정곡면에 작용하는 힘

따라서 곡면에 작용하는 전체 반력 R은 다음과 같다.

$$R = \sqrt{R_x^2 + R_y^2} \qquad\qquad (5.4-16)$$

예제 5.4-3 ★★★

그림과 같이 150°인 고정날개(vane)에 직경 10 cm인 분사류가 25 m/s의 유속으로 충돌하였을 때, 날개에 작용하는 힘을 구하라.

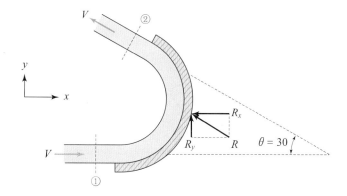

풀이 |

문제에서 $V = 25$ m/s

분사류의 유량 $Q = AV = \dfrac{\pi \times 0.1^2}{4} \times 25 = 0.196$ m³/s

x방향 운동량방정식

$$\sum F_x = \rho Q(V_{2x} - V_{1x})$$
$$-R_x = \rho Q(-V\cos 30° - V)$$
$$R_x = \rho Q V(1 + \cos 30°)$$
$$= 1{,}000 \times 0.196 \times 25 \times (1 + \cos 30°) = 9{,}159.8 \text{ N}$$

y방향 운동량방정식

$$\sum F_y = \rho Q(V_{2y} - V_{1y})$$
$$R_y = \rho Q(V\sin 30° - 0)$$
$$= \rho Q V \sin 30° = 1{,}000 \times 0.196 \times 25 \times \sin 30° = 2{,}454.4 \text{ N}$$

합력 $R = \sqrt{R_x^2 + R_y^2} = \sqrt{9{,}159.8^2 + 2{,}454.4^2} = 9{,}483.0$ N ∎

예제 5.4-4 ★★★

다음 그림과 같이 수평에서 아랫방향으로 30°로 분출된 분사류가 윗방향으로 60° 꺾인 만곡벽에 부딪힐 때 벽에 작용하는 힘을 구하라. 분사류는 직경 10 cm의 노즐에서 분출되며 유속은 20 m/s이다. 분사류의 무게는 무시하라.

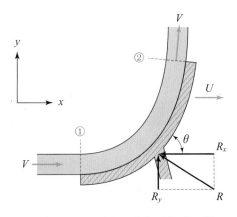

풀이 |

노즐에서 분출되는 유량 $Q = AV = \dfrac{\pi \times 0.1^2}{4} \times 20 = 0.157 \ \text{m}^3/\text{s}$

x방향의 운동량방정식

$$\sum F_x = \rho Q \Delta V_x$$
$$- R_x = \rho Q(V\cos 60° - V\cos 30°)$$
$$R_x = \rho QV(\cos 30° - \cos 60°) \ \text{N}$$
$$= 1{,}000 \times 0.157 \times 20 \times (\cos 30° - \cos 60°) = 1{,}149.9 \ \text{N}$$

y방향의 운동량방정식

$$\sum F_y = \rho Q \Delta V_y$$
$$R_y = \rho Q(V\sin 60° + V\sin 30°) = \rho QV(\sin 60° + \sin 30°)$$
$$= 1{,}000 \times 0.157 \times 20 \times (\sin 60° + \sin 30°) = 3{,}140.7 \ \text{N}$$

합력 $R = \sqrt{R_x^2 + R_y^2} = \sqrt{1{,}149.9^2 + 3{,}140.7^2} = 3{,}344.6 \ \text{N}$ ■

■ 이동곡면에 작용하는 힘

이번에는 그림 **5.4-6**과 같이 유속 V의 분사류가 수평에 대해 θ만큼 구부러진 곡면

그림 **5.4-6** 이동곡면에 작용하는 힘

기초 수리학

에 충돌하여 이 곡면이 수평방향의 일정 속도 U로 이동하는 경우를 생각하자. 이것은 터빈의 날개깃(blade)의 움직임을 간략히 한 상황이다.

이 경우 앞의 고정곡면에 대한 결과에서 변수들을 적절히 변경하면 된다. 계산을 간단히 하기 위해 유입속도와 유출속도가 같다고 가정하면, $V_1 = V_2 = V$이다. 그러면 고정곡면의 유속 V를 상대속도 $V - U$로 바꾸면 된다. 이때, 유량은 $Q = AV$이므로 $Q = (V - U)A$로 바꾼다.

따라서 x방향의 반력 R_x는 다음과 같다.

$$R_x = \rho A (V - U)^2 (1 - \cos\theta) \tag{5.4-17}$$

y방향의 반력 R_y는 다음과 같다.

$$R_y = \rho A (V - U)^2 \sin\theta \tag{5.4-18}$$

곡면에 작용하는 전체 반력 R은 식 (5.4-17)과 (5.4-18)을 합성하여 구한다.

$$R = \sqrt{R_x^2 + R_y^2} \tag{5.4-19}$$

예제 5.4-5 ★★★

다음 그림과 같이 수평으로 놓인 직경 5 cm의 노즐을 통해 속도 20 m/s로 분사되는 물이 연직판에 수직으로 충돌하여 방향이 변하였다. 이때 연직판이 흐름 방향으로 $U = 15$ m/s로 이동할 때, 연직판에 작용하는 힘을 구하라.

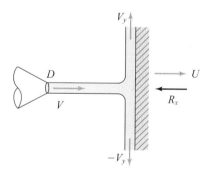

풀이 |

노즐을 통해 분출되는 유량은 다음과 같다.

$$Q = A(V - U) = \frac{\pi \times 0.05^2}{4} \times (20 - 15) = 0.00892 \ \text{m}^3/\text{s}$$

수평으로 분사되므로 y방향의 힘은 없다.

x방향 운동량방정식에 적용하면,

$$\sum F_x = \rho Q \Delta V_x$$
$$R_x = \rho Q(V - U) = 1{,}000 \times 0.00892 \times (20 - 15) = 49.1 \ \text{N} \qquad \blacksquare$$

(3) 관로 흐름

관로의 단면적이 바뀌거나 방향이 바뀌면 이에 따라 관로에 힘이 작용한다. 따라서 관로를 고정시키기 위해서는 이 작용하는 힘과 같은 크기의 반력이 작용해야만 한다. 이를 만곡관에 대해 살펴보자.

■ 만곡관 안의 흐름

그림 **5.4-7**은 단면이 점차 축소되는 만곡관 안의 흐름을 표시한다. 이런 관로에서는 외력으로 압력힘을 항상 포함시켜야 한다. 주의할 것은 단면 ①의 압력힘 F_{p1}과 지점 ②의 압력힘 F_{p2}는 모두 외력이므로 검사체적 안쪽을 향해야 한다는 점이다.

x방향의 운동량방정식은 다음과 같다.

$$\sum F_x = \rho Q \Delta V_x \qquad (5.4{-}20)$$

여기에 외력과 주어진 자료들을 대입하면,

$$p_1 A_1 - p_2 A_2 \cos\theta - R_x = \rho Q(V_2 \cos\theta - V_1) \qquad (5.4{-}21)$$

따라서 x방향의 반력 R_x는 다음과 같다.

$$R_x = p_1 A_1 - p_2 A_2 \cos\theta - \rho Q(V_2 \cos\theta - V_1) \qquad (5.4{-}22)$$

y방향의 운동량방정식은 다음과 같다.

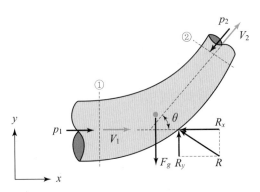

그림 **5.4-7** 만곡관 안의 흐름

$$\sum F_y = \rho Q \Delta V_y \qquad (5.4-23)$$

여기에 외력과 주어진 자료들을 대입하면,

$$-p_2 A_2 \sin\theta + R_y - F_g = \rho Q (V_2 \sin\theta - 0) \qquad (5.4-24)$$

따라서 y방향의 반력 R_y는 다음과 같다.

$$R_y = p_2 A_2 \sin\theta + F_g + \rho Q\, V_2 \sin\theta \qquad (5.4-25)$$

곡관에 작용하는 전체 반력 R은 다음과 같다.

$$R = \sqrt{R_x^2 + R_y^2} \qquad (5.4-26)$$

예제 5.4-6 ★★★

그림과 같은 점축소관에 작용하는 힘 R을 구하라.

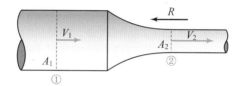

풀이

단면 ①과 단면 ② 사이에 x방향 운동량방정식을 적용하면,

$$\sum F_x = \rho Q \Delta V_x$$
$$p_1 A_1 - p_2 A_2 - R = \rho Q (V_2 - V_1)$$

$p_2 = 0$이므로,

$$R = p_1 A_1 - \rho Q (V_2 - V_1)$$ ■

예제 5.4-7 ★★★

다음 그림과 같이 물이 수평으로 놓인 180° 휘어진 직경 5 cm의 곡관을 통해서 흐른다. 단면 ①과 단면 ② 사이 관의 전체 길이는 75 cm이다. 이 관에 흐르는 유량이 2.3 L/s, 단면 ①의 압력이 $p_1 = 165$ kPa, 단면 ②의 압력이 $p_2 = 134$ kPa일 때 관의 무게를 무시하면 흐름에 의해 곡관이 받는 수평력은 얼마인가?

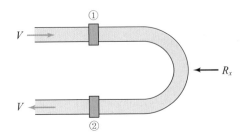

풀이

유량이 $Q = 2.3 \times 10^{-3}$ m³/s이므로, 유속은

$$V = \frac{Q}{A} = \frac{2.3 \times 10^{-3}}{\pi \times 0.05^2/4} = 1.17 \text{ m/s}$$

반력을 R_x라 하면, x방향의 운동량방정식은 다음과 같이 된다.

$$\sum F_x = \rho Q \Delta V_x$$
$$-R_x = \rho Q(-V - V)$$
$$R_x = 2\rho QV = 2 \times 1,000 \times (2.3 \times 10^{-3}) \times 1.17 = 5.39 \text{ N}$$ ∎

(4) 개수로 구조물에 가해지는 힘

개수로 안의 구조물에 가해지는 힘은 운동량방정식을 이용하여 손쉽게 구할 수 있다. 이런 대표적인 사례가 월류수에 의해 보$_{(weir)}$가 받는 힘과 승강수문[d]의 하부로 물이 흐를 때 수문에 작용하는 힘이다.

■ 월류 흐름에 의해 보가 받는 힘

그림 **5.4-8**과 같이 보의 마루 위를 물이 월류할 때 수류에 대한 보의 저항력을 구해보자. 개수로 단면의 폭이 B라고 하자. 단면 ①과 단면 ②로 둘러싸인 검사체적에 대해 x방향 운동량방정식을 적용하면 다음과 같다.

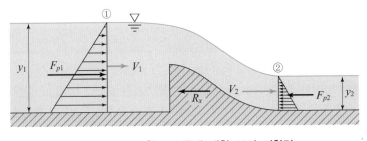

그림 **5.4-8** 월류 흐름에 대한 보의 저항력

---

d) sluice gate에 대해서는 적합한 번역용어가 없어 영어 그대로 쓰는 경우가 많으며, 일부 '승강식 수문'이라는 용어를 사용한다. 저자는 이 수문의 특성을 살려 '승강수문'이라는 용어를 사용하기로 한다.

$$\sum F_x = \rho Q \Delta V_x \qquad (5.4-27)$$

여기에 외력으로 압력힘 F_{p1}과 F_{p2}, 반력 R_x를 대입하여 정리하면 다음과 같다.

$$F_{p1} - F_{p2} - R_x = \rho Q(V_2 - V_1) \qquad (5.4-28)$$

$$\frac{\rho g B y_1^2}{2} - \frac{\rho g B y_2^2}{2} - R_x = \rho Q(V_2 - V_1) \qquad (5.4-29)$$

따라서 반력 R_x은 다음과 같다.

$$R_x = \frac{\rho g B y_1^2}{2} - \frac{\rho g B y_2^2}{2} - \rho Q(V_2 - V_1) \qquad (5.4-30)$$

예제 5.4-8 ★★★

그림과 같은 여수로 위에서 흐름이 발생하였다. 댐에 작용하는 수평방향의 힘을 결정하라. 단, 힘은 단위폭으로 계산하고, 손실이 없는 것으로 가정하라.

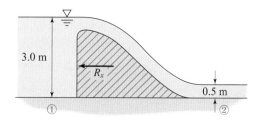

풀이

연속방정식을 적용하여 유속을 구한다. 단위폭당이므로 $B = 1$ m로 생각하면 된다.

$$Q = B y_1 V_1 = B y_2 V_2$$

따라서

$$1.0 \times 3.0 V_1 = 1.0 \times 0.5 V_2$$

$$V_1 = \frac{1}{6} V_2$$

단면 ①과 단면 ②에 베르누이방정식을 적용하면

$$z_1 + y_1 + \frac{V_1^2}{2g} = z_2 + y_2 + \frac{V_2^2}{2g}$$

$$0 + 3.0 + \frac{(V_2/6)^2}{2 \times 9.8} = 0.5 + \frac{V_2^2}{2 \times 9.8}$$

따라서 단면 ②의 유속은 다음과 같다.

$$V_2 = 7.10 \ \text{m/s}, \ V_1 = 1.18 \ \text{m/s}, \ Q = 3.55 \ \text{m}^3\text{/s}$$

이번에는 x방향 운동량방정식을 적용하자.

$$\sum F_x = \rho Q \Delta V_x$$
$$F_{p1} - F_{p2} - R_x = \rho Q(V_2 - V_1)$$
$$R_x = F_{p1} - F_{p2} - \rho Q(V_2 - V_1)$$
$$= \frac{\rho g B \, y_1^2}{2} - \frac{\rho g B \, y_2^2}{2} - \rho Q(V_2 - V_1)$$
$$= \frac{1,000 \times 9.8 \times 1.0 \times (3.0^2 - 0.5^2)}{2} - 1,000 \times 3.55 \times (7.10 - 1.18)$$
$$= 21,859 \ \text{N}$$ ∎

주의

이 문제는 실제는 많은 한계를 지니고 있다. 가장 문제가 되는 것이 앞에서 여수로에서 손실이 없다고 가정한 점이다. 뒤의 개수로 수리학에서 배우겠지만, 여수로 위의 흐름은 대부분 사류이고, 그 하류의 흐름은 완류(subcritical flow)가 되며, 그 사이에 도수(hydraulic jump)가 발생하여 많은 에너지가 손실된다. 따라서 정확하게는 이렇게 풀어서는 안 되지만, 베르누이방정식과 운동량방정식의 적용 예를 보이기 위해 이렇게 가정한 것이다.

■ 수문 아래를 지나는 흐름에 의해 수문이 받는 힘

그림 **5.4-9**와 같이 승강수문(sluice gate)의 아래를 물이 지날 때 수류에 의해 수문이 받는 힘을 구해보자. 개수로 단면의 안쪽 폭이 B라고 하자. 그리고 흐름이 x방향뿐이므로, 모든 힘은 x방향만을 생각해도 된다. 단면 ①과 단면 ②로 둘러싸인 검사체적에 대해 x방향 운동량방정식을 적용하면 다음과 같다.

$$\sum F_x = \rho Q \Delta V_x \tag{5.4-31}$$

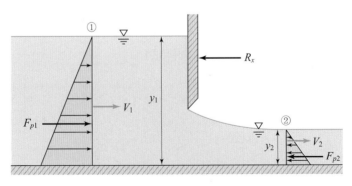

그림 **5.4-9** 수문 아래를 지나는 흐름에 대한 수문의 저항력

여기에 외력으로 압력힘 F_{p1}과 F_{p2}, 반력 R_x를 대입하여 정리하면 다음과 같다.

$$F_{p1} - F_{p2} - R_x = \rho Q(V_2 - V_1) \tag{5.4-32}$$

$$\frac{\rho g B y_1^2}{2} - \frac{\rho g B y_2^2}{2} - R_x = \rho Q(V_2 - V_1) \tag{5.4-33}$$

따라서 반력 R_x은 다음과 같다.

$$R_x = \frac{\rho g B y_1^2}{2} - \frac{\rho g B y_2^2}{2} - \rho Q(V_2 - V_1) \tag{5.4-34}$$

유의할 점은 앞의 보를 월류하는 흐름이나 수문 아래를 지나는 흐름이나 반력은 같다는 점이다. 수리구조물에 작용하는 힘은 9.3절에서 비력을 이용하여 구할 수도 있다.

예제 5.4-9 ★★★

다음 그림과 같이 수문 아래로 물이 흐르고 있다. 단면 ①과 단면 ②의 유속이 각각 $V_1 = 0.20$ m/s와 $V_2 = 5.33$ m/s일 때 수문에 작용하는 단위폭당 힘을 구하라.

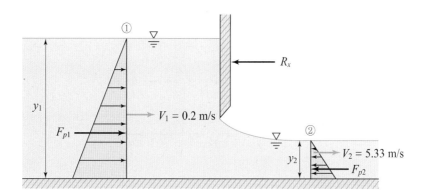

풀이

단위폭당이므로 $B = 1$ m로 생각하면 된다. 연속방정식을 적용하면,

$$Q = B y_1 V_1 = B y_2 V_2 \tag{a}$$

따라서

$$0.2 y_1 = 5.33 y_2 \tag{b}$$

단면 ①과 단면 ②에 베르누이방정식을 적용하면

$$z_1 + y_1 + \frac{V_1^2}{2g} = z_2 + y_2 + \frac{V_2^2}{2g} \tag{c}$$

$$y_1 + \frac{0.2^2}{2g} = y_2 + \frac{5.33^2}{2g} \tag{d}$$

식 (b)와 (d)를 연립해 풀면,

$$y_1 = 1.56 \text{ m}, \ y_2 = 0.057 \text{ m}, \ Q = 0.312 \text{ m}^3/(\text{s} \cdot \text{m}) \tag{e}$$

이번에는 x방향 운동량방정식을 적용하자.

$$\sum F_x = \rho Q \Delta V_x \tag{g}$$

$$F_{p1} - F_{p2} - R_x = \rho Q(V_2 - V_1) \tag{h}$$

$$
\begin{aligned}
R_x &= F_{p1} - F_{p2} - \rho Q(V_2 - V_1) \\
&= \frac{\rho g B y_1^2}{2} - \frac{\rho g B y_2^2}{2} - \rho Q(V_2 - V_1) \\
&= \frac{1,000 \times 9.8 \times 1.0 \times (1.56^2 - 0.057^2)}{2} - 1,000 \times 0.312 \times (5.33 - 0.2) \\
&= 10,308 \text{ N/m}
\end{aligned}
$$

■

(5) 연습문제

문제 5.4-1 (★☆☆)

노즐에서 수평방향으로 물이 그림과 같이 연직으로 세워진 평판에 분사되고 있다. 유량은 0.01 m^3/s이고 노즐의 직경은 25 mm이다. 판이 받는 힘은 얼마인가?

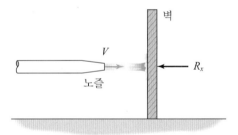

문제 5.4-2 (★★☆)

큰 수조의 측벽에 직경이 5 cm인 잠공이 설치되어 물이 분사된다. 물은 그림과 같이 수축부(vena contract)에서 블록과 충돌한다. 블록의 질량은 15 kg이고 블록과 바닥과의 마찰계수는 0.570이다. 분사류가 블록을 오른쪽으로 움직이려면 수조의 최소 수심 h은 얼마인가?

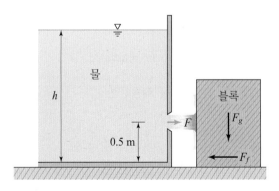

문제 5.4-3 (★★☆)

단면적 $A = 0.02$ m²인 노즐에서 분사된 물이 경사판을 따라 흐른다. 분사속도는 15 m/s이고 분사된 물의 1/3은 ① 방향, 나머지 2/3는 ② 방향으로 흐른다. 경사판에 작용하는 힘과 방향을 계산하라.

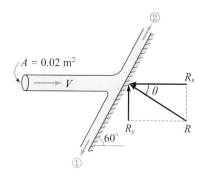

문제 5.4-4 (★★☆)

유량 $Q = 0.05$ m³/s의 분사류가 $V = 20$ m/s의 속도로 그림과 같이 수평과 $\theta = 45°$의 각을 이루는 고정날개에 충돌할 때 날개가 받는 힘을 구하라.

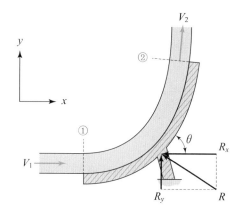

문제 5.4-5 (★★☆)

그림과 같이 150°인 이동날개(vane)에 직경 10 cm인 분사류가 25 m/s의 유속으로 충돌하였을 때, 날개에 작용하는 힘을 구하라. 단, 이동날개는 흐름 방향으로 15 m/s의 속도로 이동한다.

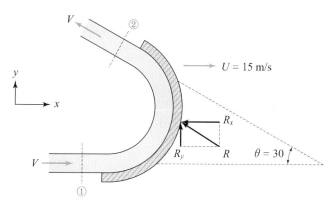

문제 5.4-6 (★☆☆)

다음 그림과 같은 단면적이 0.02 m^{2}인 수평관에 유체가 흐르고 있다. 단면 ①의 압력이 $p_1 = 10$ kPa, 단면 ②의 압력이 $p_2 = 7$ kPa일 때, 단면 ①과 단면 ②의 마찰력 F_f를 구하라.

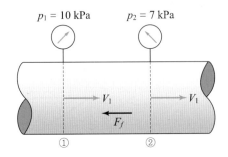

문제 5.4-7 (★★☆)

다음 그림과 같이 댐 여수로 위를 물이 월류하고 있다. 물이 댐에 가하는 수평력(R_x)을 구하라. 단, 여수로의 폭은 10 m이고, 댐의 상류수심 $y_1 = 10$ m, 하류수심 $y_2 = 2$ m이다.

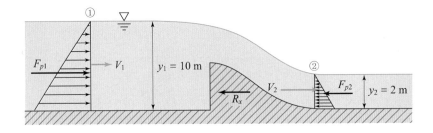

문제 5.4-8 (★★☆)

다음 그림과 같은 직사각형 수로에서 폭이 2.0 m일 때 이 구조물에 작용하는 수평력을 구하라.

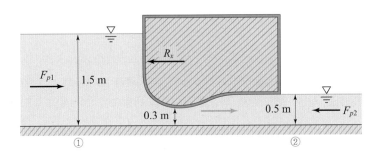

5.5 수정계수

베르누이식과 운동량방정식은 원래 이상유체 흐름에 대해 유도한 것이다. 이상유체 흐름과 실제유체 흐름은 **그림 5.5-1**과 같이 유속 분포가 서로 다르다. 그래서 이를 실제유체에 적용하기 위해서는 둘 사이의 오차를 줄일 수 있는 방법들을 갖가지로 모색하게 된다. 가장 핵심이 되는 것은 수두손실이며, 이 밖에도 에너지 수정계수와 운동량 수정계수가 있다.

(1) 에너지 수정계수

베르누이방정식에서 유속수두항 $\dfrac{V^2}{2g}$ 은 평균유속으로 표시되어 있으므로, 실제유속으로 표현한 $\dfrac{u^2}{2g}$ 와는 상당히 차이가 난다. 이것을 보완하기 위해 유속수두항을 $\alpha\dfrac{V^2}{2g}$ 로 표현하고, α 를 에너지 수정계수(energy correction factor)라 부른다[e]. 실제유속에 의한 단위시간당 운동에너지는 $\displaystyle\int_A \dfrac{u^2}{2}\rho\,u\,dA$ 이고, 평균유속에 의한 단위시간당 운동에너지는 $\displaystyle\int_A \dfrac{V^2}{2}\rho\,V\,dA = \dfrac{V^3}{2}\rho A$ 이다. 따라서 실제유속과 평균유속에 의한 단위시간당 운동에너지는 다음의 관계를 갖는다.

$$\int_A \frac{u^2}{2}\rho\,u\,dA = \alpha\frac{1}{2}\rho V^3 Q \tag{5.5-1}$$

따라서 에너지 수정계수는 다음과 같이 정의된다.

$$\alpha \equiv \frac{1}{A}\int_A \left(\frac{u}{V}\right)^3 dA \tag{5.5-2}$$

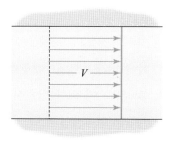
(a) 이상유체

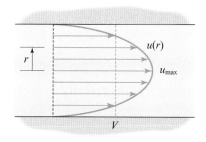
(b) 실제유체

그림 5.5-1 이상유체와 실제유체의 유속 분포

원관 내의 흐름에 대해 식을 적용하면 층류일 때는 $\alpha = 2.0$(최대값)이고 레이놀즈수가 커질수록 α는 1.0(최소값)에 가까운 값을 갖는다. 난류일 때 α는 보통 1.0~1.1의 범위를 가지므로, 관로 흐름에서는 통상 $\alpha = 1$으로 보는 경우가 많다.

예제 5.5-1 ★ ★ ★

다음 그림은 반경 R인 원관 내 층류의 유속 분포를 나타낸 것이다. 에너지 수정계수 α를 구하라.

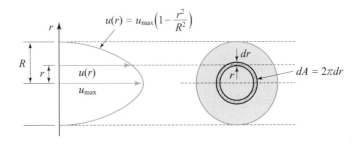

풀이

4.6절에서 층류의 유속 분포에서 평균유속 V와 관중심유속 u_{max}는 다음의 관계가 있음을 보였다.

$$V = \frac{1}{2} u_{max} \tag{a}$$

에너지 수정계수 α의 정의에서 시작하자.

$$\alpha \equiv \frac{1}{A} \int_A \left(\frac{u}{V} \right)^3 dA = \frac{8}{A} \int_0^R \left(1 - \frac{r^2}{R^2} \right)^3 2\pi r \, dr$$

$$= \frac{16\pi}{\pi R^2} \int_0^R \left(r - \frac{3r^3}{R^2} + \frac{3r^5}{R^4} - \frac{r^7}{R^6} \right) dr$$

$$= \frac{16}{R^2} \left[\frac{r^2}{2} - \frac{3r^4}{4R^2} + \frac{3r^6}{6R^4} - \frac{r^8}{8R^6} \right]_0^R = \frac{16}{R^2} \times \frac{R^2}{8} = 2.0 \quad ∎$$

(2) 운동량 수정계수

운동량방정식에서도 속도에 평균유속을 사용하므로, 이에 대해 보정을 해야 한다. 실제유속에 의한 단위시간당 운동량은 $\int_A \rho u^2 \, dA$이고, 평균유속에 의한 단위시간당 운동량은 $\rho A V^2$이므로, 이 두 양이 같아지려면 다음 관계를 만족해야 한다.

$$\rho \int_A u^2 \, dA = \beta \rho A V^2 \tag{5.5-3}$$

여기서 β는 운동량 수정계수(momentum correction factor)이며 다음과 같이 정의된다.

$$\beta \equiv \frac{1}{A} \int_A \left(\frac{u}{V}\right)^2 dA \tag{5.5-4}$$

관로의 층류 흐름은 $\beta = \dfrac{4}{3}$(최대값)를 갖고, 난류가 발달함에 따라 1(최소값)에 가까워진다. 난류에서 $\beta = 1.01 \sim 1.04$의 값을 가지므로, 대부분의 경우 난류에서는 $\beta = 1.0$으로 보고 생략한다.

운동량 수정계수를 이용하여 정상류에 대한 운동량방정식을 나타내면 다음과 같다.

$$\sum \vec{F} = \rho Q \left(\beta_2 \vec{V_2} - \beta_1 \vec{V_1}\right) \tag{5.5-5}$$

예제 5.5-2 ★★★

다음 그림은 반경 R인 원관 내 층류의 유속 분포를 나타낸 것이다. 운동량 수정계수 β를 구하라.

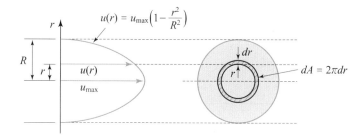

풀이

4.6절에서 층류의 유속 분포에서 평균유속 V와 관중심유속 $u_{\max}$는 다음의 관계가 있음을 보였다.

$$V = \frac{1}{2} u_{\max} \tag{a}$$

운동량 수정계수 β의 정의에서 시작하자.

$$\begin{aligned}
\beta &\equiv \frac{1}{A} \int_A \left(\frac{u}{V}\right)^2 dA = \frac{4}{A} \int_0^R \left(1 - \frac{r^2}{R^2}\right)^2 2\pi r \, dr \\
&= \frac{8\pi}{\pi R^2} \int_0^R \left(r - \frac{2r^3}{R^2} + \frac{r^5}{R^4}\right) dr \\
&= \frac{8}{R^2} \left[\frac{r^2}{2} - \frac{2r^4}{4R^2} + \frac{r^6}{6R^4}\right]_0^R = \frac{8}{R^2} \times \frac{R^2}{6} = \frac{4}{3}
\end{aligned}$$

■

(3) 연습문제

문제 5.5-1 (★★☆)

폭이 무한히 넓은 평행평판이 $2h$만큼 떨어져 있을 때, 그 사이를 흐르는 유체의 유속 분포가

$u(z) = u_{\max}\left(1 - \dfrac{z^2}{h^2}\right)$의 포물선 분포를 할 때, 에너지 수정계수는 어떻게 되는가?

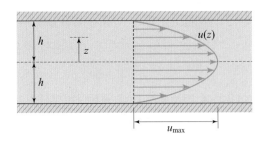

문제 5.5-2 (★★☆)

폭이 무한히 넓은 평행평판이 $2h$만큼 떨어져 있을 때, 그 사이를 흐르는 유체의 유속 분포가 $u(z) = u_{\max}\left(1 - \dfrac{z^2}{h^2}\right)$의 포물선 분포를 할 때, 운동량 수정계수는 어떻게 되는가?

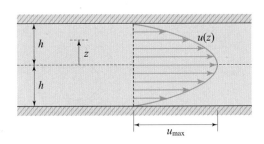

6장

관수로 흐름

관 안에 유체가 가득 차서 흐르는 흐름을 관수로 흐름(pipe flow)이라 한다. 관수로 흐름은 관 내부에 가해지는 압력 차이에 의해 유체가 흐르게 된다. 상수도관, 수력발전의 압력관, 화학공장의 각종 관로 안에서 생기는 흐름이 모두 관로 흐름이다. 이 장에서는 관수로 흐름에서 생기는 유속 분포, 전단응력, 마찰손실, 동력 등을 다룬다. 이 장의 주요 내용은 다음과 같다.

6.1 관수로 흐름
6.2 관로의 마찰손실
6.3 평균유속식
6.4 미소손실
6.5 동력

레온하르트 오일러(Leonhard Euler, 1707–1783)
스위스 바젤 근처에서 태어난 수학자. 요한 베르누이(Johann Bernoulli)의 제자였으며, 다니엘 베르누이(Daniel Bernoulli)의 친구였다. 뉴턴 역학의 수학적 표기에 크게 공헌하였으며, 완전 유체와 고체의 운동방정식을 유도하였다. 질병 때문에 시력을 잃은 후에도 여전히 연구에 몰두하였다고 한다.

6.1 관수로 흐름

(1) 관수로 흐름

수로 내 흐름은 크게 관수로 흐름(pipe flow)[a]과 개수로 흐름(open channel flow)으로 나눌 수 있다. 관로 흐름은 유체가 관 속을 가득 차서 흐르기 때문에 자유수면이 존재하지 않으며, 압력차와 중력에 의해 흐른다. 반면, 개수로 흐름은 자유수면을 가지며, 흐름을 일으키는 동인은 중력뿐이다. 이 두 가지, 즉 '자유수면의 존재' 여부와 '압력 차이와 중력에 의해 흐른다'는 점이 관로 흐름과 개수로 흐름을 구별하는 핵심요소이다. 이런 점에서 우리는 '물은 높은 데서 낮은 데로 흐른다'고 알고 있는데, 이것은 어디까지나 개수로 흐름에 해당되는 말이다. 관수로 흐름에서는 '물은 에너지가 높은 곳에서 에너지가 낮은 곳으로 흐른다'가 더 정확한 표현이다.

관로 안에서 흐르기 때문에 관로 흐름은 대부분 인공구조물인 관로(관, 도관 또는 관거)를 이용하게 되며, 시간에 따라 흐름 특성이 변화하지 않는 정상류가 대부분이다. 따라서 이 책에서는 정상 관로 흐름만을 다루며, 이때의 물은 비압축성 점성유체로 가정한다. 관수로 흐름에는 관벽마찰력이 작용하여 에너지 손실이 발생한다. 이 장의 핵심은 관 안에서 마찰로 인해 발생하는 압력강하량(또는 수두손실)을 어떻게 계산할 것인가 하는 점이다. 압력강하량은 물공급계통의 펌프용량을 결정할 때나 저수지에서 관망을 이용하여 공급할 수 있는 유량을 산정하는 데 반드시 필요하다.

(2) 관수로 내 흐름 특성

점성유체의 흐름은 레이놀즈수(Re)를 이용하여 층류와 난류로 구별할 수 있음을 이미 배웠다. 원관의 경우 Re가 대략 2,100 이하에서는 층류 상태로 흐르고, 2,100~4,000에서는 천이 상태이며, 대략 4,000을 넘으면 난류 상태가 된다. 층류와 난류의 유속 분포는 그림 **6.1-1**과 같다.

층류든 난류든 상관없이 벽면에서는 점착조건(no-slip condition)에 의해[b] 유속이 항상 0이 되며, 관 중심부 쪽으로 가면서 유속이 증가한다. 층류는 매끄러운 포물선 분포를

---

a) pipe flow를 번역하면 '관로(管路) 흐름'이다. 그리고 관 속에는 꼭 물만 흐르는 것이 아니라 공기, 기름 등 다양한 유체가 흐를 수 있기 때문에 '관수로(管水路) 흐름'이라고 한정하는 것은 조금 문제가 있다. 그런데 수리학에서는 물 이외의 다른 유체가 흐르는 경우가 거의 없다. 그래서 이 책에서는 관로 흐름과 관수로 흐름을 필요에 따라 섞어 쓰기로 한다. 한편, 개수로에는 물 이외의 다른 유체가 흐르는 경우가 거의 없기 때문에 개수로(開水路)라고 물 수(水)가 들어가는 것이 더 적절하다.

b) 점착조건을 영어 그대로 번역하여 비활조건이라 부르기도 한다.

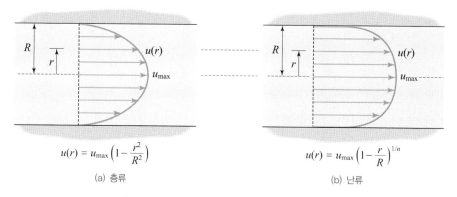

$$u(r) = u_{max}\left(1 - \frac{r^2}{R^2}\right)$$

(a) 층류

$$u(r) = u_{max}\left(1 - \frac{r}{R}\right)^{1/n}$$

(b) 난류

그림 **6.1-1** 관수로 내 층류와 난류의 유속 분포

가지며, 수학적으로 다루기 쉬운 분포를 보인다. 반면, 난류는 벽면 근처부터 유속이 급격히 상승하다가 관의 중심 부근에서는 편평한 분포를 가진다. 난류의 유속 분포는 수학적으로 다루기 힘든 형태이며, 레이놀즈수에 따라서도 그 모습이 달라진다. 일반적으로 레이놀즈수가 커질수록 난류의 유속 분포가 편평해지는 경향이 있다.

실제로 층류 흐름을 접할 기회는 많지 않고, 수리학에서 다루는 대부분의 흐름이 난류이다. 따라서 층류는 어디까지나 수학적으로 다루기 쉽다는 점에서 수리학에 대한 지식을 쌓기 위해 배운다고 생각하고, 실제 흐름은 난류이므로 난류에 대한 이해가 필요하다.

(3) 층류의 유속 분포

그림 **6.1-2**와 같은 수평 원관 속에 비압축성 뉴턴 유체가 정상상태에서 층류로 흐르고 있다고 하자. 뉴턴의 점성법칙 $\tau = \mu\dfrac{du}{dy}$ 를 이 관수로 흐름에 적용하면, $y = R - r$ 의 관계($dy = -dr$)에 있으므로, 관수로 흐름에 대한 뉴턴의 점성식은 다음과 같다.

$$\tau = -\mu\frac{du}{dr} \tag{6.1-1}$$

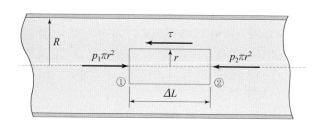

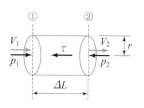

그림 **6.1-2** 수평 원관 속의 층류

이번에는 이 흐름에 운동량방정식을 적용한다.

$$p_1 A_1 - p_2 A_2 - \tau \times 2\pi r^2 \Delta L = \rho Q (V_2 - V_1) \qquad (6.1\text{-}2)$$

여기서 p_1과 p_2는 각각 단면 ①과 단면 ②의 압력, A_1과 A_2는 각각 단면 ①과 단면 ②의 단면적, τ는 전단응력, r은 관 중심에서 방사방향 거리, ΔL는 관요소의 길이이다. 이때 압력차는 $\Delta p = p_2 - p_1$로 놓을 수 있다. 단면 ①과 단면 ②에서 유속은 $V_1 = V_2$이므로, 운동량의 변화 $\rho Q \Delta V = 0$이 된다. 이를 이용하여 전단응력에 대해 정리할 수 있다.

$$\tau = -\frac{\Delta p}{\Delta L}\frac{r}{2} \qquad (6.1\text{-}3)$$

식 (6.1-1)과 (6.1-3)을 등식으로 놓고 속도에 대한 미분식을 구하면 다음과 같다.

$$-\frac{\Delta p}{\Delta L}\frac{r}{2} = -\mu\frac{du}{dr}$$

$$du = \frac{1}{2\mu}\frac{\Delta p}{\Delta L} r\, dr \qquad (6.1\text{-}4)$$

식 (6.1-4)의 양변을 적분하여 유속 분포를 구하자.

$$u(r) = \frac{1}{4\mu}\frac{\Delta p}{\Delta L} r^2 + C$$

여기에 경계조건인 점착조건($r = R$에서 $u = 0$)을 적용하면, 원관의 층류의 유속 분포는 다음과 같다.

$$u(r) = -\frac{R^2}{4\mu}\frac{\Delta p}{\Delta L}\left(1 - \frac{r^2}{R^2}\right) \qquad (6.1\text{-}5)$$

식 (6.1-5)를 살펴보면, 유속 분포가 관 중심에서 방사방향 거리 r의 2차식인 포물선을 이룬다. 또한 최대유속 $u_{\max}$는 $r = 0$일 때 $u_{\max} = -\dfrac{R^2}{4\mu}\dfrac{\Delta p}{\Delta L}$이다. (주의: 그런데 유속이 음수인 것처럼 보이지만, Δp가 음수이므로 실제로는 유속은 항상 양수이다.)

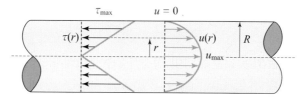

그림 **6.1-3** 전단응력과 유속 분포

(4) 층류의 전단응력

비슷한 방법으로, 식 (6.1-3)을 살펴보면, 전단응력 분포는 그림 **6.1-3**과 같이, 관 중심($r=0$)에서 $\tau(0)=0$이 되고, r에 대해 1차 직선적으로 관벽 쪽으로 증가하여, 관벽($r=R$)에서 최대값 $\tau_w = \tau(R) = -\dfrac{\Delta p}{\Delta L}\dfrac{R}{2}$이 된다. 다만, 이 식은 관이 수평으로 놓인 경우이다.

압력강하를 수두손실로 나타내면, $\Delta p = -\rho g h_L$이므로, 관벽($r=R$)의 전단응력은 다음과 같다.

$$\tau_w = \frac{\rho g h_L}{\Delta L}\frac{R}{2} \tag{6.1-6}$$

예제 6.6-1 ★★★

직경 0.5 m인 원형 관로에서 관의 길이 80 m에 대한 수두손실이 10 m일 때, 관벽의 전단응력을 구하라.

풀이

전단응력 $\tau_w = \dfrac{\rho g h_L}{L}\dfrac{R}{2} = \dfrac{1,000 \times 9.8 \times 10}{80} \times \dfrac{0.25}{2} = 153.1$ Pa ∎

(5) 층류의 유량

식 (4.1-2)에 보인 것처럼 원관 내 유량은 다음과 같이 단면적에 대해 적분하여 구할 수 있다.

$$Q = \int_A u(r)dA \tag{6.1-7}$$

흐름이 층류일 경우, 층류의 유속 분포 식 (6.1-2)를 대입하면 다음과 같이 된다는 것은 앞서 4.6절에서 보인 것과 같다.

$$Q = -\frac{\pi R^4}{8\mu}\frac{\Delta p}{\Delta L} = -\frac{\pi D^4}{128\mu}\frac{\Delta p}{\Delta L} \qquad (6.1\text{-}8)$$

식 (6.1-8)에서 알 수 있는 것은 유량이 직경의 4승에 비례하고, 압력차 Δp에 비례하며, 점성계수 μ와 길이 L에 반비례한다는 점이다. 만일 수두손실을 알고 있다면, 식 (6.1-8)은 다음과 같이 쓸 수 있다.

$$Q = \frac{\pi D^4}{128\nu}\frac{gh_L}{L} \qquad (6.1\text{-}9)$$

(6) 난류의 유속 분포

층류와 달리 난류는 유속 분포를 수학식으로 나타내기 매우 힘들며, 레이놀즈수에 따라 유속 분포의 형태가 달라진다. 확정적인 형태[c]는 없지만, 다음과 같이 멱함수 형태로 제시되는 경우가 많다.

$$u(r) = u_{\max}\left(1 - \frac{r}{R}\right)^{1/n} \qquad (6.1\text{-}10)$$

여기서 $n = 6 \sim 7$ 정도의 값을 갖는 상수이다. 따라서 난류의 경우에는 층류처럼 전단 응력을 손쉽게 나타낼 수도 없고, 유량을 수식으로 나타내기로 힘들다.

예제 6.1-2 ★★★

점성계수가 4.0 poise, 밀도 900 kg/m³인 기름이 직경 0.02 m인 원형 관에 흐르고 있다. 관이 수평으로 놓여 있을 때, 유량이 2.0×10^{-5} m³/s가 되도록 하려면, $x_1 = 0$ m와 $x_2 = 20$ m 사이에서의 압력강하 $p_1 - p_2$는 얼마가 되어야 하는가?

풀이

점성계수 $\mu = 4.0\,\text{dyne}\cdot\text{s/cm}^2 = 0.4\,\text{Pa}\cdot\text{s}$

평균속도 $V = \dfrac{Q}{A} = \dfrac{2.0 \times 10^{-5}}{\pi \times 0.02^2/4} = 0.0637\,\text{m/s}$

$\text{Re} = \dfrac{\rho V D}{\mu} = \dfrac{900 \times 0.0637 \times 0.02}{0.40} = 2.87 < 2{,}100$이므로 층류이다.

층류에 대한 식에서

$$p_1 - p_2 = -\Delta p = \frac{128\mu L Q}{\pi D^4} = \frac{128 \times 0.4 \times 20.0 \times (2 \times 10^{-5})}{\pi \times 0.02^4} = 40{,}744\,\text{Pa} \qquad ■$$

---

c) 다만, 전체적인 분포가 아닌 국소적인 분포를 보면, 벽거리(y^+)에 비례하는 점성저층영역, 대수함수형태로 나타나는 중복영역 등 매우 다양하다.

많은 공학용 그래프가 대수축 눈금으로 되어 있다. 다만, 그래프에서는 자연대수(natural logarithm)를 이용하는 경우는 거의 없고, 보통은 상용대수(commercial logarithm)로 되어 있다. 그래프에서 상용대수눈금을 읽는 방법을 살펴보자.

상용대수눈금은 다음 그림과 같이 되어 있다.

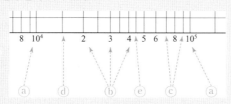

(1) 먼저 10^4이나 10^5과 같이 10의 지수승으로 써 있는 부분 ⓐ는 1×10^4과 1×10^5을 의미한다.

(2) 그 다음에 나오는 숫자 2, 3, ⋯, 8(부분 ⓑ)은 앞에 나온 지수승을 곱해서 2×10^4, 3×10^4, ⋯, 3×10^4을 의미한다.

(3) 이런 숫자는 2부터 9까지 있다. 다만, 6, 7, 8, 9 사이에 있는 숫자(부분 ⓒ)는 공간이 좁을 때는 일부 생략되는 경우가 있다. 위의 그림에서는 7과 9가 생략되어 있다. 즉, 6과 8 사이의 눈금은 7을, 8 다음의 눈금은 9를 의미한다.

(4) 한편, 대부분의 로그눈금에서는 1~5 사이는 0.5 단위로 눈금을 표시하나, 5~9 사이는 1 단위로 눈금을 표시한다. 따라서 10^4 다음의 눈금(부분 ⓓ)은 1.5×10^4, 4와 5 사이의 눈금(부분 ⓔ)은 2.5×10^4을 의미한다.

연습으로 다음 그래프에서 눈금을 읽어보자.

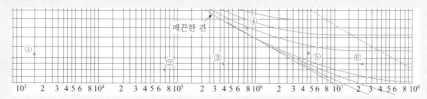

이 대수값을 제대로 읽었다면, ① 1.5×10^3, ② 7.0×10^4, ③ 4.0×10^5, ④ 8.0×10^5, ⑤ 4.7×10^6, ⑥ 2.2×10^7 정도가 된다. 이 값을 읽을 수 있는지 직접 연습해 보기 바란다.

예제 6.1-3 ★★★

그림과 같은 직경 40 cm, 길이 1,000 m의 관로 내에 물이 흐를 때, 흐름의 방향을 결정하고, 관벽의 전단응력을 구하라. 여기서 단면 ①과 단면 ②의 압력은 각각 350 kPa와 20 kPa이다. 단, 간편한 계산을 위해 중력가속도를 $g = 10.0$ m/s^{2}으로 가정하라.

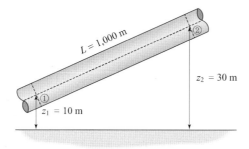

단면 ①과 단면 ②의 압력수두를 계산하자.

$$\frac{p_1}{\rho g} = \frac{3.5 \times 10^5}{1,000 \times 10} = 35.0 \text{ m}$$

$$\frac{p_2}{\rho g} = \frac{2.0 \times 10^4}{1,000 \times 10} = 2.0 \text{ m}$$

단면 ①과 단면 ②의 유속은 같으므로, 유속을 제외한 두 지점의 위압수두는 각각 다음과 같다.

$$H_1 = z_1 + \frac{p_1}{\rho g} = 10 + 35 = 45.0 \text{ m}$$

$$H_2 = z_2 + \frac{p_2}{\rho g} = 30 + 2.0 = 32.0 \text{ m}$$

따라서 단면 ①에서 단면 ② 방향으로 흐른다. 또 두 단면 사이의 수두손실은

$$h_L = H_1 - H_2 = 45.0 - 32.0 = 13.0 \text{ m}$$

중력을 무시하고, 관로방향의 운동량방정식을 적용하면,

$$(p_1 A - p_2 A) - \tau_w (\pi D \times L) = \rho Q \Delta V$$

이 식에서 좌변의 처음 두 항은 압력 차이 항, 세 번째는 전단응력 항이다. $\Delta V = 0$이므로, 관벽의 전단응력은

$$\tau_w = \frac{(p_1 - p_2)A}{\pi D L} = \frac{(p_1 - p_2)D}{4L} = \frac{(3.5 \times 10^5 - 2.0 \times 10^4) \times 0.4}{4 \times 1,000} = 33 \text{ Pa} \qquad \blacksquare$$

(7) 연습문제

문제 6.1-1 (★★☆)

경사진 관에 밀도가 930 kg/m^3, 동점성계수가 2.0 stokes인 기름이 그림과 같이 흐르고 있다. 흐름은 정상류이고 층류라고 가정하고, (a) 흐름의 방향을 결정하고, (b) 단면 ①과 단면 ② 사이의 수두손실을 계산하라. 또 (c) 유량과 (d) 유속을 계산하고, (e) 레이놀즈수를 구하라.

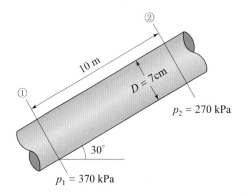

문제 6.1-2 (★★☆)

그림과 같은 큰 수조에서 관을 통해 150 L/s의 물이 흐른다. 단면 ②와 단면 ③ 사이의 수두손실을 계산하라.

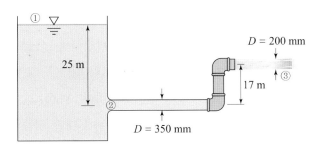

6.2 관로의 마찰손실

(1) Darcy-Weisbach식

관로에서 유체가 흐름에 따라 벽에서 전단응력이 발생하며, 이로 인해 압력강하가 발생한다. 실험에 따르면, 수두손실은 유속수두($\frac{V^2}{2g}$)와 길이(L)에 비례하고, 관직경 (D)에 반비례한다. 이 관계를 이용하여 다시(Darcy)와 바이스바흐(Weisbach)는 비례상수로 관마찰계수(f)를 도입하여 다음과 같은 마찰수두손실에 대한 식을 제안하였다.

$$h_L = f\frac{L}{D}\frac{V^2}{2g} \tag{6.2-1}$$

여기서 h_L은 수두손실, f는 마찰계수(또는 마찰손실계수), L는 관의 길이, D는 관의 직경, V는 관 내 유체의 평균유속, g는 중력가속도이다. 이 식을 Darcy-Weisbach 식이라 한다.

Darcy-Weisbach식은 형태가 깔끔하고 각 변수의 물리적 의미가 확실하므로, 관수로 흐름에서 대표적인 식이라 할 수 있다. 이 식을 사용할 때는 적절한 마찰손실계수 f값을 선택하는 것이 중요하다. f를 제외한 상태에서 식 (6.2-1)의 양변의 차원을 검토해 보면, 둘 다 길이 차원 [L]을 가지며, 따라서 f는 무차원이다.

마찰손실계수는 흐름의 상태, 관로의 특성 등에 따라 다양한 값을 가지나, 보통 0.01~0.1 정도의 값을 갖는다. f값이 작다는 것은 마찰이 작아 수두손실이 작다는 의미이며, f값이 크다는 것은 마찰이 커서 수두손실도 크다는 의미이다.

예제 6.2-1 ★★☆

원관의 반경이 10 cm이고, 관의 마찰수두손실과 유속수두가 같다면 이때의 관의 길이를 구하라. 단, $f = 0.04$라고 한다.

풀이

마찰수두손실과 속도수가 같으므로,

$$h_L = f\frac{L}{D}\frac{V^2}{2g} = \frac{V^2}{2g}$$

따라서

$$f\frac{L}{D} = 1.0$$

$$L = \frac{D}{f} = \frac{0.20}{0.04} = 5 \text{ m}$$

∎

예제 **6.2-2**　　　　★★★

직경 0.5 m의 관 속을 4.45 m/s의 평균속도로 물이 흐르고 있을 때, 관의 길이 1,000 m에 대한 마찰수두손실은 몇 m인가? 단, 이때 마찰손실계수는 0.030이라 한다.

풀이 ∣

문제에서 $D = 0.5$ m, $V = 4.45$ m/s, $L = 1,000$ m, $f = 0.03$이다.

수두손실 $h_L = f \frac{L}{D} \frac{V^2}{2g} = 0.03 \times \frac{1,000}{0.5} \times \frac{4.45^2}{2 \times 9.8} = 60.56$ m

∎

(2) 층류의 마찰손실계수

원관의 층류인 Hagen-Poiseuille 식을 적용해 보자. 이때 유량은 다음과 같다.

$$Q = -\frac{\pi D^4}{128\mu} \frac{\Delta p}{\Delta L} = \frac{\pi D^4}{128\mu} \frac{\rho g h_L}{L} \tag{6.2-2}$$

식 (6.2-1)과 (6.2-2)를 함께 정리하면, 다음과 같이 쓸 수 있다.

$$h_L = \frac{64}{\text{Re}} \frac{L}{D} \frac{V^2}{2g} \tag{6.2-3}$$

즉, 층류일 때 마찰계수는 다음의 관계를 갖는다.

$$f = \frac{64}{\text{Re}} \tag{6.2-4}$$

예제 **6.2-3**　　　　★★★

매끈한 원관 속을 흐르는 유체의 레이놀즈수가 1,800일 때 관의 마찰계수는 얼마인가?

풀이 ∣

$\text{Re} = 1,800 < 2,100$ 이므로, 흐름은 층류이다.

$$f = \frac{64}{\text{Re}} = \frac{64}{1,800} = 0.036$$

∎

(3) 난류의 마찰손실계수

층류를 제외한 천이류나 난류에서는 유속 분포가 층류의 식과 같은 깔끔한 형태를 갖지 않으므로, 마찰손실계수도 역시 수식으로 나타내기가 매우 힘들다.

그림 **6.1-1(b)**에 보인 것과 같이 난류의 유속 분포는 레이놀즈수에 따라 그 형태가 다르다. 충분히 발달된 난류(레이놀즈수가 큰 난류)에서는 관벽 근처를 제외하고는 거의 균일한 유속 분포를 갖는다. 그리고 관벽 근처에서는 경계면의 큰 마찰력 때문에 관벽에 매우 가까운 영역에서는 층류 상태로 존재하는 얇은 층이 형성되는데, 이 층을 점성저층(viscous sublayer)이라고 부른다. 일반적으로 난류의 유속 분포와 마찰손실계수는 이 점성저층의 두께(δ)와 관벽의 조도(요철)의 크기(ε)의 관계에 따라 그 특성이 다르게 나타난다. 수리학에서는 조고(ε)가 점성저층의 두께(δ)의 약 1/4 이하인 경우 ($\frac{\varepsilon}{\delta} < \frac{1}{4}$) '수리학적으로 매끈한 관(hydraulically smooth pipe)'이라고 하고, 상대조고가 $\frac{\varepsilon}{\delta} > 6$ 인 경우 '수리학적으로 거친 관(hydraulically rough pipe)'이라 한다.

유속 분포 변화와 마찰손실계수의 변화를 생각하면, 마찰손실계수는 다음의 네 영역으로 구분된다.

① 층류영역: 식 (6.2-4) $f = \dfrac{64}{\mathrm{Re}}$ 로 주어짐.
② 매끈한 관(그림 **6.2-1(a)**): 마찰손실계수는 레이놀즈수만의 함수임. $f = f(\mathrm{Re})$
③ 완전발달난류(그림 **6.2-1(c)**): 마찰손실계수는 상대조도만의 함수임. $f = f\left(\dfrac{\varepsilon}{D}\right)$
④ 천이영역(그림 **6.2-1(b)**): 마찰손실계수는 레이놀즈수와 상대조도의 함수임. $f = f\left(\mathrm{Re}, \dfrac{\varepsilon}{D}\right)$

난류의 마찰손실계수는 이처럼 흐름 상태와 관의 조도와 관련이 있기 때문에, 이론적으로 구하기 매우 어려워서, 실험을 통해 마찰손실계수를 구하였다. 이런 실험들은 유속 V, 관의 직경 D, 관의 조도 ε, 유체의 성질(μ와 ρ 등)과 같은 변수에 대해 f를 산정하는 것이다. 그 대표적인 예가 니쿠라제(Nikuradse)의 실험이다. Nikuradse는

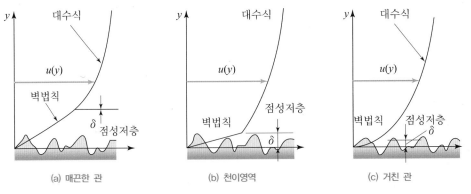

(a) 매끈한 관　　　(b) 천이영역　　　(c) 거친 관

그림 **6.2-1** 수리학적으로 매끈한 관과 거친 관의 유속 분포

상업용 관의 마찰손실계수를 실험을 통해 구하고자 하는 광범위한 실험을 수행하였다. 마찰손실계수를 구하는 식은 Nikuradse의 자료를 이용하여 블라지우스(Blasius)와 콜브룩(Colebrook)이 제안한 것이 대표적이다.

상업용 관의 마찰계수에 대해 널리 이용되는 식은 Colebrook이 제시한 경험식[d]으로 다음과 같다.

$$\frac{1}{\sqrt{f}} = -2.0 \log_{10}\left(\frac{e}{3.71D} + \frac{2.52}{\text{Re}\sqrt{f}}\right) \tag{6.2-5}$$

이 식은 상당히 정확한 값을 주는 것으로 알려져 있다. 그러나 식이 f의 음함수 형태이기 때문에 f를 구하기 위해서는 반복계산이 필요하다.

Colebrook식과 비슷하지만, 이런 반복계산을 필요로 하지 않는 식은 Swamee와 Jain(1976)이 제안한 다음의 식[e]이다.

$$f = \frac{1.325}{\left[\ln\left(\dfrac{\varepsilon/D}{3.7} + \dfrac{5.74}{\text{Re}^{0.9}}\right)\right]^2} \tag{6.2-6}$$

이 식은 양함수 형태이므로 쉽게 f를 구할 수 있다. 이 식은 Colebrook의 식과 1 % 내외의 오차를 보이는 것으로 알려져 있다.

예제 6.2-4　　　　　　　　　　　　　　　　　　　　★★★

동점성계수 $\nu = 1.5 \times 10^{-5}$ m^2/s인 비압축성유체가 길이 1,000 m인 직사각형($B \times H = 1.22$ m × 0.457 m)인 덕트를 통해 유속 $V = 1.52$ m/s로 흐를 때, Swamee-Jain식을 사용하여 마찰수두손실을 산정하라. 단, 이 덕트의 조도높이는 $\varepsilon = 0.15$ mm라고 하자.

풀이 |

원관이 아니므로, 수리반경 $R_h = \dfrac{A}{P} = \dfrac{1.22 \times 0.457}{2 \times (1.22 + 0.457)} = 0.166$ m

상대조도 $\dfrac{\varepsilon}{D} = \dfrac{\varepsilon}{4R_h} = \dfrac{1.5 \times 10^{-4}}{4 \times 0.166} = 2.26 \times 10^{-4}$

레이놀즈수 $\text{Re} = \dfrac{4VR_h}{\nu} = \dfrac{4 \times 1.52 \times 0.166}{1.5 \times 10^{-5}} = 6.90 \times 10^4$

d) Colebrook, C. F. (1939). "Turbulent Flow in Pipes, with Particular Reference to the Transition Region between the Smooth and Rough Pipe Laws." J. of the Institution of Civil Engineers, 11, pp. 133–156.

e) Swamee, P. K. and Jain, A. K. (1976). "Explicit equations for pipe-flow problems". Journal of the Hydraulics Division, ASCE, Vol. 102, No. 5, pp. 657–664. doi:10.1061/JYCEAJ.0004542.

Swamee–Jain식 $f = \dfrac{1.325}{\left[\ln\left(\dfrac{\varepsilon/D}{3.7} + \dfrac{5.74}{\mathrm{Re}^{0.9}}\right)\right]^2} = \dfrac{1.325}{\left[\ln\left(\dfrac{2.26 \times 10^{-4}}{3.7} + \dfrac{5.74}{(6.90 \times 10^4)^{0.9}}\right)\right]^2}$

$\qquad\qquad\qquad = 0.020$

마찰수두손실 $h_L = f\dfrac{L}{4R_h}\dfrac{V^2}{2g} = 0.020 \times \dfrac{1{,}000}{4 \times 0.166} \times \dfrac{1.52^2}{2 \times 9.8} = 3.63 \ \mathrm{m}$ ■

(4) Moody 선도

그림 **6.2-2**의 무디 선도(Moody diagram)는 Reynolds수와 상대조도를 이용하여 마찰손실계수를 추정하는 도표이다. 즉, 앞서 보인 Colebrook식을 도표로 만든 것이라 볼 수 있다. 이 도표를 작성하는 데는 Nikuradse의 실험자료를 이용하였다. 그런데 모든 것이 디지털화된 세상에서는 Moody 선도의 역할은 매우 작아졌다고 볼 수 있다. Swamee–Jain식을 이용하면 간단히 마찰계수를 구할 수 있기 때문이다. 그럼에도 불구하고, 이 책에서 Moody 선도를 제시하는 이유는 이 Moody 선도를 살펴보면, 그림 **6.2-2**와 같이 레이놀즈수와 상대조도에 따라 마찰손실계수가 어떻게 변화되는지 확실히 이해할 수 있기 때문이다.

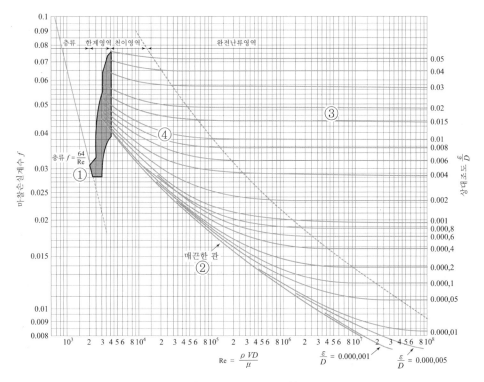

그림 **6.2-2** Moody 선도

Moody 선도를 살펴보면 그림 **6.2-2**와 같다. 이 선도에서는 가로축은 레이놀즈수 Re를 상용대수값으로 표시하였으며, 각각의 파란색 곡선에 대응하는 상대조도($\frac{\varepsilon}{D}$)가 곡선 오른쪽에 표시되어 있다. 주의할 것은 오른쪽 세로축에 있는 값은 검정 실선이 아니라, 파란 굵은 실선이라는 점이다. 왼쪽의 세로 대수축은 마찰손실계수이다. 왼쪽 세로축은 각 구간의 간격이 다르다는 데 유의해야 한다. 즉, 0.008~0.01 구간은 0.0005 간격이며, 0.01~0.03 구간은 한 간격이 0.0001, 0.04~0.06 구간은 한 간격이 0.002, 0.06~0.1 구간은 한 간격이 0.005로 각기 달리 구성되어 있다.

Moody 선도는 그림 **6.2-2**에 표시한 것과 같이 크게 네 부분으로 이루어져 있다.

① 층류 영역: 이 부분은 층류에 해당하며, 하나의 직선이다. 마찰손실계수는 $f = \frac{64}{\mathrm{Re}}$ 로 구한다. 이때 층류이므로, 반드시 $\mathrm{Re} < 2,100$ 이어야 한다.

② 매끈한 관: 이 부분은 매끈한 관($\varepsilon = 0$이라고 생각)에 해당하며, 이것도 하나의 선으로 이루어진다. 그림 **6.2-2**에서 '매끈한 관'이라 표시된 파란 굵은 실선이며, $f = f(\mathrm{Re})$로 레이놀즈수만의 함수이다.

③ 완전발달난류: 난류가 완전히 발달한 구간이며, 그림 **6.2-2**의 중앙 부분에 있는 파란 굵은 파선의 오른쪽 영역이다. 이 경우에 마찰손실계수는 상대조도만의 함수로 $f = f\left(\frac{\varepsilon}{D}\right)$이며, 이 구간에서 상대조도를 나타내는 파란 굵은 실선들이 거의 수평을 이루며 Re에 무관함을 알 수 있다.

④ 천이영역: 이 부분은 층류와 난류 사이의 천이구간에 해당하며, ②의 매끈한 관의 파란 굵은 실선과 ③의 경계를 이루는 파란 굵은 파선 사이의 구간이다. 이 부분에서 $f = f\left(\mathrm{Re}, \frac{\varepsilon}{D}\right)$로 마찰손실계수는 레이놀즈수와 상대조도의 함수로 주어진다.

기본적으로 Moody 선도를 읽는 방법은 그림 **6.2-3**과 같다.

① 가로축에서 Re 값을 읽고 연직선을 따라 올라간다.

② 오른쪽 세로축에서 $\frac{\varepsilon}{D}$에 해당하는 파란 굵은 실선을 찾아 이 선을 따라 Re 값과 만날 때까지 왼쪽으로 이동한다. 만일 $\frac{\varepsilon}{D}$에 해당하는 파란 굵은 실선이 없을 경우는 그 위와 아래 값에 해당하는 선을 찾아 이동한 뒤 적절히 내삽한다.

③ 두 선이 만나는 점에서 수평으로 이동하여 왼쪽 세로축에서 f값을 읽는다.

위의 방법을 예를 들어 살펴보면, 그림 **6.2-3**에 보인 것은 $Re = 1.5 \times 10^5$, $\frac{\varepsilon}{D} = 0.002$인 경우이며, 이때 마찰손실계수는 $f = 0.0244$로 읽을 수 있다.

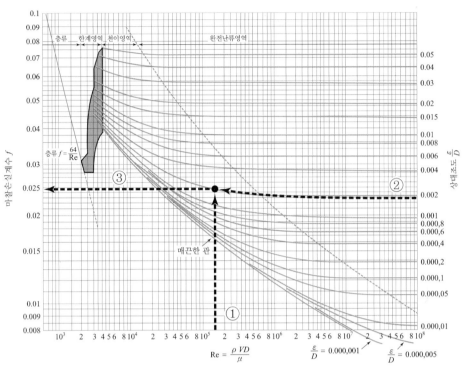

그림 **6.2-3** Moody 선도 읽는 법

예제 **6.2-5**   ★★

$\mathrm{Re} = 1.4 \times 10^5$, $\dfrac{\varepsilon}{D} = 0.002$일 때 Moody 선도에서 f값을 구하라.

풀이

가로축에서 $\mathrm{Re} = 1.4 \times 10^5$를 찾고 연직으로 올라가고, 오른쪽 세로축에서 $\dfrac{\varepsilon}{D} = 0.002$를 찾아
파란선을 따라 이동하다가 서로 만나는 점에서 수평으로 왼쪽으로 가면 $f = 0.025$이다. ■

예제 **6.2-6**   ★★

관경 $D = 0.15$ m, 길이 152 m인 구리관(조도높이 $\varepsilon = 1.5 \times 10^{-4}$ m)을 동점성계수 $\nu = 0.984 \times 10^{-6}$ m²/s인 유체가 유속 $V = 0.91$ m/s로 흐르는 동안 발생하는 마찰수두손실을 구하라.

풀이

문제에서 상대조도 $\dfrac{\varepsilon}{D} = \dfrac{1.5 \times 10^{-4}}{0.15} = 0.0010$

레이놀즈수 $\mathrm{Re} = \dfrac{VD}{\nu} = \dfrac{0.91 \times 0.15}{0.984 \times 10^{-6}} = 1.4 \times 10^5$

Moody 선도에서 $f = 0.022$

따라서 Darcy−Weisbach식에서 마찰수두손실은 다음과 같다.

$$h_L = f\frac{L}{D}\frac{V^2}{2g} = 0.022 \times \frac{152}{0.15} \times \frac{0.91^2}{2 \times 9.8} = 0.93 \text{ m}$$

■

(5) 연습문제

문제 6.2-1 (★☆☆)

마찰손실계수 $f = 0.01$, 길이 1,000 m인 정사각형 덕트(폭×높이 = 1 m × 1 m)에 물이 가득 차서 $V = 9.0$ m/s로 흐를 때 발생하는 마찰수두손실을 Darcy–Weisbach식으로 구하라.

문제 6.2-2 (★☆☆)

정상상태에서 유량 14.13 m³/s를 보내기 위한 관로의 직경이 3 m이고, 관의 길이가 980 m일 때 관로의 경사를 구하라. 단, $f = 0.03$이라고 한다.

문제 6.2-3 (★☆☆)

비중 0.96, 점성계수 1.0 Pa·s인 석유를 매분 150 L로 내경 90 mm의 관을 통하여 25 km 떨어진 곳에 보내려 할 때, 관의 마찰계수는 얼마인가?

문제 6.2-4 (★★☆)

내경이 15 cm인 관 속에 한 변의 길이가 6 cm인 정사각형 관이 중심을 같이 하고 있다. 원관과 정사각형 관 사이의 평균유속 1.2 m/s의 물이 흐른다면, 관의 길이 20 m 사이의 압력수두손실은 몇 m인가? 단, 관의 마찰계수는 0.04이다.

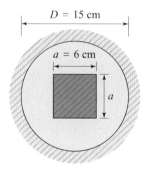

문제 6.2-5 (★☆☆)

레이놀즈수가 1,200인 관에 대한 마찰계수 f의 값은 얼마인가?

문제 6.2-6 (★★☆)

점성계수 0.1 Pa·s, 비중 0.85인 기름을 직경 305 mm의 관을 통해 3,048 m 떨어진 곳에 수송하려고 한다. 이때 유량이 4.44×10^{-2} m³/s이면 수두손실은 얼마인가?

문제 **6.2-7** (★★☆)

직경 20 cm, 길이 1,000 m의 주철관에 물이 30 L/s로 흐를 때 마찰수두손실은 얼마인가? 단, 주철관의 조도높이는 0.25 mm이다.

문제 **6.2-8** (★☆☆)

직경 60 mm의 매끈한 원관 안에 $\nu = 0.01$ stokes인 물이 평균유속 $V = 0.8$ m/s로 흐르고 있다. 관의 단위길이당 마찰수두손실을 계산하라.

문제 **6.2-9** (★☆☆)

동점성계수 $\nu = 1.5 \times 10^{-5}$ ㎡/s인 비압축성유체가 길이 1,000 m인 직사각형($B \times H = 1.0$ m $\times 0.5$ m)인 덕트를 통해 유속 $V = 2.0$ m/s로 흐를 때, Moody 선도를 이용하여 마찰수두손실을 산정하라. 단, 덕트의 조도높이는 $\varepsilon = 0.15$ mm라고 하자.

6.3 평균유속식

(1) Darcy-Weisbach식

Darcy-Weisbach식은 관로와 흐름에 관련된 물리량들을 이용하여 수두손실을 계산하는 식이다.

$$h_L = f \frac{L}{D} \frac{V^2}{2g} \tag{6.3-1}$$

이 식을 원관이 아닌 관로에 적용하려면, 수리반경($R_h = \frac{D}{4}$)을 이용하여 나타내어야 한다. 이 식을 유속에 대해 정리하면 다음과 같은 관로의 평균유속식을 구할 수 있다.

$$V = \sqrt{\frac{8g}{f}} \sqrt{R_h} \sqrt{\frac{h_L}{L}} \tag{6.3-2}$$

식 (6.3-2)의 우변의 첫 부분 $\sqrt{\frac{8g}{f}}$ 은 마찰손실, 두 번째 부분 $\sqrt{R_h}$ 는 관로의 기하적 형태, 세 번째 부분 $\sqrt{\frac{h_L}{L}}$ 은 수두손실의 경사(에너지경사, $S = \frac{h_L}{L}$)와 관련이 있다.

(2) Hazen-Williams식

Hazen과 Williams는 실험을 통해서 다음과 같은 평균유속식을 제안하였다.

$$V = 0.84935 \, C_{hw} R_h^{0.63} S^{0.54} \ \text{m/s} \tag{6.3-3}$$

여기서 C_{hw}는 Hazen-Williams 계수, R_h는 수리반경(m), S는 수리경사이다.

Hazen-Williams식은 상하수도 실무에서는 상당히 많이 쓰이는 것으로 알려져 있으나 계수와 지수가 복잡해서 기억하기 어렵다. 이 식을 이용할 때, 수리반경은 m 단위로 입력하고, 계산 유속은 m/s 단위임에 유의해야 한다. 대표적인 C_{hw}의 값으로, 주철관 및 강관은 $C_{hw} = 100$, 원심콘크리트관은 $C_{hw} = 130$이다. C_{hw}의 값의 상세에 대해서는 다른 수리학 문헌을 참고하기 바란다.

직경 20 cm, 길이 100 m인 관에 물이 유량 0.03 m³/s로 흐를 때, 수두손실을 Hazen–Williams식을 사용하여 구하라. 여기서 Hazen–Williams 계수는 110으로 가정하라.

풀이 |

수리반경 $R_h = \dfrac{D}{4} = 0.05$ m

유속 $V = \dfrac{Q}{A} = \dfrac{0.03}{\pi \times 0.20^2/4} = 0.955$ m/s

Hazen–Williams식 $V = 0.84935\, C_{hw}\, R_h^{0.63}\, S^{0.54}$에서, 에너지경사는

$$S = \left(\frac{V}{0.84935\, C_{hw}\, R_h^{0.63}} \right)^{1/0.54} = \left(\frac{0.955}{0.84935 \times 110 \times 0.05^{0.63}} \right)^{1/0.54} = 0.00679$$

그런데 $S = \dfrac{h_L}{L}$ 이므로,

$$h_L = S \times L = 0.00679 \times 100 = 0.68 \text{ m} \qquad \blacksquare$$

(3) Chézy식

쉐지(Chézy)식은 원래 개수로 흐름의 평균유속계산을 위해 유도된 식[f]이다. 그런데 유도과정이 상당히 합리적이고 식 자체도 매우 단순하여 관로의 완전난류 흐름에 적용하기도 한다. Chézy식은 다음과 같다.

$$V = C\sqrt{R_h S} \qquad (6.3\text{-}4)$$

여기서 C는 Chézy 계수이다.

Chézy식은 유도과정이 상당히 합리적이고 식도 매우 단순한 장점이 있다. 그래서 특히 개수로 유속을 이론적으로 다룰 때는 Chézy식을 주로 이용한다. 그러나 일반적인 계수가 제안되어 있지 않기 때문에 실제 적용에서는 계수 C를 어떤 값으로 할 것인가 결정하기 어렵다.

(4) Manning식

매닝(Manning)식은 Chézy식과 함께 개수로 흐름에서 가장 많이 이용되는 평균유속식이다. Manning식은 다음과 같은 형태로 되어 있다.

---

f) 이 유도과정에 대해서는 8장 개수로 흐름에서 자세히 다룬다.

$$V = \frac{1}{n} R_h^{2/3} \sqrt{S} \qquad\qquad (6.3\text{-}5)$$

여기서 n은 Manning의 조도계수[g]이다. 이 식은 레이놀즈수가 매우 크고, 상대조도가 아주 큰 완전난류 상태의 흐름에 적합하다. 식이 비교적 단순하고, 실험값과 비교적 잘 일치하여 관로 흐름에도 종종 이용된다.

Manning식을 적용하는 데 관건은 조도계수 n을 선택하는 것이다. 식 (6.3-5)에서 알 수 있듯이 n값이 커지면 유속이 줄어들며, 이 때문에 n은 '조도계수(roughness coefficient)'라는 의미를 부여받게 되었다. 대표적인 관로의 조도계수는 표 **6.3-1**과 같다.

표 **6.3-1** 관로의 조도계수 n값

관의 재료	n	관의 재료	n
유리, 청동, 구리	0.009~0.013	시멘트 몰탈면	0.011~0.015
매끈한 콘크리트면	0.010~0.013	타일	0.011~0.017
나무	0.010~0.013	단철	0.012~0.017
매끈한 하수관	0.010~0.017	벽돌	0.012~0.017
주철	0.011~0.015	리벳강관	0.017~0.020
콘크리트	0.011~0.015	금속주름관	0.020~0.024

예제 6.3-2 ★★★

직경 10 cm, 길이 200 m인 관로에서 측정된 수두손실이 24.6 m일 때, Manning식을 이용하여 관로를 흐르는 유량을 구하라. 이때 Manning의 조도계수는 0.015이다.

풀이

수리반경 $R_h = \dfrac{D}{4} = \dfrac{0.1}{4} = 0.025$ m

경사 $S = \dfrac{h_L}{L} = \dfrac{24.6}{200} = 0.123$

유속 $V = \dfrac{1}{n} R_h^{2/3} S^{1/2} = \dfrac{1}{0.015} \times 0.025^{2/3} \times 0.123^{1/2} = 1.999$ m/s

유량 $Q = AV = \dfrac{\pi \times 0.1^2}{4} \times 1.999 = 0.0157$ m³/s ■

예제 6.3-3 ★★★

반경 300 mm인 콘크리트관에 수리경사 1 %로 물이 흐를 때, 평균유속을 Manning식으로 구하라. 단 이때 조도계수 $n = 0.014$이다.

---

g) 줄여서 매닝계수라고도 한다.

문제에서 $S = 0.01$

수리반경 $R_h = \dfrac{D}{4} = \dfrac{0.6}{4} = 0.15$ m

유속 $V = \dfrac{1}{n} R_h^{2/3} S^{1/2} = \dfrac{1}{0.014} \times 0.15^{2/3} \times 0.01^{1/2} = 2.02$ m/s   ∎

(5) 유속식 간의 관계

앞의 네 가지 평균유속식들 중 Darcy−Weisbach식과 Hazen−Williams식은 원래부터 관로 흐름에 대해 개발된 것이며, Chézy식과 Manning식은 개수로 흐름에 대해 개발된 것이다. Darcy−Weisbach식, Chézy식과 Manning식의 관계를 알아보기 위해, 식 (6.3−2)와 식 (6.3−4), 식 (6.3−5)를 같게 놓으면 다음과 같다.

$$\sqrt{\frac{8g}{f}} \sqrt{R_h} \sqrt{\frac{h_L}{L}} = C\sqrt{R_h S} = \frac{1}{n} R_h^{2/3} S^{1/2} \qquad (6.3-6)$$

식 (6.3−6)에서 $S = \dfrac{h_L}{L}$ 이므로, 이를 생략하고 정리하면 다음과 같은 관계를 갖는다.

$$\sqrt{\frac{8g}{f}} = C = \frac{1}{n} R_h^{1/6} \qquad (6.3-7)$$

식 (6.3−7)을 마찰손실계수 f 에 대해 정리하면 다음과 같다.

$$f = \frac{8g}{C^2} = \frac{8gn^2}{R_h^{1/3}} \qquad (6.3-8)$$

식 (6.3−7)이나 (6.3−8)에서 Darcy−Weisbach식의 마찰손실계수 f 와 Chézy 계수 C, Manning 계수 n 의 관계를 알 수 있다.

예제 6.3-4   ★★★

원관의 길이 200 m, 반경 25 cm인 주철관에 0.2 m³/s의 유량이 흐를 때 마찰수두손실을 구하라. 단, 주철관의 Chézy 계수는 $C = 56$ 이라 한다.

풀이 |

유속 $V = \dfrac{Q}{A} = \dfrac{0.2}{\pi \times 0.5^2/4} = 1.02$ m/s

마찰계수와 Chézy 유속계수의 관계에서,

$$f = \frac{8g}{C^2} = \frac{8 \times 9.8}{56^2} = 0.025$$

수두손실은 다음과 같다.

$$h_L = f\frac{L}{D}\frac{V^2}{2g} = 0.025 \times \frac{200}{0.5} \times \frac{1.02^2}{2 \times 9.8} = 0.53 \text{ m} \qquad \blacksquare$$

(6) 연습문제

문제 **6.3-1** (★☆☆)

관로에서 반경이 300 mm, 에너지경사 $1/180$이고 $n = 0.013$일 때 유량을 구하라.

문제 **6.3-2** (★☆☆)

직경이 500 mm, 관길이 500 m, 에너지경사 $S = 0.001$일 때 마찰수두손실을 구하라. 단, 이때 관의 Manning 조도계수 $n = 0.012$이다.

문제 **6.3-3** (★☆☆)

$D = 400$ mm, $n = 0.013$, $Q = 0.350$ m^3/s, $L = 1,000$ m일 때 수리경사를 구하라.

6.4 미소손실

(1) 미소손실

관로에서 생기는 에너지 손실은 주로 관벽의 마찰에 의한 손실이며, 이를 계산하고 처리하는 방법을 설명했다. 그러나 관로 흐름에서는 이런 마찰에 의한 손실 이외에도 관로의 부속품이나 흐름단면의 갑작스런 변화에 의해서도 손실이 발생한다. 마찰손실을 제외한 이런 손실을 통틀어 미소손실(minor loss)이라 부른다. 미소손실은 관의 유입구나 유출부(출구), 단면의 급확대나 급축소 등 단면 변화가 생기는 지점의 유선의 박리(그림 6.4-1과 그림 6.4-2 참조), 만곡부나 앨보(elbow) 등 곡관에서 생기는 이차류(secondary flow), 밸브 등 부속장치에서 생기는 급격한 와류(vortex flow) 등에 의해 발생한다. 관로가 긴 경우 미소손실은 마찰손실에 비해 무시할 수 있지만, 관로가 짧은 경우는 무시할 수 없는 경우가 있다.

미소손실은 이론적으로 결정하기가 매우 어렵기 때문에 대부분 실험을 통하여 결정한다. 미소손실은 대부분 다음 형태로 표현한다.

$$h_L = K\frac{V^2}{2g} \tag{6.4-1}$$

여기서 K는 미소손실계수로 보통 실험에 의해 결정하며, V는 미소손실이 발생하는 영역의 단면평균유속 중 큰 값이다. 주의할 것은 미소손실계수 K는 관로의 부속장치와 흐름 상태에 따라 제각기 다른 값을 가지며, 그 크기는 보통 0.1 이상의 값을 갖는다. 마찰수두손실 식 (6.3-1)과 미소수두손실 식 (6.4-1)을 비교해 보면, $f\frac{L}{D}$과 K가 같은 의미를 갖는다는 것을 알 수 있다.

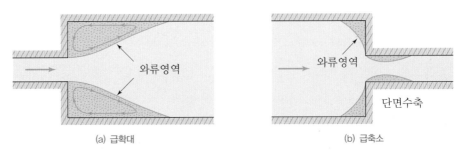

(a) 급확대　　　　　　　　　　　　　(b) 급축소

그림 6.4-1　관로 흐름에서 단면 급확대와 급축소

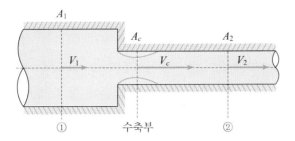

그림 **6.4-2** 단면 급축소에 의한 미소손실

(2) 단면 급축소 손실

단면이 급축소되는 경우에는 그림 **6.4-2**와 같이 급변부에서 유선이 박리되고, 축소 관벽 부근에서 형성된 와류가 점차 사라지면서 흐름이 회복되어 축소관 전체를 흐르는 흐름이 된다. 이때 관로 단면적이 축소되는 부분에서 생기는 손실과 수축부(vena contracta) 에서 하류로 흐름이 확대될 때 생기는 손실이 발생한다.

단면의 급축소(sudden contraction)에 의해 생기는 미소손실을 식으로 나타내면 다음과 같다.

$$h_L = K_{sc} \frac{V_2^2}{2g} \tag{6.4-2}$$

여기서 K_{sc}는 단면 급축소 미소손실계수이다. 보통은 수축부의 단면적 A_c와 상류관로 단면적 A_1을 이용하여 다음과 같이 나타낸다.

$$K_{sc} = \left(\frac{A_1}{A_c} - 1 \right)^2 = \left(\frac{1}{C_c} - 1 \right)^2 \tag{6.4-3}$$

여기서 C_c는 단면수축계수($\equiv \frac{A_c}{A_1}$)이며, A_c는 실험적으로 구한다. 이때 수두손실 의 계산에 사용된 유속은 V_2이다. 즉 V_1과 V_2를 생각하면, 더 큰 유속을 이용한다는 것을 알 수 있다.

실험적으로 구한 급축소단면의 수축단면비, 단면수축계수, 미소손실계수는 표 **6.4-1** 과 같다.

표 **6.4-1** 급축소단면의 수축단면비, 단면수축계수, 미소손실계수

A_2/A_1	0.0	0.1	0.2	0.3	0.4	0.5	0.6	0.7	0.8	0.9	1.0
C_c	0.617	0.624	0.632	0.643	0.659	0.681	0.712	0.755	0.813	0.892	1.000
K_{sc}	0.50	0.46	0.41	0.36	0.30	0.24	0.18	0.12	0.06	0.02	0.00

(3) 유입손실계수

유입손실은 그림 6.4-3과 같이 큰 저수지로부터 물이 관으로 유입되는 경우의 수두손실을 생각하자. 이때 미소수두손실은 다음과 같이 쓸 수 있다.

$$h_L = K_e \frac{V^2}{2g} \tag{6.4-4}$$

여기서 h_L은 수두손실이고, K_e는 유입손실계수이다.

그림 6.4-3에서 볼 수 있듯이 유입손실계수는 유입부 형태에 따라 달라진다. 기억해야 할 것은 그림 6.4-3(b)에 보인 직각유입이다. 이것은 급축소 미소손실계수 식 (6.4-3)의 극단적인 경우(단면급축소에서 $A_1 \gg A_c$)이다. 그러면 앞서 언급한 것처럼, K_e는 0.5에 접근한다. 그래서 특별한 언급이 없는 경우 $K_e = 0.5$로 간주한다.

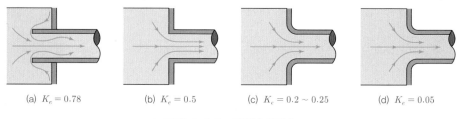

(a) $K_e = 0.78$ (b) $K_e = 0.5$ (c) $K_e = 0.2 \sim 0.25$ (d) $K_e = 0.05$

그림 6.4-3 유입손실계수

예제 6.4-1 ★★★

수조벽에 수직으로 붙인 관로 속을 물이 2.5 m/s의 속도로 흐른다. 입구손실계수가 0.5일 때 수두손실는 얼마인가?

풀이 |

$$h_L = K_e \frac{V^2}{2g} = 0.5 \times \frac{2.5^2}{2 \times 9.8} = 0.159 \text{ m} \qquad \blacksquare$$

(4) 단면 급확대 손실

그림 6.4-4와 같이 단면적이 A_1에서 A_2로 갑자기 확대되는 경우를 생각해 보자.

기초 수리학

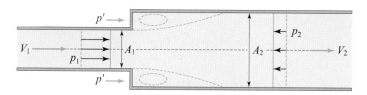

그림 **6.4-4** 단면 급확대에 의한 미소손실

단면 ①과 단면 ②에 베르누이방정식을 적용하면, 미소손실은 다음과 같이 된다.

$$h_L = \frac{p_1 - p_2}{\rho g} + \frac{V_1^2 - V_2^2}{2g} \tag{6.4-5}$$

단면 ①과 단면 ②에 운동량방정식을 적용하면 다음과 같다.

$$p_1 A_1 + p'(A_2 - A_1) - p_2 A_2 = \rho A_2 V_2 (V_2 - V_1) \tag{6.4-6}$$

$p' \simeq p_1$으로 생각[h]하고 두 식을 정리하면, 다음과 같은 관계가 된다.

$$h_L = \left(1 - \frac{A_1}{A_2}\right)^2 \frac{V_1^2}{2g} = K_{se} \frac{V_1^2}{2g} \tag{6.4-7}$$

여기서 K_{se} 는 급확대(sudden expansion) 미소손실계수이며 다음과 같다.

$$K_{se} = \left(1 - \frac{A_1}{A_2}\right)^2 \tag{6.4-8}$$

예제 6.4-2 ★★★

다음과 같은 그림에서 단면 ①의 유속이 4.9 m/s일 때, 단면 급확대에 의한 수두손실은 얼마인가?

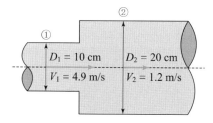

풀이 |

　단면 ①과 단면 ②에 연속식을 적용하면,

---

h) Borda–Carnot이 실험을 통해 확인한 결과이다.

$$Q = A_1 V_1 = A_2 V_2$$

$$V_1 = \frac{A_2}{A_1} V_2 \qquad\qquad \text{(a)}$$

단면 ①과 단면 ②에 운동량방정식을 적용하면,

$$p_1 A_1 + p'(A_2 - A_1) - p_2 A_2 = \rho Q \Delta V \qquad\qquad \text{(b)}$$

식 (b)에서 $p_1 \simeq p'$이므로, ρg로 양변을 나누면,

$$\frac{p_1 - p_2}{\rho g} = \frac{V_2}{g}(V_2 - V_1) \qquad\qquad \text{(c)}$$

단면 ①과 단면 ②에 베르누이식을 적용하면,

$$z_1 + \frac{p_1}{\rho g} + \frac{V_1^2}{2g} = z_2 + \frac{p_2}{\rho g} + \frac{V_2^2}{2g} + h_L$$

$$h_L = \frac{p_1 - p_2}{\rho g} + \frac{1}{2g}(V_1^2 - V_2^2) \qquad\qquad \text{(d)}$$

식 (a)와 식 (c)를 식 (d)에 대입하고 정리하면,

$$h_L = \left(1 - \frac{A_1}{A_2}\right)^2 \frac{V_1^2}{2g} = \left\{1 - \left(\frac{0.1}{0.2}\right)^2\right\}^2 \times \frac{4.9^2}{2 \times 9.8} = 0.689 \ \text{m} \qquad \blacksquare$$

(5) 유출손실계수

출구손실은 단면 급확대의 극단적인 예, 즉 $A_1 \ll A_2$인 경우에 해당한다. 따라서 유출손실은 위의 급확대 미소손실계수의 식 (6.4-8)에서 $A_1 \ll A_2$로 두면, 다음과 같다.

$$h_L = K_o \frac{V^2}{2g}, \quad K_o = 1.0 \qquad\qquad (6.4\text{-}9)$$

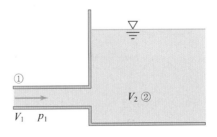

그림 **6.4-5** 유출손실계수

(6) 기타

그 외에 단면 점확대, 단면 점축소, 만곡, 앨보, 밸브 등에 의한 다양한 미소손실이 있으나, 이들을 이론적으로 다루기는 거의 불가능하며, 실험에 의해 미소수두손실을 결정해야 한다. 또한 이들은 모두 다음과 같은 관계를 갖는다.

$$h_L = K \frac{V^2}{2g} \tag{6.4-10}$$

여기서 K는 해당하는 부속장치의 미소손실계수이며, V는 단면의 유속 중에서 더 빠른 유속을 선택한다.

(7) 연습문제

문제 6.4-1 (★☆☆)

같은 직경의 원관을 직각으로 접속하고, 관 내 평균유속이 2 m/s가 되도록 물을 보내는 경우, 관의 만곡에 의한 수두손실은 얼마인가? 단, 만곡손실계수 $K_b = 0.98$이다.

6.5 동력

(1) 베르누이식과 동력장치

양수기(펌프)와 수차(터빈)는 수리학에서 많이 이용하는 동력장치이다. 양수기는 전기에너지(또는 기계적 에너지)를 물에 공급하여 물의 에너지를 높여주는 장치이다. 양수기가 물에 공급한 에너지를 수두로 표시하면 이것을 양정이라 하며 보통 H_P로 표시한다. 수차는 물이 가진 에너지를 기계적 에너지(또는 전기에너지)로 변환하는 장치이며, 수류에서 얻은 에너지를 수두로 표시하면 이것을 낙차라고 하고 보통 H_T로 표시한다.

일반적으로 관로 흐름에서 상하류라 하면, 위치에 상관없이 흐름 방향으로 생각하여 그림 **6.5-1**에서 보는 바와 같이 상류 쪽에 단면 ①을, 하류 쪽에 단면 ②를 잡는다. 베르누이방정식에 수력기계(펌프와 터빈)에 의한 수두를 도입하는 방법을 생각해 보자. 그림 **6.5-1(a)**와 같이 단면 ①과 ② 사이에 펌프가 설치되어 유체가 펌프로부터 에너지를 공급받는다면 베르누이방정식은 다음과 같이 된다.

$$z_1 + \frac{p_1}{\rho g} + \frac{V_1^2}{2g} + H_P = z_2 + \frac{p_2}{\rho g} + \frac{V_2^2}{2g} + h_L \qquad (6.4-1)$$

여기서 수두손실 h_L은 유체가 마찰이나 기타 요인에 의해 잃는 에너지, H_P는 양수기가 물에 공급하는 단위중량당 에너지(수두)이다.

그림 **6.5-1(b)**와 같이 수차를 설치하면, 단면 ①과 ② 사이의 베르누이방정식은 다음과 같이 된다.

$$z_1 + \frac{p_1}{\rho g} + \frac{V_1^2}{2g} = z_2 + \frac{p_2}{\rho g} + \frac{V_2^2}{2g} + H_T + h_L \qquad (6.4-2)$$

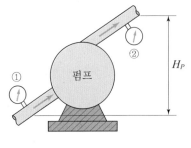

(a) 양수기(펌프)

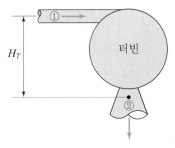

(b) 수차(터빈)

그림 **6.5-1** 펌프와 터빈

여기서 H_T는 물이 수차에 제공하는 단위중량당 에너지(수두)이다.

수력기계를 고려한 확장된 베르누이식은 다음과 같다.

$$z_1 + \frac{p_1}{\rho g} + \frac{V_1^2}{2g} + H_P = z_2 + \frac{p_2}{\rho g} + \frac{V_2^2}{2g} + H_T + h_L \qquad (6.4-3)$$

여기서 유의할 것은 양수기는 상류 쪽의 단면 ①에, 수차는 하류 쪽의 단면 ②에 위치한다는 점이다. 그리고 이 경우 흐름은 단면 ①에서 단면 ②로 흐른다.

(2) 양수기(펌프)의 동력

양수기가 유체에 양정 H_P만큼 에너지를 공급하였다면, 단위시간당의 에너지는 동력(power)이므로 양수기의 동력 P는 다음과 같다.

$$P = \rho g Q H_P \qquad (6.4-4)$$

여기서 ρ는 물의 밀도, g는 중력가속도, H_P는 펌프의 전양정, Q는 유량이다.

식 (6.4-4)에서 밀도의 단위를 kg/m^3, 중력가속도의 단위를 m/s^2, 전양정의 단위를 m, 유량의 단위를 m^3/s를 이용하면, 동력 P는 W(와트) 단위로 계산된다. 동력의 단위 W는 J/s이며, 보통 일률이라고 한다. 일상에서는 W보다 좀 더 큰 단위인 kW나 MW를 많이 쓰며, 마력(horse power)을 사용하기도 한다. 보통 1 hp(마력) = 735.5 W의 변환값을 이용한다.

실제로 양수기를 이용할 때는 두 가지 손실을 생각해야 한다. 하나는 양수기의 효율문제이고, 다른 하나는 양수기가 포함된 전체 시스템의 수두손실 문제이다. 이처럼 효율과 손실을 고려하려면, 식 (6.4-4)를 수정해야 한다. 즉 효율이 $\eta^{i)}$인 양수기로 물을 유량 Q로 양정 H_P만큼 길어 올리는 데 필요한 동력은 다음과 같이 계산한다.

$$P = \frac{\rho g Q (H_P + h_L)}{\eta} \qquad (6.4-5)$$

여기서 η는 효율이며 0.0~1.0 사이의 값을 갖는다. 효율이 0.0이면 일을 하지 않으며, 1.0이면 손실이 없이 일을 하게 된다.

식 (6.4-5)를 살펴보면, 양수기는 전체 시스템의 수두손실만큼 일을 더해 줘야 하며, 이때 자신의 효율을 같이 고려해 줘야 한다. 식 (6.4-5)를 쉽게 기억하는 방법은

---

i) η은 그리스 문자 중 7번째 문자의 소문자로 '에타(eta)'라고 읽는다. 이 문자의 대문자는 H이다.

양수기가 실제로 한 일 H_P에 비해 양수기에 필요한 동력은 더 커져야 한다[j]는 점이다.

예제 6.5-1 ★★★

표고 30 m인 용기에서 표고 75 m인 용기로 0.56 m³/s의 물을 양수하는 데 펌프 동력이 얼마나 필요하겠는가? 단, 펌프와 관로에서 수두손실은 12 m이다.

풀이 |

문제에서 양정 $H_P = 45$ m, 유량 $Q = 0.56$ m³/s, 수두손실 $h_L = 12$ m이다.

펌프 효율에 대한 언급이 없으므로, 효율은 1.0이라 생각하자.

펌프 동력 $P = \rho g Q (H_P + h_L) = 1{,}000 \times 9.8 \times 0.56 \times (45 + 12) = 3.13 \times 10^5$ W ■

예제 6.5-2 ★★★

수평 원관 속에 물이 2.8 m/s의 속도와 36 kPa의 압력으로 흐른다. 이 관의 유량이 0.75 m³/s일 때, 수두손실을 무시할 경우 물의 동력은 얼마인가?

풀이 |

총수두 $H = z + \dfrac{p}{\rho g} + \dfrac{V^2}{2g} = 0 + \dfrac{3.6 \times 10^4}{1{,}000 \times 9.8} + \dfrac{2.8^2}{2 \times 9.8} = 4.07$ m

동력 $P = \rho g Q H_p = 1{,}000 \times 9.8 \times 0.75 \times 4.07 = 29{,}940$ W ■

(3) 수차(터빈)의 동력

수차가 유체에서 H_T만큼 에너지를 공급받았다면, 단위시간당의 에너지, 즉 동력은 다음과 같이 된다.

$$P = \rho g Q H_T \tag{6.4-6}$$

여기서 ρ는 물의 밀도, g는 중력가속도, H_T는 수차의 낙차, Q는 유량이다. 양수기의 동력과 마찬가지로 수차의 동력도 많은 경우 마력으로 나타낸다.

양수기와 마찬가지로 수차를 이용할 때도 두 가지 손실을 생각한다. 하나는 수차의 효율 문제이고, 다른 하나는 수차가 포함된 전체 시스템의 수두손실 문제이다. 이처럼 효율과 손실을 고려하려면, 식 (6.4-6)을 수정해야 한다. 즉, 효율이 η인 수차로 유량 Q의 물이 낙차 H_T로 유입될 때 수차가 받는 동력은 다음과 같이 계산한다.

$$P = \rho g Q (H_T - h_L) \eta \tag{6.4-7}$$

j) 즉 $0 < \eta < 1$인 수로 나누면 값은 더 커진다.

여기서 η는 수차의 효율이며 0.0~1.0 사이의 값을 갖는다.

식 (6.4-7)을 살펴보면, 수차는 낙차에서 전체 시스템의 수두손실만큼 뺀 에너지를 받으며, 이때 자신의 효율을 같이 고려해 주어야 한다. 식 (6.4-7)을 쉽게 기억하는 방법은 물이 건네준 에너지 H_T에 비해 수차가 받은 동력은 더 작다[k]는 점이다.

예제 6.5-3 ★★★

수차가 85 L/s의 유량으로 15 kW의 출력을 낼 때의 압력수두 $\frac{p}{\rho g}$는 얼마인가?

풀이 |

이 압력수두를 바로 수차의 낙차(H_T)라고 생각하면, 수차의 동력은 다음과 같다.

$$P = \rho g Q H_T$$

낙차 $H_T = \dfrac{P}{\rho g Q} = \dfrac{1.5 \times 10^4}{1,000 \times 9.8 \times 0.085} = 18.0 \text{ m}$ ∎

예제 6.5-4 ★★★

단면적 0.5 m²의 원관 내의 유속 4 m/s, 압력 20 kPa로 물이 흐르고 있다. 이 단면을 통과하는 물의 동력은 몇 마력인가?

풀이 |

총수두 $H = z + \dfrac{p}{\rho g} + \dfrac{V^2}{2g} = 0 + \dfrac{2.0 \times 10^4}{1,000 \times 9.8} + \dfrac{4.0^2}{2 \times 9.8} = 2.86 \text{ m}$

유량 $Q = AV = 0.5 \times 4.0 = 2.0 \text{ m}^3/\text{s}$

동력 $P = \rho g Q H_p = 1,000 \times 9.8 \times 2.0 \times 2.86 = 5.61 \times 10^4 \text{ W} = 76.21 \text{ hp}$ ∎

(4) 연습문제

문제 6.5-1 (★★☆)

다음 그림에서 펌프의 흡입 및 출구 쪽에 연결된 압력계 ①과 압력계 ②의 읽음이 각각 4 kPa과 260 kPa이다. 이 펌프의 송출유량이 0.15 m³/s가 되려면 펌프의 출력은 얼마인가?

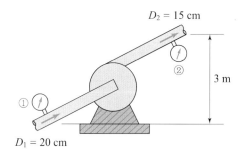

k) 즉 $0 < \eta < 1$인 수를 곱하면 값은 더 작아진다.

관수로 흐름에서 단면적이 갑자기 변화하면 압력파가 발생하여 소음과 충격을 일으키는 현상을 수격작용(water hammer)이라고 한다. 단면적이 갑자기 변화하는 원인으로는 주로 다음의 두 가지를 들 수 있다.

① 펌프를 기동하거나 닫혀 있던 밸브를 갑자기 열어 정지해 있던 액체가 갑자기 흐르게 되어 압력파를 발생

② 관 속에 유체가 흐르고 있을 때 밸브를 갑자기 닫아서 압력이 급격히 상승하고 압력파를 발생

따라서 관 안의 유속이 빠를수록, 그리고 밸브를 열거나 닫는 시간이 짧을수록 수격작용은 크게 일어난다. 이때 유체의 운동에너지와 압력에너지가 서로 전환되면서 발생한 압력파는 액체 속을 음속으로 상류와 하류로 반복하여 진행 후 소멸된다. 이 압력파가 소멸되기 전까지 관로에는 큰 충격음이 발생하고 이동하던 압력파가 관로나 부속설비(밸브, 앨보 등)를 파손시킨다.

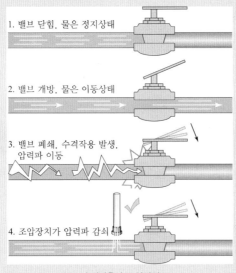

수격작용과 조압장치

관로 연결부 파손

수격작용의 방지를 위한 대책은 다음과 같은 것이 있다.

① 펌프의 출구 측 관 부위나 분기점, 관말단 등에 조압수조(surge tank)나 조압밸브와 같은 수격방지장치 설치하고,

② 관로의 유속을 낮추거나 밸브를 천천히 조작하도록 하며,

③ 플라이휠을 부착하여 펌프의 속도를 완만히 변화시킨다.

다음 그림은 발전용 댐에서 수격작용의 방지대책 중 하나인 조압수조의 배치를 보여준다.

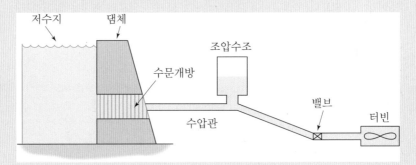

수격작용의 주요 대책인 조압수조의 배치도

문제 6.5-2 (★★☆)

저수지로부터 $D = 0.2$ m, $L = 360$ m의 관로로 $Q = 0.08$ m³/s의 물이 발전기에 공급된다. 수차노즐의 중심에서 저수지 수면까지의 총낙차가 $H_T = 80$ m일 때, (a) 관로에서 발생하는 총수두손실, (b) 수차에서 이용되는 유효낙차, (c) 발생하는 전력이 44 kW일 때 발전기의 효율을 계산하라. 단, 관의 조도계수는 $n = 0.012$이다.

7장

관망 해석

    한 장소에서 다른 장소로 유체를 이송하는 경우 하나의 관로를 이용할 경우도 있지만, 대개는 여러 개의 관을 연결하여 하나의 시스템을 이루게 된다. 예를 들어, 도시의 상수도 시스템이나 큰 화학공장의 배관구조는 크고 작은 여러 개의 관이 연결되어 매우 복잡하다. 이들은 관이 마치 그물처럼 복잡하게 얽힌 경우가 많으며, 이렇게 얽힌 배관을 관망(pipe network)이라 부른다. 이 장의 목표는 앞 장에서 배운 관로 흐름의 원리와 개별 요소에 대한 지식을 이용하여 여러 개의 관으로 이루어진 관망의 흐름을 해석하는 것이다.

7.1 관망 해석의 기초
7.2 단일관로 흐름해석
7.3 복합관로 흐름해석
7.4 관망 흐름해석

앙리 드 피토(Henry de Pitot, 1695–1771)
프랑스의 아라몬에서 태어나고, 파리에서 수학과 물리학을 공부하였다. 토목공학자로 습지의 배수, 교량의 건설, 도시의 상수도 관망, 홍수 대책 등을 연구하였다. 그의 책은 수리학 이외에도 구조, 토지 측량, 천문학, 수학, 위생 장비와 이론적인 선박 조종 등을 망라하고 있다. 유명한 피토관은 1732년에 유속을 측정하는 기구로 개발되었다.

7.1 관망 해석의 기초

(1) 에너지경사선과 수리경사선

관로가 여러 개 연결된 것을 '관망' 또는 '관로시스템'이라 하며, 이 관망을 이루는 각 관로 안의 흐름 상태를 분석해 내는 것을 '관망 해석'이라 한다. 단일관로 흐름에서 에너지가 어떻게 변화하는가를 먼저 이해하면, 전체 관망을 해석하는 데 도움이 된다. 그림 **7.1-1**은 관로시스템에서 마찰손실과 미소손실을 포함한 수두손실과 펌프에 의한 에너지 공급, 터빈에 의한 에너지 공급을 모식적으로 나타낸 것이다.

그림 **7.1-1**에서 위쪽의 검은색 실선이 에너지경사선(EGL, Energy Grade Line)이고, 아래의 파란색 파선이 수리경사선(HGL, Hydraulic Grade Line)이다. 에너지경사선과 수리경사선을 그리는 방법은 상류 수조나 하류 수조 어디서든지 출발해도 되지만, 그림에 제시된 순서대로 그린다면 차례로 다음과 같다.

① 유입부: 에너지경사선은 상류 수조의 수면에서 시작한다. 유입부에 들어오면 유입손실 $(h_L)_e = K_e \dfrac{V^2}{2g}$ 만큼 낮아진다.

② 유출부: 에너지경사선은 하류 수조 수면과 일치한다. 그리고 관로를 거슬러 올라가면, 유출부에서 $(h_L)_o = K_o \dfrac{V^2}{2g}$ 만큼 높게 위치한다. 유출계수 $K_o = 1.0$ 이므로, 이 경우 수리경사선은 하류 수조의 수면과 만난다.

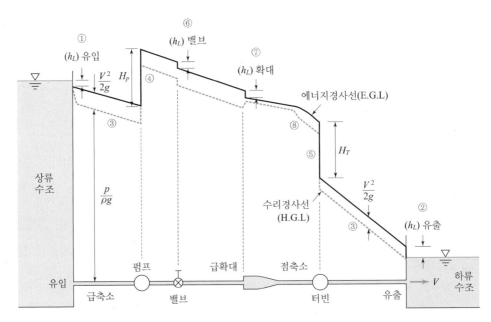

그림 **7.1-1** 관로시스템의 에너지 변화

③ 관로: 수두손실이 $h_L = f \dfrac{L}{D} \dfrac{V^2}{2g}$ 이므로 에너지경사선은 하류방향 거리에 따라 일정한 기울기로 감소한다.

④ 펌프: 관로시스템에서 에너지경사선이 증가하는 유일한 경우는 펌프에서 에너지를 공급받을 때이다. 즉 에너지경사선은 펌프의 양정(H_P)만큼 수직으로 증가한다.

⑤ 터빈: 관로시스템에서 에너지경사선이 가장 급격히 감소하는 경우가 터빈이다. 터빈이 있으면 에너지경사선은 터빈에 공급하는 에너지(낙차, H_T)만큼 수직으로 감소한다.

⑥ 밸브: 미소손실의 하나이며, 에너지경사선이 밸브에 의한 수두손실만큼 감소한다.

⑦ 급확대, 급축소: 미소손실의 하나이며 밸브의 경우와 거의 비슷하다. 유일한 차이는 손실계수가 달라 수두손실량이 다르다는 점이다. 또한 이 경우 단면 내 유속이 달라지므로, 에너지경사선과의 차이가 달라지며, 관이 확대되는 경우에 유속수두가 작아져 수리경사선이 증가하기도 한다.

⑧ 점확대, 점축소: 급확대와 급축소가 에너지 손실이 급격한 반면, 점확대와 점축소는 에너지 손실이 점진적으로 일어나므로, 에너지경사선의 하강이 크지 않다.

이 모든 경우에 수리경사선은 에너지경사선보다 유속수두($\dfrac{V^2}{2g}$)만큼 낮게 위치한다.

(2) 관로 흐름의 유형

관로 흐름은 베르누이식을 이용하여 두 점 ①과 ②에 대한 식으로 다음과 같이 쓸 수 있다.

$$z_1 + \frac{p_1}{\rho g} + \frac{V_1^2}{2g} = z_2 + \frac{p_2}{\rho g} + \frac{V_2^2}{2g} + h_L \qquad (7.1\text{-}1)$$

여기서 z는 관로 중심의 높이, p는 압력, ρ는 유체의 밀도, g는 중력가속도, V는 평균유속, h_L은 미소손실을 포함한 두 점 ①과 ② 사이의 수두손실이다.

식 (7.1-1)을 이용하면 관로의 흐름을 해석할 수 있다. 이 식에서 핵심이 되는 수두손실은 Darcy-Weisbach식을 이용하면 다음과 같이 나타낼 수 있다.

$$h_L = f \frac{L}{D} \frac{V^2}{2g} \qquad (7.1\text{-}2)$$

관로 문제의 유형을 미지변수에 따라 다음의 네 가지 경우로 분류할 수 있다.

(1) 유형 Ⅰ: 수두손실이 미지수. 유량(Q), 관의 길이(L), 관직경(D)이 주어졌을 때 수두손실(h_L)을 구하는 문제

(2) 유형 Ⅱ: 관의 길이가 미지수. 유량(Q), 관직경(D), 수두손실(h_L)이 주어졌을 때 관의 길이(L)를 구하는 문제

(3) 유형 Ⅲ: 유량이 미지수. 관의 길이(L), 관직경(D), 수두손실(h_L)이 주어졌을 때 유량(Q)을 구하는 문제

(4) 유형 Ⅳ: 관직경이 미지수. 유량(Q), 관의 길이(L), 수두손실(h_L)이 주어졌을 때 관직경(D)을 구하는 문제

(3) 유형 Ⅰ: 수두손실을 구하는 문제

수두손실을 구하는 이 유형의 문제는 Darcy-Weisbach식에서 간단하게 해결할 수 있다. 이런 유형의 문제에서 핵심은 마찰계수(f)를 어떻게 구할 것인가 하는 점이다. 보편적인 풀이과정을 순서대로 쓰면 다음과 같다.

① 유량이 주어졌으므로, 유속을 구한다.

② 이 유속에서 레이놀즈수(Re)와 상대조도(ε/D)를 계산한다.

③ 레이놀즈수와 상대조도를 Moody 선도나 Swamee-Jain식 식 (6.2-6)에 적용하여 마찰계수(f)를 구한다.

④ Darcy-Weisbach식을 이용하여 수두손실을 구한다.

미소손실을 고려하는 경우에도 주어진 조건에 맞도록 각각의 미소손실을 구해서 더하기만 하면 된다. 실제 상황에서는 펌프를 이용하여 물을 고가수조에 보내고자 할 경우와 같이, 두 단면 사이에서 얼마나 수두손실이 생기는가를 계산하는 경우이다.

예제 7.1-1 ★★★

직경 $D = 30$ cm이고, 수평으로 놓인 주철관에 $Q = 0.2$ m³/s의 물이 흐른다. 500 m 떨어진 두 단면 사이의 수두손실을 구하라. 단, 물의 동점성계수는 $\nu = 1.0 \times 10^{-6}$ m²/s이고, 주철관의 평균 조도는 $\varepsilon = 0.26$ mm이다.

풀이 |

문제를 정리하면, $D = 0.3$ m, $Q = 0.2$ m³/s, $\nu = 1.0 \times 10^{-6}$ m²/s.

평균유속 $V = \dfrac{Q}{A} = \dfrac{0.2}{\pi \times 0.3^2/4} = 2.83$ m/s

레이놀즈수 $\mathrm{Re} = \dfrac{VD}{\nu} = \dfrac{2.83 \times 0.3}{1.0 \times 10^{-6}} = 8.49 \times 10^{5}$

상대조도 $\dfrac{\varepsilon}{D} = \dfrac{0.26 \times 10^{-3}}{0.3} = 8.64 \times 10^{-4}$

Swamee-Jain식 식 (6.2-6)에서 마찰계수를 구한다.

$$f = \frac{1.325}{\left[\ln\left(\dfrac{\varepsilon/D}{3.7} + \dfrac{5.74}{\mathrm{Re}^{0.9}} \right) \right]^{2}} = \frac{1.325}{\left[\ln\left(\dfrac{8.67 \times 10^{-4}}{3.7} + \dfrac{5.74}{\left(8.49 \times 10^{5} \right)^{0.9}} \right) \right]^{2}} = 0.0195$$

따라서 수두손실은 다음과 같다.

$$h_L = f \frac{L}{D} \frac{V^2}{2g} = 0.0195 \times \frac{500}{0.3} \times \frac{2.83^2}{2 \times 9.8} = 13.25 \ \mathrm{m} \qquad \blacksquare$$

(4) 유형 Ⅱ : 관로 길이를 구하는 문제

이 경우는 유형 Ⅰ과 비슷하다. 유형 Ⅰ과 마찬가지로 마찰계수를 구한 뒤, 이를 Darcy-Weisbach식에 대입하여 관로 길이를 구할 수 있다. 이 과정의 풀이순서는 다음과 같다.

① 유량이 주어졌으므로, 유속을 구한다.

② 이 유속에서 레이놀즈수(Re)와 상대조도(ε/D)를 계산한다.

③ 레이놀즈수와 상대조도를 Moody 선도나 Swamee-Jain식 식 (6.2-6)에 적용하여 마찰계수(f)를 구한다.

④ Darcy-Weisbach식을 이용하여 관로 길이를 구한다.

예제 7.1-2 ★★★

수평 송유관을 통해 $Q = 3.0 \ \mathrm{m^3/s}$의 원유(비중 $s = 0.93$, 점성계수 $\mu = 0.017 \ \mathrm{N \cdot s/m^2}$)를 수송한다. 관의 직경이 $D = 1.2 \ \mathrm{m}$이고, 관의 조도는 $\varepsilon = 0.144 \ \mathrm{mm}$이다. 송유관 초입부의 압력이 $p = 5.0 \ \mathrm{MPa}$일 때, 압력이 $p = 1.0 \ \mathrm{MPa}$이 되는 지점까지의 관로 길이 L을 구하라.

풀이 |

문제에서 유량 $Q = 3.0 \ \mathrm{m^3/s}$, 밀도 $\rho = 930 \ \mathrm{kg/m^3}$, 동점성계수 $\nu = \dfrac{\mu}{\rho} = \dfrac{0.017}{930} = 1.83 \times 10^{-5}$ $\mathrm{m^2/s}$, 수두손실 $h_L = \dfrac{\Delta p}{\rho g} = \dfrac{5.0 \times 10^6 - 1.0 \times 10^6}{930 \times 9.8} = 438.89 \ \mathrm{m}$이다.

평균유속 $V = \dfrac{Q}{A} = \dfrac{3.0}{\pi \times 1.2^2 / 4} = 2.65 \ \mathrm{m/s}$

레이놀즈수 $\mathrm{Re} = \dfrac{VD}{\nu} = \dfrac{2.65 \times 1.2}{1.83 \times 10^{-5}} = 1.74 \times 10^{5}$

상대조도 $\dfrac{\varepsilon}{D} = \dfrac{0.144 \times 10^{-3}}{1.2} = 1.20 \times 10^{-4}$

$$\text{마찰계수}\ f=\dfrac{1.325}{\left[\ln\left(\dfrac{\varepsilon/D}{3.7}+\dfrac{5.74}{\mathrm{Re}^{0.9}}\right)\right]^2}=\dfrac{1.325}{\left[\ln\left(\dfrac{1.20\times10^{-4}}{3.7}+\dfrac{5.74}{(1.74\times10^5)^{0.9}}\right)\right]^2}=0.0169$$

Darcy–Weisbach식에서 관로길이를 구한다.

$$L=\dfrac{2g\,h_L D}{fV^2}=\dfrac{2\times9.8\times438.89\times1.2}{0.0169\times2.65^2}=86{,}825.38\ \cong\ 86.8\ \mathrm{km}\qquad\blacksquare$$

(5) 유형 Ⅲ: 유량을 구하는 문제

이 유형은 유량(또는 유속)이 주어지지 않았으므로, Darcy–Weisbach식에서 f와 V가 미지수가 된다. 식은 하나이고 미지수가 둘이므로 이런 경우 그대로 풀 수 없다. 따라서 둘 중 하나를 가정하고 문제를 푼 뒤, 계산된 미지수가 가정한 미지수와 같은지 여부를 확인[a]하면 된다. 이 유형의 문제를 푸는 순서는 다음과 같다.

1️⃣ 마찰계수의 초기 가정값 f_0를 설정한다. 마찰계수는 보통 $0.01\sim0.1$ 사이의 값을 갖는다는 데 유의해야 한다. 어느 정도가 적절한지 잘 모르는 경우 $f_0=0.02$ 정도로 가정한다.

2️⃣ Darcy–Weisbach식을 변형해서 유속(V)을 계산한다.

$$V=\sqrt{\dfrac{2g\,D\,h_L}{f_0 L}}\qquad\qquad(7.1\text{-}3)$$

만일 미소손실을 고려한다면, 식 (7.1-3) 대신 다른 식을 사용해야 하며, 이 예는 문제 **7.1-3**에 제시되어 있다.

3️⃣ 계산된 평균유속을 이용하여 레이놀즈수(Re)를 계산한다.

4️⃣ 레이놀즈수와 상대조도(ε/D)를 이용하여 마찰계수(f)를 구한다. 계산된 마찰계수를 앞서 가정한 마찰계수와 구별하기 위해 f_1이라고 한다.

5️⃣ 계산된 마찰계수 f_1이 가정한 마찰계수 f_0와 근사적으로 같으면 앞서 계산된 V를 평균유속으로 결정하고 과정 6️⃣으로 넘어간다. 만일 두 값이 같지 않으면, 새로운 마찰계수를 방금 계산된 값(f_1)으로 다시 가정하고 과정 2️⃣로 되돌아간다.

6️⃣ 유량 Q를 계산한다.

---

a) 이렇게 어떤 변수를 가정하고 풀어서 가정이 맞는지 확인하고, 틀렸으면 새로운 값으로 다시 시도하는 방법을 시산법(trial and error method)이라 한다.

이 유형은 어떤 지점에서 다른 지점까지 주어진 관로에서 얼마만한 유량이 흐를 수 있는가 계산하고자 하는 경우에 자주 발생하는 문제이다.

예제 **7.1-3** ★★★

높이 차이가 10 m, 거리가 100 m인 두 수조 사이를 직경 $D = 10$ cm인 관으로 연결하였을 때 흐르는 유량을 구하라. 이때 관의 상대조도는 $\varepsilon/D = 0.0002$이고, 물의 동점성계수는 $\nu = 1.0 \times 10^{-6}$m²/s이다. 단, 이때 미소손실은 무시한다.

풀이

문제에서 $h_L = 10$ m, $L = 100$ m, $D = 0.1$ m, $\varepsilon/D = 0.0002$.

마찰계수를 모르므로, $f_0 = 0.02$로 가정하자.

유속 $V = \sqrt{\dfrac{2gDh_L}{f_1 L}} = \sqrt{\dfrac{2 \times 9.8 \times 0.1 \times 10}{0.02 \times 100}} = 3.13$ m/s

레이놀즈수 $\mathrm{Re} = \dfrac{VD}{\nu} = \dfrac{3.13 \times 0.1}{1.0 \times 10^{-6}} = 3.13 \times 10^5$

마찰계수 $f_1 = \dfrac{1.325}{\left[\ln\left(\dfrac{\varepsilon/D}{3.7} + \dfrac{5.74}{\mathrm{Re}^{0.9}}\right)\right]^2} = \dfrac{1.325}{\left[\ln\left(\dfrac{0.0002}{3.7} + \dfrac{5.74}{(3.13 \times 10^5)^{0.9}}\right)\right]^2} = 0.0162$

계산된 마찰계수 f_1이 가정한 마찰계수 f_0와 같지 않으므로, 계산된 마찰계수 f_1을 이용하여 마찰계수를 다시 가정한다. 마찰계수 $f_0 = f_1 = 0.0162$로 가정하고 유속계산으로 되돌아간다.

유속 $V = \sqrt{\dfrac{2gDh_L}{f_0 L}} = \sqrt{\dfrac{2 \times 9.8 \times 0.1 \times 10}{0.0162 \times 100}} = 3.48$ m/s

레이놀즈수 $\mathrm{Re} = \dfrac{VD}{\nu} = \dfrac{3.48 \times 0.1}{1.0 \times 10^{-6}} = 3.48 \times 10^5$

마찰계수 $f_1 = \dfrac{1.325}{\left[\ln\left(\dfrac{\varepsilon/D}{3.7} + \dfrac{5.74}{\mathrm{Re}^{0.9}}\right)\right]^2} = \dfrac{1.325}{\left[\ln\left(\dfrac{0.0002}{3.7} + \dfrac{5.74}{(3.48 \times 10^5)^{0.9}}\right)\right]^2} = 0.0162$

따라서 마찰계수 f_1이 가정한 마찰계수 f_0와 같다. 이때의 유속 $V = 3.48$ m/s이므로,

유량 $Q = AV = \dfrac{\pi \times 0.1^2}{4} \times 3.48 = 0.0273$ m³/s ∎

(6) 유형 Ⅳ : 관직경을 구하는 문제

이 유형은 관직경을 모르므로, Darcy-Weisbach식에서 D, f와 V가 미지수가 된다. 식은 하나이고 미지수가 셋이므로 이런 경우 그대로 풀 수 없다. 따라서 셋 중 하나를 가정하고 문제를 푼 뒤, 계산된 미지수가 가정한 미지수와 같은지 여부를 확인하면 된다. 이때 가정하는 미지수는 유형 Ⅲ과 마찬가지로 마찰계수 f이다.

이 유형의 문제를 푸는 순서는 다음과 같다.

① 마찰계수(f)를 가정한다. 유형 Ⅲ과 마찬가지로 어느 정도가 적절한지 잘 모르

는 경우 $f_0 = 0.02$ 정도로 가정하면 된다.

2 유량 Q를 알고 있으므로, Darcy-Weisbach식을 다음과 같이 변형해서 관의 지름(D)를 계산한다.

$$D = \sqrt[5]{\frac{8 f_0 L Q^2}{g \pi^2 h_L}} \tag{7.1-4}$$

3 계산된 관직경을 이용하여, 평균유속과 레이놀즈수(Re), 상대조도를 계산한다.

4 레이놀즈수와 상대조도(ε/D)를 이용하여 마찰계수(f)를 구한다. 계산된 마찰계수를 앞서 가정한 마찰계수와 구별하기 위해 f_1이라고 한다.

5 계산된 마찰계수 f_1이 가정한 마찰계수 f_0와 같으면 앞서 계산된 D를 관직경으로 결정하고 계산을 종료한다. 만일 두 값이 같지 않으면, 새로운 마찰계수를 방금 계산된 값으로 다시 가정하고 과정 2로 되돌아간다.

이 유형은 어떤 지점에서 다른 지점까지 주어진 유량을 수송하는 관로를 설계하고자 할 때 발생하는 문제이다.

예제 7.1-4 ★★★

높이 차이가 5 m이고 거리가 100 m인 두 수조 사이를 아연철관(조도 $\varepsilon = 0.046$ mm)을 통해, $Q = 0.060$ m³/s의 물을 수송하려 한다. 관직경을 얼마로 하면 되겠는가? 이때 물의 동점성계수는 $\nu = 1.0 \times 10^{-6}$ m²/s이다.

풀이

문제에서 $h_L = 5$ m, $L = 100$ m, $Q = 0.060$ m³/s이다.

마찰계수를 모르므로, $f_0 = 0.02$로 가정하자.

관직경 $D = \sqrt[5]{\dfrac{8 f_0 L Q^2}{g \pi^2 h_L}} = \sqrt[5]{\dfrac{8 \times 0.02 \times 100 \times 0.060^2}{9.8 \times \pi^2 \times 5}} = 0.164$ m

유속 $V = \dfrac{Q}{A} = \dfrac{0.06}{\pi \times 0.164^2/4} = 2.84$ m/s

레이놀즈수 $\text{Re} = \dfrac{VD}{\nu} = \dfrac{2.84 \times 0.164}{1.0 \times 10^{-6}} = 4.65 \times 10^5$

상대조도 $\dfrac{\varepsilon}{D} = \dfrac{0.046 \times 10^{-3}}{0.164} = 2.80 \times 10^{-4}$

마찰계수 $f_1 = \dfrac{1.325}{\left[\ln\left(\dfrac{\varepsilon/D}{3.7} + \dfrac{5.74}{\text{Re}^{0.9}} \right) \right]^2} = \dfrac{1.325}{\left[\ln\left(\dfrac{2.80 \times 10^{-4}}{3.7} + \dfrac{5.74}{(4.65 \times 10^5)^{0.9}} \right) \right]^2} = 0.0163$

계산된 마찰계수 f_1이 가정한 마찰계수 f_0와 같지 않으므로, 계산된 마찰계수 f_1을 이용하여 마찰계수를 다시 가정한다. 마찰계수 $f_0 = f_1 = 0.0163$로 가정하고 관직경 계산으로 되돌아간다.

관직경 $D = \sqrt[5]{\dfrac{8f_0 L Q^2}{g\pi^2 h_L}} = \sqrt[5]{\dfrac{8 \times 0.0163 \times 100 \times 0.060^2}{9.8 \times \pi^2 \times 5}} = 0.158$ m

유속 $V = \dfrac{Q}{A} = \dfrac{0.06}{\pi \times 0.158^2/4} = 3.08$ m/s

레이놀즈수 $\mathrm{Re} = \dfrac{VD}{\nu} = \dfrac{3.08 \times 0.158}{1.0 \times 10^{-6}} = 4.85 \times 10^5$

상대조도 $\dfrac{\varepsilon}{D} = \dfrac{0.046 \times 10^{-3}}{0.158} = 2.92 \times 10^{-4}$

마찰계수 $f_1 = \dfrac{1.325}{\left[\ln\left(\dfrac{\varepsilon/D}{3.7} + \dfrac{5.74}{\mathrm{Re}^{0.9}}\right)\right]^2} = \dfrac{1.325}{\left[\ln\left(\dfrac{2.92 \times 10^{-4}}{3.7} + \dfrac{5.74}{(4.85 \times 10^5)^{0.9}}\right)\right]^2} = 0.0163$

따라서 마찰계수 f_1이 가정한 마찰계수 f_0와 같다. 이때 관직경 $D = 0.158$ m이다. 다만, 설계를 할 때는 상용관이 이와 완전히 일치하는 관은 없을 것이므로 이보다 약간 큰 관을 선택하면 된다. ■

(7) 연습문제

문제 7.1-1 (★★☆)

다음 그림과 같이 수조에서 길이 50 m, 직경 5.0 cm의 매끈한 수평관이 연결되어 있다. 관로의 유량을 $Q = 6.3$ L/s로 일정하게 유지하기 위해서는 관로 중심에서 수조의 수표면까지의 높이(z_1)를 얼마로 해야 하는가? 단, 물의 동점성계수는 1.0×10^{-6} m²/s이고, 유입구 손실계수는 0.5로 가정하라.

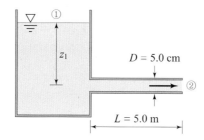

문제 7.1-2 (★★☆)

그림과 같이 압력계가 관에 부착되어 있다. $p_A = 600$ kPa, $p_B = 250$ kPa일 때, 흐름 방향을 결정하고 유량을 계산하라. 단, 유체의 밀도는 917 kg/m³이고, 점성계수는 0.290 Pa·s이다.

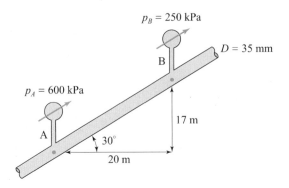

문제 7.1-3 (★★☆)

그림과 같이 20 m 높이에 있는 고가수조에 길이 180 m, 직경 0.1 m, 조도 0.25 mm인 수평 관로가 연결되어 있을 때, 관로를 통해 흐르는 유량을 구하라. 단, 물의 동점성계수는 1.0×10^{-6} m^2/s이다.

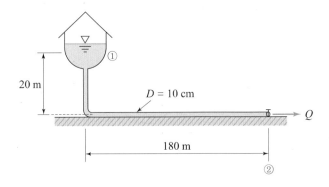

문제 7.1-4 (★★★)

밀도 $\rho = 869$ kg/m^3, 점성계수 $\mu = 0.0814$ Pa·s인 기름이 수평으로 놓인 길이 400 m인 매끄러운 강관 속을 흐른다. 이때 유량이 0.0142 m^3/s이고, 압력강하가 23.94 kPa이다. 이 관의 크기를 결정하라.

로마숫자는 실생활에서 종종 사용되지만, 직접 자신이 로마숫자를 써서 나타낼 기회는 많지 않을 것이다. 그래도 적어도 읽는 법을 알아두는 것이 도움이 될 때가 있다. 기본이 되는 단위의 표기법은 다음과 같다.

아라비아숫자	1	5	10	50	100	500	1000
로마숫자 기본단위	I	V	X	L	C	D	M

이 단위숫자를 활용하여 다양한 숫자를 만든다. 이 규칙은 다음과 같다.

(1) 기본단위가 여러 개 있으면 그 개수만큼 더한다. 예를 들어 II는 2, III는 3이 된다.

(2) 작은 단위가 큰 단위보다 왼쪽에 오면 큰 단위에서 작은 단위를 빼고, 오른쪽에 오면 큰 단위에 작은 단위를 더한다. 즉, IV는 $5-1=4$, VI는 $5+1=6$을 나타낸다. 이렇게 하면 IX는 9, XII는 12가 된다. 다만, 이 규칙은 기본단위에만 적용되며, 기본단위가 아니면 사용할 수 없다. 따라서 49는 IL이 아니라, XLIX$\{(50-10)+(10-1)\}$로 써야 한다.

(3) 복잡한 숫자들은 위의 각 로마숫자를 큰 단위부터 먼저(왼쪽) 오도록 쓰고, 그 숫자 전부를 합해서 읽으면 된다. 예를 들어 45는 VL이 아니라 XLV$\{(50-10)+5\}$이다.

이 방식을 이용하여 1에서 50까지의 숫자를 표시해 보면 다음과 같다.

아라비아숫자	1	2	3	4	5	6	7	8	9	10
로마숫자	I	II	III	IV	V	VI	VII	VIII	IX	X
아라비아숫자	11	12	13	14	15	16	17	18	19	20
로마숫자	XI	XII	XIII	XIV	XV	XVI	XVII	XVIII	XIX	XX
아라비아숫자	21	22	23	24	25	26	27	28	29	30
로마숫자	XXI	XXII	XXIII	XXIV	XXV	XXVI	XXVII	XXVIII	XXIX	XXX
아라비아숫자	31	32	33	34	35	36	37	38	39	40
로마숫자	XXXI	XXXII	XXXIII	XXXIV	XXXV	XXXVI	XXXVII	XXXVIII	XXXIX	XXXX
아라비아숫자	41	42	43	44	45	46	47	48	49	50
로마숫자	XLI	XLII	XLIII	XLIV	XLV	XLVI	XLVII	XLVIII	XLIX	L

7.2 단일관로 흐름해석

단일관로는 관로가 합류되거나 분기되지 않고 하나의 선으로 구성되어 있는 관로를 말한다. 물론, 이 관로 안에 등단면, 부등단면, 노즐이 있는 단면, 사이펀, 펌프나 터빈 등 수력기계가 포함되기도 한다. 단일관로는 연속식, 에너지 방정식, Darcy–Weisbach 식을 조합하여 해석한다.

(1) 두 수조를 연결하는 등단면 관로

그림 **7.2-1**과 같이 수위차가 H인 두 수조를 길이 L, 직경 D인 관으로 연결하는 경우를 생각해 보자. 양쪽 모두 수조이므로, 유속수두와 압력수두가 모두 0이고, 수위 차가 바로 두 수조 사이의 수두손실이 된다. 따라서 이 문제는 두 수조 사이의 유량을 구하는 유형 III에 해당한다.

두 수조 수면상의 점 ①과 점 ② 사이에 베르누이식을 적용하면 다음과 같이 된다.

$$z_1 + \frac{p_1}{\rho g} + \frac{V_1^2}{2g} = z_2 + \frac{p_2}{\rho g} + \frac{V_2^2}{2g} + h_L + \sum h_m \qquad (7.2\text{-}1)$$

여기서 h_L은 관로의 마찰수두손실, h_m은 점 ①과 점 ② 사이의 미소손실들을 가리킨다.

그림 **7.2-1**의 상황에서는 미소손실은 유입손실과 유출손실 두 가지가 있다. 이 상황에서 주어진 자료들은 $p_1 = p_2 = 0$, $V_1 = V_2 = 0$이다. 따라서 이 식을 다시 정리하면 다음과 같다.

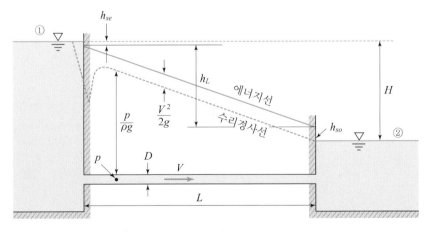

그림 **7.2-1** 두 수조를 연결하는 등단면 관로

기초 수리학

$$z_1 - z_2 = H = h_L + \sum h_m = f\frac{L}{D}\frac{V^2}{2g} + K_e\frac{V^2}{2g} + K_o\frac{V^2}{2g} \qquad (7.2\text{-}2)$$

여기서 K_e는 유입손실계수(= 0.5), K_o는 유출손실계수(= 1.0)이다.

식 (7.2-2)를 정리하면 다음과 같다.

$$H = \left(f\frac{L}{D} + K_e + K_o\right)\frac{V^2}{2g} \qquad (7.2\text{-}3)$$

이 식을 유속과 유량으로 나타내면 다음과 같다.

$$V = \sqrt{\frac{2gH}{f\dfrac{L}{D} + K_e + K_o}} \qquad (7.2\text{-}4)$$

$$Q = \frac{\pi D^2}{4}\sqrt{\frac{2gH}{f\dfrac{L}{D} + K_e + K_o}} \qquad (7.2\text{-}5)$$

이 경우 식 (7.2-4)에서 f와 V가 모두 미지수이므로 그대로는 풀 수 없다. 그래서 앞에서 나온 관로 흐름 유형 III와 같이 시산법으로 풀어야 한다. 이 풀이 순서는 다음과 같다.

① 마찰계수(f)를 가정한다. 이 경우 마찰계수는 보통 0.01~0.1 사이의 값을 갖는다는 데 유의해야 한다. 어느 정도가 적절한지 잘 모르는 경우 $f = 0.02$ 정도로 가정하면 된다.

② 식 (7.2-4)를 이용해서 유속(V)을 계산한다.

$$V = \sqrt{\frac{2gH}{f\dfrac{L}{D} + K_e + K_o}} \qquad (7.2\text{-}4)$$

③ 계산된 평균유속을 이용하여 레이놀즈수(Re)를 계산한다.

④ 레이놀즈수와 상대조도(ε/D)를 Moody 선도나 Swamee-Sain식 식 (6.2-6)에 적용하여 마찰계수(f)를 구한다. 계산된 마찰계수를 앞서 가정한 마찰계수와 구별하기 위해 f'이라고 한다.

⑤ 계산된 마찰계수 f'이 가정한 마찰계수 f와 같으면 앞서 계산된 V를 평균유속으로 결정하고 과정 ⑥으로 넘어간다. 만일 두 값이 같지 않으면, 새로운 마찰계수를 방금 계산된 값으로 다시 가정하고 과정 ②로 되돌아간다.

⑥ 계산된 유속에서 유량 Q를 계산한다.

수면차가 $H = 10$ m이고, 직경이 $D = 0.3$ m, 관의 길이가 $L = 1$ km인 경우 관을 통해 흐르는 유량을 구하라. 단, 관은 절대조도가 $\varepsilon = 0.26$ mm인 주철관이고, 물의 동점성계수는 $\nu = 1.0 \times 10^{-6}$ m²/s이다.

풀이 |

주어진 자료는 $H = 10$ m, $D = 0.3$ m, $L = 1,000$ m, 상대조도 $\dfrac{\varepsilon}{D} = \dfrac{0.26 \times 10^{-3}}{0.3} = 8.67 \times 10^{-4}$ 이다. 두 수조의 수표면 사이에 베르누이식을 적용하면 다음과 같다.

$$z_1 + \frac{p_1}{\rho g} + \frac{V_1^2}{2g} = z_2 + \frac{p_2}{\rho g} + \frac{V_2^2}{2g} + h_L + \sum h_m$$

여기서 주어진 자료 $z_1 - z_2 = H$, $p_1 = p_2 = 0$, $V_1 = V_2 = 0$를 대입하면,

$$H + 0 + 0 = 0 + 0 + 0 + f\frac{L}{D}\frac{V^2}{2g} + K_e\frac{V^2}{2g} + K_o\frac{V^2}{2g}$$

여기서 V는 연결관 안의 유속이다. V에 대해 정리하면,

$$V = \sqrt{\frac{2gH}{f\dfrac{L}{D} + K_e + K_o}} = \sqrt{\frac{2 \times 9.8 \times 10}{f\dfrac{1000}{0.3} + 0.5 + 1.0}} = \sqrt{\frac{196}{3333.33f + 1.5}} \tag{a}$$

위의 자료를 이용하여 시산법으로 식 (a)를 풀 수 있다. 먼저 $f = 0.02$를 가정하면, 식 (a)에서 유속을 구할 수 있다.

$$V = \sqrt{\frac{196}{3333.33f + 1.5}} = \sqrt{\frac{196}{3333.33 \times 0.02 + 1.5}} = 1.70 \text{ m/s}$$

레이놀즈수 $\text{Re} = \dfrac{VD}{\nu} = \dfrac{1.70 \times 0.3}{1.0 \times 10^{-6}} = 5.09 \times 10^5$

레이놀즈수와 상대조도를 Swamee–Jain식 식 (6.2–6)에 적용해서 마찰계수를 구하면

$$f' = \frac{1.325}{\left[\ln\left(\dfrac{\varepsilon/D}{3.7} + \dfrac{5.74}{\text{Re}^{0.9}}\right)\right]^2} = \frac{1.325}{\left[\ln\left(\dfrac{8.67 \times 10^{-4}}{3.7} + \dfrac{5.74}{(5.09 \times 10^5)^{0.9}}\right)\right]^2} = 0.020$$

따라서 계산된 마찰계수 f'이 가정한 마찰계수 f와 거의 같다. 이때의 유속 $V = 1.70$ m/s이 므로, 유량 $Q = AV = \dfrac{\pi \times 0.3^2}{4} \times 1.70 = 0.120$ m³/s이다. ∎

(2) 긴 관로

등단면 단일관로에 대한 수두손실에 대한 식 (7.2–3)을 다시 쓰면 다음과 같다.

$$H = \left(f\frac{L}{D} + K_e + K_o \right)\frac{V^2}{2g} \qquad (7.2-3)$$

이 식에서 K_e와 K_o는 관로의 형태에 따른 (미소)손실계수이며, f는 마찰손실계수이다. 앞의 두 손실계수는 관의 길이에 관계없이 관로의 형태에 따라 달라지지만(형태에 따라 달라지므로 이들을 형상손실계수라고도 한다), 마찰손실계수는 관로의 길이에 비례하여 커진다.

관의 길이가 매우 긴 경우는 미소수두손실이 마찰수두손실에 비해 매우 작게 되므로 이를 생략할 수도 있다. 식 (7.2-3)에서 $f = 0.03$, $K_e = 0.5$, $K_o = 1.0$일 때 여러 $\frac{L}{D}$에 대한 수두손실 H를 구하면 다음과 같다.

$$\frac{L}{D} = 100 일 \ 때, \quad H = (0.03 \times 100 + 0.5 + 1.0)\frac{V^2}{2g} = 4.5\frac{V^2}{2g}$$

$$\frac{L}{D} = 1,000 일 \ 때, \quad H = (0.03 \times 1,000 + 0.5 + 1.0)\frac{V^2}{2g} = 31.5\frac{V^2}{2g}$$

$$\frac{L}{D} = 3,000 일 \ 때, \quad H = (0.03 \times 3,000 + 0.5 + 1.0)\frac{V^2}{2g} = 91.5\frac{V^2}{2g}$$

$$\frac{L}{D} = 10,000 일 \ 때, \quad H = (0.03 \times 10,000 + 0.5 + 1.0)\frac{V^2}{2g} = 301.5\frac{V^2}{2g}$$

위의 수두손실 결과들을 보면, $\frac{L}{D} = 3,000$일 때 마찰수두손실과 미소수두손실의 비율은 90.0 : 1.5로 마찰수두손실이 60배 크다. 따라서 간단하게 미소수두손실을 무시하고 마찰수두손실만 계산하면, 이 경우 0.7 % 작게 계산된다. 이 정도의 오차는 무시할 수 있다고 보아 관로 해석에서 $\frac{L}{D} > 3,000$인 경우는 미소수두손실을 무시하는 경우가 많으며, 이때의 관로를 긴 관로(long pipe)라고 부른다.

예제 7.2-2 ★★★

수면차가 $H = 10$ m이고, 직경이 $D = 0.3$ m, 관의 길이가 $L = 1$ km인 경우 관을 통해 흐르는 유량을 구하라. 단, 관은 절대조도가 $\varepsilon = 0.26$ mm인 주철관이고, 물의 동점성계수는 $\nu = 1.0 \times 10^{-6}$ m^2/s이다. 그리고 이때, 긴 관로라고 가정하여 풀고 그 결과를 예제 7.2-1의 결과와 비교하라.

풀이 |

주어진 자료는 $H = 10$ m, $D = 0.3$ m, $L = 1,000$ m, 상대조도 $\frac{\varepsilon}{D} = \frac{0.26 \times 10^{-3}}{0.3} = 8.67 \times 10^{-4}$ 이다. 두 수조의 수표면 사이에 베르누이식을 적용하면 다음과 같다.

$$z_1 + \frac{p_1}{\rho g} + \frac{V_1^2}{2g} = z_2 + \frac{p_2}{\rho g} + \frac{V_2^2}{2g} + h_L + \sum h_m$$

여기서 주어진 자료 $z_1 - z_2 = H$, $p_1 = p_2 = 0$, $V_1 = V_2 = 0$를 대입하자. 다만, 긴 관로라고 가정하였으므로, 미소수두손실은 모두 무시한다.

$$H + 0 + 0 = 0 + 0 + 0 + f \frac{L}{D} \frac{V^2}{2g}$$

여기서 V는 연결관 안의 유속이다. V에 대해 정리하면,

$$V = \sqrt{\frac{2gH}{f \frac{L}{D}}} = \sqrt{\frac{2 \times 9.8 \times 10}{f \frac{1000}{0.3}}} = \sqrt{\frac{196}{3333.33 f}} \tag{a}$$

위의 자료를 이용하여 시산법으로 식 (a)를 풀 수 있다. 먼저 $f = 0.02$를 가정하면, 식 (a)에서 유속을 구할 수 있다.

$$V = \sqrt{\frac{196}{3333.33 f}} = \sqrt{\frac{196}{3333.33 \times 0.02}} = 1.71 \text{ m/s}$$

레이놀즈수 $\mathrm{Re} = \dfrac{VD}{\nu} = \dfrac{1.71 \times 0.3}{1.0 \times 10^{-6}} = 5.14 \times 10^5$

레이놀즈수와 상대조도를 이용해서 마찰계수를 구하면

$$f' = \frac{1.325}{\left[\ln\left(\dfrac{\varepsilon/D}{3.7} + \dfrac{5.74}{\mathrm{Re}^{0.9}} \right) \right]^2} = \frac{1.325}{\left[\ln\left(\dfrac{8.67 \times 10^{-4}}{3.7} + \dfrac{5.74}{\left(5.14 \times 10^5\right)^{0.9}} \right) \right]^2} = 0.020$$

따라서 계산된 마찰계수 f'이 가정한 마찰계수 f와 거의 같다. 이때의 유속 $V = 1.71$ m/s이므로, 유량 $Q = AV = \dfrac{\pi \times 0.3^2}{4} \times 1.71 = 0.121$ m³/s이다.

따라서 앞의 예제 7.2-1에서 계산한 유량 $Q = 0.120$ m³/s와는 0.8 % 차이밖에 나지 않는다.

■

(3) 두 수조를 연결하는 부등단면 관로

그림 **7.2-2**와 같이 수위차가 H인 두 수조를 단면이 서로 다른 관로로 직렬 연결한 경우를 생각해 보자. 두 수조의 수면상의 점 ⓐ와 ⓑ에 베르누이식을 적용하면 다음과 같다.

$$z_a + \frac{p_a}{\rho g} + \frac{V_a^2}{2g} = z_b + \frac{p_b}{\rho g} + \frac{V_b^2}{2g} + H \tag{7.2-6}$$

여기서 두 수조의 수면차 H는 두 수조 사이의 수두손실인 마찰수두손실과 미소수두손

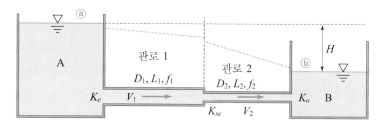

그림 **7.2-2** 두 수조를 연결하는 부등단면 관로

실을 모두 더한 것과 같다. 즉

$$H = K_e \frac{V_1^2}{2g} + f_1 \frac{L_1}{D_1} \frac{V_1^2}{2g} + K_{sc} \frac{V_2^2}{2g} + f_2 \frac{L_2}{D_2} \frac{V_2^2}{2g} + K_o \frac{V_2^2}{2g}$$

$$= \left(K_e + f_1 \frac{L_1}{D_1} \right) \frac{V_1^2}{2g} + \left(K_{sc} + f_2 \frac{L_2}{D_2} + K_o \right) \frac{V_2^2}{2g} \qquad (7.2-7)$$

여기서 K_e는 유입손실계수, K_{se}는 급확대손실계수, K_o는 유출손실계수이며, 아래 첨자 1은 관로 1의 변수이며, 아래 첨자 2는 관로 2의 변수이다.

식 (7.2-7)을 풀기 위해서는 다음의 연속식을 도입해야 한다.

$$Q = A_1 V_1 = A_2 V_2 \qquad (7.2-8)$$

식 (7.2-8)을 V_1에 대해 정리하고 식 (7.2-7)에 대입하면 다음과 같다.

$$H = \left(K_e + f_1 \frac{L_1}{D_1} \right) \frac{1}{2g} \left(\frac{A_2 V_2}{A_1} \right)^2 + \left(K_{sc} + f_2 \frac{L_2}{D_2} + K_o \right) \frac{V_2^2}{2g}$$

$$= \left\{ \left(K_e + f_1 \frac{L_1}{D_1} \right) \left(\frac{A_2}{A_1} \right)^2 + \left(K_{sc} + f_2 \frac{L_2}{D_2} + K_o \right) \right\} \frac{V_2^2}{2g} \qquad (7.2-9)$$

식 (7.2-9)를 관로 2의 유속 V_2에 대해 정리하면 다음과 같다.

$$V_2 = \sqrt{ \frac{2gH}{ \left(K_e + f_1 \frac{L_1}{D_1} \right) \left(\frac{A_2}{A_1} \right)^2 + \left(K_{sc} + f_2 \frac{L_2}{D_2} + K_o \right) } } \qquad (7.2-10)$$

식 (7.2-7)을 이용하는 문제는 앞서 관로 흐름에서 관의 제원(D, L, ε)과 유량을 알고 수두손실을 구하는 유형 I과 관의 제원(D, L, ε)과 수두손실을 알고 유량을 구하는 유형 III으로 나눌 수 있다. 유형 I의 경우는 식 (7.2-7)에 주어진 자료를 대입하면 손쉽게 수두손실을 구할 수 있다. 반면, 유형 III은 앞의 문제들과 마찬가지로 미지수인 f_1, f_2, V_1, V_2가 서로 관계를 갖고 있으므로, 그 중 하나를 가정하여 계산하고, 계산된 변수값이 가정된 값과 근사적으로 일치하는지 확인하는 반복적인 과정을 거쳐야 한다.

길이 L, 직경 D인 관으로 연결하는 경우를 생각해 보자. 양쪽 모두 수조이므로, 유속수두와 압력수두가 모두 0이고, 수위차가 바로 두 수조 사이의 수두손실이 된다. 따라서 이 문제는 두 수조 사이의 유량을 구하는 유형 III에 해당한다. 이 문제의 풀이순서는 다음과 같다.

$\boxed{1}$ 마찰계수(f)를 가정한다. 이 경우 마찰계수는 보통 0.01~0.1 사이의 값을 갖는다는 데 유의해야 한다. 어느 정도가 적절한지 잘 모르는 경우 $f_1 = 0.02$, $f_2 = 0.02$ 정도로 가정하면 된다. 이때, 두 관로의 직경과 다른 특성들을 고려하여 두 관의 마찰계수를 달리 가정해도 된다.

$\boxed{2}$ 식 (7.2-10)과 (7.2-8)을 이용해서 유속(V_1과 V_2)을 계산한다.

$\boxed{3}$ 계산된 평균유속을 이용하여 레이놀즈수(Re_1과 Re_2)를 계산한다.

$\boxed{4}$ 레이놀즈수(Re_1과 Re_2)와 상대조도(ε_1/D_1과 ε_2/D_2)를 이용하여 마찰계수(f_1'과 f_2')를 구한다.

$\boxed{5}$ 계산된 마찰계수(f_1'과 f_2')가 가정한 마찰계수(f_1와 f_2)와 같으면 앞서 계산된 유속(V_1과 V_2)을 평균유속으로 결정하고 과정 $\boxed{6}$으로 넘어간다. 만일 두 값이 같지 않으면, 새로운 마찰계수를 방금 계산된 값으로 다시 가정하고 과정 $\boxed{2}$로 되돌아간다.

$\boxed{6}$ 계산된 유속에서 유량 Q를 계산한다.

예제 7.2-3 ★★★

다음 그림과 같이 수면의 높이차가 5 m인 두 수조가 길이 300 m, 직경 0.3 m, 조도 0.3 mm의 관과 길이 200 m, 직경 0.5 m, 조도 0.3 mm의 관으로 연결되어 있을 때, 이 관을 통해 흐르는 유량을 구하라. 단, 20 ℃인 물의 동점성계수는 $\nu = 1.0 \times 10^{-6}$ m²/s이다.

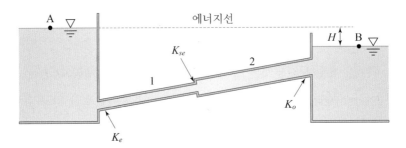

유량을 구하는 문제이므로 문제 유형 Ⅲ에 속하고 시산법으로 구한다. 주어진 값들을 베르누이
식과 연속식에 적용하여 정리하면,

$$H = \left(K_e + f_1 \frac{L_1}{D_1} + K_{se}\right)\frac{V_1^2}{2g} + \left(f_2 \frac{L_2}{D_2} + K_o\right)\frac{V_2^2}{2g} \tag{a}$$

$$Q = \frac{\pi D_1^2}{4} V_1 = \frac{\pi D_2^2}{4} V_2 \tag{b}$$

식 (b)를 식 (a)에 내입하고 정리하면,

$$H = \left\{K_e + f_1 \frac{L_1}{D_1} + K_{se}\right\}\frac{V_1^2}{2g} + \left(f_2 \frac{L_2}{D_2} + K_o\right)\left(\frac{D_1^2}{D_2^2}\right)^2 \frac{V_1^2}{2g}$$

$$H = \left\{K_e + f_1 \frac{L_1}{D_1} + \left(1 - \frac{D_1^2}{D_2^2}\right)^2 + \left(f_2 \frac{L_2}{D_2} + K_o\right)\left(\frac{D_1^2}{D_2^2}\right)^2\right\}\frac{V_1^2}{2g}$$

$$5 = \left[0.5 + f_1 \frac{300}{0.3} + \left(1 - \frac{0.3^2}{0.5^2}\right)^2 + \left(f_2 \frac{200}{0.5} + 1\right)\left(\frac{0.3^2}{0.5^2}\right)^2\right]\frac{V_1^2}{2g}$$

$$5 = \left(1.039 + 1{,}000 f_1 + 51.84 f_2\right)\frac{V_1^2}{2g}$$

관의 상대조도는 $\frac{\varepsilon_1}{D_1} = \frac{0.3}{200} = 0.0015$, $\frac{\varepsilon_2}{D_2} = \frac{0.3}{200} = 0.0006$ 이므로, Moody 선도에서 완전난류
에 해당하는 $f_1 = 0.020$과 $f_2 = 0.020$으로 가정한다. 이 값을 위 식에 적용하여 유속과 Reynolds
수를 구하면,

$$V_1 = 2.107 \text{ m/s}, \ \text{Re}_1 = \frac{V_1 D_1}{\nu} = \frac{2.107 \times 0.3}{1.0 \times 10^{-6}} = 6.32 \times 10^5$$

$$V_2 = \left(\frac{D_1}{D_2}\right)^2 V_1 = \left(\frac{0.3}{0.5}\right)^2 \times 2.107 = 0.758 \text{ m/s}, \ \text{Re}_2 = \frac{V_2 D_2}{\nu} = \frac{0.758 \times 0.5}{1.0 \times 10^{-6}} = 3.79 \times 10^5$$

Reynolds수와 상대조도를 이용하여, Moody 선도에서 $f_1 = 0.0202$, $f_2 = 0.0186$을 얻는다.
계산된 마찰계수가 가정한 마찰계수와 다르므로 새로 계산된 마찰계수로 다시 가정하고 계
산을 진행한다. 따라서 $f_1 = 0.0202$, $f_2 = 0.0186$으로 다시 가정하고 유속과 Reynolds수를
구하면

$$V_1 = 2.101 \text{ m/s}, \ \text{Re}_1 = \frac{V_1 D_1}{\nu} = \frac{2.101 \times 0.3}{1.0 \times 10^{-6}} = 6.30 \times 10^5$$

$$V_2 = \left(\frac{D_1}{D_2}\right)^2 V_1 = \left(\frac{0.3}{0.5}\right)^2 \times 2.101 = 0.756 \text{ m/s}, \ \text{Re}_2 = \frac{V_2 D_2}{\nu} = \frac{0.756 \times 0.5}{1.0 \times 10^{-6}} = 3.78 \times 10^5$$

Moody 선도에서 $f_1 = 0.0202$, $f_2 = 0.0186$을 얻는다. 앞 단계에서 새로 가정한 값과 같으므
로, $V_1 = 2.101$ m/s이 구하는 값이 된다. 따라서 유량은 다음과 같다.

$$Q = A_1 V_1 = \frac{\pi \times 0.3^2}{4} \times 2.101 = 0.149 \text{ m}^3/\text{s}$$

(4) 사이펀과 역사이펀

어떤 지점에서 다른 지점으로 물을 보내는 경우에 지리적 여건에 따라 관로가 수리
경사선의 위쪽에 놓이는 경우가 종종 있다. 이런 관로를 사이펀(siphon)이라 한다(그림
7.2-3(a) 참조). 반대로 경로 주위의 장애물을 피하기 위해 관로가 아래로 내려갔다가
올라오는 경우를 역사이펀(inverted siphon)이라 한다(그림 **7.2-3(b)** 참조).

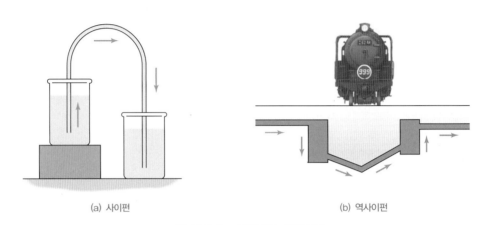

(a) 사이펀   (b) 역사이펀

그림 **7.2-3 사이펀과 역사이펀**
출처: https://m.blog.naver.com/hkc0929/222437273385

유체는 관로의 양끝의 압력차에 의해 흐르므로, 관로 중간에 높은 곳이 있어도 이것
을 넘어 흐를 수 있다. 사이펀에서 수리경사선보다 높은 부분은 관 내의 압력이 부압
(대기압보다 낮은 압력이며, 음의 부호를 가짐)이라는 점에 유의해야 한다.

그림 **7.2-4**에 보인 관로의 임의의 점에서 에너지경사선과 수리경사선 사이의 연직거
리는 유속수두 $\dfrac{V^2}{2g}$이고, 수리경사선과 관로 사이의 연직거리는 압력수두 $\dfrac{p}{\gamma}$로 나타
낸다. 관로에서 가장 높은 점 ③에서 총수두 H_3는 다음과 같이 쓸 수 있다.

$$H_3 = z_3 + \frac{p_3}{\gamma} + \frac{V_3^2}{2g} \qquad (7.2\text{--}11)$$

관로의 단면적이 일정하면 $V = V_1 = V_2 = V_3$이며, $\dfrac{V^2}{2g} > 0$이므로 다음의 관계가 성
립한다.

$$z_3 + \frac{V^2}{2g} > H_3 \qquad (7.2\text{--}12)$$

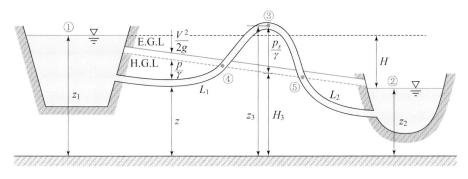

그림 **7.2-4** 사이펀의 원리

따라서 점 ③의 압력수두 $\dfrac{p_3}{\gamma} < 0$이어야 하며, 즉 점 ③의 압력은 부압이 된다. 그림 **7.2-4**에서 관로가 수리경사선보다 높은 지점인 ④-③-⑤ 사이가 이 구간에서는 압력수두가 위치수두로 변환되어 부압이 걸리는 구간이다.

사이펀의 흐름해석은 앞서 다룬 등단면 관로 흐름해석 방법과 같다. 직경 D가 일정한 등단면관이라 생각하고, 점 ①과 점 ②에 베르누이식을 적용하면 다음과 같다.

$$z_1 + \frac{p_1}{\gamma} + \frac{V_1^2}{2g} = z_2 + \frac{p_2}{\gamma} + \frac{V_2^2}{2g} + H \qquad (7.2\text{-}13)$$

두 지점 간의 높이차 H는 총수두손실과 같으며 다음과 같다.

$$\text{총수두손실 } H = \sum h_L = \left(K_e + f\frac{L_1 + L_2}{D} + K_b + K_o \right)\frac{V^2}{2g} \qquad (7.2\text{-}14)$$

여기서 K_e는 유입손실계수, f는 마찰손실계수, K_b는 만곡손실계수, K_o는 유출손실계수, V는 관로 내 유속, L_1은 왼쪽 수조 출구에서 ③까지 관로 길이, L_2는 ⑤에서 오른쪽 수조 입구까지의 길이이다.

식 (7.2-13)은 $p_1 = p_2 = 0$, $V_1 = V_2 = 0$이므로, $z_1 = z_2 + H$가 되고, 식 (7.2-14)만 남게 된다. 식 (7.2-14)에서는 미지수가 마찰손실계수 f와 관로 내 유속 V이므로, 앞서 설명한 두 수조 사이의 유량을 구하는 유형 III와 같다. 이 문제의 풀이 순서는 다음과 같다.

1️⃣ 마찰계수(f)를 가정한다. 이 경우 마찰계수는 보통 $0.01 \sim 0.1$ 사이의 값을 갖는다는 데 유의해야 한다. 어느 정도가 적절한지 잘 모르는 경우 $f = 0.02$ 정도로 가정하면 된다.

2️⃣ 식 (7.2-14)를 이용해서 관로의 유속(V)을 계산한다.

③ 계산된 유속을 이용하여 레이놀즈수(Re)를 계산한다.

④ 레이놀즈수(Re)와 상대조도(ε/D)를 이용하여 마찰계수(f')를 구한다.

⑤ 계산된 마찰계수(f')가 가정한 마찰계수(f)와 같으면 앞서 계산된 유속(V)을 평균유속으로 결정하고 계산을 마친다.

사이펀에서 또 하나 관심을 가져야 할 점은 관로의 정점 ③의 높이 z_3를 얼마나 높게 할 수 있는가 하는 것이다. 점 ①과 점 ③ 사이에 베르누이식을 적용하면 다음과 같다.

$$z_1 + \frac{p_1}{\gamma} + \frac{V_1^2}{2g} = z_3 + \frac{p_3}{\gamma} + \frac{V^2}{2g} + \left(K_e + f\frac{L_1}{D}\right)\frac{V^2}{2g} \tag{7.2-15}$$

여기서 $p_1 = 0$, $V_1 = 0$, V는 관로유속이며, 이 식을 $\frac{p_3}{\gamma}$에 대해 정리하면 다음과 같다.

$$\frac{p_3}{\gamma} = (z_1 - z_3) - \left(1 + K_e + f\frac{L_1}{D} + K_b\right)\frac{V^2}{2g} \tag{7.2-16}$$

식 (7.2-16)의 우변은 모두 음수이므로 압력 p_3는 부압(대기압보다 낮은 압력)이 된다.

그림 **7.2-4**에서 정점 ③의 압력수두는 z_3에서 수리경사선까지의 연직거리이며, 대기압의 수두(H_p)와 같다고 생각할 수 있으므로 다음과 같다.

$$\frac{p_3}{\gamma} = -H_p \tag{7.2-17}$$

식 (7.2-16)과 식 (7.2-17)을 같게 놓으면, 두 지점 사이의 높이차는 다음과 같이 쓸 수 있다.

$$(z_3 - z_1) = H_p - \left(1 + K_e + f\frac{L_1}{D} + K_b\right)\frac{V^2}{2g} \tag{7.2-18}$$

사이펀의 최고 높이 $z_3 - z_1$은 수두손실이 없을 경우(식 (7.2-18)의 우변 둘째 항이 0인 경우)에 대기압의 수두(10.33 m)와 같게 된다. 그런데 실제유체에서는 항상 수두손실이 발생하며, 최고점의 압력이 증기압보다 낮아지면 기포가 발생하기도 해서, 사이펀의 높이를 대기압의 수두만큼 높일 수 없다. 실제 사이펀의 높이는 8.0~8.5 m 정도이고, 이 값을 넘으면 사이펀이 작동하지 않는다.

반면, 역사이펀의 경우는 최저점이 존재하게 된다. 이 최저점에서는 압력이 대기압보다 커지며, 이 경우 최저점에 걸리는 압력이 관로의 허용압력을 초과하지 않는지 주의해야 한다.

예제 **7.2-4** ★★★

다음 그림과 같이 사이펀을 통해 수조 ①에서 수조 ②로 물을 보낸다. 수조 ①의 수위는 98 m라 하고, 수조 ②의 수위 92 m이다. 이 둘을 연결하는 관로는 $L_1 = 1,000$ m, $L_2 = 2,000$ m, $D = 0.6$ m이다. 관의 마찰손실계수 $f = 0.024$, 유입손실계수 $K_e = 0.5$, 만곡손실계수 $K_b = 0.2$, 유출손실계수 $K_o = 1.0$일 때 두 수조 사이의 유량을 구하라. 또 표준대기압($p_{atm} = 1,013$ hPa)일 때 이론적으로 가능한 사이펀 정점의 최대높이를 구하라.

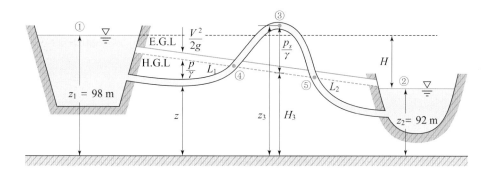

풀이 |

수조 ①과 수조 ② 사이에 베르누이식을 적용하면,

$$z_1 + \frac{p_1}{\gamma} + \frac{V_1^2}{2g} = z_2 + \frac{p_2}{\gamma} + \frac{V_2^2}{2g} + H$$

여기서 $z_1 - z_2 = H$, $p_1 = p_2 = 0$, $V_1 = V_2 = 0$이므로 이 식은 항상 성립한다. 그런데 H는 총수두손실과 같으므로,

$$H = \left(K_e + f\frac{L_1 + L_2}{D} + K_b + K_o \right) \frac{V^2}{2g}$$

$$V = \sqrt{\frac{2gH}{K_e + f\dfrac{L_1 + L_2}{D} + K_b + K_o}}$$

$$= \sqrt{\frac{2 \times 9.8 \times (98 - 92)}{0.5 + 0.024 \times \dfrac{1,000 + 2,000}{0.6} + 0.2 + 1.0}} = 0.983 \text{ m/s}$$

이번에는 수조 ①과 정점 ③ 사이에 베르누이식을 적용하면,

$$z_1 + \frac{p_1}{\gamma} + \frac{V_1^2}{2g} = z_3 + \frac{p_3}{\gamma} + \frac{V^2}{2g} + \left(K_e + f\frac{L_1}{D} \right) \frac{V^2}{2g}$$

여기에 $p_1 = 0$, $V_1 = 0$을 대입하고, $z_3 - z_1$에 대해 정리하면,

$$(z_3 - z_1) = -\frac{p_3}{\gamma} - \left(1 + K_e + f\frac{L_1}{D}\right)\frac{V^2}{2g}$$

정점에서 p_3가 절대압 0(계기압력으로는 표준대기압×(−1))과 같으므로,

$$(z_3 - z_1) = \frac{101.3 \times 10^3}{9.8 \times 10^3} - \left(1 + 0.5 + 0.024 \times \frac{1,000}{0.6}\right)\frac{0.983^2}{2 \times 9.8} = 8.29 \text{ m}$$

즉 사이펀의 최대높이는 이 경우 8.29 m가 된다. ∎

(5) 노즐이 연결된 관로

관로의 끝에 노즐(nozzle)을 붙여서 물의 압력수두를 모두 유속수두로 변환시키는 경우가 있다. 그림 **7.2-5**와 같이 관로의 끝에 직경 D_n, 길이 L_n인 노즐이 붙어 있는 경우, 노즐에서 대기 중으로 분출되는 유속을 V_n이라 하고 베르누이식을 적용하면, 수조 ①과 노즐 끝 ② 사이에 다음 관계가 성립한다.

$$H = K_e \frac{V^2}{2g} + f\frac{L}{D}\frac{V^2}{2g} + K_{gc}\frac{V_n^2}{2g} + \frac{V_n^2}{2g} \tag{7.2-19}$$

여기서 K_e는 유입손실계수, f는 마찰손실계수, K_{gc}는 노즐 부분의 점축소손실계수, V는 관의 유속, V_n는 노즐 끝의 유속이다.

연속방정식을 이용하면, 노즐에서 분출되는 유속과 관로의 유속은 다음의 관계를 갖는다.

$$Q = \frac{\pi D^2}{4}V^2 = \frac{\pi D_n^2}{4}V_n^2 \tag{7.2-20}$$

식 (7.2-20)을 식 (7.2-19)에 대입하고, 노즐유속 V_n에 대해 정리하면,

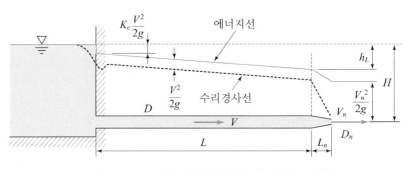

그림 **7.2-5** 끝에 노즐이 연결된 관로의 수두손실

$$V_n = \sqrt{\dfrac{2gH}{\left(K_e + f\dfrac{L}{D}\right)\left(\dfrac{D_n}{D}\right)^4 + K_{gc} + 1.0}} \qquad (7.2\text{--}21)$$

이 경우의 에너지경사선과 수리경사선은 앞서 설명한 방법에 따라서 그림 **7.2-5**와 같이 그릴 수 있다.

예제 **7.2-5** ★★★

다음 그림과 같이 수조의 수면과 노즐 출구의 높이차가 30 m이고, $L = 100$ m, $D = 0.4$ m, $\varepsilon = 0.3$ mm의 관로와 $L_n = 1$ m, $D_n = 0.1$ m, $\varepsilon_n = 0.2$ mm의 노즐부가 연결되어 있다. 노즐을 통해 분출되는 유량을 구하라. 단, 20 ℃인 물의 동점성계수는 $\nu = 1.0 \times 10^{-6}$ m²/s이다.

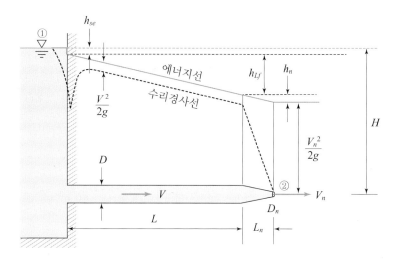

풀이 |

수조의 점 ①과 노즐의 끝점 ②에 베르누이방정식을 적용하면,

$$z_1 + \frac{p_1}{\gamma} + \frac{V_1^2}{2g} = z_2 + \frac{p_2}{\gamma} + \frac{V_2^2}{2g} + h_L$$

$$H + 0 + 0 = 0 + 0 + \frac{V_n^2}{2g} + \left(K_e + f\frac{L}{D}\right)\frac{V^2}{2g}$$

$$H = \frac{V_n^2}{2g} + \left(K_e + f\frac{L}{D}\right)\frac{V^2}{2g} = \left\{\left(\frac{D}{D_n}\right)^2 + \left(K_e + f\frac{L}{D}\right)\right\}\frac{V^2}{2g}$$

$$30 = \left\{\left(\frac{0.4}{0.1}\right)^2 + \left(0.5 + f\frac{100}{0.4}\right)\right\}\frac{V^2}{2g} = (256.5 + 250f)\frac{V^2}{2g} \qquad (a)$$

식 (a)를 관 내 유속 V에 대해 정리하면,

$$V = \sqrt{\frac{2 \times g \times 30}{256.5 + 250f}}$$

$f = 0.019$라 가정하면,

$$V = \sqrt{\frac{2 \times g \times 30}{256.5 + 250f}} = \sqrt{\frac{2 \times 9.8 \times 30}{256.5 + 250 \times 0.019}} = 1.500 \text{ m/s}$$

$$Re = \frac{VD}{\nu} = \frac{1.500 \times 0.4}{1.0 \times 10^{-6}} = 5.96 \times 10^5$$

$$\frac{\varepsilon_1}{D_1} = \frac{0.3}{400} = 0.00075$$

Moody 선도에서 구한 마찰계수 $f_1 = 0.019$로, 가정한 값과 같다. 따라서 유량은

$$Q = A_1 V_1 = \frac{\pi \times 0.4^2}{4} \times 1.50 = 0.188 \text{ m}^3\text{/s}$$

$$V_2 = \left(\frac{D_1}{D_2}\right)^2 V_1 = \left(\frac{0.4}{0.1}\right)^2 \times 1.50 = 24.0 \text{ m/s} \qquad\blacksquare$$

(6) 연습문제

문제 7.2-1 (★★☆)

직경 400 mm인 주철관으로 수조 A에서 수면차가 2.5 m이고, 거리가 350 m인 수조 B로 송수할 때 유량은 얼마인가? 단, 유입, 유출, 마찰손실만 고려하고, 마찰손실계수 $f = 0.024$이다.

문제 7.2-2 (★☆☆)

관의 길이 $L = 3,000$ m, 관의 직경 $D = 0.6$ m인 주철관으로 유량 $Q = 1.0$ m^3/s를 흐르게 하려면 수두차는 얼마로 해야 하는가? 단, 관의 조도계수는 $n = 0.013$이다.

문제 7.2-3 (★★★)

다음 그림에서 2개의 관은 모두 조고가 $\varepsilon = 0.10$ mm이고 관로를 흐르는 유량은 0.1 m^3/s이다. 또한 $D_1 = 15$ cm, $L_1 = 50$ m, $D_2 = 30$ cm, $L_2 = 160$ m이다. 두 수조 간 수면표고의 차이를 구하라.

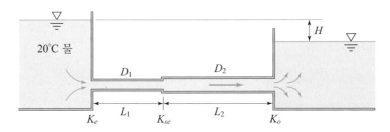

문제 7.2-4 (★★★)

그림과 같이 연결된 관 속을 물이 흐르는 경우 직경 $D = 0.3$인 관을 통해 흐르는 유량을 구하라. 단, 대기압은 1,013 hPa로 하고, $f = 0.024$, $K_e = 0.5$, $K_b = 0.2$, $K_o = 1.0$으로 한다.

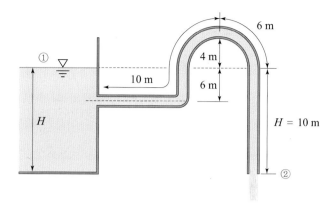

문제 7.2-5 (★★★)

수압 400 kPa인 소화전에 $D = 76$ m, 길이 $L = 100$ m인 소방호스를 연결하여 직경 $D_n = 22$ mm인 노즐로 방수하려 한다. 이때의 방수량은 얼마인가? 단, 급수전의 수압은 도중에 저하되지 않고, 호스의 마찰손실계수 $f = 0.02$로 한다.

쉬어가는 곳 로마의 수도

로마에서는 기원전 312년에 아피아 수도를 건설하였으며, 서기 3세기에는 로마에만 11개의 수도(총 길이 약 450 km)가 건설되어 하루에 100만 m^3 이상의 물을 공급하였다. 참고로 인구 약 350만 명인 부산의 하루 급수량이 이 정도이다. 그런데 이렇게 긴 수도의 2/3 정도가 지하에 건설되었다. 이것은 침입해 온 적들이 수도를 파괴하지 못하도록 하는 목적도 있었으며, 아울러 물의 온도가 상승하는 것과 물의 증발을 막기 위한 것이기도 했다. 이처럼 지하에 수도를 건설하기 위해서 역사이펀의 원리를 적절히 활용하였다.

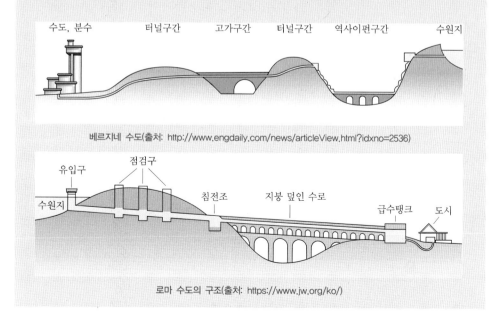

베르지네 수도(출처: http://www.engdaily.com/news/articleView.html?idxno=2536)

로마 수도의 구조(출처: https://www.jw.org/ko/)

7.3 복합관로 흐름해석

농경지의 관개수로나 도시지역의 급수시스템과 같이 대부분의 관로망에서는 여러 개의 관이 서로 연결되어 있는 경우가 많다. 이런 복합관로의 해석절차도 앞서 설명한 단일관로 해석방법과 비슷하다. 다만, 미지변수의 수가 늘어나기 때문에 해석절차가 다소 복잡하고 계산량이 많아서 실제 풀이는 상당히 어려운 경우가 많다.

복합관로는 직렬관로(series pipe line), 병렬관로(parallel pipe line), 다지관로(branching pipe line)로 구분된다. 복합관로 해석에서는 보통 관이 충분히 길어 미소수두손실을 무시할 수 있다고 보고 마찰손실만 고려한다. 미소수두손실을 고려하면 풀이가 지나치게 복잡해지기 때문이다.

(1) 직렬관로

직렬관로는 그림 **7.3-1**과 같이 크기가 다른 관이 차례로 연결된 관로망을 말한다. 이것은 또한 7.2절의 '(3) 두 수조를 연결하는 부등단면 관로'와 같은 내용이다. 복합관로 해석에서 이용할 수 있는 도구는 연속식과 수두손실의 식이다.

보통 직렬관로는 관이 여러 개 연결되어 있는 경우를 말하나 여기서는 설명을 위해 간단히 3개의 관이 연결되어 있는 것으로 제한해서 설명한다. 직렬관로의 경우 연속식에 의해 각 관로에서 유량은 일정하다.

$$Q = Q_1 = Q_2 = Q_3 \qquad\qquad (7.3-1)$$

관로의 유입점 A와 관로의 유출점 B 사이의 총수두손실은 각 관의 수두손실을 모두 합한 것과 같다.

$$h_{L(A-B)} = h_{L1} + h_{L2} + h_{L3} \qquad\qquad (7.3-2)$$

일반적으로 각 관의 레이놀즈수와 상대조도가 다르기 때문에 마찰손실계수도 모두 다르다. 만일 유량이 주어지면, 총수두손실을 구할 수 있고(문제 유형 I), 압력강하나

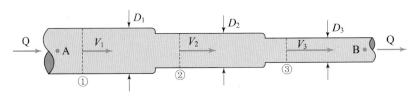

그림 **7.3-1** 직렬관로

수두손실이 주어지면 시산법을 통해 유량(또는 유속)을 구할 수 있다(문제 유형 III). 이 경우 각 관의 마찰손실계수가 모두 다르기 때문에 앞 절의 단일관로 해석보다는 더 많은 반복계산을 해야 하는 경우도 있다. 유량과 수두손실이 주어진 경우 관의 직경을 구하는 문제(문제 유형 IV)의 경우도 앞 절의 경우와 비슷하다.

(2) 병렬관로

병렬관로는 그림 **7.3-2**와 같이 두 지점을 연결하는 관이 여러 개 나란히 배치된 경우이다. 이 경우 수조 A에서 수조 B로 이동하는 물은 세 관로 중 어느 것이든 이용할 수 있다. 따라서 총유량은 각 관로의 유량을 합한 것이 된다. 즉

$$Q = Q_1 + Q_2 + Q_3 \tag{7.3-3}$$

수조 A에서 수조 B 사이에 에너지 방정식을 세우면, 물이 어떤 관로로 이동하더라도 수두손실은 모두 같다. 즉 병렬관로에서 수두손실 관계는 다음과 같다.

$$h_{L(A-B)} = h_{L1} = h_{L2} = h_{L3} \tag{7.3-4}$$

병렬관로의 흐름 문제는 수조 A에서 수조 B 사이에 수두손실이 주어질 때 각 관로의 유량 Q_i를 구하거나, 총유량 Q가 주어질 때 각 관로의 유량 Q_i를 구하는 문제로 나누어 생각할 수 있다. 첫 번째 경우는 각 관로에 Darcy-Weisbach식을 적용하여 유속과 유량을 구한 뒤 합하면 된다. 한편, 두 번째 경우는 다음과 같이 시산법으로 풀어야 한다.

① 임의의 한 관에서 유량(Q_i')을 가정하여 유속을 구하고, Darcy-Weisbach식에서 수두손실(h_{Li})을 구한다.

② $h_{L(A-B)} = h_{L1} = h_{L2} = h_{L3}$로 놓고, 다른 관의 유속을 구하고, 유량을 구한다.

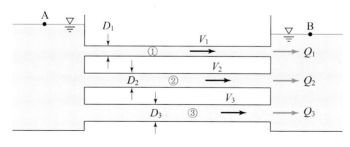

그림 7.3-2 병렬관로

③ 산정된 각 관로의 유량을 합하여 $Q' = \sum_{i=1}^{n} Q_i'$를 구하고, 이것이 주어진 유량(Q)과 같은지 검토한다.

④ 만일 계산한 유량이 주어진 유량과 같으면, 계산을 마친다. 그런데 만일 계산된 유량이 주어진 유량과 다르면, 가정유량을 다음과 같이 수정한다.

$$Q_i'' = \frac{Q}{Q'} Q_i' \tag{7.3-5}$$

즉 새로 가정하는 유량(Q_i'')은 가정된 마찰계수에서 계산된 유량(Q_i')에 주어진 유량과 계산된 유량의 비율(Q/Q')을 곱해 수정한 것이다.

⑤ 수정된 유량에서 각 관의 수두손실을 구해 서로 일치하는지 검토한다.

예제 7.3-1 ★★★

그림과 같은 병렬관로에 20 ℃의 물($\nu = 1.0 \times 10^{-6}$ m²/s)이 유량 0.6 m³/s로 흐른다. 각 관의 제원은 다음과 같다. 관로 ①은 $L_1 = 500$ m, $D_1 = 0.3$ m, $\varepsilon_1 = 0.2$ mm, 관로 ②는 $L_2 = 400$ m, $D_2 = 0.2$ m, $\varepsilon_2 = 0.2$ mm, 관로 ③은 $L_3 = 600$ m, $D_2 = 0.4$ m, $\varepsilon_3 = 0.2$ mm이다. 이때, 각 관을 통해 흐르는 유량을 구하라.

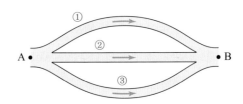

풀이

각 관의 단면적과 상대조도를 구하자.

$$A_1 = \frac{\pi D_1^2}{4} = \frac{\pi \times 0.3^2}{4} = 0.0707 \ (\text{m}^2), \quad \frac{\varepsilon_1}{D_1} = \frac{0.2 \times 10^{-3}}{0.3} = 6.67 \times 10^{-4}$$

$$A_2 = \frac{\pi D_2^2}{4} = \frac{\pi \times 0.2^2}{4} = 0.0314 \ (\text{m}^2), \quad \frac{\varepsilon_2}{D_2} = \frac{0.2 \times 10^{-3}}{0.2} = 1.0 \times 10^{-3}$$

$$A_3 = \frac{\pi D_3^2}{4} = \frac{\pi \times 0.4^2}{4} = 0.126 \ (\text{m}^2), \quad \frac{\varepsilon_3}{D_3} = \frac{0.2 \times 10^{-3}}{0.4} = 5.0 \times 10^{-4}$$

관로 ①에서 유량을 $Q_1' = 0.15$ m³/s로 가정하자. 그러면 유속과 레이놀즈수는

$$V_1 = \frac{Q_1'}{A_1} = \frac{0.15}{0.0707} = 2.12 \ \text{m/s}, \ \text{Re}_1 = \frac{V_1 D_1}{\nu} = \frac{2.12 \times 0.3}{1.0 \times 10^{-6}} = 6.32 \times 10^5$$

Swamee-Jain식으로 마찰계수를 계산하면,

$$f_1 = \frac{1.325}{\left[\ln\left(\dfrac{\varepsilon/D}{3.7} + \dfrac{5.74}{\mathrm{Re}^{0.9}}\right)\right]^2} = \frac{1.325}{\left[\ln\left(\dfrac{6.67\times10^{-4}}{3.7} + \dfrac{5.74}{\left(6.32\times10^5\right)^{0.9}}\right)\right]^2} = 0.0186$$

따라서 관로 ①의 수두손실은

$$h_{L1} = f_1 \frac{L_1}{D_1} \frac{V_1^2}{2g} = 0.0186 \times \frac{500}{0.3} \times \frac{2.122^2}{2\times9.8} = 7.11 \ \mathrm{m}$$

관로 ②와 관로 ③에 대해서도

$$h_{L2} = h_{L3} = h_{L1} = 7.11 \ \mathrm{m}$$

이 관들에 대해서, 유량을 계산해야 한다. 그런데 이들의 마찰계수를 알지 못하므로 가정하고 검토하는 시산과정을 거쳐야 한다.

먼저, 관로 ②에 대해 $f_2' = 0.02$로 가정하면,

$$V_2 = \sqrt{\frac{2gD_2h_{L2}}{f_2'L_2}} = \sqrt{\frac{2\times9.8\times0.2\times7.11}{0.02\times400}} = 1.867 \ \mathrm{m/s}$$

$$\mathrm{Re}_2 = \frac{V_2D_2}{\nu} = \frac{1.867\times0.2}{1.0\times10^{-6}} = 3.73\times10^5$$

$$f_2 = \frac{1.325}{\left[\ln\left(\dfrac{\varepsilon_2/D_2}{3.7} + \dfrac{5.74}{\mathrm{Re}_2^{0.9}}\right)\right]^2} = \frac{1.325}{\left[\ln\left(\dfrac{1.0\times10^{-3}}{3.7} + \dfrac{5.74}{\left(3.73\times10^5\right)^{0.9}}\right)\right]^2} = 0.0206$$

이번에는 $f_2' = 0.0206$으로 놓고 반복하면

$$V_2 = \sqrt{\frac{2gD_2h_{L2}}{f_2'L_2}} = \sqrt{\frac{2\times9.8\times0.2\times7.11}{0.0206\times400}} = 1.839 \ \mathrm{m/s}$$

$$\mathrm{Re}_2 = \frac{V_2D_2}{\nu} = \frac{1.839\times0.2}{1.0\times10^{-6}} = 3.68\times10^5$$

$$f_2 = \frac{1.325}{\left[\ln\left(\dfrac{\varepsilon_2/D_2}{3.7} + \dfrac{5.74}{\mathrm{Re}_2^{0.9}}\right)\right]^2} = \frac{1.325}{\left[\ln\left(\dfrac{1.0\times10^{-3}}{3.7} + \dfrac{5.74}{\left(3.6810^5\right)^{0.9}}\right)\right]^2} = 0.0206$$

두 값이 일치하므로, 이때의 유량을 계산하면,

$$Q_2' = V_2A_2 = 1.839\times0.0314 = 0.058 \ (\mathrm{m^3/s})$$

마찬가지로 관로 ③에 대해서도, $f_3' = 0.02$로 가정하면,

$$V_3 = \sqrt{\frac{2gD_3h_{L3}}{f_3'L_3}} = \sqrt{\frac{2\times9.8\times0.4\times7.11}{0.02\times600}} = 2.155 \ \mathrm{m/s}$$

$$\mathrm{Re}_3 = \frac{V_3D_3}{\nu} = \frac{2.155\times0.4}{1.0\times10^{-6}} = 8.62\times10^5$$

$$f_3 = \frac{1.325}{\left[\ln\left(\dfrac{\varepsilon_3/D_3}{3.7} + \dfrac{5.74}{\text{Re}_3^{0.9}}\right)\right]^2} = \frac{1.325}{\left[\ln\left(\dfrac{5.0 \times 10^{-4}}{3.7} + \dfrac{5.74}{(8.62 \times 10^5)^{0.9}}\right)\right]^2} = 0.0174$$

이번에는 $f_3{}' = 0.0174$로 놓고 반복하면

$$V_3 = \sqrt{\frac{2gD_3 h_{L3}}{f_3{}' L_3}} = \sqrt{\frac{2 \times 9.8 \times 0.4 \times 7.11}{0.0174 \times 600}} = 2.311 \text{ m/s}$$

$$\text{Re}_3 = \frac{V_3 D_3}{\nu} = \frac{2.311 \times 0.4}{1.0 \times 10^{-6}} = 9.24 \times 10^5$$

$$f_3 = \frac{1.325}{\left[\ln\left(\dfrac{\varepsilon_3/D_3}{3.7} + \dfrac{5.74}{\text{Re}_3^{0.9}}\right)\right]^2} = \frac{1.325}{\left[\ln\left(\dfrac{5.0 \times 10^{-4}}{3.7} + \dfrac{5.74}{(9.24 \times 10^5)^{0.9}}\right)\right]^2} = 0.0173$$

두 값이 거의 일치하므로, 이때의 유량을 결정하면

$$Q_3{}' = V_3 A_3 = 2.311 \times 0.126 = 0.290 \text{ (m}^3\text{/s)}$$

세 유량을 합하면,

$$Q' = Q_1{}' + Q_2{}' + Q_2{}' = 0.150 + 0.058 + 0.290 = 0.498 \text{ (m}^3\text{/s)}$$

따라서 주어진 유량과 차이가 상당히 나며, 이를 전체 비율대로 수정한다.

$$Q_1 = \frac{Q}{Q'} Q_1{}' = \frac{0.60}{0.490} \times 0.150 = 0.181 \text{ (m}^3\text{/s)}$$

$$Q_2 = \frac{Q}{Q'} Q_2{}' = \frac{0.60}{0.490} \times 0.058 = 0.070 \text{ (m}^3\text{/s)}$$

$$Q_3 = \frac{Q}{Q'} Q_3{}' = \frac{0.60}{0.490} \times 0.290 = 0.350 \text{ (m}^3\text{/s)}$$

검토를 위해 수정된 유량에서 수두손실을 구해보자.

$$V_1 = 2.556 \text{ m/s, } \text{Re}_1 = 7.67 \times 10^5, \ f_1 = 0.018, \ h_{L1} = 10.25 \text{ m}$$
$$V_2 = 2.215 \text{ m/s, } \text{Re}_2 = 4.43 \times 10^5, \ f_2 = 0.020, \ h_{L1} = 10.23 \text{ m}$$
$$V_3 = 2.783 \text{ m/s, } \text{Re}_3 = 1.11 \times 10^6, \ f_3 = 0.017, \ h_{L1} = 10.22 \text{ m}$$

$h_{L1} \simeq h_{L2} \simeq h_{L3}$이므로, 이 계산은 적절하다고 할 수 있다. ■

(3) 복합관로

직렬관로와 병렬관로가 혼합되어 있는 관로가 복합관로이다. 즉 한 개의 관로가 도중에 두 개 또는 그 이상의 병렬관로로 분기되어 흐르다가 하류에서 다시 한 개의 관로로 합류되어 흘러가는 경우를 말한다.

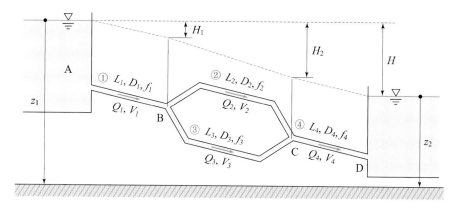

그림 **7.3-3** 복합관로

이런 복합관로에서 각 관의 유량을 구하는 방법은 연립방정식을 푸는 직접법과 시산법으로 나눌 수 있다. 그런데 병렬관이 많아지면, 식이 매우 복잡하며 계산이 어렵게 된다. 이런 경우에는 시산법을 이용하는 것이 좋다.

식을 간단히 하기 위해 미소수두손실을 무시하고, 그림 **7.3-3**의 관로별 수두손실에 대한 표현을 Darcy-Weisbach식(또는 베르누이식)을 이용하여 정리하면 다음과 같다.

$$\text{AB 사이: } H_1 = f_1 \frac{L_1}{D_1} \frac{V_1^2}{2g} \tag{7.3-6a}$$

$$\text{BC 사이: } H_2 - H_1 = f_2 \frac{L_2}{D_2} \frac{V_2^2}{2g} \tag{7.3-6b}$$

$$\text{BD 사이: } H_2 - H_1 = f_3 \frac{L_3}{D_3} \frac{V_3^2}{2g} \tag{7.3-6c}$$

$$\text{CD 사이: } H - H_2 = f_4 \frac{L_4}{D_4} \frac{V_4^2}{2g} \tag{7.3-6d}$$

식 (7.3-6)에서 다음의 두 식을 얻을 수 있다.

$$H = f_1 \frac{L_1}{D_1} \frac{V_1^2}{2g} + f_2 \frac{L_2}{D_2} \frac{V_2^2}{2g} + f_4 \frac{L_4}{D_4} \frac{V_4^2}{2g} \tag{7.3-7a}$$

$$H = f_1 \frac{L_1}{D_1} \frac{V_1^2}{2g} + f_3 \frac{L_3}{D_3} \frac{V_3^2}{2g} + f_4 \frac{L_4}{D_4} \frac{V_4^2}{2g} \tag{7.3-7b}$$

관로 내 두 점 사이의 수두손실은 중간경로와는 관계없이 같으므로, BC 사이에서 다음 관계가 성립한다.

$$H_2 - H_1 = f_2 \frac{L_2}{D_2} \frac{V_2^2}{2g} = f_3 \frac{L_3}{D_3} \frac{V_3^2}{2g} \qquad (7.3\text{-}8)$$

연속방정식에서 다음 식이 성립한다.

$$Q_1 = Q_2 + Q_3 = Q_4 \qquad (7.3\text{-}9)$$

이 식을 유속으로 표현하고 식을 나누면 다음과 같다.

$$D_1^2 V_1 = D_2^2 V_2 + D_3^2 V_3$$

$$D_4^2 V_4 = D_2^2 V_2 + D_3^2 V_3 \qquad (7.3\text{-}10)$$

만일 수조의 수위차 H와 관의 제원 D_i, L_i, f_i가 주어지면, 미지수 V_i는 식 (7.3-7)과 식 (7.3-10)의 4개의 식에서 구할 수 있다. 실제 풀이에서는 $\lambda_i^2 = f_i \dfrac{L_i}{D_i}$ ($i = 1, 2, 3, 4$)로 놓으면, 식 (7.3-8)은 다음과 같이 된다.

$$\lambda_2 V_2 = \lambda_3 V_3 \qquad (7.3\text{-}11)$$

이것을 식 (7.3-10)에 대입하여 정리하면, V_2, V_3, V_4를 V_1으로 나타낼 수 있다.

$$V_2 = \frac{\lambda_3 D_1^2}{\lambda_3 D_2^2 + \lambda_2 D_3^2} V_1 = K_2 V_1$$

$$V_3 = \frac{\lambda_2 D_1^2}{\lambda_3 D_2^2 + \lambda_2 D_3^2} V_1 = K_3 V_1$$

$$V_4 = \left(\frac{D_1}{D_4}\right)^2 V_1 = K_4 V_1 \qquad (7.3\text{-}12)$$

여기서 계수들은 다음과 같다.

$$K_2 = \frac{\lambda_3 D_1^2}{\lambda_3 D_2^2 + \lambda_2 D_3^2}, \quad K_3 = \frac{\lambda_2 D_1^2}{\lambda_3 D_2^2 + \lambda_2 D_3^2}, \quad K_4 = \left(\frac{D_1}{D_4}\right)^2 \qquad (7.3\text{-}13)$$

식 (7.3-12)를 식 (7.3-7)에 대입하면 V_1을 구할 수 있다.

$$H = \lambda_1^2 \frac{V_1^2}{2g} + \lambda_2^2 K_2^2 \frac{V_1^2}{2g} + \lambda_4^2 K_4^2 \frac{V_1^2}{2g}$$

$$V_1 = \sqrt{\frac{2gH}{\lambda_1^2 + \lambda_2^2 K_2^2 + \lambda_4^2 K_4^2}} \qquad (7.3\text{-}14)$$

V_1을 구한 뒤에는 식 (7.3–12)를 이용하여 V_2, V_3, V_4를 구할 수 있다.

이런 풀이법에서 점 B와 점 C 사이의 병렬관이 셋 이상이 되면 이런 관계식이 매우 복잡해서 계산하기 어렵게 된다. 이 경우에는 시산법을 이용한다. 그렇지만 시산법에도 단점이 있는데, 유량 Q_1 또는 수두차 H_1이 주어져야만 한다. 이처럼 유량 Q_1 또는 수두차 H_1이 주어질 경우, 이 시스템은 앞 절에서 다룬 병렬관로와 일치하며, 그 풀이법도 병렬관로 풀이법과 같다. 시산법에 의한 풀이 절차는 다음과 같다.

① 일반적으로 Q_1이 주어진 경우가 많으므로, 만일 H_1이 주어진 경우는 식 (7.3–6)에서 유량 Q_1을 결정한다.

② 관로 ②를 통해 흐르는 유량을 적절히 가정하고, 이 가정유량을 Q_2'으로 표기한다.

③ 가정유량 Q_2'에 대응하는 수두손실 h'_{L2}을 계산한다.

④ $h'_{L2} = h'_{L3}$ 관계를 이용하여 관로 ③의 유량 Q_3'을 계산한다.

⑤ 가정유량 Q_2'과 Q_3'을 이용하여 총유량 Q_1을 비례배분한다.

$$Q_i = \frac{Q_1}{\sum Q_i'} Q_i', \quad (i = 2, \ 3) \tag{7.3-15}$$

⑥ 단계 ⑤에서 계산된 $Q_i(i = 2, \ 3)$에 대한 수두손실 h_{L2}와 h_{L3}을 계산하여 근사적으로 같은지 검토한다.

⑦ 만일 $h_{L2} \fallingdotseq h_{L3}$이 성립하지 않으면, 단계 ⑤에서 구한 Q_2를 관 ②의 가정유량 Q_2'로 다시 놓고, 단계 ②부터 계산을 되풀이한다.

이 계산절차는 병렬관로의 관이 몇 개가 되든지 상관없이 그대로 적용할 수 있다.

예제 7.3-2 ★★★

다음 그림과 같은 복합관로에서 두 수조의 수위차 $H = 12$ m이고, 관의 길이는 $L_1 = 2,400$ m, $L_2 = 600$ m, $L_3 = 500$ m, $L_4 = 600$ m, 관의 직경은 $D_1 = 0.4$ m, $D_2 = 0.3$ m, $D_3 = 0.2$ m, $D_4 = 0.4$ m이다. 미소수두손실을 무시하고, 각 관에 흐르는 유량을 구하라. 단, 관의 조도는 $\varepsilon = 0.30$ mm로 모든 관이 동일하다.

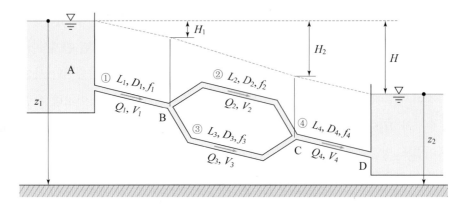

완전난류로 가정하면 마찰계수는 상대조도의 함수이다. 이를 이용하여 마찰계수, 각 관로의
계수인 λ_i, $K_i(i=1,\ 2,\ 3,\ 4)$를 구하고 정리하면 다음과 같다.

	관로 ①	관로 ②	관로 ③	관로 ④
길이 L_i m	2,400	600	500	600
직경 D_i m	0.4	0.3	0.2	0.4
상대조도 ε/D_i	0.00075	0.001	0.0015	0.00075
마찰계수 f_i	0.018	0.0198	0.0215	0.018
λ_i	10.39	6.29	7.33	5.20
K_i	–	1.29	1.10	1.0

이 자료와 식 (7.3–15)를 이용하여 유속 V_1을 구하면,

$$V_1 = \sqrt{\frac{2gH}{\lambda_1^2 + \lambda_2^2 K_2^2 + \lambda_4^2 K_4^2}} = \sqrt{\frac{2 \times 9.8 \times 12}{10.39^2 + 6.29^2 \times 1.29^2 + 5.20^2 \times 1.0^2}} = 1.082 \ \text{m/s}$$

이 유속을 이용하여 다른 유속을 구하면

$$V_2 = K_2 V_1 = 1.29 \times 1.082 = 1.396 \ \text{m/s}$$
$$V_3 = K_3 V_1 = 1.10 \times 1.082 = 1.190 \ \text{m/s}$$
$$V_4 = K_4 V_1 = 1.0 \times 1.082 = 1.082 \ \text{m/s}$$

유량을 구하면,

$$Q_1 = A_1 V_1 = \frac{\pi \times 0.4^2}{4} \times 1.082 = 0.136 \ \text{m}^3/\text{s}$$

$$Q_2 = A_2 V_2 = \frac{\pi \times 0.3^2}{4} \times 1.396 = 0.099 \ \text{m}^3/\text{s}$$

$$Q_3 = A_3 V_3 = \frac{\pi \times 0.2^2}{4} \times 1.190 = 0.037 \ \text{m}^3/\text{s}$$

$$Q_4 = A_4 V_4 = \frac{\pi \times 0.4^2}{4} \times 1.082 = 0.136 \ \text{m}^3/\text{s}$$

다음 그림과 같은 복합관로에서 두 수조의 수위차 $H = 12$ m이고 유량 $Q = 0.136$ m³/s이다. 관의 길이는 $L_1 = 2,400$ m, $L_2 = 600$ m, $L_3 = 500$ m, $L_4 = 600$ m, 관의 직경은 $D_1 = 0.4$ m, $D_2 = 0.3$ m, $D_3 = 0.2$ m, $D_4 = 0.4$ m이다. 미소수두손실을 무시하고, 각 관에 흐르는 유량을 구하라. 단, 관의 조도는 $\varepsilon = 0.30$ mm로 모든 관이 동일하다.

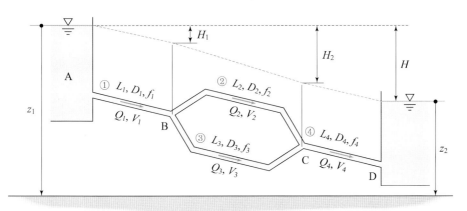

풀이

$Q = 0.136$ m³/s를 알고 있으므로, 이 문제는 앞 절의 병렬관로와 같은 구조이다. 이 문제를 시산법으로 풀어보자. 본격적인 계산에 들어가기 전에 주어진 자료와 마찰계수를 정리하면 다음과 같다. 이때, 마찰손실계수는 완전난류라고 가정하고 계산하였다.

	관로 ①	관로 ②	관로 ③	관로 ④
길이 L_i m	2,400	600	500	600
직경 D_i m	0.4	0.3	0.2	0.4
상대조도 ε/D_i	0.00075	0.001	0.0015	0.00075
마찰계수 f_i	0.018	0.0198	0.0215	0.018

관 ②의 유량을 $Q_2' = 0.060$ m³/s로 가정하면, 관로 ②의 수두손실은

$$h'_{L2} = f_2 \frac{L_2}{D_2} \frac{V_2^2}{2g} = 0.0198 \times \frac{600}{0.3} \times \frac{1}{2 \times 9.8} \left(\frac{0.060}{\pi \times 0.3^2/4} \right)^2 = 1.456 \text{ m}$$

$h'_{L2} = h'_{L3}$의 관계에서 V_3와 Q_3'을 구한다.

$$V_3 = \sqrt{\frac{2g D_3 h'_{L3}}{f_3 L_3}} = \sqrt{\frac{2 \times 9.8 \times 0.2 \times 1.456}{0.0215 \times 500}} = 0.729 \text{ m/s}$$

$$Q_3' = A_3 V_3 = \frac{\pi \times 0.2^2}{4} \times 0.729 = 0.023 \text{ m}^3/\text{s}$$

가정유량 Q_2'과 Q_3'을 이용하여 관로 ②와 관로 ③의 유량 Q_2와 Q_3를 구한다.

$$Q_2 = \frac{Q_1}{Q_2{}' + Q_3{}'} Q_2{}' = \frac{0.136}{0.060 + 0.023} \times 0.060 = 0.0987 \text{ m}^3/\text{s}$$

$$Q_3 = \frac{Q_1}{Q_2{}' + Q_3{}'} Q_3{}' = \frac{0.136}{0.060 + 0.023} \times 0.023 = 0.0373 \text{ m}^3/\text{s}$$

계산된 유량 Q_2와 Q_3에서 각 관로의 수두손실을 계산한다.

$$h_{L2} = f_2 \frac{L_2}{D_2} \frac{V_2^2}{2g} = 0.0198 \times \frac{600}{0.3} \times \frac{1}{2 \times 9.8} \left(\frac{0.0987}{\pi \times 0.3^2/4} \right)^2 = 3.905 \text{ m}$$

$$h_{L3} = f_3 \frac{L_3}{D_3} \frac{V_3^2}{2g} = 0.0217 \times \frac{500}{0.2} \times \frac{1}{2 \times 9.8} \left(\frac{0.0373}{\pi \times 0.2^2/4} \right)^2 = 3.905 \text{ m}$$

두 수두손실은 약 3.5 %의 차이가 있으므로, 수두손실이 같다고 인정하고 계산을 마친다. ∎

(4) 다지관로

다지관로는 그림 **7.3-4**와 같이 서로 다른 수조로 연결된 여러 개의 관로가 1개의 접합점(junction)을 갖는 구조를 말한다. 이 경우 수조 A에서 수조 B와 수조 C로 물이 흐르면 분기관로(그림 **7.3-4(a)** 참조), 수조 A와 수조 B의 물이 합쳐서 수조 C로 흐르는 경우를 합류관로(그림 **7.3-4(b)** 참조)라고 한다.

다지관로가 분기가 될 것인지 합류가 될 것인지는 접합점 O의 수두(H_J)가 수조 B의 수위(z_2)보다 높은가 낮은가 하는 데 달려 있다. 이때, 사용할 수 있는 관계는 연속식과 두 개의 베르누이식(에너지방정식)이다. 이 식들은 분기수로인 경우와 합류수로인 경우가 약간 다르다.

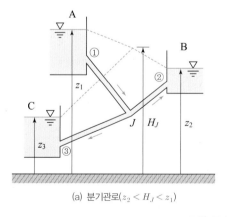

(a) 분기관로($z_2 < H_J < z_1$)

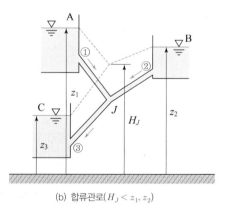

(b) 합류관로($H_J < z_1, z_2$)

그림 **7.3-4** 다지관로

■ 분기관로: 수조 A에서 수조 B와 수조 C로 물이 흐르는 경우

분기관로인 경우 수조 A에서 수조 B와 수조 C로 물이 흐른다. 따라서 연속방정식은 다음과 같다.

$$Q_1 = Q_2 + Q_3 \tag{7.3-16}$$

물의 유입구와 유출구 사이(여기서는 A → B와 A → C)에 베르누이식을 적용하면, 다음 두 식을 얻는다.

$$z_A - z_B = f_1 \frac{L_1}{D_1} \frac{V_1^2}{2g} + f_2 \frac{L_2}{D_2} \frac{V_2^2}{2g} \tag{7.3-17a}$$

$$z_A - z_C = f_1 \frac{L_1}{D_1} \frac{V_1^2}{2g} + f_3 \frac{L_3}{D_3} \frac{V_3^2}{2g} \tag{7.3-17b}$$

분기수로의 경우 식 (7.3-16)과 (7.3-17)을 연립해서 풀어 미지수 V_1, V_2, V_3를 구하면 된다.

■ 합류관로: 수조 A와 수조 B에서 수조 C로 물이 흐르는 경우

합류관로인 경우 수조 A와 수조 B에서 수조 C로 물이 흐른다. 따라서 연속방정식은 다음과 같다.

$$Q_1 + Q_2 = Q_3 \tag{7.3-18}$$

물의 유입구와 유출구 사이(여기서는 A → C와 B → C)에 베르누이식을 적용하면, 다음 두 식을 얻는다.

$$z_A - z_C = f_1 \frac{L_1}{D_1} \frac{V_1^2}{2g} + f_3 \frac{L_3}{D_3} \frac{V_3^2}{2g} \tag{7.3-19a}$$

$$z_B - z_C = f_2 \frac{L_2}{D_2} \frac{V_2^2}{2g} + f_3 \frac{L_3}{D_3} \frac{V_3^2}{2g} \tag{7.3-19b}$$

합류수로의 경우 식 (7.3-18)과 (7.3-19)를 연립해서 풀어 미지수 V_1, V_2, V_3를 구하면 된다.

■ 수조 A와 수조 C로만 물이 흐르는 경우

앞의 경우 외에도 접합점 수두가 수조 B의 수위와 같은 경우($H_J = z_2$)도 생각할 수 있다. 그러나 이런 경우는 일시적으로 생길 수는 있으나, 실제로 발생하기는 매우 어려운 경우이므로 고려할 필요가 없다. 굳이 이 사례를 해석하고자 할 경우 다음과 같이 식을 세울 수 있다.

$$Q_1 = Q_3, \quad Q_2 = 0 \tag{7.3-20}$$

$$z_A - z_C = f_1 \frac{L_1}{D_1} \frac{V_1^2}{2g} + f_3 \frac{L_3}{D_3} \frac{V_3^2}{2g} \tag{7.3-21}$$

이 경우는 수조 B쪽으로는 물이 흐르지 않으므로 $V_2 = 0$이다. 따라서 미지수는 V_1 과 V_3이다.

다지관로 문제를 풀 때는 위 세 가지 중 어느 것인지 사전에 알 수 없다. 따라서 분기관로 또는 합류관로라고 가정하고 풀어서 계산된 유량이 모두 양이면 가정이 옳은 것이고, 어느 하나라도 유량이 음의 값을 가지면 가정이 틀린 것이므로 다른 관로로 가정하여 적용한다. 실제로 문제를 풀 때는 위의 식들을 그대로 이용하면 연립방정식을 풀어야 하므로 상당히 풀기가 어렵다. 따라서 이보다는 다음과 같이 시산법을 이용하는 것이 편리하다.

■ 분기관로: 수조 A에서 수조 B와 수조 C로 물이 흐르는 경우
시산법에서는 먼저 접합점의 에너지 수두를 가정한 후, 각 관로에 대해 베르누이식을 적용해 유속과 유량을 계산한다. 따라서

관로 ①:

$$z_A - H_J = f_1 \frac{L_1}{D_1} \frac{V_1^2}{2g} \;\Rightarrow\; V_1 = \sqrt{\frac{2g\,D_1(z_A - H_J)}{f_1 L_1}} \tag{7.3-22}$$

관로 ②:

$$H_J - z_B = f_2 \frac{L_2}{D_2} \frac{V_2^2}{2g} \;\Rightarrow\; V_2 = \sqrt{\frac{2g\,D_2(H_J - z_B)}{f_2 L_2}} \tag{7.3-23}$$

관로 ③:

$$H_J - z_C = f_3 \frac{L_3}{D_3} \frac{V_3^2}{2g} \;\Rightarrow\; V_3 = \sqrt{\frac{2g\,D_3(H_J - z_C)}{f_3 L_3}} \tag{7.3-24}$$

위의 세 식을 차례로 풀어 구한 유량을 연속식에 적용해서, $Q_1 - (Q_2 + Q_3)$를 계산했을 때, 양수일 경우 H_J를 작게 가정한 것이고, 음수일 경우 H_J를 크게 가정한 것이다. 따라서 H_J를 적절히 조정하여 풀 수 있다.

■ **합류관로: 수조 A와 수조 B에서 수조 C로 물이 흐르는 경우**

분기관로와 마찬가지로 시산법에서는 먼저 접합점의 에너지 수두를 가정한 후, 각 관로에 대해 베르누이식을 적용해 유속과 유량을 계산한다. 분기관로와의 차이는 처음에 가정한 H_J가 수조 B의 수위(z_B)보다 작다는 점뿐이며, 계산과정은 비슷하다.

관로 ①:

$$z_A - H_J = f_1 \frac{L_1}{D_1} \frac{V_1^2}{2g} \;\Rightarrow\; V_1 = \sqrt{\frac{2g\, D_1 (z_A - H_J)}{f_1 L_1}} \qquad (7.3\text{--}25)$$

관로 ②:

$$z_B - H_J = f_2 \frac{L_2}{D_2} \frac{V_2^2}{2g} \;\Rightarrow\; V_2 = \sqrt{\frac{2g\, D_2 (z_B - H_J)}{f_2 L_2}} \qquad (7.3\text{--}26)$$

관로 ③:

$$H_J - z_C = f_3 \frac{L_3}{D_3} \frac{V_3^2}{2g} \;\Rightarrow\; V_3 = \sqrt{\frac{2g\, D_3 (H_J - z_C)}{f_3 L_3}} \qquad (7.3\text{--}27)$$

합류수로의 경우 위의 세 식을 차례로 풀어 구한 유량을 연속식에 적용해서, $(Q_1 + Q_2) - Q_3$를 계산했을 때, 양수일 경우 H_J를 작게 가정한 것이고, 음수일 경우 H_J를 크게 가정한 것이다. 따라서 H_J를 적절히 조정하여 풀 수 있다.

시산법에서 계산은 가정한 접합점의 에너지 수두에 따라 관로 ②의 식이 식 (7.3-23)과 식 (7.3-26)으로 변경되었을 뿐 나머지 계산은 같다. 따라서 분류관로로 가정하든 합류관로로 가정하든 상관없이 해석과정에서 자연스럽게 변경할 수 있다. 따라서 가급적 시산법을 이용하기를 권한다. 이때, 관로 ②에 대한 식 (7.3-23)과 식 (7.3-26)을 다음과 같이 변경하면, 분기관로든 합류관로든 상관없이 계산을 진행할 수 있다.

$$V_2 = \sqrt{\frac{2g\, D_2 |H_J - z_B|}{f_2 L_2}} \qquad (7.3\text{--}28)$$

그리고 이때의 유량은 다음 식을 이용하여 구한다.

$$Q_2 = A_2 V_2 \tag{7.3-29}$$

그러면 유량에 대한 검토는 분기관로인 경우 $Q_1 - (Q_2 + Q_3)$, 합류관로인 경우 $(Q_1 + Q_2) - Q_3$을 이용하면 된다.

예제 7.3-4 ★★★

그림과 같이 수면표고가 $z_A = 50$ m, $z_B = 40$ m, $z_C = 25$ m인 세 수조가 관로로 연결되어 있다. 수조를 연결한 각 관로의 제원은 관로 ①이 $L_1 = 1,000$ m, $D_1 = 0.5$ m, $\varepsilon_1 = 0.2$ mm, 관로 ②가 $L_2 = 700$ m, $D_2 = 0.3$ m, $\varepsilon_2 = 0.2$ mm, 관로 ③은 $L_3 = 900$ m, $D_2 = 0.4$ m, $\varepsilon_3 = 0.2$ mm이다. 흐름이 완전난류라고 가정하였을 때 각 관을 통한 유량을 구하라.

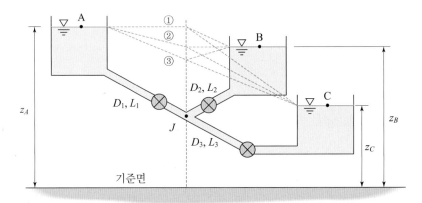

풀이

이 예제는 먼저 보인 연립방정식의 풀이에 의해 풀어보기로 하자. 각 관의 상대조도를 구하면,

$$\frac{\varepsilon_1}{D_1} = \frac{0.2 \times 10^{-3}}{0.5} = 4.0 \times 10^{-4}, \quad \frac{\varepsilon_2}{D_2} = \frac{0.2 \times 10^{-3}}{0.3} = 2.0 \times 10^{-4},$$

$$\frac{\varepsilon_3}{D_3} = \frac{0.2 \times 10^{-3}}{0.4} = 5.0 \times 10^{-4}$$

완전난류의 마찰손실계수는 상대조도에 의해 결정되므로, Moody 선도에서

$$f_1 = 0.0159, \ f_2 = 0.0178, \ f_3 = 0.0167$$

먼저 분기수로(물이 수조 A에서 수조 B와 수조 C로 흐름)라고 가정한다. 연속식에서 다음 관계를 얻는다.

$$Q_1 = Q_2 + Q_3$$

$$\frac{\pi D_1^2}{4} V_1 = \frac{\pi D_2^2}{4} V_2 + \frac{\pi D_3^2}{4} V_3$$

$$0.25 V_1 = 0.09 V_2 + 0.16 V_3 \tag{a}$$

수조 A에서 수조 B로 흐르는 흐름에 대한 베르누이식은 다음과 같다.

$$z_A - z_B = f_1 \frac{L_1}{D_1} \frac{V_1^2}{2g} + f_2 \frac{L_2}{D_2} \frac{V_2^2}{2g}$$

$$50 - 40 = 0.0159 \times \frac{1,000}{0.5} \times \frac{V_1^2}{2 \times 9.8} + 0.0178 \times \frac{700}{0.3} \times \frac{V_2^2}{2 \times 9.8}$$

$$10 = 1.621 V_1^2 + 2.122 V_2^2 \tag{b}$$

수조 A에서 수조 C로 흐르는 흐름에 대한 베르누이식은 다음과 같다.

$$z_A - z_C = f_1 \frac{L_1}{D_1} \frac{V_1^2}{2g} + f_3 \frac{L_3}{D_3} \frac{V_3^2}{2g}$$

$$50 - 25 = 0.0159 \times \frac{1,000}{0.5} \times \frac{V_1^2}{2 \times 9.8} + 0.0167 \times \frac{900}{0.2} \times \frac{V_3^2}{2 \times 9.8}$$

$$25 = 1.621 V_1^2 + 1.916 V_3^2 \tag{c}$$

이렇게 구성된 3개의 식 (a), (b), (c)를 연립해 풀면 세 관로의 유속을 구할 수 있다.

식 (a)를 $V_1 = 0.36 V_2 + 0.64 V_3$로 정리하고, 식 (b)와 (c)에 대입하여 정리하면

$$10 = 1.621 \times (0.36 V_2 + 0.64 V_3)^2 + 2.122 V_2^2$$

$$\Rightarrow 2.322 V_2^2 + 0.747 V_2 V_3 + 0.644 V_3^2 = 10 \tag{d}$$

$$25 = 1.621 (0.36 V_2 + 0.64 V_3)^2 + 1.916 V_3^2$$

$$\Rightarrow 0.210 V_2^2 + 0.747 V_2 V_3 + 2.580 V_3^2 = 25 \tag{e}$$

식 (d) × 2.5 - 식 (e)

$$5.595 V_2^2 + 1.121 V_2 V_3 - 0.970 V_3^2 = 0$$

양변을 V_3^2으로 나누면,

$$5.595 \left(\frac{V_2}{V_3} \right)^2 + 1.121 \left(\frac{V_2}{V_3} \right) - 0.970 = 0$$

$$\frac{V_2}{V_3} = \frac{-1.121 \pm \sqrt{1.121^2 - 4 \times 5.595 \times (-0.970)}}{2 \times 5.595}$$

따라서 $\frac{V_2}{V_3} = 0.328$ 또는 $\frac{V_2}{V_3} = -0.528$

양의 실근이 존재한다는 것은 가정한 물의 흐름 방향이 옳다는 것이다. 따라서

$$V_2 = 0.328 V_3 \tag{f}$$

식 (f)를 식 (d)에 적용하면,

$$2.322 (0.328 V_3)^2 + 0.747 (0.328 V_3) V_3 + 0.644 V_3^2 = 10$$

따라서 $V_3 = 2.963$ m/s

식 (f)에서 $V_2 = 0.972$ m/s

식 (a)에서 $V_1 = 0.36 V_2 + 0.64 V_3 = 0.36 \times 0.972 + 0.64 \times 2.963 = 2.246$ m/s

따라서 각 관로의 유량은

$$Q_1 = A_1 V_1 = \frac{\pi \times 0.5^2}{4} \times 2.246 = 0.441 \ \text{m}^3/\text{s}$$

$$Q_2 = A_2 V_2 = \frac{\pi \times 0.3^2}{4} \times 0.972 = 0.069 \ \text{m}^3/\text{s}$$

$$Q_1 = A_1 V_1 = \frac{\pi \times 0.4^2}{4} \times 2.963 = 0.372 \ \text{m}^3/\text{s}$$

연속식에서 $Q_1 - (Q_2 + Q_3) = 0.441 - (0.069 + 0.372) = 0.000 \ \text{m}^3/\text{s}$이다. ∎

예제 7.3-5 ★★★

그림과 같이 수면표고가 $z_A = 50$ m, $z_B = 40$ m, $z_C = 25$ m인 세 수조가 관로로 연결되어 있다. 수조를 연결한 각 관로의 제원은 관로 ①이 $L_1 = 1,000$ m, $D_1 = 0.5$ m, $\varepsilon_1 = 0.2$ mm, 관로 ②가 $L_2 = 700$ m, $D_2 = 0.3$ m, $\varepsilon_2 = 0.2$ mm, 관로 ③은 $L_3 = 900$ m, $D_2 = 0.4$ m, $\varepsilon_3 = 0.2$ mm이다. 흐름이 완전난류라고 가정하였을 때 각 관을 통한 유량을 구하라. 단, 풀이는 시산법으로 하라.

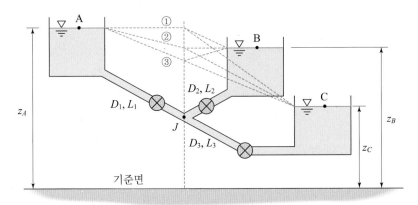

풀이

각 관의 상대조도를 구하면,

$$\frac{\varepsilon_1}{D_1} = \frac{0.2 \times 10^{-3}}{0.5} = 4.0 \times 10^{-4}, \ \frac{\varepsilon_2}{D_2} = \frac{0.2 \times 10^{-3}}{0.3} = 2.0 \times 10^{-4},$$

$$\frac{\varepsilon_3}{D_3} = \frac{0.2 \times 10^{-3}}{0.4} = 5.0 \times 10^{-4}$$

완전난류의 마찰손실계수는 상대조도에 의해 결정되므로, Moody 선도에서

$$f_1 = 0.0159, \ f_2 = 0.0178, \ f_3 = 0.0167$$

먼저, 분기관로라 생각하고($H_J > z_B$)하고, $H_J = 37.5$ m로 가정하자. (이 값은 $z_A = 50$ m, $z_C = 25$

m이므로, 그 중간값을 택한 것이다.) 그러면

관로 ①:

$$z_A - H_J = f_1 \frac{L_1}{D_1} \frac{V_1^2}{2g} \;\Rightarrow$$

$$V_1 = \sqrt{\frac{2g\,D_1(z_A - H_J)}{f_1 L_1}} = \sqrt{\frac{2 \times 9.8 \times 0.5 \times (50 - 37.5)}{0.0159 \times 1,000}} = 2.777 \;\text{m}$$

$$Q_1 = A_1 V_1 = 0.196 \times 2.777 = 0.545 \;\text{m}^3/\text{s}$$

관로 ②:

$$z_B - H_J = f_2 \frac{L_2}{D_2} \frac{V_2^2}{2g} \;\Rightarrow$$

$$V_2 = \sqrt{\frac{2g\,D_2(H_J - z_B)}{f_2 L_2}} = \sqrt{\frac{2 \times 9.8 \times 0.3 \times (40 - 37.5)}{0.178 \times 700}} = 1.085 \;\text{m}$$

$$Q_2 = A_2 V_2 = 0.0707 \times 1.085 = 0.077 \;\text{m}^3/\text{s}$$

관로 ③:

$$H_J - z_C = f_3 \frac{L_3}{D_3} \frac{V_3^2}{2g} \;\Rightarrow$$

$$V_3 = \sqrt{\frac{2g\,D_3(H_J - z_C)}{f_3 L_3}} = \sqrt{\frac{2 \times 9.8 \times 0.4 \times (37.5 - 25)}{0.0167 \times 900}} = 2.554 \;\text{m}$$

$$Q_3 = A_3 V_3 = 0.126 \times 2.554 = 0.321 \;\text{m}^3/\text{s}$$

$H_J < z_B$이므로, 연속식에서 $(Q_1 + Q_2) - (Q_3) = 0.545 + 0.077 - 0.321 = 0.301 \;\text{m}^3/\text{s}$이다. 따라서 접합점의 에너지 수두 $H_J = 37.5$ m는 너무 작게 가정한 것이다. 따라서 이보다 z_A점과 직전의 가정 수두의 중간값인 $H_J = 43.75$ m를 가정하고 계산해 보자.

관로 ①:

$$z_A - H_J = f_1 \frac{L_1}{D_1} \frac{V_1^2}{2g} \;\Rightarrow$$

$$V_1 = \sqrt{\frac{2g\,D_1(z_A - H_J)}{f_1 L_1}} = \sqrt{\frac{2 \times 9.8 \times 0.5 \times (50 - 43.75)}{0.0159 \times 1,000}} = 1.963 \;\text{m}$$

$$Q_1 = A_1 V_1 = 0.196 \times 1.963 = 0.386 \;\text{m}^3/\text{s}$$

관로 ②:

$$H_J - z_B = f_2 \frac{L_2}{D_2} \frac{V_2^2}{2g} \;\Rightarrow$$

$$V_2 = \sqrt{\frac{2g\,D_2(H_J - z_B)}{f_2 L_2}} = \sqrt{\frac{2 \times 9.8 \times 0.3 \times (43.75 - 40)}{0.178 \times 700}} = 2.427 \;\text{m}$$

$$Q_2 = A_2 V_2 = 0.0707 \times 2.427 = 0.172 \;\text{m}^3/\text{s}$$

관로 ③:

$$H_J - z_C = f_3 \frac{L_3}{D_3} \frac{V_3^2}{2g} \Rightarrow$$

$$V_3 = \sqrt{\frac{2g\,D_3(H_J - z_C)}{f_3 L_3}} = \sqrt{\frac{2 \times 9.8 \times 0.4 \times (43.75 - 25)}{0.0167 \times 900}} = 3.128 \text{ m}$$

$$Q_3 = A_3 V_3 = 0.126 \times 3.128 = 0.393 \text{ m}^3/\text{s}$$

$H_J > z_B$이므로, 이번에는 $Q_1 - (Q_2 + Q_3) = 0.386 - (0.172 + 0.393) = -0.179$이다. 이것은 H_J 를 너무 크게 잡은 것이다. 따라서 이번에는 $H_J = (43.75 + 37.5)/2 = 40.625$ m로 가정하고 다시 계산한다. 이런 과정은 Microsoft Excel을 이용하면 손쉽게 할 수 있다. 중간과정을 생략 하고, 이렇게 2분법 계산을 진행하면 여덟 번째 가정에서, $H_J = 41.896$ m라 가정한다.

관로 ①:

$$V_1 = \sqrt{\frac{2g\,D_1(z_A - H_J)}{f_1 L_1}} = \sqrt{\frac{2 \times 9.8 \times 0.5 \times (50 - 41.896)}{0.0159 \times 1,000}} = 2.236 \text{ m}$$

$$Q_1 = A_1 V_1 = 0.196 \times 2.236 = 0.439 \text{ m}^3/\text{s}$$

관로 ②:

$$V_2 = \sqrt{\frac{2g\,D_2(H_J - z_B)}{f_2 L_2}} = \sqrt{\frac{2 \times 9.8 \times 0.3 \times (45 - 41.896)}{0.178 \times 700}} = 0.945 \text{ m}$$

$$Q_2 = A_2 V_2 = 0.0707 \times 0.945 = 0.067 \text{ m}^3/\text{s}$$

관로 ③:

$$V_3 = \sqrt{\frac{2g\,D_3(H_J - z_C)}{f_3 L_3}} = \sqrt{\frac{2 \times 9.8 \times 0.4 \times (41.896 - 25)}{0.0167 \times 900}} = 2.969 \text{ m}$$

$$Q_3 = A_3 V_3 = 0.126 \times 2.969 = 0.373 \text{ m}^3/\text{s}$$

연속식에서 $Q_1 - (Q_2 + Q_3) = 2.236 - (0.067 + 0.373) = -0.001$ m^3/s이다. ∎

(5) 연습문제

문제 **7.3-1** (★★★)

세 개의 서로 다른 관이 그림과 같이 두 수조를 연결한다. 직경은 $D_1 = 0.30$ m, $D_2 = 0.20$ m, $D_3 = 0.25$ m이고, 길이는 $L_1 = 300$ m, $L_2 = 150$ m, $L_3 = 250$ m이다. 이 관은 주철관($n = 0.011$) 이고 물을 송수한다. 두 수조의 수면차가 10 m라면 관에서 유량은 얼마인가? 단, 계산을 간단히 하기 위해 미소손실을 무시하라.

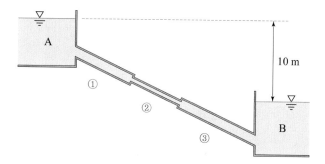

문제 7.3-2 (★★★)

세 개의 매끄러운 관이 그림과 같이 연결되어 있다. 각각의 제원은 $D_1 = 30$ mm, $L_1 = 90$ m, $D_2 = 40$ mm, $L_2 = 120$ m, $D_3 = 50$ mm, $L_3 = 90$ m이다. 동점성계수 $\nu = 4.8 \times 10^{-6}$ m²/s인 유체가 유량 $Q = 0.008$ m³/s로 흐를 때, 점 A와 점 B 사이의 수두손실과 각 관의 유량을 구하라.

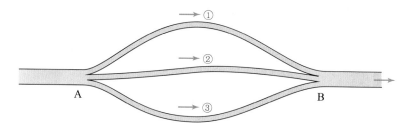

문제 7.3-3 (★★★)

두 개의 수조 사이에 그림과 같이 관이 연결되어 있다. 각 관의 마찰계수가 $f = 0.032$로 동일할 경우에 각 관의 유량을 구하라.

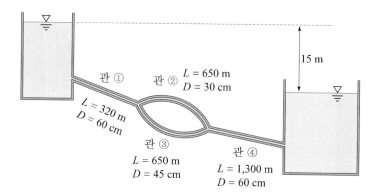

문제 7.3-4 (★★★)

그림과 같이 3개의 수조에 5 ℃의 물이 들어 있다. 각 관의 제원이 다음과 같을 때 각 관의 유량을 구하라.

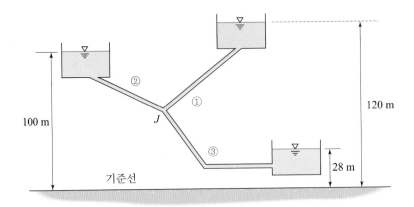

	관로 ①	관로 ②	관로 ③
길이 L (m)	2,000	2,300	2,500
직경 D (m)	1.00	0.60	1.20
상대조도 ε/D	0.00015	0.0010	0.0020

문제 7.3-5 (★★★)

수면표고가 $z_A = 40$ m, $z_B = 35$ m, $z_C = 25$ m인 세 개의 저수지가 그림과 같이 관로로 연결되어 있다. 저수지를 연결하고 있는 각 관로의 제원은 표와 같을 때, 각 관로의 유량을 구하라. 단, 흐름은 완전난류로 가정하여 마찰손실계수를 결정하라.

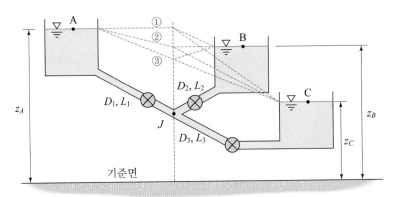

	관로 ①	관로 ②	관로 ③
길이 L (m)	800	600	700
직경 D (m)	0.4	0.3	0.3
조도 ε (mm)	0.2	0.2	0.2

7.4 관망 흐름해석

도시지역의 상수도와 같이 여러 개의 관을 서로 연결하여 폐합관로를 형성하는 복합 관로를 관망(pipe network)이라 한다. 관망을 구성하는 각 관로의 유량과 압력을 구하는 것을 관망 흐름해석이라 한다. 관망 흐름해석에서 유량과 압력을 해석적으로 풀기는 불가능하며, 시산법으로 풀게 된다. 가장 널리 알려진 관망 해석법은 Hardy Cross (1885-1959)가 제안한 방법이다.

(1) Hardy-Cross 법

이 방법은 먼저 배수관망의 형상을 배치하고, 관망을 구성하는 각 관로의 직경(내경), 길이(연장), 조도와 관망의 각 절점에서 유입 또는 유출하는 유량을 준 다음, 각 관로의 유량과 수두손실을 계산하는 것이다. 이때 각 관로의 유량을 가정하고 관망이 수리학적으로 평형을 이룰 때까지 수정값을 사용하여 계산을 반복하여 유량과 수두손실을 정확히 계산할 수 있다. 이때 관망은 여러 개의 절점(node 또는 junction)과 폐합관로(closed circuit)로 구성한다. 예를 들어, 그림 **7.4-1**에 보인 관망은 3개의 폐합관로(I, II, III)와 8개의 절점(A~H), 3개의 유입점(또는 유출점)으로 이루어져 있다.

이 관망을 해석한다는 것은 절점 A에 유입된 유량 Q_A가 어떤 경로를 통해 절점 D와 절점 H에서 유출되는가를 결정하는 것이다. 많은 관로로 이루어져 있어 약간 복잡하기는 하지만, 관망해석 역시 연속식과 베르누이식이 기본이 된다. 관망 해석에서 기본 조건은 다음과 같다.

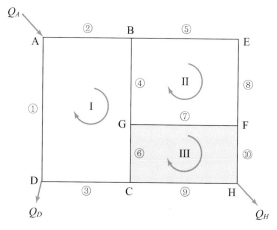

그림 **7.4-1** 관망

- 조건 1(연속조건): 한 절점에 유입되는 유량과 유출되는 유량은 같아야 한다. 즉, 연속식 $\sum Q = 0$을 만족해야 한다. 이때 보통 유입유량을 (+), 유출유량을 (−)로 생각한다. 연속방정식의 수는 절점의 수와 같다.
- 조건 2(폐합조건): 한 폐합관로 안에서 발생한 수두손실을 (한 방향으로) 더하면 그 합은 항상 $\sum h_L = 0$이 되어야 한다. 이때 보통 시계방향을 (+), 반시계방향을 (−)로 생각한다. 폐합조건식의 수는 폐합관로의 수와 같다.
- 조건 3: 마찰손실 외의 손실은 무시한다. 그 이유는 미소손실까지 고려하면 계산이 너무 복잡해지기 때문이다.

에너지 손실은 다음과 같은 형태로 구하며, 많은 경우 미소손실은 무시한다.

$$h_L = kQ^n \qquad (7.4\text{-}1)$$

여기서 k는 관로의 기하적 형태와 조도를 나타내며, n은 이용하는 평균유속식에 따라 결정되는 상수이다. 만일 Darcy–Weisbach식을 이용하면,

$$h_L = f\frac{L}{D}\frac{V^2}{2g} = f\frac{L}{D}\frac{1}{2g}\left(\frac{Q}{\pi D^2/4}\right)^2 = f\frac{8L}{g\pi^2 D^5}Q^2 \qquad (7.4\text{-}2)$$

따라서 $k = \dfrac{8fL}{g\pi^2 D^5}$, $n = 2$이다.
Hazen–Williams식을 이용하면,

$$h_L = \frac{10.669L}{C_{hw}^{1.852} D^{4.871}}Q^{1.852} \qquad (7.4\text{-}3)$$

즉 $k = \dfrac{10.669L}{C_{hw}LSUP1.852D^{4.871}}$, $n = 1.852$이다.

Hardy–Cross 법은 각 관로의 (조건 1에 맞추어) 유량을 가정(Q')하고, 그에 대응하는 수두손실을 h_{Li}을 산정한다. 그리고 이 계산된 수두손실이 조건 2에 맞는지 검토한 뒤 유량을 수정한다. 이 보정유량을 ΔQ라고 하면, 실제유량(Q)은 가정유량에 보정유량을 더한 것이 된다.

$$Q = Q' + \Delta Q \qquad (7.4\text{-}4)$$

이때 각 관로의 수두손실은 식 (7.4-1)에서 다음과 같이 쓸 수 있다.

$$h_L = kQ^n = k(Q' + \Delta Q)^n \qquad (7.4\text{-}5)$$

식 (7.4-5)를 이항정리에 의해 전개하면,

$$h_L = k\left[(Q')^n + n(Q')^{n-1}\Delta Q + n(n-1)(Q')^{n-2}(\Delta Q)^2 + \cdots\right] \quad (7.4-6)$$

보통 보정유량은 가정유량에 비해 매우 작으므로, 식 (7.4-6)에서 우변의 셋째 항부터 무시하면 다음과 같이 쓸 수 있다.

$$h_L = k\left[(Q')^n + n(Q')^{n-1}\Delta Q\right] \quad (7.4-7)$$

그런데 (조건 2에 따라) 각 폐합관로에서 수두손실의 합이 0, 즉 $\sum h_L = 0$이어야 하므로, 다음의 관계가 성립한다.

$$\sum h_L = \sum k\left[(Q')^n + n(Q')^{n-1}\Delta Q\right] = 0 \quad (7.4-8)$$

식 (7.4-8)을 보정유량 ΔQ에 대해 정리하면 다음과 같다.

$$\Delta Q = -\frac{\sum k(Q')^n}{\sum k n(Q')^{n-1}} \quad (7.4-9)$$

식 (7.4-9)가 Hardy-Cross 법의 핵심이다. 만일 수두손실을 Darcy-Weisbach 식을 이용하여 나타내면 $n=2$이므로 보정유량은 다음과 같이 된다.

$$\Delta Q = -\frac{\sum k(Q')^2}{2\sum k Q'} \quad (7.4-10)$$

여기서 $k = \dfrac{8fL}{g\pi^2 D^5}$이다. 실제 계산을 할 때는 f값을 직접 주거나, Manning의 조도계수 n을 주기도 한다. 조도계수 n이 주어졌을 때, f는 다음과 같이 구한다.

$$f = \frac{8gn^2}{(R_h)^{1/3}} = \frac{12.7gn^2}{D^{1/3}} \quad (7.4-11)$$

Hardy-Cross법의 해석절차는 다음과 같다.

① 각 관로에서 주어진 관로의 특성을 이용하여 계수 k_i(여기서 i는 관로번호)를 계산한다.

② 각 절점에서 조건 1, 즉 연속식을 만족하도록 각 관로의 유량 Q'_i을 결정한다. 이때 유입유량에는 (+), 유출유량에는 (−)를 붙인다.

③ 각 관로에서 수두손실($h_{Li} = k_i(Q'_i)^n$)과 $k_i n(Q'_i)^{n-1}$의 값을 구한다. 단, 주의할 것은 유량을 음수로 표현할 경우에 $k_i(Q'_i)^n$와 $k_i n(Q'_i)^{n-1}$에서 음수의 멱승

을 계산하는 데 문제가 생기게 된다. 따라서 실제로는 $sgn(Q_i{}')k_i|Q_i{}'|^n$, $k_i n|Q_i{}'|^{n-1}$와 같이 부호함수와 절댓값을 이용하여 계산한다.

④ 각 폐합관로에 대해서 $\sum h_{Li}$와 $\sum k_i n(Q_i{}')^{n-1}$를 구하고, 보정유량 ΔQ를 구한다. 이때 보정유량과 가정유량의 방향이 같으면 보정유량을 더해주고, 다르면 보정유량을 빼준다. 보통 보정유량은 시계방향이 (+)이다. 한 관로가 두 폐합관로에 걸쳐 있을 때의 계산에는 상당한 주의가 필요하다. 일반적으로 같은 폐합관로의 보정유량은 더하고, 다른 폐합관로의 보정유량은 빼주면 된다.

⑤ 수정된 유량을 새로운 가정유량으로 생각하고, 보정유량 ΔQ의 값이 허용오차 안에 들 때까지 절차 ③~④를 반복한다.

이 절차는 예제에서 보인 표(또는 Microsoft Excel의 계산표)로 만들면 간단히 할 수 있다.

예제 7.4-1 ★★★

다음 그림과 같은 관망에서 유량을 계산하라. 수두손실의 계산은 Darcy–Weisbach식을 이용하라. 단, 관의 마찰손실계수는 모두 $f = 0.02$라고 가정한다.

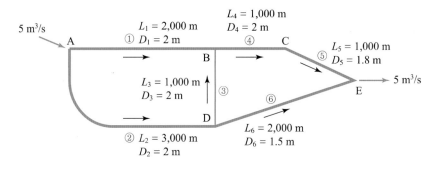

풀이

먼저, 각 관로의 계수는 $k = \dfrac{8fL}{g\pi^2 D^5}$ 이다.

(1) 폐합 관로	(2) 관로	(3) 길이 m	(4) 직경 m	(5) 마찰 계수 f	(6) 계수 k	(7) 가정 유량 Q'	(8) $k(Q')^n$	(9) $kn(Q')^{n-1}$	(10) 보정 유량 ΔQ	(11) 1차 수정 Q'
I	1	2000	2.00	0.02	0.103	2.50	0.65	0.52	0.269	2.769
	2	3000	2.00	0.02	0.155	−2.50	−0.97	0.78		−2.231
	3	1000	2.00	0.02	0.052	−1.00	−0.05	0.10		−0.406
	합						−0.37	1.40		

II	3	1000	2.00	0.02	0.052	1.00	0.05	0.10	−0.326	0.406
	4	1000	2.00	0.02	0.052	3.50	0.63	0.36		3.174
	5	1000	1.80	0.02	0.088	3.50	1.07	0.61		3.174
	6	2000	1.50	0.02	0.436	−1.50	−0.98	1.31		−1.826
	합						0.78	2.39		

(1)	(2)	(11)	(12)	(13)	(14)	(15)	(16)	(17)	(18)	(19)
폐합 관로	관로	1차 수정 Q'	$k(Q')^n$	$kn(Q')^{n-1}$	보정 유량 ΔQ	2차 수정 Q'	$k(Q')^n$	$kn(Q')^{n-1}$	보정 유량 ΔQ	3차 수정 Q
I	1	2.769	0.792	0.572	−0.009	2.760	0.787	0.571	0.001	2.760
	2	−2.231	−0.772	0.692		−2.240	−0.778	0.695		−2.240
	3	−0.406	−0.009	0.042		−0.431	−0.010	0.045		−0.430
	합		0.012	1.307			−0.001	1.310		
II	3	0.406	0.009	0.042	0.016	0.431	0.010	0.045	0.000	0.430
	4	3.174	0.521	0.328		3.190	0.526	0.330		3.190
	5	3.174	0.882	0.556		3.190	0.891	0.559		3.190
	6	−1.826	−1.452	1.591		−1.810	−1.427	1.577		−1.810
	합		−0.041	2.517			0.000	2.510		

이 풀이 과정을 각 열별로 상세하게 설명하면 다음과 같다.

(1)열: 폐합관로를 나타낸다. 관로번호나 절점번호와 구분하기 위해 보통 로마숫자를 사용한다.

(2)열: 한 폐합관로를 이루는 관로번호를 나열한다. 한 폐합관로의 마지막 행은 합계를 위해 남겨둔다.

(3)열: 각 관의 길이를 기입한다.

(4)열: 각 관의 직경을 기입한다.

(5)열: 마찰계수 f를 기입한다.

(6)열: 계수 $k = \dfrac{8fL}{g\pi^2 D^5}$를 계산해서 입력한다.

(7)열: 가정유량을 기입한다. 가정유량은 어떤 값이라도 좋으나, 각 절점에서의 조건 1(연속조건)을 만족하기 위해 한 절점에서 그 합이 반드시 0이 되어야 한다. 원래 유량에는 부호가 없으나, 이 계산에서는 흐름의 방향을 가정하고 절점에 유입될 경우 (+), 절점에서 유출될 경우 (−)로 부호를 붙인다. 이 경우 관로 ③은 폐합관로 I과 폐합관로 II가 공유하며, 가정유량 Q'의 값이 반대라는 점에 주의해야 한다.

(8)열: $k(Q')^n$를 계산하여 입력한다. 단, 주의할 것은 계산 후에 반드시 부호를 붙여야 한다. 즉, 실제 계산은 $sign(Q')k|Q'|^n$과 같이 계산한다. 이 열에서는 각 폐합관로의 마지막 행(합)에 $\sum k(Q')^n$을 계산하여 입력한다.

(9)열: $kn(Q')^{n-1}$의 계산은 $kn|Q'|^{n-1}$로 계산하고 부호를 붙이지 않는다. 이 열에서는 각 폐합관로의 마지막 행(합)에 $\sum kn(Q')^{n-1}$을 계산하여 입력한다.

(10)열: 보정유량을 $\Delta Q = -\dfrac{\sum k(Q')^n}{\sum kn(Q')^{n-1}}$로 계산하여 기입한다. 이것은 앞의 (8)열과 (9)의 마지막 행에서 합해 놓은 값을 이용하여 나누면 된다.

(11)열: 1차 수정유량은 $Q_i = Q_i' + \Delta Q$로 계산한다. 즉, 폐합관로 I에서 관로 ①과 관로 ②에는 폐합관로 I의 보정유량을 그대로 덧셈하면 된다. 또 폐합관로 II에서 관로 ④, 관로 ⑤, 관로 ⑥도 폐합관로 II의 보정유량을 더하면 된다. 다만, 관로 ③은 폐합관로 I과 폐합관로 II에서 공유하므로, 폐합관로 I의 관로 ③을 계산할 때는 폐합관로 I의 보정유량은 더하고, 폐합관로 II의 보정유량은 빼주어야 한다. (한 폐합관로에서 시계방향 흐름을 (+), 반시계방향 흐름을 (−)로 하기 때문이다.) 반면에, 폐합관로 II의 관로 ③을 계산할 때는 폐합관로 I의 보정유량은 빼주고, 폐합관로 II의 보정유량은 더해 주어야 한다.

(12)열: (8)열과 같은 방법으로 $k(Q')^n$를 계산하여 입력한다. 이때 보정유량은 (11)열에서 새로 계산된 값이다.

(13)열: (9)열과 같은 방법으로 $kn(Q')^{n-1}$의 계산하여 입력한다.

(14)열: (10)열과 같은 방법으로 보정유량을 구한다.

(15)열: (11)열과 같은 방법으로 새로 유량을 계산한다. 이때 (14)열의 보정유량의 크기가 주어진 한계보다 작을 때는 계산을 중단한다. 일반적으로 보정 유량이 ±0.01 m³/s 이하일 경우 계산을 종료한다.

(16)열: (12)열과 같은 방법으로 $k(Q')^n$를 계산하여 입력한다. 이때 보정유량은 (15)열에서 새로 계산된 값이다.

(17)열: (13)열과 같은 방법으로 $kn(Q')^{n-1}$의 계산하여 입력한다.

(18)열: (14)열과 같은 방법으로 보정유량을 구한다.

(19)열: (15)열과 같은 방법으로 새로 유량을 계산한다. 이때 (18)열의 보정유량의 크기가 주어진 한계보다 작을 때는 계산을 중단한다. 일반적으로 보정유량이 ±0.01 m³/s 이하일 경우 계산을 종료한다. ■

예제 7.4-2 ★★★

다음 그림에 주어진 관망에서 각 관에 흐르는 유량을 구하라. 이때 관의 마찰계수는 $f = 0.03$으로 가정하라. 이때 공급유량은 $Q_A = 0.22$ m³/s이고, 사용유량은 $Q_B = 0.06$ m³/s, $Q_C = 0.04$ m³/s, $Q_D = 0.03$ m³/s, $Q_E = 0.05$ m³/s, $Q_F = 0.04$ m³/s이다. 계산의 편의를 위해 각 관로의 초기 가정 유량은 그림과 같이 부여하였다.

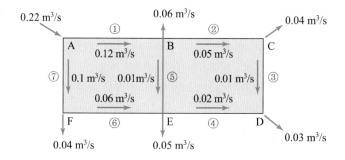

그리고 각 관로의 제원은 다음과 같다.

관로	①	②	③	④	⑤.	⑥	⑦
길이 m	600	600	200	600	200	600	200
직경 m	0.25	0.15	0.10	0.15	0.10	0.15	0.20
가정유량(m³/s)	0.12	0.05	0.01	0.02	0.01	0.06	0.10
계수 k	59,831.6	19,605.6	49,626.7	19,605.6	6,535.2	19,605.6	1,550.8

풀이

이 계산은 앞의 예제 7.5–1의 계산을 좀 더 간략하게 표현한 것이다. 각 계산은 Microsoft Excel을 이용하였으며, 결과는 다음 표와 같다.

(1) 폐합관로	(2) 관로	(3) 계수 k	(4) 가정 유량 Q'	(5) $k(Q')^n$	(6) $kn(Q')^{n-1}$	(7) 보정 유량 ΔQ	(8) 1차 수정 Q'	(9) $k(Q')^n$	(10) $kn(Q')^{n-1}$	(11) 보정 유량 ΔQ	(12) 2차 수정 Q'
I	1	59831.6	0.120	861.6	14359.6	−0.045	0.075	334.3	4472.5	−0.012	0.063
	5	6535.2	0.010	0.7	130.7		−0.027	−4.6	173.5		−0.019
	6	19605.6	−0.060	−70.6	2352.7		−0.105	−217.2	2063.4		−0.117
	7	1550.8	−0.100	−15.5	310.2		−0.145	−32.7	225.3		−0.157
	합		합	776.1	17153.1		합	79.8	6934.7		
II	2	19605.6	0.050	49.0	1960.6	−0.009	0.041	33.4	809.6	−0.019	0.022
	3	49626.7	0.010	5.0	992.5		0.001	0.1	64.3		−0.018
	4	19605.6	−0.020	−7.8	784.2		−0.029	−16.2	562.8		−0.048
	5	49626.7	−0.010	−5.0	992.5		0.027	35.0	1317.2		0.019
			합	41.2	4729.9		합	52.3	2753.9		

이 풀이 과정을 각 열별로 상세하게 설명하면 다음과 같다.

(1)열: 폐합관로를 나타낸다. 관로번호나 절점번호와 구분하기 위해 보통 로마숫자를 사용한다.

(2)열: 한 폐합관로의 이루는 관로번호를 나열한다. 한 폐합관로의 마지막 행은 합계를 위해 남겨둔다.

(3)열: 계수 $k = \dfrac{8fL}{g\pi^2 D^5}$를 계산해서 입력한다.

(4)열: 가정유량을 기입한다. 가정유량은 어떤 값이라도 좋으나, 각 절점에서의 조건 1(연속조건)을 만족하기 위해 한 절점에서 그 합이 반드시 0이 되어야 한다. 원래 유량에는 부호가 없으나, 이 계산에서는 흐름의 방향을 가정하고 절점에 유입될 경우 (+), 절점에서 유출될 경우 (−)로 부호를 붙인다. 이 경우 관로 ⑤는 폐합관로 I과 폐합관로 II가 공유하며, 가정유량 Q'의 값이 반대라는 점에 주의해야 한다.

(5)열: $k(Q')^n$를 계산하여 입력한다. 단, 주의할 것은 계산 후에 반드시 부호를 붙여야 한다. 즉 실제 계산은 $sign(Q') \, k|Q'|^n$과 같이 계산한다. 이 열에서는 각 폐합관로의 마지막 행(합)에 $\sum k(Q')^n$을 계산하여 입력한다.

(6)열: $kn(Q')^{n-1}$의 계산은 $kn|Q'|^{n-1}$로 계산하고 부호를 붙이지 않는다. 이 열에서는 각 폐합관로의 마지막 행(합)에 $\sum kn(Q')^{n-1}$을 계산하여 입력한다.

(7)열: 보정유량을 $\Delta Q = -\dfrac{\sum k(Q)^n}{\sum kn(Q)^{n-1}}$ 로 계산하여 기입한다. 이것은 앞의 (8)열과 (9)의

마지막 행에서 합해 놓은 값을 이용하여 나누면 된다.

(8)열: 1차 수정유량은 $Q_i = Q_i' + \Delta Q$로 계산한다. 즉 폐합관로 I에서 관로 ①, 관로 ⑥, 관로 ⑦에는 폐합관로 I의 보정유량을 그대로 덧셈하면 된다. 또 폐합관로 II에서 관로 ②, 관로 ③, 관로 ④도 폐합관로 II의 보정유량을 그대로 더하면 된다. 다만, 관로 ⑤는 폐합관로 I과 폐합관로 II에서 공유하므로, 폐합관로 I의 관로 ⑤를 계산할 때는 폐합관로 I의 보정유량은 더하고, 폐합관로 II의 보정유량은 빼주어야 한다. (한 폐합관로에서 시계방향 흐름을 (+), 반시계방향 흐름을 (−)로 하기 때문이다.) 반면에, 폐합관로 II의 관로 ③을 계산할 때는 폐합관로 I의 보정유량은 빼주고, 폐합관로 II의 보정유량은 더해 주어야 한다.

(9)열: (5)열과 마찬가지로 $k(Q')^n$를 계산하여 입력한다.

(10)열: (6)열과 마찬가지로 $kn(Q')^{n-1}$를 계산하여 입력한다.

(11)열: (7)열과 마찬가지로 보정유량을 $\Delta Q = -\dfrac{\sum k(Q')^n}{\sum kn(Q')^{n-1}}$ 로 계산하여 기입한다.

(12)열: (8)열과 마찬가지로 2차 수정유량을 $Q_i = Q_i' + \Delta Q$로 계산한다. 이때 (11)열의 보정유량의 크기가 주어진 한계보다 작을 때는 계산을 중단한다. ∎

쉬어가는 곳 관로 흐름과 전류의 유사성

관로 흐름과 전기 흐름(전류)은 매우 비슷하다. Hardy-Cross 법은 물리학에서 배운 전기의 키르히호프의 법칙 (Kirchhoff's law)과 수학적으로 많이 닮았다. 이처럼 실제 현상은 완전히 다르지만 수학적으로 닮았을 때 이를 유사성(analogy)이라 한다. 키르히호프의 법칙은 다음과 같다.

1) 어떤 폐합관로의 임의의 점에 흘러드는 전류의 합은, 그곳에서 흘러나가는 전류의 합과 같다.
2) 폐합관로를 한 바퀴 돌면 각 저항에 의한 전압강하의 합은 그 회로 중에 있는 기전력의 합과 같다.

관로 흐름과 비교해 보면, 1)은 연속식에 해당하며, 2)는 흐름저항에 의한 수두손실에 해당한다. 그리고 기전력이 수두차에 해당한다. 이를 정리하면 다음 표와 같다.

비교항목	관로 흐름	전류
흐름	유속 V	전류 i
기인력	수두차, 수두손실 h_L	전압 V
저항법칙	Darcy-Weisbach의 식	Ohm의 법칙
손실	열소산	열
포텐셜	수위	전위

이렇게 생각하면, 직렬관로에서 각 관로의 유량이 같고 총수두손실은 합산을 하는 것은 마치 건전지의 직렬연결과 유사하다는 것을 이해하기 쉬울 것이다. 또 병렬연결에서는 각 관로의 수두손실이 같고, 유량을 전부 합산해야 한다는 것은 건전지의 병렬연결과도 유사성이 있다.

관망 해석 프로그램

상수관망을 해석하는 프로그램은 KYPIPE, LOOPS, EPANET과 같은 프로그램들이 광범위하게 이용되고 있다. 이 중에서 EPANET은 미국 수질보전국(EPA, Environemtal Protection Agency)의 물 공급과 수자원 부문에서 개발된 관망 해석용 공개 소프트웨어이다. 압력 관망 내에서의 수리, 수질 거동을 시간적으로 모의하고 상수도의 공급과 물 성분의 움직임의 이해를 개선할 수 있도록 설계되었다. EPANET은 1993년에 처음으로 만들어졌다. EPANET2는 오픈소스 툴킷(C 응용 프로그램 그래밍 인터페이스)으로 만들어져 있다. 이 엔진은 많은 소프트웨어 회사에서 GIS와 결합되어 더 강력한 패키지 프로그램으로 만들어져 사용되고 있다. EPANET에 대한 자세한 설명과 관련 문서는 https://www.epa.gov/water-research/epanet에서 찾아볼 수 있다.

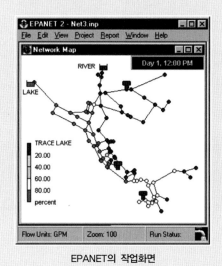

EPANET의 작업화면

(2) 연습문제

문제 7.4-1 (★★★)

Hardy Cross 법을 이용하여 다음 그림과 같은 관망에서 각 관로에 흐르는 유량을 구하라. 이때 모든 관의 마찰손실계수는 $f = 0.02$로 같다고 보고, 수두손실은 Darcy-Weisbach식을 이용하라.

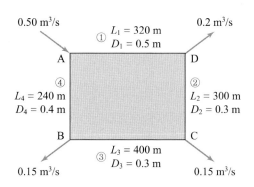

317

문제 7.4-2 (★★★)

다음 그림과 같은 관로에서 모든 관의 마찰손실계수는 $f = 0.024$로 동일하다. Hardy Cross 법으로 각 관의 유량을 구하라.

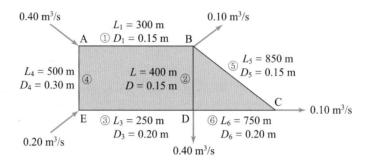

8장

개수로 흐름

인간은 물이 없이 삶을 영위할 수 없으며, 충분한 물을 제때 공급하려는 노력을 기울여 왔다. 물을 공급하는 수로는 크게 두 가지로 구분할 수 있는데, 그 첫 번째가 앞의 6장과 7장에서 다룬 관수로 흐름이다. 즉 인간생활을 영위하는 데 핵심이 되는 물 이용(상수도)을 위한 부분이다. 반면, 인간이 사는 공간에 관련된 하천과 호소의 물이 있다. 하천과 호소는 인간이 생활하는 데 필요한 수자원을 공급하기도 하지만 때때로 홍수라고 하는 재해를 유발한다. 따라서 홍수를 이해하고 여기에 대처하는 것은 인간 문명이 존재하기 위한 필수적인 부분이다. 이들을 다루는 분야가 개수로 수리학이다. 이 장에서는 개수로 수리학의 기본적인 사항들을 다룬다.

루이 마리 앙리 나비에(Louis Marie Henri Navier, 1785-1836)
프랑스의 드종에서 태어남. 교육과 교량 공학 분야에서 활약하였다. 파리의 세느강을 건너는 현수교에 대한 설계는 대중의 관심을 불러일으켰다. 오일러가 연구한 힘에 추가하여 이웃하는 분자 사이의 척력과 흡착에 의한 가상의 힘의 연구를 통하여 유체의 움직임을 해석하여 유체의 운동방정식을 발견하였다. 그 뒤, 코시(Cauchy), 푸아송(Poisson), 상베낭(Saint Venant), 스토크스(Stokes) 등에 의해 점성을 포함하는 현재의 방정식으로 유도되었다.

8.1 개수로의 생김새

(1) 개수로의 표현

개수로, 특히 하천을 그림으로 표현할 때는 그림 **8.1-1**과 같이 표현한다. 이들을 그릴 때는 다음과 같은 관습적인 약속이 있다.

그림 **8.1-1(a)**의 조감도나 그림 **8.1-1(b)**의 평면도에는 흐름 방향을 화살표로 표시해 주는 것이 좋다. 평면도는 북쪽이 위로 가도록 그리는 것이 일반적이며, 대부분의 경우 방향표시를 해준다. 그림 **8.1-1(c)**의 종단도의 경우 상류를 왼쪽, 하류를 오른쪽에 그리는 것이 일반적이나, 거리표시와 함께 그리는 경우는 반대로 하기도 한다. 이것은 하도의 거리를 표시할 때, 하류 경계를 기점으로 하는 경우가 많기 때문이다. 그림 **8.1-1(d)**의 횡단도는 항상 흐름의 하류 방향을 바라보고 그리며, 이를 기준으로 좌안(left side)과 우안(right side)을 구분한다. 하천에서 제방을 기준으로 제방 안쪽, 즉 물이 흐르는 지역을 제외지(堤外地, forceland)라 부르고, 제방 바깥, 즉 사람이 사는 쪽을 제내지(堤內地, inland)라 부른다. 이것은 옛날에 하천변에 사람이 살기 시작할 무렵 원형 제방(윤중제)을 쌓고 그 안쪽 지역을 보호하던 것에 유래하였다고 한다. 이런 유래를 생각하지 않더라도, 하천의 구역을 표시할 때 사람을 중심으로 이름을 붙인 것이라 생각하면 이해하기 쉬울 것이다.

하천의 형태를 나타낼 때는 횡단면형을 중심으로 구분하는 경우가 많다. 자연하도의 횡단면형은 불규칙한 것이 일반적이나, 개수된 하천의 경우에는 단단면 또는 복단면 사다리꼴이 많다. 반면, 인공수로의 횡단면형에는 직사각형, 사다리꼴, U자형 등이 많이 사용되고, 배수로나 하수관에는 원형, 말굽형 등이 사용된다.

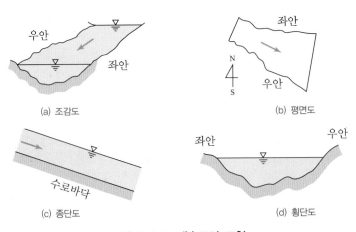

(a) 조감도

(b) 평면도

(c) 종단도

(d) 횡단도

그림 **8.1-1** 개수로의 표현

기초 수리학

(2) 개수로의 종류

개수로는 크게 자연수로(natural channel)와 인공수로(artificial channel)로 나눌 수 있다. 자연수로는 자연의 유사이동현상(sediment transport phenomena)에 의해 형성되고 인위적인 손길이 많이 닿지 않은 시내(creeks), 크고 작은 하천(rivers), 하천이 바다와 접하는 하구(estuary) 등이 이에 속한다. 인공수로는 인위적인 노력에 의해 형성된 수로로 주운 수로(navigation channel) 또는 운하(canals), 관개수로(irrigation canals), 배수로(drainage ditches) 등이 이에 속한다. 개수로를 구분해서 가리키는 용어를 몇 가지 살펴보면 다음과 같다.

- 균일수로(prismatic channel): 수로 단면 형상과 수로경사가 일정하여 막대 형상을 이루는 수로[a]를 말한다. 이와 반대로 단면이나 경사가 일정하지 않은 수로를 비균일수로(nonprismatic channel)라 한다.

- 운하(canal): 일반적으로 지표면을 굴착해서 만든 비교적 길고 완만한 경사를 가진 수로를 말한다. 운하의 목적은 대개 주운을 위한 것이며, 이 때문에 運河라는 이름을 사용한다. 운하는 콘크리트, 잔디, 목재, 금속 또는 인공재료로 피복을 한 운하(lined canal)와 피복하지 않은 운하(unlined canal)로 나눌 수 있다.

- 플룸(flume): 지표면보다 위에 콘크리트, 목재, 석재, 금속 등을 이용하여 설치한 수로를 말한다. 인공수로라고 하면 대개 이 플룸이라 생각해도 좋다. 실험을 위해 설치한 실험실 수로도 이 플룸에 해당한다.

- 급경사수로(chute)와 낙차공(drop structure): 급경사수로는 댐이나 보의 여수로와 같이

(a) 균일수로(농수로)

(b) 운하(수에즈운하)

(c) 플룸(서울대공원 플룸라이드)

(d) 급경사수로(소양강댐 여수로)

(e) 낙차공(창릉천 낙차공)

(f) 암거(수로암거)

그림 **8.1-2** 인공 개수로의 종류

---

a) 일부 책에서는 띠형 수로라는 의미에서 '대상수로'라는 용어를 사용하기도 한다.

급경사를 가진 수로를 말하며, 낙차공은 급경사 또는 연직의 낙하부를 갖는 수로를 말한다.

- 암거(culvert): 도로나 철도를 횡단하기 위해 부분적으로 물이 차서 흐르도록 만든 수로를 말하며, 배수가 용이하도록 보통 길이가 짧고 약간의 경사를 갖는다.

(3) 개수로의 기하적 요소와 용어

개수로의 수리계산에 필요한 단면의 기하학적 요소들에는 수심, 수면폭, 수로폭[b], 단면적, 수로경사, 측면경사, 거리 등이 있으며, 그림 **8.1-3**을 이용하여 살펴보면 다음과 같다.

- 거리(distance): 어떤 기준지점에서 상류방향으로 잰 거리이다. 기호로 보통 x로 나타낸다. 하천의 하구 또는 본류와의 합류점에서부터 잰 km 단위의 거리로 하천의 위치를 나타내며, 이때는 기점거리라고 표현한다.
- 수심(depth): 수면에서 수로바닥까지 연직방향(중력방향)으로 측정한 깊이이다. 보통 기호로 d로 나타낸다. 한편, 수심을 수로바닥에서 수면까지 수로경사에 직각방향으로 측정한 거리라고 볼 수도 있는데, 이때는 기호로 보통 y를 사용한다.
- 수위(water level, water stage): 어떤 기준면에서 수면까지 연직방향으로 측정한 높이이다. 기호로는 h를 사용하며, 크기를 나타낼 때는 m 단위로 나타내거나 표고를 이용하여 El. m로 표시한다[c].
- 수로폭(bottom width): 수로바닥의 폭을 나타내며, 기호로는 보통 B로 나타낸다. 수로바닥을 확실히 구별할 수 있는 직사각형 수로나 사다리꼴 수로에서만 사용하는 용어이다.

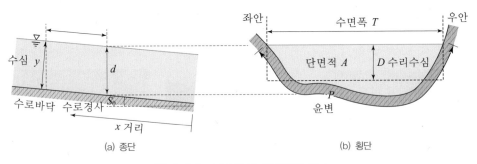

그림 **8.1-3** 개수로의 기하학적 요소

---

b) 수로바닥폭 또는 저면폭이라고도 한다. 수로의 바닥부가 확실하게 구별되는 직사각형 수로 또는 사다리꼴 수로에서만 사용한다.
c) El. = Elevation

- 수면폭(top width): 수면의 폭을 나타내며, 기호로는 보통 T를 사용한다. 직사각형 수로인 경우 수로폭과 수면폭은 같다.

- 횡단면적(cross-sectional area): 개수로 흐름의 횡단면[d]의 면적을 말하며, 종종 유수단면적(flow area), 유적(flow area)이라고도 하며, 개수로 흐름에서 단면적 또는 면적이라 하면, 이 횡단면적을 말한다. 기호로는 A를 이용한다.

- 윤변(wetted perimeter): 횡단면에서 물과 접하는 고체 경계면의 길이로, 주변의 길이(젖은 부분의 길이)를 말한다. 기호로는 P를 사용한다.

- 수리반경(hydraulic radius): 단면적을 윤변으로 나눈 것[e]이다.

$$R_h \equiv \frac{A}{P} \tag{8.1-1}$$

기호로는 보통 R이나 R_h를 사용하나, 이 책에서는 R_h만을 사용한다.

- 수리수심(hydraulic depth): Chow(1959)가 처음 제시[f]한 것이며, 단면적을 수면폭으로 나눈 값[g]이다. 수리수심은 수면폭에 대한 평균수심이라고 볼 수 있다. 수리수심을 나타내는 기호는 보통 D를 사용한다.

$$D \equiv \frac{A}{T} \tag{8.1-2}$$

- 단면계수(section coefficient): 단면적에 수리수심의 제곱근을 곱한 것이며, 기호로는 보통 Z를 사용한다.

$$Z \equiv A\sqrt{D} = \sqrt{\frac{A^3}{T}} \tag{8.1-3}$$

- 수로경사(channel slope): 수로바닥의 종단방향 경사를 말하며, 기호로는 보통 S_0를 사용한다.

- 측면경사(side slope): 사다리꼴 수로에서 수로 옆면의 경사를 말하며, 보통 m이라는 기호를 사용한다. 측면경사를 $1:m$으로 표현하든 $m:1$로 표현하든 상관없이 항상 경사의 연직방향 높이 1에 대해 경사의 수평방향 거리가 m이라는 의미이다.

---

d) 횡단면은 흐름(유속벡터)에 직각을 이루는 단면이다.
e) 동수반경으로 표현하는 책도 다수 있으며, 일본 번역서에서는 수리경심으로 표현하기도 한다. 이 책에서는 수리반경만을 사용한다.
f) Chow, V. T. (1959). Open Channel Hydraulics, McGraw-Hill, New York.
g) 책에 따라서는 수리평균심(hydraulic mean depth)으로 표현하기도 한다.

- 단위폭당 유량(discharge per unit width): 직사각형 수로에서 유량 Q를 수로폭 B로 나눈 것을 말하며, 기호로는 보통 q를 사용한다. 유량의 단위는 보통 $\mathrm{m^3/s}$이고, 수로폭의 단위는 보통 m이므로, 단위폭당 유량의 단위는 1장의 '단위의 표기법'에 따라서 보통 $\mathrm{m^3/(s \cdot m)}$를 사용한다. 이 표기법에 따르면 $\mathrm{m^3/s/m}$나 $\mathrm{m^3/s \cdot m}$는 사용하지 말아야 한다. 또 단위의 분자와 분모에 m이 공통으로 들어 있다고 해도 약분해서 $\mathrm{m^2/s}$를 사용하지는 않는다.

표 **8.1-1**은 몇 가지 단면의 주요 기하학적 요소를 나타낸 것이다. 이 중에서 직사각형 단면과 삼각형 단면은 사다리꼴 단면의 특수한 형태라 생각할 수 있다.

표 **8.1-1** 개수로 단면의 기하학적 요소

단면형	단면적 A	수면폭 T	윤변 P	수리반경 R_h
	By	B	$B+2y$	$\dfrac{By}{B+2y}$
	my^2	$2my$	$2y\sqrt{1+m^2}$	$\dfrac{my^2}{2y\sqrt{m^2+1}}$
	$(B+my)y$	$B+2my$	$B+2y\sqrt{1+m^2}$	$\dfrac{(B+my)y}{B+2y\sqrt{m^2+1}}$
	$\dfrac{D^2}{8}(\theta-\sin\theta)$	$D\sin\dfrac{\theta}{2}$	$D\dfrac{\theta}{2}$	$\dfrac{D}{4}\left(1-\dfrac{\sin\theta}{\theta}\right)$
	$\theta = 2\cos^{-1}\left(1-\dfrac{2y}{D}\right)$			

예제 8.1-1 ★★★

다음 그림과 같은 사다리꼴 수로에서 바닥폭이 5 m, 수심이 1 m, 측면경사가 2 : 1일 때 수리반경을 구하라.

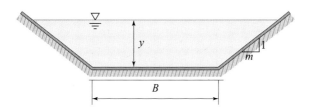

주어진 자료를 이용하여

단면적 $A = (B+my)y = (5+2\times1)\times1 = 7 \text{ m}^2$

윤변 $P = B+2y\sqrt{1+m^2} = 5+2\times1\times\sqrt{1+2^2} = 9.47 \text{ m}$

수리반경 $R_h = \dfrac{A}{P} = \dfrac{7.00}{9.47} = 0.739 \text{ m}$ ∎

쉬어가는 곳 **개수로 단면**

표 **8.1-1**의 개수로 단면은 개수로 흐름을 다룰 때 기억해 두어야 할 중요한 요소이다. 그런데 여기서 직사각형 단면, 삼각형 단면, 사다리꼴 단면은 따로 따로 기억할 필요 없이 사다리꼴 단면 하나만 기억해 두면 된다. 즉 사다리꼴 단면에서 측면경사 $m = 0$이면 바로 직사각형 단면이 되고, 바닥폭 $B = 0$이면 바로 삼각형 단면이 되기 때문이다.

(4) 연습문제

문제 **8.1-1** (★☆☆)

그림과 같은 복단면 수로에서 윤변과 수리반경을 구하라.

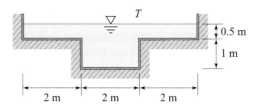

8.2 개수로 흐름

(1) 개수로 흐름의 에너지

개수로 흐름(open channel flow)은 대기와 접하는 자유수면(free surface)을 갖는 흐름이다. 개수로 흐름은 그림 **8.2-1**과 같이 하천이나 운하와 같이 대기에 완전히 노출되어 흐르는 경우도 있고, 하수관과 같이 폐합단면의 일부만 차서 흐르는 경우도 있다. 개수로 흐름은 관로의 종류에 상관없이 자유수면을 갖는 흐름을 말한다.

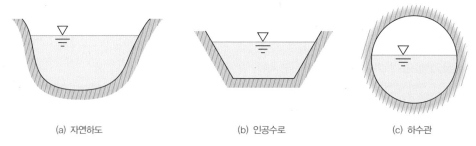

(a) 자연하도 (b) 인공수로 (c) 하수관

그림 **8.2-1** 개수로 흐름의 예

에너지 관점에서 개수로 흐름을 살펴보자. 개수로 흐름을 발생시키는 힘은 중력이다. 즉 중력이 물에 작용하여 물을 아랫방향으로 흐르게 만드는 것이다. 즉 개수로에서 물이 흐르는 현상은 물의 위치수두가 유속수두로 바뀐다는 의미이다. 이렇게 물이 흘러내리는 동안 에너지를 잃게 되고, 바다나 호소와 같은 낮은 곳에 이르러 정지하면 다시 위치수두로 바뀌게 된다. 이 물이 흐르는 과정에서 윤변에서의 마찰력이나 흐름의 난류 에너지 소산과 같은 에너지 손실이 발생하게 된다.

개수로 흐름을 에너지 관점에서 표현하면 그림 **8.2-2**와 같다.

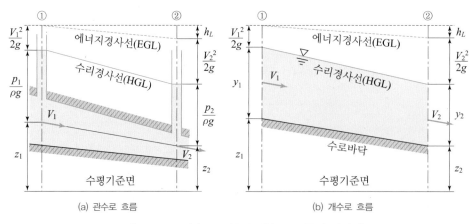

(a) 관수로 흐름 (b) 개수로 흐름

그림 **8.2-2** 관수로 흐름과 개수로 흐름의 에너지

기초 수리학

(2) 개수로 흐름의 분류

개수로 흐름은 분류 방법에 따라 다양하게 나눌 수 있다.

■ 층류와 난류

관로 흐름의 경우와 마찬가지로 레이놀즈수(Reynolds number) Re를 이용하여 층류와 난류를 구분할 수 있다. 그러나 개수로에서는 직경이 없으므로, 직경 대신에 수리반경 R_h를 이용한 레이놀즈수를 사용하며, 이 레이놀즈수를 관로의 레이놀즈수와 구별하여 개수로 레이놀즈수라고도 한다. 개수로에서 레이놀즈수라고 하면 다음의 개수로 레이놀즈수를 의미한다.

$$\mathrm{Re} = \frac{V R_h}{\nu} \tag{8.2-1}$$

여기서 V는 단면평균유속이고, R_h는 수리반경, ν는 물의 동점성계수이다.

관로의 경우 $R_h = D/4$이고, 임계레이놀즈수가 약 2,100이므로, 개수로의 임계레이놀즈수는 근사적으로 500 정도가 된다[식 (4.3-5) 참조]. 즉 Re < 500이면, 층류 상태이고, Re > 1,250이면 난류 상태이다. 그런데 물은 점성이 매우 작고, 개수로의 경우는 흐름의 규모가 크기 때문에 대부분의 경우 난류 상태이다. 즉 개수로에서는 거의 대부분의 흐름이 난류라 보고, 층류에 대해서는 고려하지 않아도 문제가 없다. 이 때문에 개수로 흐름을 다룰 때는 레이놀즈수에 대해서는 거의 관심을 두지 않는다.

예제 8.2-1　　　　　　　　　　　　　　　　　　　　　　　　★★★

폭 10 m의 직사각형 단면 수로에 수심 1 m로 20 ℃의 물($\nu = 1.0 \times 10^{-6}$)이 흐른다. 유량이 4 m³/s일 때 이 흐름은 층류인가 난류인가 구분하라.

풀이 │

수리반경 $R_h = \dfrac{A}{P} = \dfrac{10 \times 1}{10 + 2 \times 1} = 0.833$ m

유속 $V = \dfrac{Q}{A} = \dfrac{4}{10} = 0.4$ m/s

레이놀즈수 $\mathrm{Re} = \dfrac{V R_h}{\nu} = \dfrac{0.4 \times 0.833}{1.0 \times 10^{-6}} = 3.33 \times 10^5 > 1,250$

따라서 흐름은 난류이다.　　　　　　　　　　　　　　　　　　　　　■

■ 완류(상류), 임계류(한계류), 사류

개수로의 경우에는 동력원이 중력이므로, 중력을 고려하여 흐름 상태를 구별할 수 있다. 이를 위한 지표로 만든 것이 다음과 같은 프루드수(Froude number)이다.

$$\mathrm{Fr} = \frac{V}{\sqrt{gy}} \tag{8.2-2}$$

여기서 V는 단면평균유속이고, g는 중력가속도, y는 수심이다.

프루드수가 $\mathrm{Fr} < 1$일 때는 완류(subcritical flow, 상류), $\mathrm{Fr} = 1$이면 임계류(critical flow, 한계류), $\mathrm{Fr} > 1$이면 사류(supercritical flow)라고 부른다. 완류(상류), 임계류(한계류), 사류의 구분은 개수로 흐름을 다룰 때 핵심이 되는 요소이다.

예제 8.2-2 ★★★

폭 10 m의 직사각형 단면 수로에 수심 1 m로 20 ℃의 물($\nu = 1.0 \times 10^{-6}$)이 흐른다. 유량이 4 m³/s일 때 이 흐름은 완류(상류)인가 사류인가 구분하라.

풀이

유속 $V = \dfrac{Q}{A} = \dfrac{4}{10} = 0.4$ m/s

프루드수 $\mathrm{Fr} = \dfrac{V}{\sqrt{gy}} = \dfrac{0.4}{\sqrt{9.8 \times 1.0}} = 0.128 < 1.0$

따라서 이 흐름은 완류(상류)이다. ∎

■ 정상류와 부정류

관로 흐름과 마찬가지로 개수로 흐름에서 시간의 경과에 따른 흐름 특성의 변화에 따라 정상류(steady flow)와 부정류(unsteady flow)로 나눌 수 있다. 정상류는 흐름 내의 임의의 한 점의 흐름 특성(유속, 수심, 압력 등)이 시간에 따라 변하지 않는 흐름을 말하며, 부정류는 이런 흐름 특성이 시간에 따라 변하는 흐름을 말한다. 이를 편미분으로 나타내면 다음과 같다.

$$\text{정상류: } \frac{\partial \phi}{\partial t} = 0 \tag{8.2-3a}$$

$$\text{부정류: } \frac{\partial \phi}{\partial t} \neq 0 \tag{8.2-3b}$$

여기서 ϕ는 유속, 수심, 압력 등의 흐름 특성값이고, t는 시간이다.

개수로 흐름 문제를 해석할 때는 정상류로 가정하는 경우가 많으며, 홍수 흐름과 같이 시간에 따라 흐름 특성이 급격하게 변화하는 경우는 부정류로 해석한다. 부정류

쉬어가는 곳 **임계류(한계류), 완류(상류)와 사류**

critical flow는 많은 문헌에서 '한계류'라고 부른다. critical은 보통 '위태로운'이라고 번역하지만, '어떤 상황이 경계에 다다른'이란 의미이며, 어떤 상태 또는 상황이 다른 새로운 상태나 상황으로 바뀌는 경계를 의미한다. 이런 면에서 critical은 limited 또는 extreme과는 다른 의미이다. 이와 같이 경계에 임박한 경우 물리학이나 기계분야 유체역학에서는 '임계'라는 용어를 이용하며, 이 책에서는 이에 맞추어 critical flow를 '임계류'로 부르기로 한다. 다만, 현재 통용되고 있는 '한계류'라는 용어를 한 번에 바꿀 수 없으니 가능하면 두 용어를 병기한다.

subcritical flow와 supercritical flow는 많은 문헌에서 '상류(常流)'와 '사류(射流)'라는 용어를 사용하며, 일부 유체역학 서적에서는 '아임계류(subcritical flow)'와 '초임계류(supercritical flow)'라는 용어를 사용한다. 상류와 사류는 일본에서 번역한 용어를 그대로 수용한 것이다. 그런데 일본어에서는 상하류에서 upstream을 의미하는 상류(上流)와 subcritical flow를 의미하는 상류(常流)는 발음이 다르다. 그래서 일본어에서는 upstream과 subcritical flow를 혼동할 우려가 없다. 그런데 우리말에서는 上流와 常流가 같은 발음이기 때문에 이 용어를 사용하는 데는 많은 문제가 생긴다. 그래서 이 용어를 바꾸고자 하는 논의가 여러 차례 있었으나, 아직까지 이 용어를 그대로 사용하고 있다.

중국에서는 subcritical flow를 완류(緩流), critical flow를 임계류(臨界流), supercritical flow를 급류(急流)로 표기한다. 이 완류라는 용어는 우리도 듣기만 하면 어떤 흐름인지 쉽게 와닿기 때문에 이 용어를 우리도 채택하는 것이 좋겠다고 생각하여, 이 책에서는 subcritical flow를 완류(緩流)라 부르기로 한다. 다만, 임계류와 마찬가지로 현재 사용 중인 상류도 병기하여 혼동을 막고자 한다. supercritical flow를 '급류'로 바꾸는 것은, 일반적으로 급류라고 하면 rapid flow라는 개념으로 일반적으로 쓰는 용어이므로, 새로운 혼동을 불러일으킬 수 있어 supercritical flow는 그대로 사류(射流)로 부르기로 한다. 다른 문헌과 대조해 볼 때는 항상 유념하기 바란다.

해석은 개수로 흐름 중에서 가장 어려운 부분이며, 이 책의 범위를 벗어난다.

■ 등류와 부등류

관로 흐름과 마찬가지로 개수로 흐름에서 공간(특히 주흐름 방향)의 변화에 따른 흐름 특성의 변화에 따라 등류(uniform flow)와 부등류(nonuniform flow)로 나눌 수 있다. 등류는 흐름 내의 어떤 구간의 흐름 특성(유속, 수심, 압력 등)이 주흐름 방향을 따라 변하지 않는 흐름을 말한다. 반면, 부등류는 이런 흐름 특성이 주흐름 방향을 따라 변하는 흐름을 말한다. 이를 편미분으로 나타내면 다음과 같다.

$$등류: \frac{\partial \phi}{\partial s} = 0 \tag{8.2-4a}$$

$$부등류: \frac{\partial \phi}{\partial s} \neq 0 \tag{8.2-4b}$$

여기서 ϕ는 유속, 수심, 압력 등의 흐름 특성값이고, s는 주흐름 방향이다.

부등류는 공간적인 흐름의 변화 정도에 따라 점변류(GVF, gradually varied flow)와 급변류(RVF, rapidly varied flow)로 나눈다. 점변류는 하도 구간에서 흐름 특성이 점진적으로 완만하게 변하는 흐름이며, 급변류는 비교적 급격하게 변하는 흐름을 말한다. 흐름 특성을

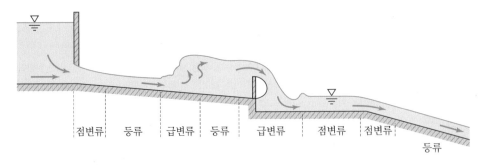

점변류 | 등류 | 급변류 | 등류 | 급변류 | 점변류 | 점변류

등류

그림 **8.2-3** 개수로 흐름의 상태 변화

대표하는 것으로 수위를 생각하면, 점변류는 저수지나 보와 같은 하천 횡단구조물 상
류의 흐름이 대표적이며, 급변류는 도수(hydraulic jump)와 폭포(water fall)가 대표적이다. 그림
8.2-3은 일정 구간의 개수로의 흐름 상태를 상류부터 하류까지 보인 것이다. 다만, 그
림에서 공간적인 크기는 축척에 맞추어 그린 것이 아니라는 점은 유의할 필요가 있다.

시간의 변화를 함께 생각하면, 개수로 흐름은 ① 정상등류(steady uniform flow), ② 정상
부등류(steady nonuniform flow), ③ 부정등류(unsteady uniform flow), ④ 부정부등류(unsteady nonuniform
flow)의 네 가지로 나눌 수 있다. 이 중에서 정상등류가 개수로 흐름에서 가장 기초적인
흐름이다. 정상부등류는 흐름 특성이 시간에 따라서는 변하지 않으나 공간적으로는
변하는 흐름으로 일반적인 개수로 흐름에서 가장 많이 다루는 흐름이다. 반면, 부정등
류는 흐름 특성이 시간적으로 변하되 공간적으로 모든 지점에서 동시에 동일하게 변하
는 흐름으로, 실제로는 존재하지 않으며 이론상으로만 가능한 흐름이다. 마지막의 부
정부등류는 흐름 특성이 시간과 공간적으로 모두 변하는 흐름이며, 홍수 흐름이 대표
적인 예이다. 이 부정부등류는 해석하기가 가장 어렵다. 그런데 부정등류는 존재하지
않기 때문에 일반적으로 부정류라고 하면 이 부정부등류를 말한다.

(3) 연습문제

문제 8.2-1 (★☆☆)

폭이 4 m인 사각형 수로에 0.5 m 깊이로 20 ℃의 물($\nu = 1.0 \times 10^{-6}$ m^2/s)이 흐르고 있다. 이
흐름이 층류 상태를 유지하기 위한 최대유속은 얼마인가?

문제 8.2-2 (★☆☆)

폭이 넓은 사각형 수로에서 수심 2 m로 물이 흐를 때, 단위폭당 유량이 2 m^3/(s·m)일 때 이 흐름
은 완류인가 사류인가?

8.3 개수로 유속 분포

(1) 횡단면 유속 분포

관로 흐름에서는 관벽에서 작용하는 마찰력 때문에 관벽 근처에서 유속이 느리고 관 중심에서 유속이 최대가 된다. 즉 횡단면 유속 분포가 상당히 단순한 형태로 되며, 이를 적절한 수학식으로 표현할 수 있다. 그러나 개수로 흐름에서는 수로벽(수로바닥과 측면)에서 마찰력이 작용하고, 자유표면에서도 마찰력이 작용하여 이 둘의 크기에 따라 흐름 양상이 복잡하게 된다. 따라서 관로와 같은 균일한 유속 분포를 기대할 수 없으며, 복잡한 유속 분포를 보이게 된다. 그림 **8.3-1**은 다양한 개수로의 횡단면 유속 분포를 예로 보인 것이다.

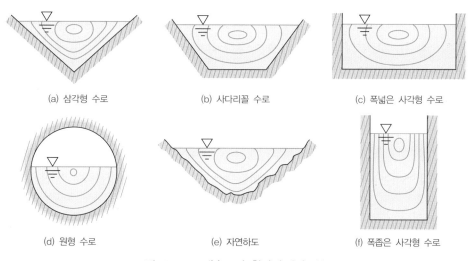

그림 **8.3-1** 개수로의 횡단면 유속 분포

개수로의 횡단면 유속 분포에 가장 큰 영향을 미치는 것은 수로벽(수로바닥과 측면)이다. 따라서 수로벽에서 가장 먼 곳이 마찰이 가장 적으며 유속이 가장 빠르게 된다. 그런데 개수로에는 자유표면(수면)이 있으므로, 여기서 생기는 마찰(공기와의 마찰, 바람의 작용, 표면파의 생성 등) 때문에 수면에서 최대유속이 생기지 않고, 그보다 약간 아래에서 최대유속이 발생한다.

(2) 유속 분포와 평균유속

횡단면에서 본 유속 분포가 그림 **8.3-2(a)**와 같으므로, 단면평균유속을 결정하는

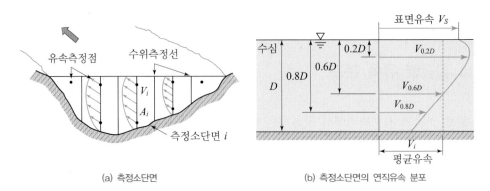

(a) 측정소단면   (b) 측정소단면의 연직유속 분포

그림 8.3-2 개수로의 측정소단면과 연직유속 분포

것은 개수로에서 매우 어려운 문제이다. 따라서 자연하도와 같이 횡단면 유속 분포가 복잡한 경우에는 유속면적법(velocity-area method)을 이용하여 평균유속(정확히는 단면평균유속) V를 구한다.

유속면적법은 횡단면을 ① 몇 개의 소단면(측정소단면)으로 나누고(그림 **8.3-2(a)** 참조), ② 각 소단면의 연직평균유속을 구하고(그림 **8.3-2(b)** 참조), ③ 전체 유량을 결정한 뒤 이를 전체 단면적으로 나누어 단면평균유속(그림 **8.3-2(a)** 참조)을 구한다.

한 소단면의 연직유속 분포는 그림 **8.3-2(b)**와 같다. 개수로의 소단면에서 연직유속 분포는 수학식으로 손쉽게 나타낼 수 없다. 대부분 근사적으로 대수법칙을 따른다고 가정하나, 이 역시 수면 가까이에서는 수학식과 많은 차이를 보인다. 따라서 실제 하천에서는 수심에 따라 여러 측정점에서 측정한 뒤 이를 평균하는 방법을 이용한다.

각 소단면에서 유속을 측정하고, 이 측정유속에서 연직평균유속을 산정하는 방법은 표 **8.3-1**과 같다.

표 8.3-1 연직평균유속의 산정법

산정법	수심범위	측정위치	(i 소단면의) 연직평균유속
표면법		수표면	$V_i = 0.85 V_s$
일점법	< 0.6 m	$0.6D$	$V_i = V_{0.6D}$
이점법	0.6~3.0 m	$0.2D$, $0.8D$	$V_i = \dfrac{1}{2}\left(V_{0.2D} + V_{0.8D}\right)$
삼점법	> 3.0 m	$0.2D$, $0.6D$, $0.8D$	$V_i = \dfrac{1}{4}\left(V_{0.2D} + 2V_{0.6D} + V_{0.8D}\right)$

주: 여기서 D는 수심; $0.2D$, $0.6D$, $0.8D$는 각각 수면으로부터 수심의 0.2배, 0.6배, 0.8배 깊이; $\overline{V}$는 연직평균
유속; V_s는 표면유속; $V_{0.2D}$, $V_{0.6D}$, $V_{0.8D}$는 각각 수심 $0.2D$, $0.6D$, $0.8D$에서 측정한 유속이다.

기초 수리학

이렇게 구한 각 소단면의 연직평균유속 V_i와 그 소단면의 면적 A_i를 곱한 뒤 더하면 총유량이 된다. 즉 횡단면의 총유량과 단면적은 다음과 같다.

$$Q = \sum_{i=1}^{n} A_i V_i, \quad A = \sum_{i=1}^{n} A_i \tag{8.3-1}$$

여기서 n은 측정소단면의 개수이다.

이 총유량을 소단면의 전체 면적으로 나누면 그 횡단면의 평균유속이 된다. 이를 식으로 나타내면 다음과 같다.

$$V = \frac{\displaystyle\sum_{i=1}^{n} A_i V_i}{\displaystyle\sum_{i=1}^{n} A_i} \tag{8.3-2}$$

예제 8.3-1 ★★★

어떤 하천에서 유속을 측정한 결과가 다음 표와 같을 때 유량을 산정하라. 이때 각 측정소단면 사이의 간격은 2 m이다.

단면		1	2	3	4	5
수심 m		0.50	0.80	1.20	1.00	0.40
유속	$0.2D$	–	0.80	1.20	1.00	–
	$0.6D$	0.30	–	–	–	0.20
	$0.8D$	–	0.60	1.30	1.20	–

풀이

주어진 표에 행과 열을 몇 개 추가하여 다음과 같이 만든다. 굵은 글꼴로 표현한 것이 답안에 추가된 값이다.

단면		1	2	3	4	5	합계
① 수심(m)		0.50	0.80	1.20	1.00	0.40	
② 소단면폭(m)		**2.00**	**2.00**	**2.00**	**2.00**	**2.00**	
유속 (m/s)	$0.2D$	–	0.80	1.20	1.00	–	
	$0.6D$	0.30	–	–	–	0.20	
	$0.8D$	–	0.60	1.30	1.20	–	
	③ 평균유속	**0.30**	**0.70**	**1.15**	**1.10**	**0.20**	**⑥**
④ (소단면)단면적(m^2) = ①×②		**1.00**	**1.60**	**2.40**	**2.00**	**0.80**	**7.80**
⑤ (소단면)유량(m^3/s) = ③×④		**0.30**	**1.12**	**3.00**	**2.20**	**0.16**	**6.78**

이 표에서 ③ 평균유속은 수심에 따라 1점법 또는 2점법으로 계산하여 기입한다. ④ 단면적은 주어진 수심에 단면 사이의 거리 2 m를 곱한 것이다. 그리고 마지막 행의 유량은 평균유속과 단면적을 곱해 기입하면 된다. 그리고 마지막 열 ⑥에 (소단면)단면적과 (소단면)유량의 합을 계산해 기입한다. 이 경우 총유량은 6.78 m³/s이다. 그리고 마지막 열의 값을 이용하면 이 횡단면의 평균유속은 $V = \dfrac{Q}{A} = \dfrac{7.8}{6.78} = 0.869$ m/s이다. ■

(3) 연습문제

문제 8.3-1 (★☆☆)

어떤 하천에서 간격이 5 m 간격으로 측정소단면을 구성하고 다음 표와 같이 수심의 20 %, 60 %, 80 % 되는 지점에서 유속을 측정했을 때 유출량을 산정하라.

단면		1	2	3	4	5
수심 (m)		0.50	1.20	2.00	1.60	0.80
유속	0.2D	1.20	2.40	3.60	3.00	1.80
	0.6D	1.00	2.00	3.30	2.80	1.60
	0.8D	0.60	1.20	2.60	2.40	1.20

8.4 등류와 평균유속식

(1) 등류의 형성

개수로에서 물이 흘러가도록 만드는 동인은 중력이다. 중력에 의해 물이 흘러가는 동안 수로벽(수로바닥과 측면을 함께 일컫는 말)에서 생기는 마찰과 평형을 이루어 물이 더 이상 가속되지 않고 일정한 유속을 유지하게 된다(그림 **8.4-1** 참조). 이때 하도의 지형적 요소(단면형, 경사, 조도 등)가 일정하다면 흐름은 등류가 된다.

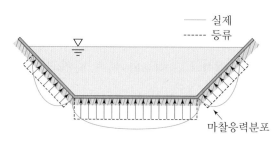

그림 **8.4-1** 개수로 흐름의 마찰응력 분포

(2) 등류의 평균유속식

개수로 등류의 평균유속을 결정하기 위해서 이론식과 많은 경험식이 제안되었다. 그 중에서 Chézy식과 Manning식이 대표적이다.

■ Chézy식

Chézy식은 정상 등류가 흐르는 단위폭($B = 1$)의 일정 구간의 검사체적(그림 **8.4-2** 참조)에 대해서 유도되었다.

이 검사체적에서 수로바닥에 x축을 설정하고, 이에 수직으로 y축을 설정한다. 이때 x방향의 운동량방정식을 적용하면 다음과 같다.

$$\sum F_x = \rho Q \Delta V \tag{8.4-1}$$

$$F_{p1} - F_{p2} - \tau_w PL + mg\sin\theta = \rho Q(V_2 - V_1) \tag{8.4-2}$$

여기서 F_{p1}과 F_{p2}는 각각 단면 ①과 단면 ②의 압력힘, τ_w는 수로바닥의 전단응력, P는 횡단면의 윤변의 길이, L은 구간길이, m은 검사체적 내의 유체의 질량($= \rho V$), g는 중력가속도, θ는 수로바닥경사, ρ는 물의 밀도, Q는 유량, V_1과 V_2는 각각 단면

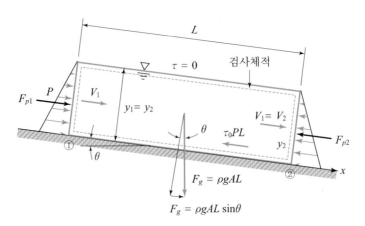

그림 **8.4-2** 개수로 등류의 검사체적

①과 단면 ②의 유속이다.

등류이므로, 식 (8.4-2)에서 $F_{p1} = F_{p2}$와 $V_1 = V_2$이고, 수로바닥의 전단응력 τ_0는 다음과 같다.

$$\tau_0 = \frac{mg\sin\theta}{PL} \tag{8.4-3}$$

여기서 수로바닥경사가 작은 경우($S_0 \ll 1$), $\sin\theta \simeq \tan\theta = S_0$이며, $mg = \rho g\,V = \rho g\,AL$, $R_h = \dfrac{A}{P}$이므로, 식 (8.4-3)은 다음과 같이 정리된다.

$$\tau_0 = \frac{\rho g\,AL\,S_0}{(A/R_h)L} = \rho g\,R_h\,S_0 \tag{8.4-4}$$

손실수두와 압력수두의 관계는 $h_L = \dfrac{p}{\gamma} = \dfrac{pA}{\gamma A} = \dfrac{(압력힘)}{\gamma A}$ 이므로, 벽면 마찰전단응력에 의해 손실수두가 발생할 때 이 관계를 적용하면 다음과 같다.

$$h_L = \frac{(마찰전단력)}{\gamma A} = \frac{\tau_0 PL}{\gamma A} = \frac{\tau_0 L}{\gamma R_h} \tag{8.4-5}$$

식 (8.4-5)를 Darcy−Weisbach식과 같게 두고 벽면 전단응력에 대해 정리[h]하면 다음과 같다(Street et al., 1995).

$$h_L = f\frac{L}{4R_h}\frac{V^2}{2g} = \frac{\tau_0 L}{\gamma R_h}$$

---

h) Street, R. L., Watters, G. Z., and Vennard, J. K. (1995). Elementary Fluid Mechanics, 7th Ed., John Wiley & Sons.

기초 수리학

$$\tau_0 = \frac{f \rho V^2}{8} \tag{8.4-6}$$

따라서 식 (8.4-4)는 다음과 같다.

$$\tau_0 = \frac{f \rho V^2}{8} = \rho g R_h S_0$$

$$V = \sqrt{\frac{8g}{f}} \sqrt{R_h S_0} = C \sqrt{R_h S_0} \tag{8.4-7}$$

여기서 $C = \sqrt{\dfrac{8g}{f}}$ 를 Chézy의 유속계수라 하고, 식 (8.4-7)을 Chézy식이라 한다. Chézy 계수 C는 대체로 50~100 정도의 값을 갖는다.

예제 8.4-1 ★★★

그림과 같이 수로에서 Chézy 계수가 72, 하상경사가 0.001인 사다리꼴 단면 수로에서 바닥폭이 3 m, 수심이 1 m, 측면경사가 2 : 1일 때 유속과 유량을 구하라.

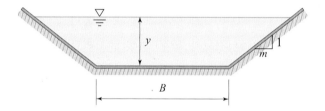

풀이

단면 자료에서, 단면적 $A = (B+my)y = (3+2 \times 1) \times 1 = 5.00$ m^2

윤변 $P = B + 2y\sqrt{1+m^2} = 3 + 2 \times 1 \times \sqrt{1+2^2} = 7.47$ m

수리반경 $R_h = \dfrac{A}{P} = \dfrac{5.00}{7.47} = 0.669$ m

유속 $V = C\sqrt{R_h S_0} = 72 \times \sqrt{0.669 \times 0.001} = 1.862$ m/s

유량 $Q = AV = 5.00 \times 1.862 = 9.312$ m^3/s ∎

■ **Manning식**

Chézy식은 1768년에 발표된 이론적으로 유도하거나 설명하기 쉬운 깔끔한 형태의 식이지만, 실제 적용상 약간의 문제가 있다. 유속과 수로경사의 관계($V \sim \sqrt{S_0}$)는 적합하지만, 유속과 수리반경의 관계에서 $V \sim \sqrt{R_h}$ 보다는 $V \sim R_h^{2/3}$이 더 정확하다는 것이 발견되었다. 그래서 이 유속과 수리반경의 관계를 개선한 것이 1867년에 제시된 Manning식이다.

$$V = \frac{1}{n} R_h^{2/3} \sqrt{S_0} \qquad\qquad (8.4\text{-}8)$$

여기서 V는 유속(m/s), R_h는 수리반경(m), S_0는 수로경사, n은 Manning의 조도계수(roughness coefficient)이다. 주의할 것은 식 (8.4-8)은 경험식으로 양변이 차원적으로 일치하지 않으며, 따라서 변수의 단위가 고정되어 있다는 점이다. 즉, 유속과 수리반경은 반드시 m 단위로 입력해야 하며, 만일 다른 단위로 입력하고자 할 때는 식의 상수가 달라져야 한다. 그리고 n은 이 값이 커지면 유속이 느려져서 물리적으로 조도와 같은 의미를 가지므로 조도계수라고 부른다. n의 차원에 대해서는 $[L^{1/3}T]$의 차원을 갖는다고 하는 주장도 있으나, 무차원이라 보는 의견이 더 지배적이다.

다양한 조건, 특히 하천의 조도계수를 구하는 것은 실무에서는 매우 중요한 의미를 갖는다. 따라서 많은 연구자들이 조도계수값을 추정하는 방법을 연구하였으며, 대표적인 것으로는 Barnes(1967)의 연구[i]와 한국건설기술연구원(2009)의 연구[j]를 들 수 있다. 다양한 경우의 조도계수의 값을 간략히 소개하면 그림 **8.4-3** 및 표 **8.4-1**과 같다[k].

표 **8.4-1**에서 가장 주목할 점은 Manning의 조도계수는 아주 매끄러운 유리나 판자의 경우 0.01 정도, 잡초가 매우 많은 자연수로에서 0.10 근처이다. 따라서 조도계수는 그 범위가 대체로 0.01~0.10 정도라고 보는 것이 좋다. 그리고 콘크리트의 경우 0.011~0.015이므로, 자세한 정보가 없는 경우 콘크리트 수로의 조도계수는 대략 0.013으로 잡는 것이 보통이다. 그리고 모래나 자갈로 이루어진 충적하천의 경우 0.025~0.045 정도로 상당히 폭이 넓으나 식생의 영향을 고려하지 않은 모래나 자갈로 된 자연하천은 0.030을 대략의 값으로 한다.

표 **8.4-1** 대표적인 Manning의 조도계수(Chow, 1959 발췌)

수로 표면		최량	적절	불량	비고
주철관	코팅 안 됨	0.012	0.013	0.015	
	코팅됨	0.011	0.012		
판자수로	평면	0.010	0.012	0.014	실험수로
	마디 포함	0.012	0.015	0.016	
유리판		0.009	0.011	0.013	가장 매끄러운 재료. 실험수로
콘크리트 수로		0.011	0.013	0.015	주로 0.013 사용
자연수로	흙, 암석, 잡석	0.025	0.030	0.035	
	잡초, 관목 포함	0.030	0.035	0.045	

i) Barnes, H. H. Jr. (1967) *Roughness characteristics of natural channels*, U.S. Geological Survey Water-Supply Paper 1849.
j) 한국건설기술연구원 (2009). **국내실측 조도계수 자료집(안)**, 자연과 함께하는 하천복원기술개발연구단 기술보고서, ER 2009-2-1.
k) Chow, V. T. (1959). Open-channel flow, McGraw-Hill.

(a) $n = 0.024$, 위싱톤주 Vermita의 Columbia
강의 66 단면 좌안

(b) $n = 0.028$, 오하이오주 New Cumberland
근처의 Indian Form 강의 329 단면 우안

(c) $n = 0.030$, 몬태나주 Missoula의
Clark Fork의 19번 단면

(d) $n = 0.038$, 아이다호주 Eastport의 Moyie
강의 126번 단면 하류의 좌안

그림 8.4-3 하천의 조도계수(Barnes, 1967)

예제 8.4-2 ★★★

그림과 같은 Manning의 조도계수가 0.013, 하상경사가 0.001인 사다리꼴 단면 수로에서 바닥폭이
3 m, 수심이 1 m, 측면경사가 2 : 1일 때 유속과 유량을 구하라.

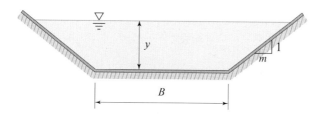

풀이 |

단면적 $A = (B + my)y = (3 + 2 \times 1) \times 1 = 5.00$ m^2

윤변 $P = B + 2y\sqrt{1 + m^2} = 3 + 2 \times 1 \times \sqrt{1 + 2^2} = 7.47$ m

수리반경 $R_h = \dfrac{A}{P} = \dfrac{5.00}{7.47} = 0.669$ m

유속 $V = \dfrac{1}{n} R_h^{2/3} \sqrt{S_0} = \dfrac{1}{0.013} \times 0.669^{2/3} \times \sqrt{0.001} = 1.861$ m/s

유량 $Q = AV = 5.00 \times 1.861 = 9.305$ m³/s ∎

■ Chézy식과 Manning식의 관계

Chézy식과 Manning식은 개수로에서 가장 많이 사용하는 등류 유속식이며, 둘 사이의 관계를 살펴보자. 식 (8.5-7)과 (8.5-8)을 등치로 놓으면 두 식의 계수는 다음과 같다.

$$C = \sqrt{\frac{8g}{f}} = \frac{1}{n} R_h^{1/6} \tag{8.4-9}$$

쉬어가는 곳 Manning식의 유래

Manning식은 원래 1867년에 프랑스의 Philippe Gauckler가 처음으로 제시하였다. 그 뒤 아일랜드의 Robert Manning이 1890년에 다시 개발하였다. 어떤 부분을 고쳤는지 또는 완전히 같은 형태였는지는 알 수 없다. 그 뒤에 Stricker가 Manning식의 조도계수를 산정하는 방법을 제시하였으며, 이 때문에 유사수리학 분야에서는 Manning-Strickler식이라고도 부른다. 형태가 간단하고 또 상대적으로 정확하게 유속을 예측하기 때문에 수리학에서 등류계산에 가장 널리 이용되는 식이다.

예제 8.4-3   ★★★

폭 $B = 4$ m, 경사 $S_0 = 0.0016$인 콘크리트($n = 0.013$)로 된 직사각형 단면 수로에 수심 $y = 1.5$ m로 흐르는 경우를 Chézy식으로 계산하고자 하면, 이때의 Chézy 계수는 얼마인가?

풀이 |

단면적 $A = By = 4.0 \times 1.5 = 6.0$ m²

윤변 $P = B + 2y = 4.0 + 2 \times 1.5 = 7.0$ m

수리반경 $R_h = \dfrac{A}{P} = \dfrac{6.0}{7.0} = 0.857$ m

Chézy 계수 $C = \dfrac{1}{n} R_h^{1/6} = \dfrac{1}{0.013} \times 0.857^{1/6} = 75.0$ ∎

(3) 유량 계산

개수로 등류와 관련된 주요 변수로는 수로 단면의 기하학적 형태(횡단면적 A, 수리반경 R_h), 수로의 종단형에 관련된 변수(수로바닥경사 S_0), 수로의 조도계수 n, 수로의 수리변수(평균유속 V, 유량 Q)를 생각할 수 있다.

등류 유량 Q는 Manning식에 횡단면적 A를 곱하여 계산할 수 있다.

$$Q = AV = \frac{1}{n} A R_h^{2/3} \sqrt{S_0} \qquad (8.4-10)$$

수로의 제원과 수로경사, 조도계수를 알고 있을 때, 등류수심만 알면 유량을 계산할 수 있다. 즉 등류수심을 y_n이라 하면, 횡단면적 A와 수리반경 R_h는 y_n의 함수(표 **8.1-1** 참조)이므로, $A(y_n)$과 $R_h(y_n)$을 구한 뒤, 식 (8.4-10)에서 유량을 구할 수 있다.

개수로 흐름에서 가장 잘 이용되는 사다리꼴 단면을 예로 들면 다음과 같이 쓸 수 있다.

$$Q = \frac{1}{n} \frac{\{(B+my)y\}^{5/3}}{\{B+2y\sqrt{m^2+1}\}^{2/3}} \sqrt{S_0} \qquad (8.4-11)$$

예제 8.4-4 ★★★

폭 $B = 2$ m, 경사 $S_0 = 0.0016$인 콘크리트($n = 0.013$)로 된 직사각형 단면 수로에 수심 $y = 1.5$ m로 흐르는 경우의 유량은 얼마인가?

풀이

단면적 $A = By = 2.0 \times 1.5 = 3.0$ m^2

윤변 $P = B + 2y = 2.0 + 2 \times 1.5 = 5.0$ m

수리반경 $R_h = \dfrac{A}{P} = \dfrac{3.0}{5.0} = 0.60$ m

Manning식 $V = \dfrac{1}{n} R_h^{2/3} \sqrt{S_0} = \dfrac{1}{0.013} \times 0.60^{2/3} \times \sqrt{0.0016} = 2.19$ m/s

유량 $Q = AV = 3.0 \times 2.19 = 6.57$ m^3/s ∎

예제 8.4-5 ★★★

직경 $D = 2$ m, 수로경사 $S_0 = 0.0016$인 콘크리트($n = 0.013$)로 된 원형 단면 수로에 수심 $y = 1.5$ m로 흐르는 경우의 유량은 얼마인가?

풀이

단면적 $A = \pi R^2 - R^2 \cos^{-1}\left(\dfrac{y-R}{R}\right) + (y-R)\sqrt{(2R-y)y}$

$= \pi \times 1.0^2 - 1.0^2 \times \cos^{-1}\left(\dfrac{1.5-1.0}{1.0}\right) + (1.5-1.0)\sqrt{(2 \times 1.0 - 1.5) \times 1.5}$

$= 2.527$ m^2

윤변 $P = \pi R + 2R\sin^{-1}\left(\dfrac{y-R}{R}\right) = \pi \times 1.0 + 2 \times 1.0 \times \sin^{-1}\left(\dfrac{1.5-1.0}{1.0}\right) = 4.189$ m

수리반경 $R_h = \dfrac{A}{P} = \dfrac{2.527}{4.189} = 0.603$ m

Manning식 $V = \dfrac{1}{n} R_h^{2/3} \sqrt{S_0} = \dfrac{1}{0.013} \times 0.603^{2/3} \times \sqrt{0.0016} = 2.20$ m/s

유량 $Q = AV = 2.527 \times 2.20 = 5.55$ m³/s ∎

예제 8.4-6 ★★★

바닥폭 $B = 2$ m, 측면경사가 $1:1$, 수로경사 $S_0 = 0.0016$인 콘크리트($n = 0.013$)로 된 사다리꼴 단면 수로에 수심 $y = 1.5$ m로 흐르는 경우의 유량은 얼마인가?

풀이 |

단면적 $A = (B + my)y = (2.0 + 1.0 \times 1.5) \times 1.5 = 5.25$ m²

윤변 $P = B + 2my = 2.0 + 2 \times 1.0 \times 1.5 = 5.0$ m

수리반경 $R_h = \dfrac{A}{P} = \dfrac{5.25}{5.0} = 1.05$ m

Manning식 $V = \dfrac{1}{n} R_h^{2/3} \sqrt{S_0} = \dfrac{1}{0.013} \times 1.05^{2/3} \times \sqrt{0.0016} = 3.18$ m/s

유량 $Q = AV = 5.25 \times 2.19 = 16.69$ m³/s ∎

(4) 등류수심 계산

수로의 제원과 수로경사, 조도, 유량을 알고 등류수심을 구하고자 하는 경우에는, 식 (8.4-11)을 등류수심 y_n의 함수로 표시하고, 비선형 방정식을 풀어서 y_n을 구할 수 있다. 즉 식 (8.4-11)을 다음과 같이 고쳐 쓸 수 있다.

$$f(y_n) = \frac{1}{n} A(y_n) R_h(y_n)^{2/3} \sqrt{S_0} - Q = 0 \qquad (8.4\text{-}12)$$

여기서 식 (8.4-12)를 만족하는 y_n을 찾으면 된다. 식 (8.4-12)를 푸는 방법에는 시산법(trial and error method)이나 이분법(bisection method), Newton-Raphson 법 등이 있다.

개수로 흐름에서 가장 잘 이용되는 사다리꼴 단면을 예로 들면, 단면적, 윤변, 수리반경을 각각 다음과 같이 미지수 y_n의 함수로 쓸 수 있다.

$$A(y_n) = (B + my_n)y_n \qquad (8.4\text{-}13a)$$

$$P(y_n) = B + 2y_n \sqrt{m^2 + 1} \qquad (8.4\text{-}13b)$$

$$R_h(y_n) = \frac{(B + my_n)y_n}{B + 2y_n \sqrt{m^2 + 1}} \qquad (8.4\text{-}13c)$$

따라서 식 (8.4-12)는 다음과 같이 쓸 수 있다.

$$f(y_n) = \frac{1}{n} \frac{\{(B+my_n)y_n\}^{5/3}}{\{B+2y_n\sqrt{m^2+1}\}^{2/3}} \sqrt{S_0} - Q = 0 \qquad (8.4-14)$$

그 다음 식 (8.4-14)를 만족하는 y_n을 찾으면 된다.

예제 8.4-7 ★★★

수로폭이 $B = 10$ m, 측면경사가 2:1, 조도계수가 $n = 0.013$이며, 수로경사가 $S_0 = 0.001$인 사다리꼴 단면 수로에 $Q = 20$ m³/s의 물이 흐를 때, 등류수심을 구하라.

풀이

단면적 $A = (B+my)y = (10+2\times y_n)\times y_n = (10+2y_n)y_n$

윤변 $P = B+2my = 10+2\times2\times y_n = 10+4y_n$

수리반경 $R_h = \dfrac{A}{P} = \dfrac{(10+2y_n)y_n}{10+4y_n}$

유량에 대한 식은 다음과 같다.

$$f(y_n) = A \times \frac{1}{n} R_h^{2/3} \sqrt{S_0} - Q$$

$$f(y_n) = \frac{1}{0.013} \frac{\{(10+2y_n)y_n\}^{5/3}}{(10+4y_n)^{2/3}} \sqrt{0.001} - 20 = 0$$

시산법으로 위 식을 만족하는 수심을 구하면 $y_n = 0.855$ m가 등류수심이다. ■

(5) 등류수로경사 계산

수로의 제원과 조도계수, 유량 Q와 등류수심 y_n을 알고 있으면, 등류수로의 경사를 구할 수 있다. 이 경사는 주어진 단면의 수로에 유량 Q를 흘렸을 때, 등류수심 y_n의 등류를 발생시키는 경사이다. 이것은 식 (8.5-2)를 S_0에 대해 정리하면 간단하다.

$$S_0 = \frac{n^2 Q^2}{A(y_n)^2 R_h(y_n)^{4/3}} \qquad (8.4-15)$$

(6) 등가조도

이제까지 횡단면의 윤변 전체의 조도가 같다고 생각하였다. 그러나 자연하도에서는

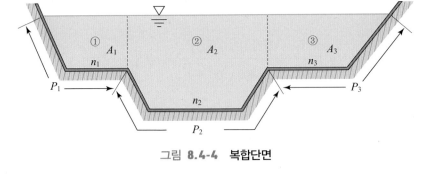

그림 8.4-4 복합단면

단면 전체의 조도가 균일하지 않은 경우가 많다. 이런 단면을 보통 복합단면이라 한다. 이런 복합단면에서 개수로 흐름해석에서는 수로 횡단면을 대표하는 등가조도(equivalent roughness) n_e를 이용하여 손쉽게 계산할 수 있다.

　등가조도를 산정하는 방법에는 여러 가지가 있으나, 대표적인 방법으로 Horton이 제시한 방법[1]은 다음과 같다. 이 방법에서는 전체 횡단면을 N개의 소단면으로 나누고 (보통은 좌안고수부, 주수로, 우안고수부의 3개로 나눈다), 각 소단면의 조도(n_i)에 그 소단면의 윤변(P_i)을 가중평균한 조도를 등가조도라고 본다. 즉 그림 8.4-4에서 등가조도는 다음과 같이 계산한다.

$$n_e = \left(\frac{\sum\limits_{i=1}^{N} P_i n_i^{3/2}}{\sum\limits_{i=1}^{N} P_i} \right)^{2/3} \tag{8.4-16}$$

이 외에도 복합단면의 등가조도는 주어진 가정에 따라 다양한 방법이 제시되어 있다.

예제 8.4-8　　　　★★★

그림과 같은 복합단면 수로에서 Horton 방법으로 등가조도를 계산하라. $n_1 = 0.040$, $n_2 = 0.025$, $n_3 = 0.035$이다.

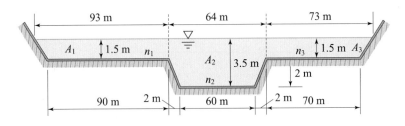

---

1) Horton, R. E. (1933) "Separate roughness coefficients for channel bottom and sides", *Engineering News-Record*, Vol. 1 11, No. 22, pp. 652–653.

주어진 영역의 윤변을 구하면 다음과 같다.

$$P_1 = 90 + \sqrt{1.5^2 + 3.0^2} = 93.35 \text{ m}$$

$$P_2 = 60 + 2\sqrt{2.0^2 + 2.0^2} = 65.66 \text{ m}$$

$$P_3 = 70 + \sqrt{1.5^2 + 3.0^2} = 73.35 \text{ m}$$

등가조도는 다음과 같다.

$$n_e = \left(\frac{\sum_{i=1}^{N} P_i n_i^{3/2}}{\sum_{i=1}^{N} P_i} \right)^{2/3} = \left(\frac{0.040^{3/2} \times 93.35 + 0.025^{3/2} \times 65.66 + 0.035^{3/2} \times 73.35}{93.35 + 65.66 + 73.35} \right)^{2/3}$$

$$= 0.0345 \qquad \blacksquare$$

(7) 연습문제

문제 **8.4-1** (★☆☆)

수로경사 $S_0 = 1/500$, 수로폭 $B = 5$ m, 측면경사 $m = 2.0$인 사다리꼴 수로에서 물이 $y = 1.2$ m의 등류 상태로 흐를 때 유량을 Chézy식으로 산정하라. 단, $C = 65$이다.

문제 **8.4-2** (★☆☆)

수로경사 $S_0 = 1/500$, 수로폭 $B = 5$ m, 측면경사 $m = 2.0$인 사다리꼴 수로에서 물이 $y = 1.2$ m의 등류 상태로 흐를 때 유량을 Manning식으로 산정하라. 단, Manning의 조도계수 $n = 0.015$이다.

문제 **8.4-3** (★☆☆)

다음 그림과 같이 모래($n = 0.030$)로 이루진 사다리꼴 수로에서 측면경사는 $3:1$, 수로경사는 $1:2,000$, 수로폭이 30.0 m이다. 수심이 2.0 m일 때 유량을 구하라.

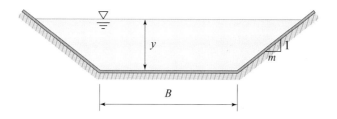

문제 **8.4-4** (★★☆)

수로경사 $S_0 = 0.005$, 수로폭 2.0 m, 측면경사 $m = 1.5$인 표면이 거친 콘크리트($n = 0.017$)로 된 사다리꼴 수로에 $Q = 5.80$ m³/s의 물이 흐를 때 등류수심을 구하라.

문제 **8.4-5** (★☆☆)

그림과 같은 콘크리트 수로($n = 0.013$)에 35 m³/s의 물이 흐른다. 수로경사를 구하라.

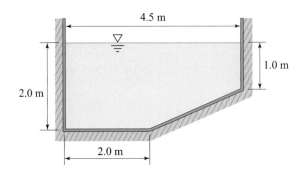

문제 **8.4-6** (★★☆)

그림과 같은 복합단면 하천의 등가조도를 Horton 방법으로 구하라. 단, $n_1 = n_3 = 0.035$, $n_2 = 0.030$이고 수로경사는 $S_0 = 0.001$이다.

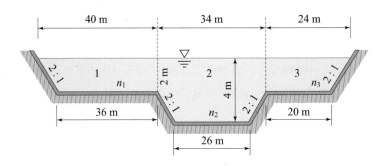

기초 수리학

8.5 최적수리단면

인공수로를 설계할 때는 종종 이런 경우에 마주친다. 수로의 경사 및 조도가 주어지며, 이때 주어진 유량을 흘리기 위한 최소의 흐름 단면을 가진 수로(즉, 가장 경제적인 단면)를 찾고자 하는 것이다. 이런 단면을 최적수리단면(best hydraulic section)이라 부른다.

먼저 Manning식을 다음과 같이 정리해 보자.

$$A = \left(\frac{nQ}{S_0^{1/2}} \right)^{3/5} P^{2/5} \qquad (8.5-1)$$

이 식에서 수로경사와 조도계수, 유량이 주어졌을 때, 주어진 유량에 대한 최소의 단면적은 윤변이 최소가 되는 경우이다. 그런데 기하적으로 윤변이 최소가 되는 것은 반원이므로, 수로 횡단면은 반원에 가장 가까운 형태, 즉 반원에 외접하는 다각형이 최적수리단면이 된다.

(1) 직사각형 최적수리단면

그림 **8.5-1**과 같이 수심 y, 수로폭 B인 직사각형 수로에서 단면적과 윤변은 다음과 같다.

$$A = By \qquad (8.5-2a)$$
$$P = B + 2y \qquad (8.5-2b)$$

식 (8.5-2b)에서 수로폭 B를 소거하고, 윤변 P에 대해 정리하면, 아래와 같다.

$$P = \frac{A}{y} + 2y \qquad (8.5-3)$$

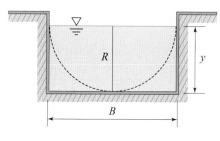

그림 **8.5-1** 직사각형 최적수리단면

최적수리단면은 윤변 P가 최소, 즉 $\dfrac{dP}{dy}=0$인 경우이므로,

$$\frac{dP}{dy}=-\frac{A}{y^2}+2=0 \tag{8.5-4}$$

여기에 다시 $A=By$를 대입하고 정리하면, 최적수리단면은 다음과 같다.

$$y=\frac{B}{2} \tag{8.5-5}$$

즉 직사각형 최적수리단면은 수심이 수로폭의 1/2이 되는 단면이다.

(2) 사다리꼴 최적수리단면

그림 **8.5-2**와 같은 사다리꼴 단면은 개수로에서 자주 이용되는 단면이다. 사다리꼴 단면의 단면적과 윤변은 다음과 같이 나타낼 수 있다.

$$A=By+my^2 \tag{8.5-6a}$$
$$P=B+2y\sqrt{m^2+1} \tag{8.5-6b}$$

식 (8.5-6b)에서 수로폭 B를 소거하고, 윤변 P에 대해 정리하면, 다음과 같다.

$$P=\frac{A}{y}+2y\sqrt{1+m^2} \tag{8.5-7}$$

식 (8.5-7)에는 측면경사 m이 포함되어 있으며, y와 m이 독립변수이므로, 윤변 P 가 최소이기 위해서는 $\dfrac{\partial P}{\partial y}=0$과 $\dfrac{\partial P}{\partial m}=0$의 조건을 모두 만족해야 한다. (여기서 이용 되는 편미분에 대해서는 부록 A의 상미분과 편미분에 대한 노트를 참고하라.)

수심($y=\mathrm{const.}$)이 고정되었다고 가정하고, m이 변수인 경우에 대해서는 $\dfrac{\partial P}{\partial m}$는 다음과 같다.

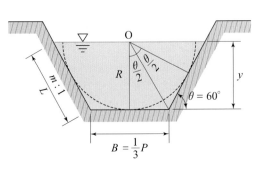

그림 **8.5-2** 사다리꼴 최적수리단면

$$\left.\frac{\partial P}{\partial m}\right|_{y=\text{const.}} = -y + \frac{2my}{\sqrt{m^2+1}} = 0 \tag{8.5-8}$$

따라서

$$m = \frac{1}{\sqrt{3}} \tag{8.5-9}$$

이것을 각도로 나타내면 $60°$이다.

다음에 $\dfrac{\partial P}{\partial y} = 0$이기 위한 조건은 다음과 같다.

$$\left.\frac{\partial P}{\partial y}\right|_{m=\text{const.}} = \frac{A}{y^2} - m + 2\sqrt{m^2+1} = 0 \tag{8.5-10}$$

따라서

$$B = 2y\left(\sqrt{m^2+1} - m\right) \tag{8.5-11}$$

식 (8.7-11)은 측면경사가 상수인 경우의 최적수리단면이 되기 위한 수심과 수로폭의 관계이다. 이상에서 사다리꼴 단면의 최적수리단면은 그림 **8.5-2**와 같이 (원에 외접하는) 정육각형의 1/2임을 알 수 있다.

예제 8.5-1 ★★★

수로경사가 0.001, 조도계수가 0.013인 사각형 수로에 5.0 m^3/s의 유량이 흐를 때 최적수리단면을 결정하라.

풀이 |

최적수리단면에서 수심 y와 수로폭 B는 $B = 2y$의 관계를 갖는다. 이를 이용하여 단면적과 윤변을 나타내면 아래와 같다.

$$A = By = 2y^2$$
$$P = B + 2y = 4y$$

따라서 수리반경은 $R_h = \dfrac{A}{P} = \dfrac{2y^2}{4y} = \dfrac{y}{2}$ 이다.

Maning식에 주어진 자료를 대입하면,

$$Q = \frac{1}{n} A R_h^{2/3} \sqrt{S_0}$$

$$5.0 = \frac{1}{0.013} \times (2y^2) \times \left(\frac{y}{2}\right)^{2/3} \times \sqrt{0.001}$$

이 식을 풀면, 최적수리단면은 $y = 0.714$ m, $B = 1.428$ m이다. ■

수로폭이 B이고, 측면경사가 $m:1$인 사다리꼴 단면에 유량 $Q=30$ m³/s의 물이 흐를 때 최적수리단면을 구하라. 단, 수로경사는 $S_0=1/1,000$이고, $n=0.015$이다.

풀이

사다리꼴 단면 수로에서 최적수리단면의 수심 y와 수로폭 B의 관계는 $B=\dfrac{2}{\sqrt{3}}y$이므로, 단면적과 수리반경을 표시하면 다음과 같다.

$$A=\sqrt{3}\,y^2,\ R_h=\frac{y}{2}$$

이 값을 Manning식 $Q=\dfrac{1}{n}AR_h^{2/3}\sqrt{S_0}$에 적용하면,

$$30=\frac{1}{0.015}\times(\sqrt{3}\,y^2)\times\left(\frac{y}{2}\right)^2\times\sqrt{\frac{1}{1,000}}$$

이 식을 풀면 최적수리단면은 수심 $y=2.62$ m, 수로폭 $B=\dfrac{2}{\sqrt{3}}\times2.62=3.025$ m이다. ■

(3) 연습문제

문제 **8.5-1** (★★☆)

수로경사가 0.0015, 조도계수가 0.015인 사각형 수로에 15 m³/s의 유량이 흐르게 할 때 최적수리단면을 결정하라.

문제 **8.5-2** (★★☆)

사다리꼴 단면 수로에 15 m³/s의 유량이 흐르도록 한다. 수로경사가 0.005, 조도계수가 0.025일 때 최적수리단면을 결정하라.

8.6 수리특성곡선

(1) 수리특성곡선

폐합관거에서는 흐름이 가득 차서 흐를 경우는 관로 흐름이 되고, 덜 차서 자유표면을 가지면 개수로 흐름이 된다. 원형관거[m]에서는 단면 전체에 물이 가득 차서 흐를 때의 유량(만관유량)과 유속(만관유속)을 기준으로, 덜 차서 흐를 때의 유량과 유속이 일정한 관계를 갖고 있다. 이 관계를 이용하면 관거 설계를 할 때 유용하게 사용할 수 있으며, 이런 곡선을 수리특성곡선(hydraulic characteristic curve)이라 한다.

그림 **8.6-1**과 같은 원형관거에서 수심이 y일 때의 단면적과 윤변, 수리반경을 관중심과 수표면이 이루는 각 θ의 함수로 나타낼 수 있다. 먼저 주어진 자료에서 θ는 다음과 같다.

$$\theta = 2\cos^{-1}\left(1 - \frac{2y}{D}\right) \qquad (8.6\text{-}1)$$

단면적과 윤변, 수리반경을 θ의 함수로 나타내면 다음과 같다.

$$A(\theta) = \frac{D^2}{8}(\theta - \sin\theta) \qquad (8.6\text{-}2a)$$

$$P(\theta) = \frac{D}{2}\theta \qquad (8.6\text{-}2a)$$

$$R_h(\theta) = \frac{D}{4}\left(\frac{\theta - \sin\theta}{\theta}\right) \qquad (8.6\text{-}2c)$$

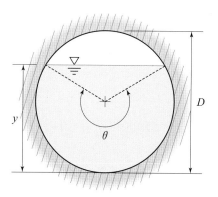

그림 **8.6-1** 원형관거 내 흐름

---

m) 일반적으로 관수로 흐름에서는 '원형관로', 개수로 흐름에서는 '원형관거'라는 용어를 사용한다.

Manning식을 이용하면 유속은 다음과 같다.

$$V(\theta) = \frac{1}{n} \left\{ \frac{D}{4} \left(\frac{\theta - \sin\theta}{\theta} \right) \right\}^{2/3} \sqrt{S_0} \qquad (8.6-3)$$

관거 안에 물이 가득 차서 흐를 때($\theta = 2\pi$)의 유속 V_f는 다음과 같다.

$$V_f = \frac{1}{n} \left(\frac{D}{4} \right)^{2/3} \sqrt{S_0} \qquad (8.6-4)$$

따라서 관거에 물이 가득 차서 흐를 때와 일부만 차서 흐를 때의 유속의 비는 다음과 같다.

$$\frac{V}{V_f} = \left(\frac{\theta - \sin\theta}{\theta} \right)^{2/3} \qquad (8.6-5)$$

식 (8.6-5)에서 보면, 관거가 가득 차서 흐를 때 유속이 최대가 되지 않는다. 최대 유속이 발생하는 조건은 $\theta = 4.38$ rad, 즉 $y = 0.81D$인 경우이며, 최대유속비는 다음과 같다.

$$\frac{V_{\max}}{V_f} = 1.14, \quad \left(\frac{y}{D} = 0.81일 \text{ 때} \right) \qquad (8.6-6)$$

비슷한 방법으로 관거에 물이 가득 차서 흐를 때와 일부만 차서 흐를 때의 유량의 비는 다음과 같다.

$$\frac{Q}{Q_f} = \frac{1}{\pi} \frac{(\theta - \sin\theta)^{5/3}}{\theta^{2/3}} \qquad (8.6-7)$$

식 (8.6-6)에서 최대유량이 흐를 때의 조건은 $\theta = 5.28$ rad, 즉 $y = 0.938D$일 때이다. 즉,

$$\frac{Q_{\max}}{Q_f} = 1.08, \quad \left(\frac{y}{D} = 0.94일 \text{ 때} \right) \qquad (8.6-8)$$

위의 식 (8.6-5)~(8.6-8)을 수리특성곡선이라 하며, 그림으로 보이면 **그림 8.6-2** 와 같다.

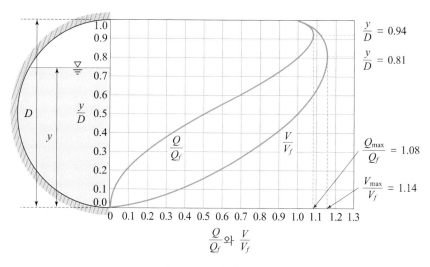

$$\frac{y}{D} = 0.94$$

$$\frac{y}{D} = 0.81$$

$$\frac{Q_{\max}}{Q_f} = 1.08$$

$$\frac{V_{\max}}{V_f} = 1.14$$

그림 **8.6-2** 수리특성곡선

예제 **8.6-1** ★★★

다음 그림과 같이 직경이 2.0 m이고 수로경사가 0.001, 조도계수가 0.015일 때 관로를 통해 흐르는 유량을 구하라.

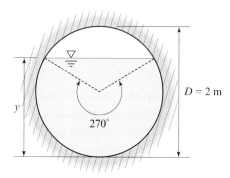

$D = 2$ m

270°

풀이

중심과 수표면이 이루는 각이 270°이므로, 호도법으로 나타내면 $\theta = \dfrac{3\pi}{2}$ rad이다.

단면적 $A = \dfrac{D^2}{8}(\theta - \sin\theta) = \dfrac{2^2}{8}\left\{\dfrac{3\pi}{2} - \sin\left(\dfrac{3\pi}{2}\right)\right\} = 2.86$ m²

수리반경 $R_h = \dfrac{D}{4}\left(\dfrac{\theta - \sin\theta}{\theta}\right) = \dfrac{2.0}{4} \times \left\{\dfrac{\dfrac{3\pi}{2} - \sin\left(\dfrac{3\pi}{2}\right)}{\dfrac{3\pi}{2}}\right\} = 0.606$ m

유량 $Q = \dfrac{1}{n}AR_h^{2/3}\sqrt{S_0} = \dfrac{1}{0.015} \times 2.86 \times (0.606)^{2/3} \times \sqrt{0.001} = 4.312$ m³/s ∎

8장 개수로 흐름

수리특성곡선을 이용하여 $D=0.4$ m, $Q=0.120$ m³/s, $n=0.015$, $S_0=0.008$인 경우 등류수심을 구하라.

풀이 |

먼저 Manning식을 이용하여 Q_f를 구하고, $\dfrac{Q}{Q_f}$를 구한다.

$$Q_f = A_f V_f = \frac{\pi \times 0.4^2}{4} \times \frac{1}{0.015} \times \left(\frac{0.4}{4}\right)^{2/3} \times \sqrt{0.009} = 0.161 \text{ m}^3/\text{s}$$

$\dfrac{Q}{Q_f} = \dfrac{0.120}{0.161} = 0.743$이므로 그림 **8.6-2**에서 이에 대응하는 $\dfrac{y}{D} = 0.64$이다.

따라서 수심 $y = 0.64D = 0.64 \times 0.4 = 0.256$ m이다. ∎

(2) 연습문제

문제 8.6-1 (★★☆)

그림과 같은 원형 단면의 하수관($n = 0.015$)에 2.80 m³/s의 유량이 흐를 때 수심이 직경의 80 %를 차지한다. 하수관의 경사가 0.0002일 때 관의 직경을 구하라.

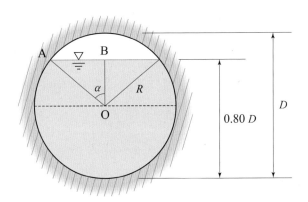

9장

개수로 부등류

대표적인 개수로인 하천은 하폭, 단면 형태, 수로경사가 거리에 따라 계속 변화하기 때문에, 그 결과로 수심이나 유속 분포, 압력 분포 등의 흐름 특성 인자가 장소에 따라 변화하는 부등류가 하천의 대표적인 흐름이 된다. 이런 부등류의 특성을 이해하고 이를 수치적으로 풀어내는 것이 이 장의 핵심적인 내용이다.

9.1 개수로 부등류
9.2 비에너지와 임계류
9.3 비력과 도수
9.4 점변류 해석
9.5 점변류 수면형 계산

오스본 레이놀즈(Osborne Reynoolds, 1842–1912)
영국 맨체스터 출신의 수학자 및 물리학자. 그의 연구는 역학, 열역학, 전기, 항법, 회전마찰과 증기 기관의 능률 등 물리학과 공학의 모든 분야에 걸쳐 있다. 그는 공동 현상과 그에 수반되는 소음을 처음으로 규명하였다. 층류와 난류의 차이를 발견하고 이를 무차원수인 레이놀즈수로 나타내었다. 그는 또한 난류에 대한 점성류의 운동량방정식과 기름막 윤활 이론을 유도하였다.

9.1 개수로 부등류

개수로에서는 일정한 유량이 흐르는 수로라 할지라도 흐름 방향을 따라 수로 단면이 일정하지 않거나, 수로경사가 일정하지 않거나, 수로가 굴곡되는 경우가 많이 있어, 수심과 유속 등 흐름 특성이 변화하는 부등류가 된다. 특히 자연하도 또는 하천의 흐름은 대부분 부등류라 볼 수 있다.

개수로 흐름을 종단적으로 보면, 사류, 도수, 완류와 임계류 등 다양한 흐름 상태가 나타난다. 또한 곳곳에 횡단구조물(댐이나 보)이 설치되어 흐름을 방해하거나 수위를 높이거나 떨어뜨리는 등 다양한 변화가 나타난다(그림 **9.1-1** 참조).

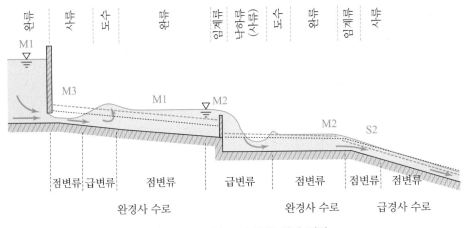

그림 **9.1-1** 개수로 흐름의 상태 변화

그러나 이를 수리학적인 견지에서 보면, 개수로 흐름은 그림 **9.1-2**와 같이 일정한 순환을 반복한다. 다만, 이 네 가지 상태가 고르게 발생하는 것은 아니다.

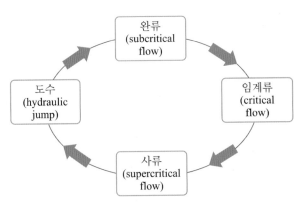

그림 **9.1-2** 개수로 흐름의 순환

완류는 개수로의 대부분의 구간에서 발생하고, 그 다음으로 사류 상태가 어느 정도 길이의 구간에서 발생한다. 이에 비해 임계류와 도수는 상대적으로 짧은 구간에 발생한다. 따라서 우리가 접하는 개수로 흐름의 대부분은 완류 상태이다. 특히 임계류의 경우 매우 짧은 구간에서 지나치듯이 발생하기 때문에 그 위치를 특정하기가 어렵다. 또한 승강수문의 방류와 같이 제어단면에서는 임계류를 거치지 않고 그대로 완류에서 사류로 변화하기도 하며, 잠긴 도수와 같이 우리 눈에 도수가 보이지 않는 상태에서 사류에서 완류로 돌변하는 것처럼 보이는 경우도 있다. 그렇지만 대부분의 개수로 흐름은 이 네 과정의 순환을 잘 따라간다. 개수로 흐름을 살펴볼 때 이 네 상태의 순환을 유념해 보는 것도 개수로 흐름을 이해하는 데 크게 도움이 될 것이다.

부등류가 흐르는 수로에서는 흐름 특성이 흐름 방향으로 변화하더라도 유선은 대략적으로 평행이고, 압력은 정수압 분포로 가정할 수 있다.

부등류는 흐름 특성의 변화 정도에 따라 다시 점변류(GVF; gradually varied flow)와 급변류(RVF; rapidly varied flow)로 나뉜다. 점변류는 거리에 따른 흐름 특성 변화가 완만한 흐름이며, 급변류는 흐름 특성 변화가 큰 경우를 말한다. 하천에서 점변류의 대표적인 것이 배수곡선(backwater curve)이나 저하곡선(drowdown curve)이며, 급변류의 대표적인 것으로는 도수(hydraulic jump)를 들 수 있다.

9.2 비에너지와 임계류

(1) 개수로 흐름의 에너지

그림 **9.2-1**과 같은 개수로 흐름의 임의 구간을 생각해 보자. 수로바닥의 경사 S_0는 일정하며, 단면 ①의 수심과 유속이 각각 y_1과 V_1, 단면 ②의 수심과 유속이 각각 y_2와 V_2이다. 수로의 각 단면에서 횡단유속 분포가 일정하다고 가정하자.

베르누이식을 단면 ①과 단면 ② 사이에 적용하면 다음과 같다.

$$z_1 + y_1 + \alpha_1 \frac{V_1^2}{2g} = z_2 + y_2 + \alpha_2 \frac{V_2^2}{2g} + h_L \tag{9.2-1}$$

여기서 h_L은 두 단면 사이의 수두손실이다.

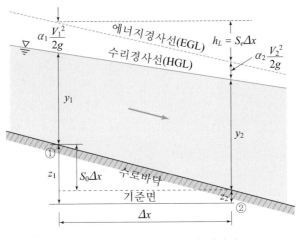

그림 **9.2-1** 개수로 흐름의 에너지

(2) 비에너지

식 (9.2-1)에서 몇 가지 가정을 하면, 좀 더 간단한 식을 구성할 수 있다. 먼저, 하상경사 S_0가 매우 작다고 가정하면, $z_1 \simeq z_2$라고 볼 수 있다. 또한 개수로 흐름은 대부분 난류이므로, $\alpha_1 = \alpha_1 = 1.0$으로 볼 수 있다. 비교적 짧은 구간에 대해서는 수두손실이 작다고 가정하면, $h_L = 0$이다. 그러면 식 (9.2-1)은 다음과 같이 쓸 수 있다.

$$y_1 + \frac{V_1^2}{2g} = y_2 + \frac{V_2^2}{2g} \qquad (9.2\text{-}2)$$

여기에 착안하여 1912년에 Bakhmeteff는 개수로 단면에서 수로바닥을 기준으로 한 에너지를 '비에너지(specific energy)'라고 정의[a]하였다.

$$E \equiv y + \frac{V^2}{2g} \qquad (9.2\text{-}3)$$

식 (9.2-3)을 보면, 비에너지에는 위치수두 항이 없으므로, 비에너지는 총에너지에서 위치수두를 뺀 것이라 생각할 수 있다.

식 (9.2-2)에서 보면 단면 ①의 비에너지 E_1과 단면 ②의 비에너지 E_2가 같다는 의미이다. 여기에 두 단면 간의 연속방정식을 적용하면, 비에너지는 다음과 같다.

$$E = y_1 + \frac{Q^2}{2gA_1^2} = y_2 + \frac{Q^2}{2gA_2^2} \qquad (9.2\text{-}4)$$

여기서 단면적 A_1과 A_2는 수심 y의 함수이므로, 비에너지는 결국 각 단면에서 수심만의 함수가 된다.

주어진 수로 단면과 유량에 대해, 수심과 비에너지 사이의 관계를 그래프로 그리면 그림 **9.2-2**와 같이 되며, 이를 비에너지 곡선(specific energy curve)이라 한다. 유량이 일정할 때 수로경사를 변화시키면서 비에너지를 구해보면, 식 (9.2-4)에서 수심 $y \to \infty$일 때 비에너지 $E \to \infty (E = y$ 그래프에 점근)이고, 수심 $y \to 0$일 때도 비에너지 $E \to \infty (E$축에 점근)가 된다.

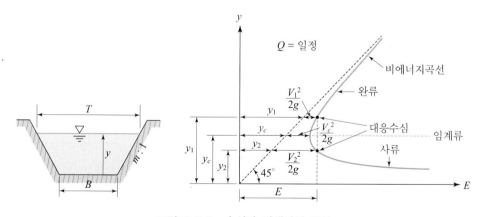

그림 **9.2-2** 수심과 비에너지 곡선

a) Bakhmeteff, B. A. (1932). Hydraulics of Open Channels, McGraw-Hill.

직사각형 단면 수로의 비에너지 곡선은 $E(y) = y + \dfrac{q^2}{2gy^2}$ 으로, 비에너지를 수심의 함수로 나타낼 수 있다. 이때 독립변수는 y이고 종속변수는 E이다. 그런데 이런 함수의 그래프를 그릴 경우에 보통 독립변수를 가로축에, 종속변수를 세로축에 그린다. 중학교 무렵부터 우리가 함수를 배우기 시작했을 때부터 거의 대부분의 그래프를 이런 식으로 그렸다. 즉 $y = f(x)$라는 그래프를 그린다면, 여기서는 x가 독립변수이고 y가 종속변수니까 가로축에 x를, 세로축에 y를 그렸다. 그런데 비에너지 곡선은 이와는 달리 독립변수인 y를 세로축에, 종속변수인 E를 가로축에 그렸다. 이것은 비에너지를 처음으로 제안한 Bakhmeteff가 비에너지 곡선을 그릴 때 비에너지 곡선의 왼쪽에 횡단면을 같이 그려서 수심 y를 확실하게 표현하고자 하였기 때문이다.

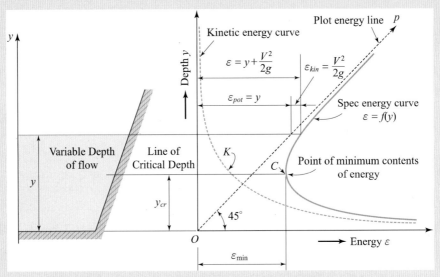

The specific energy diagram(Bakhmeteff, 1932)

비에너지를 $E(y) = y + \dfrac{q^2}{2gy^2}$ 으로 나타낼 경우 이 함수는 $E_1 = y$와 $E_2 = \dfrac{q^2}{2gy^2}$ 의 합으로 볼 수 있다. 따라서 $E = E_1 + E_2$ 의 곡선은 $E_1 = y$와 $E_2 = \dfrac{q^2}{2gy^2}$ 곡선에 점근하는 형태가 된다. 이해하기 쉽도록 y를 가로축에, E를 세로축에 그려서 보면 다음 그림과 같다.

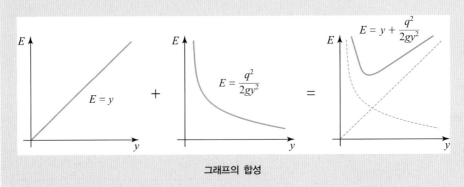

그래프의 합성

이런 점들을 고려하면, 비에너지를 읽을 때는 세로축의 y를 먼저 읽고 그 다음에 가로축의 E를 읽어야 한다.

비에너지 곡선에서는 한 비에너지에 대해 깊은 수심(y_1)과 얕은 수심(y_2)의 두 가지가 존재한다. 이 두 수심을 물리적인 의미로 해석하면, 깊은 수심의 흐름이 가진 비에너지는 위치에너지가 주를 이루고, 얕은 수심의 흐름이 가진 비에너지는 운동에너지가 주를 이룬다. 이 수심이 깊고 유속이 느린 흐름을 완류(subcritical flow)라 하고, 이때의 수심을 완류수심(subcritical depth)이라 한다. 반면, 수심이 얕고 유속이 빠른 흐름을 사류(supercritical flow)라 하고, 이때의 수심을 사류수심이라 한다. 그리고 이처럼 같은 비에너지를 가지는 한 쌍의 수심을 대응수심(alternate depth)이라 한다.

예제 9.2-1 ★★★

유량이 $Q = 5$ m^3/s이고 폭이 $B = 4$ m인 직사각형 단면 수로에서 수심이 0.05 m에서 시작하여 4.0 m가 될 때까지 적당한 간격으로 비에너지를 구하고 비에너지와 수심의 관계곡선을 도시하라.

풀이 |

단위폭당 유량 $q = \dfrac{Q}{B} = \dfrac{5}{4} = 1.25$ m^3/(s·m), 한계수심 $y_c = \sqrt[3]{\dfrac{q^2}{g}} = \sqrt[3]{\dfrac{1.25^2}{9.8}} = 0.542$ m. 수심을 0.1 m부터 0.5 m까지는 0.05 m 간격, 0.5 m부터는 4.0 m까지는 0.25 m 간격으로 계산한다. 다음과 같이 Excel을 이용하면 쉽게 계산할 수 있다.

y (m)	V (m/s)	E (m)	y (m)	V (m/s)	E (m)
0.050	25.000	31.938	1.000	1.250	1.080
0.100	12.500	8.072	1.250	1.000	1.301
0.150	8.333	3.693	1.500	0.833	1.535
0.200	6.250	2.193	1.750	0.714	1.776
0.250	5.000	1.526	2.000	0.625	2.020
0.300	4.167	1.186	2.250	0.556	2.266
0.350	3.571	1.001	2.500	0.500	2.513
0.400	3.125	0.898	2.750	0.455	2.761
0.450	2.778	0.844	3.000	0.417	3.009
0.500	2.500	0.819	3.250	0.385	3.258
0.542	2.306	0.813	3.500	0.357	3.507
0.500	2.500	0.819	3.750	0.333	3.756
0.750	1.667	0.892	4.000	0.313	4.005

이를 그림으로 그리면 다음과 같다.

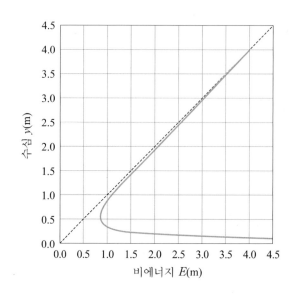

그래프의 축: 세로축 수심 y(m), 가로축 비에너지 E(m)

■

예제 **9.2-2** ★★★

직사각형 단면 수로에 물이 단위폭당 유량이 $q = 1.5$ m³/(s·m)로 흐르고 있다. 수심이 $y = 0.8$ m일 때, 비에너지를 구하고 흐름이 완류인지 사류인지 판별하라. 또 이 수로에서 최소비에너지를 구하라.

풀이

$$V = \frac{q}{y} = \frac{1.5}{0.8} = 1.875 \text{ m/s. 비에너지 } E = y + \frac{V^2}{2g} = 0.8 + \frac{1.875^2}{2 \times 9.8} = 0.979 \text{ m}$$

임계수심 $y_c = \sqrt[3]{\dfrac{q^2}{g}} = \sqrt[3]{\dfrac{1.5^2}{9.8}} = 0.612$ m

현재 수위 $y = 0.8 > y_c$이므로 이 흐름은 완류이다.

그리고 최소비에너지는 $E_{\min} = \dfrac{3}{2} y_c = \dfrac{3}{2} \times 0.612 = 0.918$ m이다.   ■

(3) 임계류

그림 **9.2-4**의 비에너지 곡선에서 비에너지를 점점 감소시켜가다 보면, 비에너지가 최소가 되는 순간이 있다. 이때는 수심이 오직 하나만 존재한다. 이때의 흐름을 임계류 (critical flow)라 하며, 이때의 수심을 임계수심(critical depth)이라 한다. 임계수심은 보통 y_c로 표기한다.

임계류가 수로의 어느 정도 일정 구간에서 계속 유지되는 경우는 거의 없으며, 수로 경사가 정확히 임계경사이고 흐름이 등류를 유지하는 경우가 유일하다. 따라서 완류에서 사류로 변화할 때 임계수심이 잠깐 나타나는 것이 보통이다. 임계수심이 발생하는 상황은 여러 가지가 있으나 어느 경우든지 완류가 사류로 변화될 때 발생한다. 완류가

기초 수리학

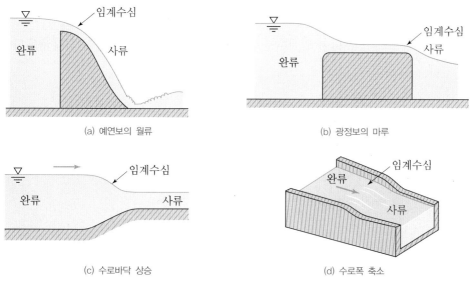

(a) 예연보의 월류	(b) 광정보의 마루

(c) 수로바닥 상승	(d) 수로폭 축소

그림 **9.2-3** **임계수심의 발생**

사류로 변화하는 것은 수로바닥의 변화, 수로폭의 변화, 수로경사의 변화 등에 의해 발생한다. 그림 **9.2-3**에는 자연하도와 실험수로에서 발생하는 임계수심의 발생 상황 몇 가지를 보인다.

(a) 수로구조물(보, 댐 등)의 하류수심이 낮은 경우에 월류부에 발생

(b) 수로경사가 완경사에서 급경사로 변하는 경우에 경사 변화점

(c) 완류가 흐르는 수로에서 수로바닥이 상승하여 하류가 사류로 변화되는 변화점

(d) 완류가 흐르는 수로에서 수로폭이 좁아져 하류가 사류로 변화되는 경우

완류가 사류로 변화되는 사례는 하부방류형 수문인 승강수문이나 테인터수문의 하부에서 방류할 때도 발생되지만, 여기서는 임계류가 확실하게 나타나지 않는다.

임계수심을 구하기 위해 비에너지를 수심과 유량으로 나타내면 다음과 같다.

$$E = y + \frac{Q^2}{2gA^2} \tag{9.2-5}$$

식 (9.2-5)를 수심 y에 대해 미분하고, 0으로 놓으면 비에너지가 최소가 되는 조건을 구할 수 있다.

$$\frac{dE}{dy} = 1 - \frac{Q^2}{gA^3}\frac{dA}{dy} = 0 \tag{9.2-6}$$

여기서 수면폭을 T라고 하면, $\dfrac{dA}{dy} = T$이다. 따라서 식 (9.2-6)에 $\dfrac{dA}{dy} = T$를 대입하고, 이때 모든 변수들이 임계류인 상태이므로, 아래 첨자 c를 붙여 정리하면 다음과 같다.

$$\frac{Q^2 T_c}{g A_c^3} = 1 \tag{9.2-7}$$

식 (9.2-7)이 임계류의 조건이다. 이 식은 임계류에 대한 가장 기본적인 조건식이므로 반드시 기억해 두기 바란다.

■ **임계류와 프루드수**

앞서 정의한 수리수심 $D = A/T$을 이용하면, 식 (9.2-7)은 다음과 같이 쓸 수 있다.

$$\frac{Q^2 T_c}{g A_c^3} = \frac{V_c^2 T_c}{g A_c} = \frac{V_c^2}{g D_c} = 1 \tag{9.2-8}$$

한편, 프루드수(Froude number)를 이용하면, 식 (9.2-8)은 다음과 같이 쓸 수 있다.

$$\frac{V_c^2}{g D_c} = \mathrm{Fr}^2 = 1 \tag{9.2-9}$$

즉 Froude수 Fr = 1일 때 임계류가 되며, 이때 비에너지는 최소가 된다.

| 예제 **9.2-3** | ★★★ |

폭이 $B = 5$ m, 하상경사가 $S_0 = 1/400$인 직사각형 수로에 $Q = 5$ m³/s의 물이 등류 상태로 흐르고 있다. 이 흐름이 완류인지 사류인지 판별하라. 조도계수는 $n = 0.015$로 한다.

풀이 |

직사각형 단면 수로이므로, $q = \dfrac{Q}{B} = \dfrac{5}{5} = 1$ m³/(s·m)

임계수심의 식 $y_c = \sqrt[3]{\dfrac{q^2}{g}} = \sqrt[3]{\dfrac{1^2}{9.8}} = 0.467$ m

등류수심 $Q = \dfrac{1}{n} \dfrac{A^{5/3}}{P^{2/3}} \sqrt{S_0}$에서, $5 = \dfrac{1}{0.015} \dfrac{(5y_n)^{5/3}}{(5 + 2y_n)^{2/3}} \sqrt{\dfrac{1}{400}}$를 풀면, $y_n = 0.524$ m.

$y_n > y_c$이므로 이 흐름은 완류이다. ■

측면경사가 1 : 2인 삼각형 수로에서 임계수심을 측정하니 $y_c = 2$ m이었다. 이 수로에 흐르는 유량을 구하라.

풀이

삼각형 수로에서

수면폭 $T = 2my = 2 \times 2 \times 2 = 8$ m

단면적 $A = my^2 = 2 \times 2^2 = 8$ m²

임계수심의 식 $\dfrac{Q^2 T}{g A^3} = 1$에서 $Q = \sqrt{\dfrac{g A^3}{T}} = \sqrt{\dfrac{9.8 \times 8^3}{8}} = 25.04$ m³. ■

바닥폭이 $B = 10$ m이고 측면경사가 1 : 1인 사다리꼴 단면 수로에 $Q = 20$ m³/s의 물이 흐르고 있을 때, 임계수심을 구하라.

풀이

수면폭 $T = B + 2my = 10 + 2y$, 단면적 $A = (B + my)y = (10 + y)y$이다.

임계수심의 식 $\dfrac{Q^2 T}{g A^3} = \dfrac{20^2 (10 + 2y)}{9.8 \times (10y + y^2)^3} = 1$

시산법으로 임계수심을 구하면 $y_c = 0.724$ m. ■

■ **직사각형 수로의 임계류**

직사각형 단면 수로의 경우, 단면적 A를 수면폭 T(수로폭 B와 같다)로 나누면 수심(y)이 되고, $\dfrac{Q}{A} = \dfrac{q}{y}$이므로 식 (9.2-7)은 다음과 같이 정리할 수 있다.

$$y_c = \sqrt[3]{\dfrac{q^2}{g}} \qquad\qquad (9.2\text{-}10)$$

여기서 q는 단위폭당 유량$\left(= \dfrac{Q}{B} \right)$이며 단위는 m³/(s·m)이다. $q = \sqrt{g y_c^3}$이므로 임계유속은 다음과 같다.

$$V_c = \dfrac{q}{y_c} = \sqrt{g y_c} \qquad\qquad (9.2\text{-}11)$$

임계류일 때 비에너지가 최소가 되므로 임계수심과 임계유속을 적용하면 다음과 같은 관계가 있다.

$$E_{\min} = y_c + \dfrac{V_c^2}{2g} = \dfrac{3}{2} y_c \qquad\qquad (9.2\text{-}12)$$

또는

$$y_c = \frac{2}{3}E_{\min}$$

(9.2-13)

예제 9.2-6 ★★★

수로폭이 $B = 5.0$ m인 직사각형 단면 수로에 수심이 $h = 0.5$ m이고, 평균유속이 $V = 4.0$ m/s로 물이 흐르고 있다. 흐름 상태를 판별하라.

풀이 |

$$Fr = \frac{V}{\sqrt{gy}} = \frac{4.0}{\sqrt{9.8 \times 0.5}} = 1.807$$

따라서 흐름은 사류이다. ■

예제 9.2-7 ★★★

폭이 6 m이고 유량이 18 m³/s인 직사각형 단면 수로가 있다. 이와 같은 조건에서 수심에 대한 비에너지를 도시하라. 비에너지의 범위는 $E_{\min}$으로부터 7 m까지로 한다. 수심 30 cm에 대한 대응 수심은 얼마인가?

풀이 |

$B = 6$ m, $Q = 18$ m³/s, 단위폭당 유량 $q = \dfrac{Q}{B} = \dfrac{18}{6} = 3$ m³/(s·m)

임계수심 $y_c = \sqrt[3]{\dfrac{q^2}{g}} = \sqrt[3]{\dfrac{3^2}{9.8}} = 0.972$ m, $E_{\min} = \dfrac{3}{2}y_c = \dfrac{3}{2} \times 0.972 = 1.458$ m

y m	V m/s	E m
0.972	3.086	1.458
1.000	3.000	1.459
2.000	1.500	2.115
3.000	1.000	3.051
4.000	0.750	4.029
5.000	0.600	5.018
6.000	0.500	6.013
7.000	0.429	7.009

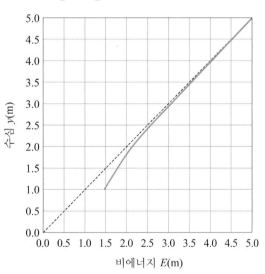

$y_2 = 0.3$ m일 때 비에너지 $E = y_2 + \dfrac{V_2^2}{2g} = 0.3 + \dfrac{1}{2 \times 9.8}\left(\dfrac{3}{0.3}\right)^2 = 5.402$ m

대응수심의 비에너지 $E = y_1 + \dfrac{1}{2g}\left(\dfrac{3}{y_1}\right)^2 = 5.402$ m

따라서 시산법에 의해 대응수심은 $y_1 = 5.380$ m이다. ■

(4) 수로 변화에 따른 임계류 발생

임계류가 발생하는 경우는 완류에서 사류로 변화되는 과정뿐이다. 따라서 수로에서 어떤 경우에 완류가 사류로 변화되는지 알면 임계류가 발생하는 위치를 찾을 수 있다 (그림 **9.2-5** 참조). 앞서 언급한 임계수심 발생의 네 가지 사례 중에 (a)과 (b)에 대해서는 9.4절과 9.5절에서 자세히 설명하고, 여기서는 (c)과 (d)에 대해서만 간단히 검토해 보자.

■ 수로바닥 변화

수로를 따라 횡단면의 형상이나 크기가 변하는 경우를 수로의 천이(transition)라 한다. 수로 천이가 있을 때 수심의 변화를 살펴보자. 다만, 이 경우는 수로바닥이 변화하므로, 수심보다는 수위의 관점에서 문제를 살펴보는 것이 좋다. 다시 말하자면, 비에너지 곡선의 세로축을 수심이 아닌 수위로 보고 생각한다.

그림 **9.2-4**와 같이 수로바닥이 Δz만큼 상승한다고 하자. 유량이 일정한 경우 단면 ①과 단면 ②의 에너지는 같다. 그러나 수로바닥이 Δz만큼 상승했으므로, 비에너지는 다음과 같은 관계가 된다.

$$E_1 = E_2 + \Delta z \qquad\qquad (9.2\text{-}14)$$

단면 ①의 비에너지 E_1과 비에너지 곡선의 최소값 $E_{\min}$과의 차이를 $\Delta z_c (= E_1 - E_{\min})$라고 하면, Δz와 Δz_c의 크기에 따라 수위가 달라진다.

먼저, $\Delta z > \Delta z_c$인 경우를 살펴보자. 이 경우는 단면 ①의 흐름에 따라 두 가지 상황이 발생한다. 단면 ①의 흐름이 완류($y_1 > y_c$)인 경우는 단면 ② 위에서 임계류가 발생한다. 그리고 단면 ①의 흐름이 사류($y_1 < y_c$)인 경우는 단면 ①과 단면 ② 사이에서 도수가 발생하게 된다. 따라서 $\Delta z > \Delta z_c$인 경우는 그림 **9.2-4**로 설명할 수 없다.

그러면 수로바닥이 조금 상승하여 $\Delta z < \Delta z_c$인 경우를 살펴보자. 단면 ①의 흐름이 완류($y_1 > y_c$)인 경우는, 비에너지는 A점에서 A′점으로 이동하고, 단면 ②의 수심은 y_2로 변화한다. 즉 완류인 경우 수로바닥이 상승되었을 때 수위는 오히려 감소된다.

한편, 단면 ①의 흐름이 사류인 경우($y_1 < y_c$), 비에너지는 B점에서 B′점으로 이동하고, 단면 ②의 수심은 y_2로 변화한다. 즉 사류인 경우는 수위가 상승한다.

수로바닥이 Δz만큼 하강한 경우에도 비슷하게 설명할 수 있다. 이번에는 Δz_c를 단면 ②의 비에너지와 비에너지 곡선의 최소값 $E_{\min}$의 차이, 즉 $\Delta z_c = E_2 - E_{\min}$로 정의할 수 있으며, 이 Δz와 Δz_c의 크기에 따라 수위가 달라진다. 즉 $\Delta z < \Delta z_c$

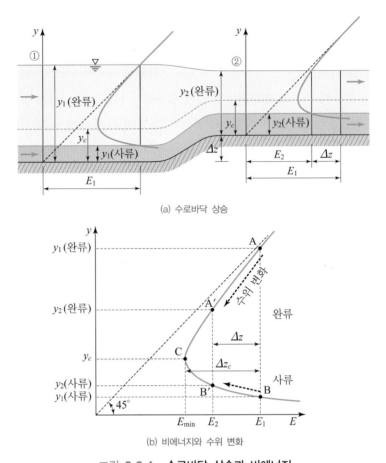

(a) 수로바닥 상승

(b) 비에너지와 수위 변화

그림 **9.2-4** 수로바닥 상승과 비에너지

인 경우만 비에너지 곡선으로 설명이 가능하다. 이때도 단면 ①의 흐름이 완류인 경우는 수위가 상승하고, 사류인 경우는 수위가 하강한다.

예제 **9.2-8** ★★★

그림과 같은 폭 4.0 m의 직사각형 단면 수로에 수심 2.5 m로 10 m³/s의 물이 흐른다. 하류에 높이 0.3 m의 단차가 있을 때 하류단면의 수심을 결정하라. 단, 수로바닥의 단차로 인한 에너지 손실은 무시하라.

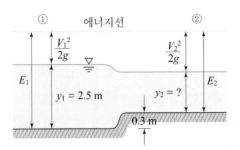

단면 ①의 유속과 비에너지

$$V_1 = \frac{Q}{A_1} = \frac{10.0}{4 \times 2.5} = 1.0 \ \text{m/s}$$

$$E_1 = y_1 + \frac{V_1^2}{2g} = 2.5 + \frac{1.0^2}{2 \times 9.8} = 2.55 \ \text{m}$$

단면 ②의 비에너지

$$E_2 = E_1 - \Delta z = 2.55 - 0.3 = 2.25 \ \text{m}$$

단면 ②의 비에너지 식을 구성하면 다음과 같다.

$$E_2 = y_2 + \frac{q^2}{2gy_2^2} = y_2 + \frac{(10/4.0)^2}{2 \times 9.8 \times y_2^2} = 2.25$$

시산법으로 풀면 $y_2 = 2.18$ m이다. ■

■ 수로폭 변화

수로폭 변화는 흐름 방향(종방향)으로 수로의 폭이 변하는 경우이며, 여기서는 그림 **9.2-5(a)**와 같이 수로폭이 B_1에서 B_2로 축소되는 경우를 살펴본다. 수로폭이 축소되면 단위폭당 유량은 $q_1 = Q/B_1$에서 $q_2 = Q/B_2$로 증가하게 된다. 식 (9.2-5)를 단위폭당 유량에 대한 식으로 바꾸면 다음과 같다.

$$E = y + \frac{V^2}{2g} = y + \frac{(q/y)^2}{2g} = y + \frac{q^2}{2gy^2} \qquad (9.2\text{-}15\text{a})$$

$$q = \sqrt{2gy^2(E-y)} \qquad (9.2\text{-}15\text{b})$$

식 (9.2-15b)를 도시하면 그림 **9.2-5(b)**와 같으며, q 곡선이라 한다.

문제를 간단히 하기 위해 에너지 손실이 없는 정상류로 가정하면, 단면 ①과 단면 ②의 비에너지는 $E_1 = E_2 = E$로 일정하다. 수로폭 변화는 q_1에서 q_2로 변하는 단위폭당 유량 변화로 볼 수 있다. 따라서 그림 **9.2-5(b)**에서 완류일 경우는 수심이 감소하고, 사류의 경우는 수심이 증가함을 알 수 있다. 반대로 수로폭이 넓어지는 경우는 그림 **9.2-5(b)**에서 흐름 방향이 반대라고 생각하며 되고, 완류일 경우는 수심이 증가하고, 사류의 경우는 수심이 감소함을 알 수 있다.

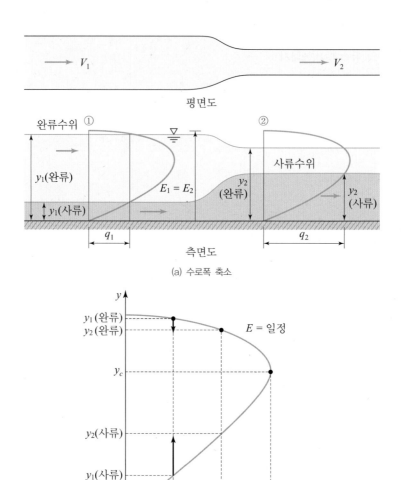

(b) q 곡선

그림 **9.2-5** 수로폭 축소와 q 곡선

수로폭이 50.0 m인 하천에 수심 2.5 m로 유량 150 m³/s의 물이 흐른다. 이 하천에 교량을 건설하고자 한다. 교량의 길이를 최소화하기 위해 교대 사이의 하폭을 줄이고자 한다. 흐름을 완류 상태로 유지하면서 교량의 길이를 최소화할 수 있는 수로폭을 구하라.

풀이 |

교량 상류(단면 ①)의 유속과 비에너지

$$V_1 = \frac{Q}{A_1} = \frac{150}{50 \times 2.5} = 1.20 \ \text{m/s}$$

$$E_1 = y_1 + \frac{V_1^2}{2g} = 2.5 + \frac{1.20^2}{2 \times 9.8} = 2.57 \ \text{m}$$

단면 ①의 Froude수 $Fr_1 = \dfrac{V_1}{\sqrt{gy_1}} = \dfrac{1.20}{\sqrt{9.8 \times 2.5}} = 0.242$. 따라서 완류이다.

임계류에 도달할 때까지 교량폭을 줄이면,

임계수심 $y_c = \dfrac{2}{3}E_1 = \dfrac{2}{3} \times 2.57 = 1.72$ m

임계유속 $V_c = \sqrt{gy_c} = \sqrt{9.8 \times 1.72} = 4.11$ m/s

수로폭 $B_c = \dfrac{Q}{V_c y_c} = \dfrac{150}{4.11 \times 1.72} = 21.2$ m ■

(5) 연습문제

문제 9.2-1 (★★☆)
유량 $Q = 5$ m³/s가 흐르는 수로의 저면폭이 $B = 4$ m이고, 측면경사가 $1 : 1$인 사다리꼴 단면일 때, 수심이 4 m가 될 때까지의 비에너지를 계산하고 그래프로 그려라.

문제 9.2-2 (★☆☆)
폭이 4.8 m인 직사각형 단면 수로에 흐르는 유량이 24 m³/s이다. 수심이 0.9 m이면 흐름은 완류인가 사류인가?

문제 9.2-3 (★☆☆)
폭이 4.5 m인 직사각형 단면 수로에서 유량이 9.5 m³/s이다. 속도가 0.9 m/s이면 흐름은 완류인가 사류인가?

문제 9.2-4 (★★☆)
폭이 4 m이고 수로 경사가 0.005인 직사각형 단면 수로에 9 m³/s의 유량으로 물이 균등하게 흐르고 있다. $n = 0.014$이면 흐름은 완류인가 아니면 사류인가?

문제 9.2-5 (★★☆)
폭이 3 m인 직사각형 단면 수로에서 물이 10 m³/s의 유량으로 흐르고 있을 때, 임계수심을 결정하라. 또 수심이 각각 30 cm, 1 m, 2 m일 때, Froude수와 흐름의 유형(사류, 임계류 또는 완류)을 결정하라.

문제 9.2-6 (★★☆)
수심인 10 cm인 직사각형 단면 수로에서 3.4 m/s의 속도로 물이 흐르고 있다. 흐름은 완류인가 아니면 사류인가? 대응수심은 얼마인가?

9.3 비력과 도수

(1) 비력

그림 **9.3-1**과 같이 비교적 짧은 구간에서 변화하는 흐름에 운동량방정식을 적용해 보자. 앞서 관로 흐름에서 수두손실이 있는 경우에 운동량방정식을 적용하였듯이, 개수로 흐름에서도 수두손실이 있는 경우에 국한하여 운동량방정식을 이용한다.

단면 ①의 상류와 단면 ②의 하류에서는 등류가 형성되고, 수로바닥의 마찰은 무시할 수 있다고 가정한다. 그림 **9.3-1**의 검사체적에 대해 운동량방정식을 적용하면 다음과 같다.

$$\sum F_x = F_{p1} - F_{p2} = \rho Q(V_2 - V_1) \tag{9.3-1}$$

여기서 F_{p1}과 F_{p2}는 각각 단면 ①과 단면 ②의 압력힘이다. 단면 ①과 단면 ②에 정수압이 작용한다고 가정하면, 식 (9.3-1)은 다음과 같이 쓸 수 있다.

$$\rho g\, y_{g1} A_1 - \rho g\, y_{g2} A_2 = \rho Q V_2 - \rho Q V_1 \tag{9.3-2}$$

여기서 y_{g1}과 y_{g2}는 각각 단면 ①과 단면 ②의 수면에서 도심까지의 깊이이다. 식 (9.3-2)에 각 단면의 변수를 대입하고 단면별로 정리하면 다음과 같다.

$$y_{g1} A_1 + \frac{Q^2}{gA_1} = y_{g2} A_2 + \frac{Q^2}{gA_2} \tag{9.3-3}$$

식 (9.3-3)의 양변은 어떤 특정 물리량이 단면 ①과 단면 ②에서 같다는 의미이다. 이 물리량을 비력(specific force)이라고 하며 다음과 같이 정의한다.

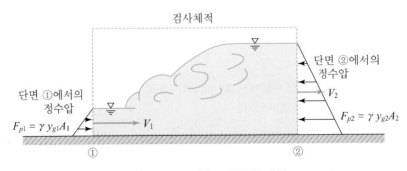

그림 **9.3-1** 개수로 흐름의 비력

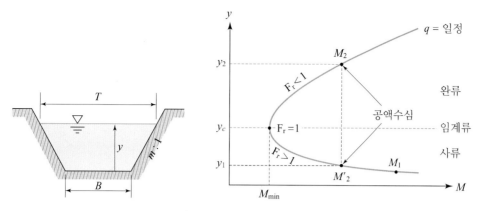

그림 **9.3-2** 수심과 비력곡선

$$M \equiv y_g A + \frac{Q^2}{gA} \tag{9.3-4}$$

식 (9.3-4)에서 우변의 항들은 각각 단위중량당 정수압과 단위중량당 동수압을 나타낸다. 따라서 비력에 단위중량(= 밀도 × 중력가속도)를 곱하면 바로 압력에 의한 힘이 된다. 수심과 비력의 관계를 나타내면 그림 **9.3-2**와 같다.

비에너지와 마찬가지로 비력도 유량이 일정할 때 특정 비력에 대해 깊은 수심(완류수심)과 얕은 수심(사류수심)의 두 가지가 존재한다. 이 두 수심을 공액수심(conjugate depths, sequent depths)이라 한다. 즉, 도수 전후의 두 수심을 공액수심이라고 생각하면 된다.

비력곡선에서도 비력이 최소가 되는 수심이 하나 존재한다. 비력이 최소가 되는 조건을 구하기 위해, 식 (9.3-4)를 수심에 대해 미분하고 0으로 놓으면 다음과 같다.

$$\frac{dM}{dy} = A - \frac{Q^2}{gA^2} \frac{dA}{dy} = 0 \tag{9.3-5}$$

여기서 수면폭 $T = \dfrac{dA}{dy}$를 대입하고 정리하면 다음과 같다.

$$\frac{Q^2 T}{gA^3} = 1 \tag{9.3-6}$$

식 (9.3-6)은 앞서 식 (9.2-7)의 비에너지 최소조건과 같으며, 비력이 최소가 되는 조건이 Fr = 1인 임계류이며, 이때의 수심이 임계수심 y_c가 된다는 것을 알 수 있다.

바닥폭이 $B = 10$ m이고, 측면경사가 1 : 1인 사다리꼴 단면 수로에 $Q = 20$ m³/s의 물이 흐른다. 수심에 따른 비력곡선을 그리고, 최소비력에 대한 수심(임계수심)을 구하라.

풀이

비력에 대한 식은 $M = y_g A + \dfrac{Q^2}{gA}$ 이다. 여기서 y_g는 수면에서 도심까지의 수심이며, 다음과 같이 주어진다.

$$y_g = \frac{y}{3}\frac{(3B+4my)}{2(B+my)} = \frac{(3B+4my)y}{6(B+my)}$$

수심 0.1 m부터 0.7 m까지 0.1 m 단위로, 0.8 m부터 2.0 m까지는 0.2 m 단위로 비력을 계산하면 다음과 같다.

y m	A (m²)	y_g m	M (m³)	V m/s	E m
0.10	1.010	0.050	40.463	19.802	20.106
0.20	2.040	0.101	20.213	9.804	5.104
0.30	3.090	0.151	13.677	6.472	2.437
0.362	3.751	0.183	11.568	5.332	1.812
0.40	4.160	0.203	10.654	4.808	1.579
0.50	5.250	0.254	9.108	3.810	1.240
0.60	6.360	0.306	8.362	3.145	1.105
0.70	7.490	0.358	8.128	2.670	1.064
0.724	7.764	0.370	8.131	2.576	1.063
0.80	8.640	0.410	8.265	2.315	1.073
1.00	11.000	0.515	9.377	1.818	1.169
1.20	13.440	0.621	11.389	1.488	1.313
1.40	15.960	0.729	14.187	1.253	1.480
1.60	18.560	0.837	17.730	1.078	1.659
1.80	21.240	0.946	22.010	0.942	1.845
2.00	24.000	1.056	27.034	0.833	2.035

비력과 비에너지를 나란히 그리면 다음과 같다. 여기서 비력곡선이 최소가 되는 수위 0.724 m가 임계수심이 됨을 알 수 있다.

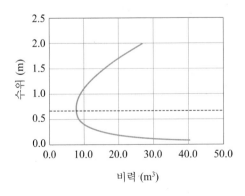

비력 (m³)

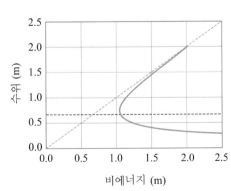

비에너지 (m)

12 m × 3 m 단면의 직사각형 수로의 수로경사가 1/1,500이고, 조도계수가 $n = 0.017$일 때 이 수로의 비력과 최소비력을 구하라.

풀이 |

유량 $Q = AV = (12 \times 3) \times \dfrac{1}{0.017} \times \left(\dfrac{12 \times 3}{12 + 2 \times 3}\right)^{2/3} \times \sqrt{\dfrac{1}{1,500}} = 72.90$ m³/s

비력 $M = \dfrac{1}{2}By^2 + \dfrac{Q^2}{gA} = \dfrac{1}{2} \times 12 \times 3^2 + \dfrac{72.90^2}{9.8 \times (12 \times 3)} = 69.06$ m³

임계수심 $y_c = \sqrt[3]{\dfrac{Q^2}{gB^2}} = \sqrt[3]{\dfrac{72.90^2}{9.8 \times 12^2}} = 1.56$ m

최소비력 $M_{\min} = \dfrac{3}{2}By_c^2 = \dfrac{3}{2} \times 12 \times 1.56^2 = 43.57$ m³ ∎

(2) 도수의 발생

도수(hydraulic jump, 跳水)는 사류가 완류로 바뀔 때 발생한다. 그런데 일반적으로 사류는 짧은 구간 안에서 발생하므로, 사류가 발생하는 위치의 수 m 또는 수십 m 하류에서 도수가 발생하는 경우가 많다. 그림 **9.3-3**은 도수가 발생하는 몇 가지 상황을 보여 준다.

(a) 급경사수로 하류

(b) 수문 하류

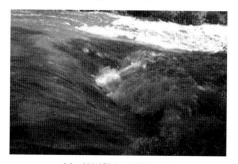

(c) 자연하천의 경사변화지점

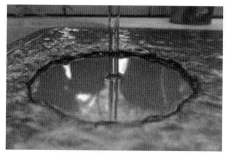

(d) 싱크대의 도수

그림 **9.3-3** 도수의 발생

9장 개수로 부등류

도수가 발생하면 표면파나 회전류(roller)가 형성되어 많은 에너지 손실이 생긴다. 따라서 댐이나 보의 여수로에서 흘러내려온 물을 하류부에서 감세공(energy dissipator)를 이용하여 도수가 발생하도록 하여 에너지를 줄이는 데 많이 이용된다.

도수는 상류의 흐름 상태에 따라 다양하게 나타나며, 이를 상류단면의 Froude수 Fr_1에 따라 표 9.3-1과 같이 분류한다. 도수의 길이는 도수 발생 시작점부터 평활한 수면이 나타나는 지점까지의 길이를 말하며 정상도수인 경우 도수의 길이는 상류수심의 약 6배 정도가 된다.

표 **9.3-1** 도수의 종류

도수 전 프루드수 Fr_1	종류	상태	설명
1.0~1.7	파상도수 (undular)		파랑과 같은 표면류가 생기고 회전류 형태의 표면 형성
1.7~2.5	약도수 (weak)		완만한 흐름이 주를 이루며, 에너지 손실이 적음
2.5~4.5	진동도수 (oscillating)	롤러　　진동분출수	수로바닥에서 수표면까지 간헐적인 분사류로 하류에 표면파가 발생
4.5~9.0	정상도수 (steady)		안정된 도수로 에너지 손실이 도수부분에서 발생
> 9.0	강도수 (strong)		하류부에 큰 표면파가 발생

(3) 도수의 계산

도수는 흐름이 사류에서 상류로 변할 때 수위가 급격히 상승하는 현상을 말한다. 도수 구간에서는 와류로 인해 많은 에너지 손실이 발생한다. 따라서 에너지방정식(베르누이식)을 직접 적용할 수 없으며, 운동량방정식을 이용해야 한다.

그림 **9.3-4**와 같이 수로폭이 일정한 직사각형 수로에서 단면 ①과 단면 ② 사이에서 도수가 발생할 때, 이 두 단면 사이에서 비력이 일정하다고 가정하여 식 (9.3-3)을 적용해 보자.

$$\frac{y_1^2}{2} + \frac{q^2}{gy_1} = \frac{y_2^2}{2} + \frac{q^2}{gy_2} \tag{9.3-7}$$

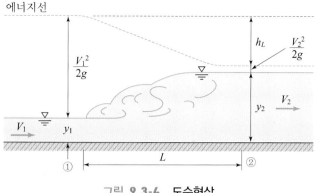

그림 **9.3-4** **도수현상**

여기서 y_1과 y_2는 각각 단면 ①과 단면 ②의 수심이고, q는 단위폭당 유량이다. 이 식의 양변을 y_1^3으로 나누고 정리하면 다음과 같다.

$$\left(\frac{y_2}{y_1}\right)^2 + \left(\frac{y_2}{y_1}\right) - \frac{2q^2}{gy_1^3} = 0 \qquad (9.3-8)$$

여기에 단면 ①의 Froude수 $\mathrm{Fr}_1 = \dfrac{V_1}{\sqrt{gy_1}} = \sqrt{\dfrac{q^2}{gy_1^3}}$ 을 대입한 뒤, $\left(\dfrac{y_2}{y_1}\right)$를 구하면 다음과 같다.

$$\frac{y_2}{y_1} = \frac{1}{2}\left(-1 + \sqrt{1+8\mathrm{Fr}_1^2}\right) \qquad (9.3-9)$$

단, 여기서 식 (9.3-8)의 2개의 해 중에서 $\dfrac{y_2}{y_1} \le 0$인 해는 물리적인 의미가 없으므로 버렸다.

식 (9.3-9)는 도수 전후와 상류단면의 Froude수 사이의 관계를 나타내는 중요한 식이다. 여기서 유의할 것은 흐름은 반드시 단면 ①에서 단면 ② 방향이며, 단면 ①은 반드시 사류(즉 $\mathrm{Fr}_1 > 1$), 단면 ②는 반드시 완류(즉 $\mathrm{Fr}_2 < 1$)이어야 한다는 점이다.

도수 발생 전후의 두 단면에서 비력은 같지만, 비에너지는 같지 않다. 즉 도수로 인한 수두손실은 다음과 같이 구한다.

$$\Delta E = E_1 - E_2 = \left(y_1 + \frac{V_1^2}{2g}\right) - \left(y_2 + \frac{V_2^2}{2g}\right) \qquad (9.3-10)$$

여기에 연속식($y_1 V_1 = y_2 V_2$)를 넣고 정리하면 다음과 같은 도수로 인한 수두손실을 구할 수 있다.

$$\Delta E = \frac{(y_2 - y_1)^3}{4y_1 y_2} \tag{9.3-11}$$

식 (9.3-9)와 식 (9.3-10)은 도수를 나타내는 중요한 식이므로 반드시 기억해 두어야 한다.

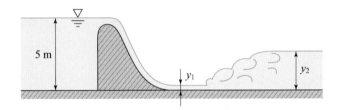

예제 9.3-3 ★★★

그림과 같은 여수로에 단위폭당 2 m³/s의 유량이 흐른다. 도수 후의 수심 y_2는 얼마인가? 여수로 상에서의 에너지 손실은 무시할 수 있다고 가정하라.

풀이 |

댐 상류에서 $y = 5$ m이므로 $V = \dfrac{q}{y} = \dfrac{2}{5} = 0.4$ m/s

여기서 비에너지는 $E = y + \dfrac{V^2}{2g} = 5 + \dfrac{0.4^2}{2 \times 9.8} = 5.008$ m

여수로상의 에너지 손실이 없으므로, 여수로 하류에서 비에너지 $E = 5.008$ m이다.

도수 전에 대한 비에너지식은 $E = y + \dfrac{V^2}{2g} = y + \dfrac{1}{2 \times 9.8}\left(\dfrac{2}{y}\right)^2 = 5.008$이다.

이 식을 풀면 해는 $y = 0.206$ m와 $y = 5.000$ m가 나온다. 여수로 직하류의 수심은 $y_1 = 0.206$ m이다. 따라서 $V_1 = \dfrac{q}{y_1} = \dfrac{2}{0.206} = 9.709$ m/s

$$\mathrm{Fr}_1 = \frac{V_1}{\sqrt{gy_1}} = \frac{9.709}{\sqrt{9.8 \times 0.206}} = 6.833$$

따라서 도수 후의 수심은 다음과 같다.

$$y_2 = \frac{y_1}{2}\left(-1 + \sqrt{1 + 8Fr_1^2}\right) = \frac{0.206}{2}\left(-1 + \sqrt{1 + 8 \times 6.833^2}\right) = 1.890 \text{ m} \quad ■$$

예제 9.3-4 ★★★

그림과 같이 단위폭당 유량이 18 m³/s이고 도수 후의 수심(y_2)은 4.2 m이다. 수심 y_1은 얼마인가?

$$q = 18 \ \text{m}^3/(\text{s} \cdot \text{m}), \ y_2 = 4.2 \ \text{m}, \ V_2 = \frac{q}{y_2} = \frac{18}{4.2} = 4.286 \ \text{m/s}$$

$$Fr_2 = \frac{V_2}{\sqrt{gy_2}} = \frac{4.286}{\sqrt{9.8 \times 4.2}} = 0.668$$

$$y_1 = \frac{y_2}{2}\left(-1 + \sqrt{1 + 8Fr_2^2}\right) = \frac{4.2}{2}\left(-1 + \sqrt{1 + 8 \times 0.668^2}\right) = 2.389 \ \text{m}$$

■

예제 9.3-5 ★★★

다음 그림은 수평경사를 갖는 직사각형 단면 수로에서 수문을 열었을 때 도수가 발생하고 있는 형상을 나타내고 있다. y_2와 y_3를 구하고 도수로 인해 손실되는 에너지는 총에너지의 몇 %에 해당하는가?

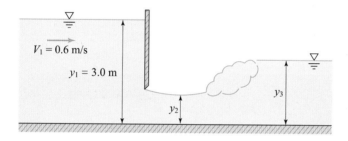

풀이 |

$$y_1 = 3 \ \text{m}, \ V_1 = 0.6 \ \text{m/s}, \ q = y_1 V_1 = 3 \times 0.6 = 1.8 \ \text{m}^3/(\text{s} \cdot \text{m})$$

비에너지는 $E = y_1 + \dfrac{V_1^2}{2g} = 3 + \dfrac{0.6^2}{2 \times 9.8} = 3.018 \ \text{m}$이다.

수문에 의한 에너지 손실이 없다고 가정하면,

$$E = y_2 + \frac{V_2^2}{2g} = y_2 + \frac{1}{2 \times 9.8}\left(\frac{1.8}{y_2}\right)^2 = 3.018 \ \text{m}.$$

시산법에 의해 $y_2 = 0.244$ m이므로 $V_2 = \dfrac{q}{y_2} = \dfrac{1.8}{0.244} = 7.377$ m/s.

$$\text{Fr}_2 = \frac{V_2}{\sqrt{gy_2}} = \frac{7.377}{\sqrt{9.8 \times 0.244}} = 4.771$$

도수 후 수심 $y_3 = \dfrac{y_2}{2}\left(-1 + \sqrt{1 + 8Fr_2^2}\right) = \dfrac{0.244}{2}\left(-1 + \sqrt{1 + 8 \times 4.771^2}\right) = 1.529 \ \text{m}$

도수에 의한 에너지 손실 $\Delta E = \dfrac{(y_3 - y_2)^3}{4y_2 y_3} = \dfrac{(1.529 - 0.244)^3}{4 \times 0.244 \times 1.529} = 1.421 \ \text{m}$

따라서 손실 비율 $\dfrac{\Delta E}{E} = \dfrac{1.421}{3.018} \times 100 = 47.1 \ \%$

■

쉬어가는 곳
도수의 쓰임새

수리학을 배울 때 도수현상만큼 흥미로운 것은 없는 것 같다. 도수는 보기에 매우 역동적이며 아름답다. 더욱이 큰 에너지 손실을 발생시키므로, 댐 방류수와 같이 지나치게 큰 에너지를 가진 흐름을 약화시키는 중요한 역할을 한다. 예를 들어, 댐에서 방류된 물은 엄청난 에너지를 갖고 있으므로 그대로 하도에 유입되면 하상이나 하안을 세굴시키며 하천 구조물에 큰 피해를 입힐 수 있다. 그래서 댐 여수로(spillway)의 하류에는 반드시 감세공(energy dissipator)을 설치하여 에너지를 감소[b] 시킨다.

Wivenhoe 댐 여수로

Pedrogao 댐 여수로

Three Gorges 댐 여수로

Hinze 댐 여수로

댐 여수로 하류의 감세공(Chanson, 2015)

감세공에 대한 자세한 사항들은 댐설계 기준이나 지침서, 관련 서적(예를 들어, Chanson(2015))을 참조하기 바란다.

(4) 월류구조물에 작용하는 힘

비력은 단위질량당 힘을 의미하므로, 구조물에 작용하는 힘을 계산하는 데 유용하게

---

b) Chanson, H. (2015). Energy dissipation in hydraulic structures, CRC Press.

적용할 수 있다.

보나 댐과 같이 물을 월류시키는 구조물에는 수압이 작용한다. 이 수압에 견디기 위해 반드시 반력이 필요하다(그림 **9.3-5** 참조). 이 상황은 5.4절 유체동역학에서 운동량방정식의 응용사례로 제시되어 있다.

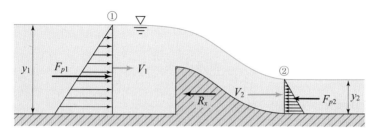

그림 **9.3-5** 월류구조물에 작용하는 힘

개수로 단면의 안쪽 폭이 B라고 하자. 그리고 흐름이 x방향(가로의 오른쪽 방향)뿐이므로, 모든 힘은 x방향만을 생각해도 좋다. 단면 ①과 단면 ②로 둘러싸인 검사체적에 대해 x방향 운동량방정식을 비력을 이용하여 적용하면 다음과 같다. (이 식은 5.4절의 식 (5.4-29)를 비력으로 정리한 것이다.)

$$M_1 = M_2 + \frac{R_x}{\rho g} \tag{9.3-12}$$

여기서 비력 $M_1 = \frac{1}{2}By_1^2 + \frac{Q^2}{gA_1}$, $M_2 = \frac{1}{2}By_2^2 + \frac{Q^2}{gA_2}$이며, R_x는 반력이다. 따라서 반력 R_x는 다음과 같다.

$$R_x = \rho g(M_1 - M_2) \tag{9.3-13}$$

예제 **9.3-6** ★★★

에너지 감소를 위해 직사각형 단면의 수로바닥에 감세블록을 설치하여 도수를 발생시켰다. 단위폭당 유량 $q = 2.80$ m³/s/m, $y_1 = 0.30$ m, $y_2 = 1.20$ m일 때 감세블록에 작용하는 단위폭당 수평력은 얼마인가?

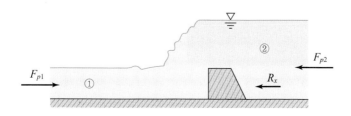

감세블록 상류의 단면 ①과 하류의 단면 ②의 (단위폭당) 비력을 구해보자.

$$M_1 = \frac{1}{2}By_1^2 + \frac{Q^2}{gA_1} = \frac{1}{2}\times 1.0 \times 0.3^2 + \frac{2.8^2}{9.8\times(1.0\times 0.3)} = 2.71 \ \text{m}^3$$

$$M_2 = \frac{1}{2}By_2^2 + \frac{Q^2}{gA_2} = \frac{1}{2}\times 1.0 \times 1.2^2 + \frac{2.80^2}{9.8\times(1\times 1.2)} = 1.39 \ \text{m}^3$$

비력의 관계식을 쓰면

$$M_1 = M_2 + \frac{R_x}{\rho g}$$

따라서 감세블록에 작용하는 힘은

$$R_x = \rho g\left(M_1 - M_2\right) = (1,000\times 9.8)\times(2.71-1.39) = 12,985 \ \text{N} \qquad \blacksquare$$

(5) 하부방류 수문에 작용하는 힘

수문(water gate)은 저수지나 수조에서 수로로 물을 방류하는 수문 중 하나이다. 그 중에서 승강수문(sluice gate)은 판 모양으로 된 수문을 위로 들어올려 물을 방류하고, 아래로 내려서 차단하는 가장 간단한 구조의 수문(그림 9.3-6)이다. 승강수문은 하구둑과 같이 낙차가 낮은 구조물의 수문으로 많이 이용하고, 댐과 같이 낙차가 큰 구조물에서는 테인터수문(tainter gate)을 주로 이용한다. 이런 수문에서 물이 수문을 통과할 때 생기는 미소손실을 무시하고, 수문의 상하류에 베르누이식을 적용하면 다음과 같다(그림 9.3-7 참조). 이 내용은 5.4절에서 운동량방정식을 이용하여 적용한 바 있다. 이번에는 비력을 이용하여 같은 문제를 풀어보자.

(a) 승강수문(낙동강하구둑)

(b) 테인터수문

그림 **9.3-6** 승강수문과 테인터수문

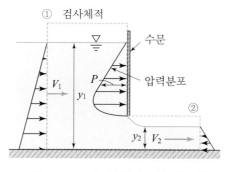

그림 **9.3-7** 승강수문에 작용하는 힘

개수로 단면의 폭이 B라고 하자. 그리고 흐름이 x방향(가로의 오른쪽 방향)뿐이므로, 모든 힘은 x방향만을 생각해도 된다. 단면 ①과 단면 ②로 둘러싸인 검사체적에 대해 x방향 운동량방정식을 비력을 이용하여 적용하면 다음과 같다.

$$M_1 = M_2 + \frac{R_x}{\rho g} \qquad (9.3-14)$$

여기서 비력 $M_1 = \frac{1}{2}By_1^2 + \frac{Q^2}{gA_1}$, $M_2 = \frac{1}{2}By_2^2 + \frac{Q^2}{gA_2}$ 이며, R_x는 반력이다. 따라서 반력 R_x는 다음과 같다.

$$R_x = \rho g(M_1 - M_2) \qquad (9.3-15)$$

식 (9.3–15)를 적용할 때 유의할 점은 보를 월류하는 흐름이나 수문 아래를 지나는 흐름이나 반력은 같다는 점이다. 그리고 보를 월류하는 흐름과 마찬가지로 만일 위 식에서 속도나 유량, 수심 등이 주어지지 않은 경우는 연속방정식과 베르누이방정식에서 구하면 된다.

예제 9.3-7 ★★☆

그림과 같이 폭 5 m의 직사각형 단면 수로에 15 m³/s의 유량이 흐르고 있다. 승강수문에 작용하는 반력 R_x를 구하라.

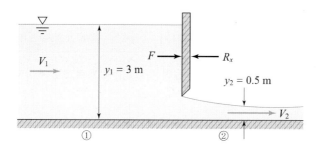

수문 상하류의 단면 ①과 단면 ②의 비력을 구해보자.

$$M_1 = \frac{1}{2}By_1^2 + \frac{Q^2}{gA_1} = \frac{1}{2} \times 5.0 \times 3.0^2 + \frac{15^2}{9.8 \times (5 \times 3)} = 24.03 \ \text{m}^3$$

$$M_2 = \frac{1}{2}By_2^2 + \frac{Q^2}{gA_2} = \frac{1}{2} \times 5.0 \times 0.5^2 + \frac{15^2}{9.8 \times (5 \times 0.5)} = 9.81 \ \text{m}^3$$

비력과 수문에 작용하는 힘 사이의 관계는

$$M_1 = M_2 + \frac{R_x}{\rho g}$$

따라서 수문에 작용하는 힘은 다음과 같다.

$$R_x = \rho g(M_1 - M_2) = (1{,}000 \times 9.8) \times (24.03 - 9.81) = 139{,}375 \ \text{N} = 139.4 \ \text{kN} \quad \blacksquare$$

(6) 연습문제

문제 9.3-1 (★★☆)

수심이 40 cm인 수로에서 물이 5 m/s로 흐르고 있다. 장애물에 의해서 도수가 발생하였다. 도수 후의 수심은 얼마인가?

문제 9.3-2 (★★☆)

수심이 40 cm인 사다리꼴 단면 수로에서 물이 10 m/s의 속도로 흐르고 있다. 장애물에 의해서 도수가 발생하였을 때 도수 후의 수심은 얼마인가? 수로바닥의 폭은 5 m이고, 측면경사는 1 : 1이다.

문제 9.3-3 (★★☆)

수로폭이 $B = 60$ m인 댐여수로(spillway)의 하부에서 도수현상이 일어났다. 도수 전후의 수심이 각각 $y_1 = 0.3$ m, $y_2 = 0.9$ m이었을 때 유량과 도수로 인한 에너지 손실을 구하라.

문제 9.3-4 (★★☆)

폭이 $B = 60$ m인 수로에서 유량이 $Q = 360$ m^3/s이고 수심이 $y_1 = 0.7$ m/s인 사류를 도수에 의해서 완류로 변화시킬 때 하류 측의 수심과 도수로 인해 발생하는 손실동력을 구하라.

문제 9.3-5 (★☆☆)

폭 5 m인 직사각형 단면 수로에 10 m^3/s의 물이 수심 3 m로 흐르고 있다. 이때의 비력을 구하라.

문제 9.3-6 (★★☆)

직사각형 단면 하천에서 유량이 50 m³/s, 하상경사 0.002, 하폭 25 m, 조도계수 $n = 0.03$, 단락의 높이가 0.3 m일 때, 단면 ①의 수심이 2.0 m라고 하자. 단락을 통과할 때 에너지 손실이 없다고 가정하고 단면 ②의 수심을 구하라. 그리고 흐름에 의해 단락 A 부분이 받는 힘을 구하라.

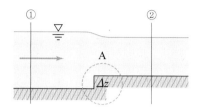

문제 9.3-7 (★★☆)

폭 10 m의 직사각형 수로에 25 m³/s의 유량이 흐르고 있다. 수문 상류부의 수심이 3 m이고, 하류부 수심이 0.6 m일 때 수문에 가해지는 힘을 구하라.

쉬어가는 곳 개수로의 단파

관로 흐름에서 갑작스런 밸브의 개폐나 단면의 변화가 생기면 압력파가 생겨서 이 압력파가 상하류로 이동하는 수격작용(water hammer)이 일어난다는 것을 앞서 설명하였다. 반면, 개수로 흐름에서는 갑작스러운 수문을 개폐하면 압력의 변화가 아니라 수위의 변화가 생긴다. 물론 조석에 의한 밀물과 같이 큰 수위 변화가 빠른 속도로 발생할 때도 이 수위 변화가 생긴다. 이렇게 생긴 갑작스런 수위의 변화는 마치 계단형을 이룬 채 장파의 속도(파속)로 상하류로 전파되어 가며, 전달되는 거리도 상당한 거리에 이른다. 수문 개폐에 따른 급격한 수위 변화는 단파(surge wave)라고 하며, 수문의 상류방향(음단파, negative surge)과 하류방향(양단파, positive surge)으로 각각 전파되는 두 개의 단파가 형성된다. 반면에 조석에 의한 단파는 이른바 조석단파(tidal surge)라 부르며, 조석간만의 차이가 큰 해안에 위치한 하구에서 종종 발생한다. 후자의 경우는 영국의 Severn 강 하구의 조석단파가 특히 유명하다.

실험 수로의 음단파

Severn 강의 조석단파

9.4 점변류 해석

대부분의 개수로는 수로를 따라 흐름 특성(수심, 유속, 유량 등)이 변화하는 부등류이다. 이런 흐름 특성의 변화 중 수위는 가장 관심이 높은 수리량 중의 하나이다. 이런 수위 변화가 일어나는 구간의 길이에 따라 부등류를 점변류(GVF; gradually varied flow)와 급변류(RVF; rapidly varied flow)로 세분한다. 점변류는 비교적 긴 구간에서 수위가 변화되며, 급변류는 짧은 구간에서 급격한 변화를 보인다. 부등류의 흐름 특성 변화는 바로 에너지 손실의 변화이며, 이런 에너지 손실은 수로벽이나 구조물 등에 의한 마찰손실과 흐름 자체의 와류 발생으로 인한 손실의 두 요인으로 발생한다. 급변류의 경우는 짧은 구간 내에서 흐름 상태가 바뀌며, 그 때 발생하는 와류로 인한 에너지 손실이 대부분이다. 반면에 점변류는 수로벽에 의한 마찰손실이 대부분을 차지한다.

점변류는 수심과 유속이 급격히 변화하지 않고 점진적으로 변화하는 부등류이며, 수표면은 완만하게 이어진다. 따라서 수로를 따라 흐름 방향의 수심 또는 수위의 변화율을 구할 수 있으며 이러한 해석을 통해 수로의 수면곡선(수면형)을 계산할 수 있다.

(1) 임계경사

개수로 흐름에서는 완류인가 사류인가에 따라 흐름 상태가 크게 다르다. 따라서 개수로 흐름 문제를 다루는 경우 사전에 등류수심(y_n)과 임계수심(y_c) 중에 어느 것이 큰가를 반드시 검토해야 한다. 그런데 임계수심은 수로경사와 관계없이 유량과 단면형상만으로 결정되지만, 등류수심은 유량, 수로경사, 조도 등에 따라 달라지며, 수로경사가 증가하면 등류수심은 감소하고, 반대로 수로경사가 감소하면 등류수심은 증가한다. 따라서 주어진 유량에 대해 등류수심과 임계수심이 일치하는 경사가 반드시 하나 존재한다. 이 경사를 임계경사(critical slope)라고 한다.

임계경사는 임계류의 조건식과 등류식(Manning식이나 Chézy식)을 이용하여 유도할 수 있다. 먼저 임계류의 조건식은 다음과 같다.

$$\frac{Q^2 T_c}{g A_c^3} = 1 \qquad (9.4-1)$$

여기서 Q는 유량, T_c는 임계류일 때의 수면폭, A_c는 임계류일 때의 단면적, g는 중력가속도이다. 여기에 Mannin식을 대입하고, 수로경사에 대해 정리하면 다음과 같다.

$$S_c = \frac{g\,n^2}{R_{h,c}^{4/3}}\frac{A_c}{T_c} = \frac{g\,n^2\,D_c}{R_{h,c}^{4/3}} \tag{9.4-2}$$

여기서 S_c는 등류가 임계류일 때의 수로경사로 임계경사라고 부르며, $R_{h,c}$는 임계류일 때의 수리반경, D_c는 임계류일 때의 수리평균심이다.

(2) 수면곡선의 분류

점변류는 흐름의 수로경사 S_0가 임계경사 S_c와 어떤 관계를 갖는가에 따라 다음의 다섯 가지로 나눈다.

① 완경사(mild slope) 수로: 흐름이 등류 상태일 때 완류인 경사($S_0 < S_c$)의 수로

② 급경사(steep slope) 수로: 흐름이 등류 상태일 때 사류인 경사($S_0 > S_c$)의 수로

③ 임계경사(critical slope) 수로: 흐름이 등류 상태일 때 임계류인 경사($S_0 = S_c$)의 수로

④ 수평(horizontal) 수로: 수로가 수평으로 경사가 없는($S_0 = 0$) 수로

⑤ 역경사(inverse slope) 수로: 하류방향으로 수로바닥이 높아지는 경우($S_0 < 0$)의 수로

이 다섯 가지 경사를 이용하여 수면형을 나타내며 기호로는 각각 M, S, C, H, A로 시작한다.

표 9.4-1 수면곡선의 분류

경사의 종류	경사 분류	프루드수	수위관계	수면경사	수면곡선	비고
$S_0 < S_c$	완경사(M)	$\mathrm{Fr} < 1$	$y_c < y_n < y$	+	M1	배수곡선
		$\mathrm{Fr} < 1$	$y_c < y < y_n$	−	M2	저하곡선
		$\mathrm{Fr} > 1$	$y < y_c < y_n$	+	M3	
$S_0 > S_c$	급경사(S)	$\mathrm{Fr} < 1$	$y_n < y_c < y$	+	S1	
		$\mathrm{Fr} > 1$	$y_n < y < y_c$	−	S2	
		$\mathrm{Fr} > 1$	$y < y_n < y_c$	+	S3	
$S_0 = S_c$	임계경사(C)	$\mathrm{Fr} < 1$	$y_n = y_c < y$	+	C1	
		$\mathrm{Fr} = 1$	$y_n = y_c = y$	0	C2	
		$\mathrm{Fr} > 1$	$y < y_n = y_c$	−	C3	
$S_0 = 0$	수평(H)	$\mathrm{Fr} < 1$	$y_c < y$	−	H2	
		$\mathrm{Fr} > 1$	$y < y_c$	+	H3	
$S_0 < 0$	역경사(A)	$\mathrm{Fr} < 1$	$y_c < y$	−	A2	
		$\mathrm{Fr} > 1$	$y < y_c$	+	A3	

현재의 수심 y가 주어진 수로의 등류수심 y_n 및 임계수심 y_c와 비교하여 어떤 범위인가에 따라 흐름을 세분한다. 즉 수로경사의 종류를 결정하면 그 다음에 y_n과 y_c의 크기가 결정되며, 이 두 수위를 기준으로 세 개의 영역이 생기며, 이 영역들을 위에서부터 차례로 영역 1, 영역 2, 영역 3으로 나눈다. 즉 앞의 수로경사에 대해 영어로 된 머리글자 하나와 영역에 대한 숫자 하나를 합쳐서 수면형 이름을 삼는다. 위의 두 조건을 조합하면 총 15개의 수면형이 생기지만, 물리적으로 의미가 없는 것을 빼면 가능한 수면형은 표 **9.4-1**과 같이 총 13가지이다.

■ 완경사 수면곡선

개수로에서 가장 일반적인 수면곡선은 M1 곡선이다. M1 곡선은 그림 **9.4-1(a)**에 보인 것과 같이 완경사 수로 위에서 완류로 흐르는 흐름에 댐이나 보와 같은 횡단구조물이나 장애물을 설치하였을 때 그 상류부에서 발생하며, 이 때문에 배수곡선(backwater curve)이라고도 한다. 이때의 수위 조건은 $y_c < y_n < y$이다. 이런 경우 구조물이 없을 때보다 얼마나 수위가 상승하는지가 매우 중요하게 된다. M1 곡선은 등류수심보다 높이 위치하며, 상류 쪽은 등류수심에, 하류 쪽은 수평선에 접근한다. M1 곡선을 그릴 때는 하류단의 수평면에서 조금씩 증가해서 결국 상류의 등류수심과 만나도록 그리면 된다. 따라서 M1 곡선은 상류수위가 하류수위보다 항상 높아야 하며, 아래로 볼록인 형태를 이룬다. 즉 상류에서부터 점차 수면의 기울기가 완만해져서 하류에서는 수평선에 접근한다. M1 곡선의 길이는 보통 수 km 이상이며, 수십 km에 이르기도 한다.

M2 곡선은 그림 **9.4-1(b)**와 같이 완경사 수로에서 등류로 흐르는 흐름의 하류에 낙차가 있을 때 형성된다. 이때의 수위 조건은 $y_c < y < y_n$이다. 즉 완경사 수로이므로 등류는 곧 완류 상태이며, 이때 하류의 단락부에 접근함에 따라 물이 점점 가속되고 수심은 점점 작게 되어 최종적으로 임계류에 도달하게 된다. 따라서 M2 곡선은 상류는 등류수심에서 시작하여 완만하게 낮아지다가 결국 단락부의 직상류에 형성된 임계수심과 만나게 되며, 형태는 위로 볼록인 형태이다. 그래서 M2 곡선을 종종 저하곡선

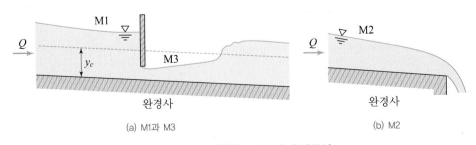

(a) M1과 M3

(b) M2

그림 **9.4-1** 완경사 수로의 수면곡선

(drowdown curve)이라 부른다. M2 곡선의 길이는 보통 수십 m에서 수백 m 정도이며, M1 곡선보다 훨씬 짧고, 다음에 보이는 M3 곡선보다는 길다.

M3 곡선은 완경사 수로에서 시작 수위가 임계수심보다 작을 때 형성된다. 이때의 수위 조건은 $y < y_c < y_n$이다. 그림 **9.4-1(a)**에 보인 것과 같은 승강수문(sluice gate) 하류의 방류수가 대표적이다. 완경사 수로이므로 이 수로에서 긴 구간에 형성되는 등류는 완류이어야 한다. 그런데 수문을 임계수심 이하로 열면, 흐름은 수면이 낮아져서 수축부(vena contracta)를 형성하였다가 그 다음부터 반전되어 임계수심을 향하여 상승곡선을 그리게 된다. 그런데 임계수심에 이르기 직전에 수면경사는 거의 수직에 가까워지면서 도수를 발생시킨다. 결국 M3 곡선은 수축부부터 도수 직선에 이르는 부분이며, 수십 m 이내의 짧은 구간에서 발생한다. 따라서 M3 곡선은 아래로 볼록인 형태이다. 유의할 점은 수문방류구에서 수축부에 이르는 부분은 급변류이며, 여기서 다루는 점변류가 아니다.

쉬어가는 곳 M1 곡선(배수곡선)

배수위를 나타내는 M1 곡선은 많은 전공서적에서 가장 오류가 많은 수면형이다. M1 곡선은 완경사 수로에서 (댐이나 보와 같은 구조물, 조위 등에 의해) 하류수위가 등류수위보다 높은 경우에 발생한다. 따라서 M1 곡선의 하류부분은 수평선에 접근하고, 상류부분은 등류수심에 접근한다. 이때 하류부 수위(수심이 아니라는) 반드시 상류부 수위보다 낮아야 한다. 그런데 많은 서적들에서 M1 곡선의 하류수위가 상류수위보다 높게 그려져 있다. 몇 가지 주요 수리학 책들의 사례를 보면 다음과 같다. 오류를 밝히는 것이므로 저자 이름을 밝히지 않는다.

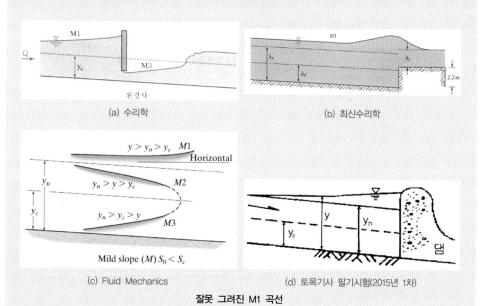

잘못 그려진 M1 곡선

독자 여러분도 유체역학이나 수리학 서적을 읽을 때 이 점을 유념해 살펴보기 바란다.

■ **급경사 수면곡선**

급경사 수면곡선은 앞의 완경사의 경우와는 달리 수로경사가 급해서, 이 수로에 등류가 흐를 때 사류 상태를 유지하는 경우이다. 즉 $y_n < y_c$이다.

S1 곡선은 그림 **9.4-2(a)**와 같이 급경사 수로에 댐이나 보와 같이 수위를 상승시키는 횡단구조물이 있을 때 형성된다. 이때의 수심 조건은 $y_n < y_c < y$이다. S1 곡선의 상류 측은 도수에 연결되고(임계수심에 접근하고), 하류 측은 수평선에 접근한다. 따라서 위로 볼록인 형태가 되며, 상류 측은 그 위치가 명확하지 않게 된다. S1 곡선은 수십 m 정도의 길이를 갖는다.

S2 곡선은 그림 **9.4-2(b)**와 같이 급경사 수로에서 상류가 완류일 때 생긴다. 이때의 수심 조건은 $y_n < y < y_c$이다. 즉 급경사 수로이므로 흐름은 결국 등류수심에 접근해야 하며, 이때 흐름의 시작점이 완류이므로, 완류 → 임계류 → 사류를 차례로 거치게 된다. S2 곡선은 이때 임계류에서 시작되어 사류 상태의 등류로 접근하는 부분을 나타낸다. 그림 **9.4-2(b)**와 같이 완경사 수로의 하류에 급경사 수로가 접합되었을 때, 접합점 상류에는 M2 곡선, 접합점 하류에는 S2 곡선이 나타나는 것이 대표적인 사례이다. S2 곡선은 수십 m 정도의 길이를 갖는다.

S3 곡선은 그림 **9.4-2(a)**와 같이 급경사 수로에서 시작수위가 등류수심보다 작을 때 형성된다. 즉 이때의 수심 조건은 $y < y_n < y_c$이다. 급경사 수로에 설치된 승강수문에서 등류수심보다 낮은 수심으로 물을 방류하면, 처음 시작수위가 등류보다 작으므로 수면은 곧바로 등류수심을 향해 접근하게 되며, 수문 끝에서 등류수심을 향해 위로 볼록한 형태로 수면형이 형성된다. 따라서 S3 곡선의 길이는 수 m 정도의 길이를 갖는다.

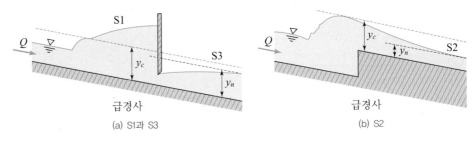

(a) S1과 S3   (b) S2

그림 **9.4-2** **급경사 수로의 수면곡선**

■ **임계경사 수면곡선**

임계경사의 수면곡선 C1과 C3는 임계경사 수로상의 수문에 의해 발생하며, 그림 **9.4-3(a)**와 같다. C1 곡선의 상류는 등류수심(임계수심과 같다)에 직교하며, 하류는

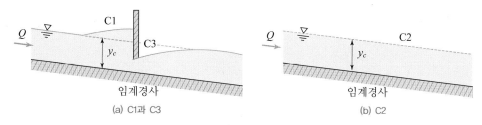

(a) C1과 C3 〔임계경사〕   (b) C2 〔임계경사〕

그림 **9.4-3**　**임계경사 수로의 수면곡선**

수평에 접근한다. 한편, C3는 승강수문에서 등류수심(임계수심)보다 낮은 수심으로 방류할 때 생기며, 수로바닥과 직교하는 형태로 시작하여 등류수심(임계수심)에 점근한다. 한편, C2 곡선은 등류수심(임계수심)과 일치하며, 수로와 평행한 직선이다. 그런데 실제로는 $S_0 = S_c$인 경사가 흔하지 않으며, 시작수심이 정확히 등류수심(임계수심)과 일치하는 경우도 드물기 때문에 C2 곡선을 실제로 보기는 매우 어렵다.

■ 수평과 역경사 수면곡선

수평과 역경사는 모두 등류 상태를 유지할 수 없으며, 따라서 등류수심이 존재하지 않는다. 이 때문에 두 경우 모두 H1과 A1 곡선은 존재하지 않는다. H2와 A2는 모두 M2와 비슷하며, H3와 A3는 M3와 비슷하다.

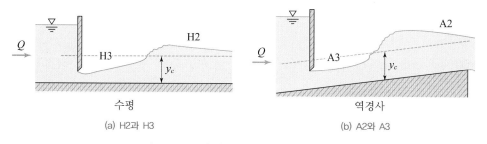

(a) H2과 H3 〔수평〕   (b) A2와 A3 〔역경사〕

그림 **9.4-4**　**수평과 역경사 수로의 수면곡선**

(3) 점변류 기본방정식

수면곡선의 지배방정식은 그림 **9.4-5**와 같은 검사체적에 베르누이식을 적용하여 유도할 수 있다. 단면 ①과 단면 ② 사이의 흐름 방향 x를 따른 거리를 dx라고 하면, 두 단면 사이에 베르누이식을 총수두의 형태로 다음과 같이 쓸 수 있다.

$$z + y + \frac{V^2}{2g} = (z + dz) + (y + dy) + \frac{V^2}{2g} + d\left(\frac{V^2}{2g}\right) + S_f dx \qquad (9.4\text{-}3)$$

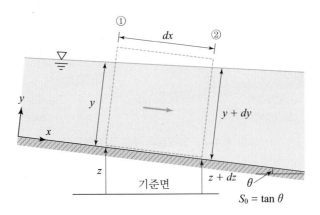

그림 **9.4-5** 점변류 해석을 위한 검사체적

여기서 S_f는 마찰경사(여기서 에너지 손실이 대부분 마찰손실이라고 가정하였다), 즉 에너지경사이다. 수로바닥의 높이 변화 $dz = -S_0 dx$로 쓸 수 있으므로, 식 (9.4-3)은 다음과 같이 정리된다.

$$d\left(\frac{V^2}{2g}\right) + dy = (S_0 - S_f)dx \qquad (9.4-4)$$

양변을 dx로 나누면

$$\frac{d}{dx}\left(\frac{V^2}{2g}\right) + \frac{dy}{dx} = (S_0 - S_f) \qquad (9.4-5)$$

직사각형 단면 수로일 경우, 식 (9.4-5)의 좌변의 첫째 항은, 미분의 연쇄법칙과 $\mathrm{Fr} = \dfrac{V}{\sqrt{gy}}$를 이용하여 다음과 같이 정리할 수 있다.

$$\frac{d}{dx}\left(\frac{V^2}{2g}\right) = \frac{d}{dy}\left(\frac{V^2}{2g}\right)\frac{dy}{dx} = \frac{d}{dy}\left(\frac{Q^2}{2gB^2y^2}\right)\frac{dy}{dx} = -\frac{Q^2}{2gB^2}\frac{2}{y^3}\frac{dy}{dx}$$

$$= -\frac{V^2}{gy}\frac{dy}{dx} = -\mathrm{Fr}^2\frac{dy}{dx} \qquad (9.4-6)$$

식 (9.4-6)을 식 (9.4-5)에 대입하고 정리하면 다음과 같다.

$$\frac{dy}{dx} = \frac{S_0 - S_f}{1 - \mathrm{Fr}^2} \qquad (9.4-7)$$

식 (9.4-7)이 점변류 수면곡선의 지배방정식이다.

수면곡선식을 쉽게 이해할 수 있도록, 폭이 넓은($B \gg y$) 직사각형 수로($R_h \simeq y$)

에 대해 식 (9.4-7)을 살펴보자. 식 (9.4-7)에서 마찰경사와 수로경사는 다음과 같이 쓸 수 있다.

$$S_f = \frac{n^2 V^2}{R_h^{4/3}} = \frac{n^2 Q^2}{B^2 y^{10/3}} \qquad (9.4-8a)$$

$$S_0 = \frac{n^2 Q^2}{B^2 y_n^{10/3}} \qquad (9.4-8b)$$

따라서

$$\frac{S_f}{S_0} = \left(\frac{y_n}{y}\right)^{10/3} \qquad (9.4-9)$$

연속식에서 유속 V와 임계유속 V_c는 다음의 관계를 갖는다.

$$Q = VBy = V_c B y_c \qquad (9.4-10a)$$

$$V = \frac{V_c y_c}{y} = \frac{\sqrt{gy_c} \times y_c}{y} = \frac{\sqrt{g}\, y_c^{3/2}}{y} \qquad (9.4-10b)$$

따라서 Fr 은 다음과 같이 쓸 수 있다.

$$\mathrm{Fr} = \frac{V}{\sqrt{gy}} = \frac{\sqrt{g}\, y_c^{3/2}}{y\sqrt{gy}} = \left(\frac{y_c}{y}\right)^{3/2} \qquad (9.4-11)$$

식 (9.4-9)와 (9.4-11)을 이용하여 식 (9.4-7)은 다음과 같이 쓸 수 있다.

$$\frac{dy}{dx} = S_0 \frac{1 - \left(\dfrac{y_n}{y}\right)^{10/3}}{1 - \left(\dfrac{y_c}{y}\right)^{3}} \qquad (9.4-12)$$

식 (9.4-12)는 점변류의 수심 y, 등류수심 y_n, 임계수심 y_c의 관계에서 수면의 변화를 알 수 있는 점변류의 기본식이다.

식 (9.4-12)를 이용하여 상하류 경계에서 주어진 조건에 따라 수면형이 어떻게 변하는지 정리하면 다음과 같다.

① 등류수심에 접근하는 경우: 이 경우 $y \to y_n$이며 $\dfrac{dy}{dx} \to 0$이 되어 거리에 따른 수심 변화가 없게 된다. 즉 최종적으로 등류가 형성되며, 이 경우 변화는 매우 완만하다. M1 곡선의 상류, M2 곡선의 상류가 이에 해당한다.

② 임계수심에 접근하는 경우: 이 경우 $y \rightarrow y_c$이며 $\dfrac{dy}{dx} \rightarrow \infty$이 되어 거리에 따른 수심 변화가 매우 크게 된다. 이 경우 어느 정도 이상 수면경사가 커지면 수표면이 불연속적으로 크게 변하는 도수가 발생한다. 즉 수면은 임계수심에 접근할 때는 직각에 가깝게 접근한다. M2 곡선의 하류, M3 곡선의 하류, S1 곡선의 상류, S2 곡선의 상류 부분이 이에 해당한다.

③ 수심이 깊어지는 경우(수평선에 접근하는 경우): 이 경우 $y \rightarrow \infty$이며, $\dfrac{dy}{dx} \rightarrow S_0$이 된다. 즉 수심의 증가가 수로경사와 같으므로, 수면은 수평을 유지하게 된다. 이때 수평선에는 매우 완만하게 접근한다. M1 곡선의 하류, S1 곡선의 하류가 이에 해당한다.

④ 수로바닥에 접근하는 경우: 이 경우 $y \rightarrow 0$이 되며, $\dfrac{dy}{dx} \rightarrow \infty$가 되어 거리에 따른 수심 변화가 매우 크게 된다. 즉 수면형이 수로바닥을 향할 때는 매우 급한 경사를 갖게 된다. 이것은 S3 곡선의 상류, C3 곡선의 상류가 이에 해당한다.

예제 9.4-1 ★★★

그림과 같이 Manning의 조도계수 $n = 0.014$, 수로폭 $B = 5$ m, 수로경사 $S_0 = 0.002$인 긴 직사각형 단면 수로에 수문을 설치하였다. 이 수로에 $Q = 10$ m³/s의 유량이 흐를 때, 수문을 0.3 m 높이로 개방하여 물을 방류할 때 구간 ①과 구간 ②의 흐름 상태를 결정하라. 또 이 두 구간 사이의 수면변화를 결정하라.

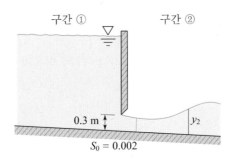

풀이

이 수로의 임계수심은 다음과 같다.

$$y_c = \sqrt[3]{\frac{q^2}{g}} = \sqrt[3]{\frac{(10/5)^2}{9.8}} = 0.742 \text{ m}$$

등류수심은 다음과 같다.

$$Q = \frac{1}{n} A R_h^{2/3} \sqrt{S_0} = \frac{1}{0.014} \times (5 y_n) \times \left(\frac{5 y_n}{5 + 2 y_n}\right)^{2/3} \times \sqrt{0.002} = 10 \text{ m}^3/\text{s}$$

시산법에 의해 등류수심 $y_n = 0.849$ m

그러면 $y_c < y_n$이므로 이 수로는 완경사 수로이다. 그리고 수문의 개방 높이가 임계수심보다 작으므로 구간 ②에서는 사류로 방류되며 M3 곡선이 생긴다. 또한 상류 구간이 길다고 하였으므로, 구간 ①에는 M1 곡선이 생긴다. 이를 그림으로 나타내면 다음과 같다.

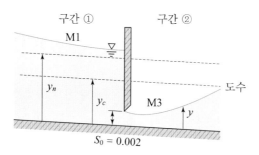

■

Manning의 조도계수 $n = 0.014$, 수로폭 $B = 5$ m인 직사각형 단면 수로가 수로경사가 $S_{0,1} = 0.02$ (상류 구간 ①)와 $S_{0,2} = 0.002$(하류 구간 ②)인 두 구간으로 연결되어 있다. 이 수로에 $Q = 10$ m³/s의 유량이 흐를 때, 구간 ①과 구간 ②의 등류수심과 임계수심을 구하고, 흐름 상태를 결정하라. 또 이 두 구간 사이의 수면 변화를 결정하라.

풀이

먼저 임계수심을 구하자. 임계수심은 구간 ①과 구간 ②에서 항상 일정하다.

$$y_c = \sqrt[3]{\frac{q^2}{g}} = \sqrt[3]{\frac{(10/5)^2}{9.8}} = 0.742 \text{ m}$$

구간 ①의 등류수심은 Manning식으로 구한다.

$$Q = \frac{1}{n} A_1 R_{h,1}^{2/3} \sqrt{S_{0,1}} = \frac{1}{0.014} \times (5 y_{n,1}) \times \left(\frac{5 y_{n,1}}{5 + 2 y_{n,1}}\right)^{2/3} \times \sqrt{0.02} = 10 \text{ m}^3/\text{s}$$

시산법에 의해 구간 ①의 등류수심 $y_{n,1} = 0.402$ m.

$y_{n,1} < y_c$이므로 구간 ①은 급경사이며, 수로가 긴 경우 사류로 등류를 형성한다.

구간 ②의 등류수심은 Manning식으로 구한다.

$$Q = \frac{1}{n} A_2 R_{h,2}^{2/3} \sqrt{S_{0,2}} = \frac{1}{0.014} \times (5 y_{n,2}) \times \left(\frac{5 y_{n,2}}{5 + 2 y_{n,2}}\right)^{2/3} \times \sqrt{0.002} = 10 \text{ m}^3/\text{s}$$

시산법에 의해 구간 ②의 등류수심 $y_{n,2} = 0.849$ m

$y_{n,2} > y_c$이므로 구간 ②는 완경사이며, 수로 ①에서 사류가 유입되므로 짧은 M3 곡선(경우에 따라서는 아예 M3 곡선이 나타나지 않을 수도 있다) 후에 도수가 발생한다.

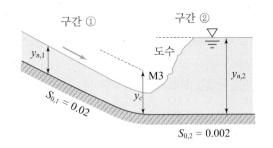

(4) 제어단면

점변류 수면곡선의 분석을 통해 수로에서 형성되는 수면형을 대강 예상할 수 있다. 그런데 수면형 계산을 위해서는 사전에 수위 또는 수심을 알고 있는 단면(경계조건)이 필요하다. 이처럼 수위—유량관계나 수위(또는 수심)를 알고 있는 단면을 제어단면(control section)이라 한다. 제어단면은 다음과 같이 세 가지[c]가 있다.

① 등류수심제어단면(NDC: normal—depth control section): 상당히 긴 구간에 CDC나 ACC가 없어 등류가 발생하는 단면이다.
② 임계수심제어단면(CDC: critical—depth control section): 임계수심이 발생하는 제어단면이며, 보나 댐 여수로의 마루, 임계수심이 발생하는 수로 천이가 대표적이다.
③ 인공수로제어단면(ACC: artificial channel control section): 보와 댐의 마루, 또는 수문 아래의 개구부와 같이 수리구조물 지점에서 수심을 알 수 있으므로 제어단면이 될 수 있다.

제어단면을 결정하면, 이 지점에서 수심(수위)을 알 수 있으므로, 이 지점에서 시작하여 완류일 경우는 상류방향으로, 사류일 경우에는 하류방향으로 수심(수위)을 계산해 간다.

계산 방향을 이렇게 잡는 이유는 다음과 같다. 완류인 경우는 유속이 표면파의 전파속도보다 느리기 때문에 흐름의 작은 교란이 상하류 양쪽으로 전파된다. 따라서 계산의 경계조건을 상류단과 하류단 양쪽에 주어야 하며, 어느 쪽으로 계산을 진행해도 좋다. 다만, 하류에서 상류 쪽으로 계산하는 편이 계산의 오차를 줄일 수 있기 때문이다. 반면, 사류인 경우는 유속이 표면파의 전파속도보다 빨라서 흐름에 생긴 작은 교란

c) Jain, S. (2001). Open—Channel Flow, McGraw—Hill.

이 하류 쪽으로만 전파되기 때문에, 계산은 반드시 상류에서 하류방향으로 진행해야 한다.

(5) 연습문제

문제 9.4-1 (★★☆)

Manning의 조도계수 $n = 0.014$, 수로폭 $B = 5$ m인 직사각형 단면 수로가 수로경사가 $S_{0,1} = 0.002$(상류 구간 ①)와 $S_{0,2} = 0.02$(하류 구간 ②)인 두 구간으로 연결되어 있다. 이 수로에 $Q = 10$ m³/s의 유량이 흐를 때, 구간 ①과 구간 ②의 등류수심과 임계수심을 구하고, 흐름 상태를 결정하라. 또 이 두 구간 사이의 수면 변화를 결정하라.

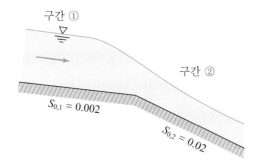

문제 9.4-2 (★★☆)

그림과 같이 Manning의 조도계수 $n = 0.014$, 수로폭 $B = 5$ m, 수로경사 $S_0 = 0.02$인 긴 직사각형 단면 수로에 수문을 설치하였다. 이 수로에 $Q = 10$ m³/s의 유량이 흐를 때, 수문을 0.3 m 높이로 개방하여 물을 방류할 때 구간 ①과 구간 ②의 흐름 상태를 결정하라. 또 이 두 구간 사이의 수면 변화를 결정하라.

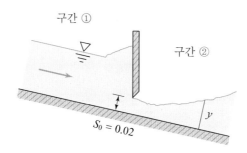

9.5 점변류 수면형 계산

점변류의 수면곡선을 계산하는 방법에는 여러 가지가 있으나 여기서는 수로를 짧은 구간으로 나누어 한 지점에서 다음 지점으로 순차적으로 수면곡선을 계산하는 축차계산법에 대해 살펴본다.

축차계산법에는 지정된 수심(수위)까지의 거리를 직접 계산하는 직접축차법(direct step method)과 지정된 지점의 수심(수위)을 시산법으로 계산하는 표준축차법(standard step method)이 있다.

(1) 직접축차법

그림 **9.5-1**과 같이 거리가 Δx인 두 단면을 생각하자. 두 단면 i와 $i+1$(여기서 상류단면의 번호가 하류단면의 번호보다 큰 것은 하류에서 상류방향으로 축차계산을 하기 위한 것이다)에 베르누이식을 적용하면 다음과 같다.

$$S_0 \Delta x + y_{i+1} + \frac{V_{i+1}^2}{2g} = y_i + \frac{V_i^2}{2g} + S_f \Delta x \qquad (9.5-1)$$

여기서 y는 각 단면의 수심, V는 유속이며, S_0는 수로경사, S_f는 에너지경사이며, 와류에 의한 손실은 무시한다. 식 (9.5-1)을 Δx에 대해 정리하면,

$$\Delta x = \frac{E_{i+1} - E_i}{S_f - S_0} = \frac{\Delta E}{S_f - S_0} \qquad (9.5-2)$$

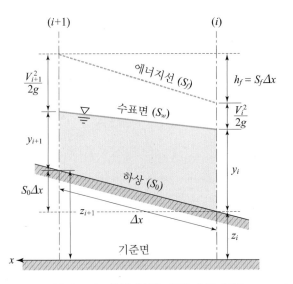

그림 **9.5-1** 축차계산을 위한 수로 구간

기초 수리학

여기서 E는 각 단면의 비에너지이다.

식 (9.5-2)에서 에너지경사선의 경사 S_f는 Manning식을 이용해서 다음과 같이 나타낸다.

$$S_{f,i} = \frac{n_i^2 \, V_i^2}{R_{h,i}^{4/3}} \tag{9.5-3}$$

그런데 경사는 한 단면에서 주어지는 것이 아니라, 두 단면 사이의 구간에서 주어지는 것이므로, 두 단면 사이의 평균값을 적용하는 것이 타당하다.

$$S_f = \frac{1}{2}(S_{f,i} + S_{f,i+1}) \tag{9.5-4}$$

따라서 직접축차법은 기지의 제어단면 수심에서 시작하여, 원하는 수심이 발생하는 지점까지의 거리 Δx를 식 (9.5-2)와 식 (9.5-3), 식 (9.5-4)를 이용하여 계산한다. 다만, 계산하고자 하는 수심이 제어단면의 수심과 차이가 크면 계산된 Δx에 오차가 커지므로, 어느 정도 적당한 간격으로 잘라서 차례대로 계산해야 한다.

직접축차법은 수면형 계산이 매우 간단하다는 장점이 있다. 그러나 어떤 지점의 수심을 계산하는 것이 아니라 어떤 수심까지의 거리를 계산하기 때문에, 원하는 지점의 수심을 알기 위해서는 계산된 결과를 다시 보간해야 한다는 문제가 있다. 또한 중간에 하도의 기하특성이 변하면 직접축차법은 적용할 수 없으며, 반드시 균일수로에서만 적용할 수 있다.

예제 9.5-1 ★★★

수로폭 $B = 5.0$ m, 수로경사 $S_0 = 0.002$, $n = 0.035$인 직사각형 단면 수로에 유량 $Q = 10$ m³/s이 흐른다. 여기서 수문을 설치하고 방류하였더니 수문 직상류의 수위가 3.0 m일 때, 배수위와 일치할 때까지 수심 0.1 m 간격으로 직접축차법으로 배수곡선의 수면형을 구하라.

풀이 |

배수위의 수면형을 결정하기 위해 먼저 수로의 임계수심과 등류수심을 결정한다.

$$y_c = \sqrt[3]{\frac{q^2}{g}} = \sqrt[3]{\frac{(10/5)^2}{9.8}} = 0.742 \text{ m}$$

등류수심은 Manning식으로 구한다.

$$Q = \frac{1}{n}AR_h^{2/3}\sqrt{S_0} = \frac{1}{0.030} \times (5y_n) \times \left(\frac{5y_n}{5+2y_n}\right)^{2/3} \times \sqrt{0.002} = 10 \text{ m}^3/\text{s}$$

시산법에 의해 등류수심 $y_n = 1.430$ m

따라서 배수위 수심을 3.0 m부터 차례로 0.2 m씩 줄여서 1.430 m까지 계산해 보자. 이제부터 계산은 Microsoft Excel의 계산표를 이용한다.

	(1)	(2)	(3)	(4)	(5)	(6)	(7)
	y (m)	A (m^2)	R_h (m)	V (m/s)	S_f	$\overline{S_f}$	$\overline{S_f} - S_0$
1	3.00	15.00	1.364	0.667	0.000092	–	–
2	2.80	14.00	1.321	0.714	0.000116	0.000104	−0.001896
3	2.60	13.00	1.275	0.769	0.000149	0.000133	−0.001867
4	2.40	12.00	1.224	0.833	0.000195	0.000172	−0.001828
5	2.20	11.00	1.170	0.909	0.000260	0.000227	−0.001773
6	2.00	10.00	1.111	1.000	0.000357	0.000309	−0.001691
7	1.80	9.00	1.047	1.111	0.000507	0.000432	−0.001568
8	1.60	8.00	0.976	1.250	0.000751	0.000629	−0.001371
9	1.43	7.15	0.910	1.399	0.001093	0.000922	−0.001078

	(1)	(8)	(9)	(10)	(11)	(12)	(13)
	y (m)	E (m)	ΔE (m)	Δx (m)	L (m)	z (m)	h (m)
1	3.00	3.023	–	–	0.00	0.00	3.00
2	2.80	2.826	−0.197	103.74	103.74	0.21	3.01
3	2.60	2.630	−0.196	104.88	208.61	0.42	3.02
4	2.40	2.435	−0.195	106.53	315.14	0.63	3.03
5	2.20	2.242	−0.193	109.02	424.16	0.85	3.05
6	2.00	2.051	−0.191	113.01	537.17	1.07	3.07
7	1.80	1.863	−0.188	119.94	657.11	1.31	3.11
8	1.60	1.680	−0.183	133.72	790.83	1.58	3.18
9	1.43	1.530	−0.150	139.08	929.91	1.86	3.29

(1)열: 수심은 시작지점의 3.0 m부터 1.43 m까지 0.2 m 단위로 줄인다.

(2)열: 수로폭과 (1)열의 수심을 곱해 단면적을 계산한다.

(3)열: 수로폭, (1)열의 수심과 (2)열의 단면적을 이용해 수리반경 $R_h = \dfrac{A}{B+2y}$을 계산한다.

(4)열: (3)열의 수리반경을 Manning식에 적용해 유속 $V = \dfrac{1}{n} R_h^{2/3} \sqrt{S_0}$을 계산한다.

(5)열: $S_f = \dfrac{n^2 V^2}{R_h^{4/3}} = \dfrac{n^2 q^2}{y^{10/3}}$을 계산한다.

(6)열: i단면과 $i+1$단면의 마찰경사 S_f의 평균 $\overline{S_f}$을 구한다.

(7)열: $\overline{S_f}$에서 수로경사 S_0를 뺀다.

(8)열: (1)열과 (4)열을 이용하여 비에너지 $E = y + \dfrac{V^2}{2g}$를 계산한다.

(9)열: i단면과 $i+1$단면의 비에너지 차이 ΔE를 계산한다.

(10)열: $\Delta x = \dfrac{E_{i+1} - E_i}{\overline{S_f} - S_0} = \dfrac{\Delta E}{\overline{S_f} - S_0}$ 를 이용하여, (9)열을 (7)열로 나누어 Δx를 계산한다.

(11)열: 첫 단면부터 차례로 Δx를 더해 거리를 계산한다.

(12)열: $z = S_0 L$를 이용하여 수로바닥의 표고를 계산한다.

(13)열: (1)열의 수심 y와 (12)열의 z를 더해 수위 h를 계산한다.

위 표의 계산결과 중에서 (11)열의 거리 L에 대해 수로바닥표고 z와 수위 h를 그리면 다음과 같다.

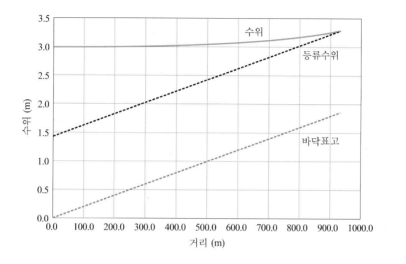

(2) 표준축차법

표준축차법은 자연하도와 같이 비균일수로에도 적용할 수 있는 방법이며, HEC$-$RAS[d]와 같은 수면형 계산 프로그램의 표준적인 방법이다. 수면곡선 계산은 수심을 알고 있는 단면(제어단면)에서 시작하여 인접단면의 수심을 시산법으로 결정한다. 그리고 그 다음 단면으로 차례로 계산해 나간다.

먼저, 그림 **9.5-1**에 주어진 하도 구간에서 두 단면 사이의 에너지 보존은 다음과 같다.

$$z_{i+1} + y_{i+1} + \frac{V_{i+1}^2}{2g} = z_i + y_i + \frac{V_i^2}{2g} + S_f \Delta x \qquad (9.5\text{-}5)$$

각 단면의 총수두는 다음과 같이 놓는다.

$$H_{i+1} = z_{i+1} + y_{i+1} + \frac{V_{i+1}^2}{2g} \qquad (9.5\text{-}6)$$

---

d) HEC-RAS에 대해서는 이 장 뒤쪽의 '쉬어가는 곳'을 참고하라.

$$H_i = z_i + y_i + \frac{V_i^2}{2g} \tag{9.5-7}$$

식 (9.5-6)과 (9.5-7)을 이용하면, 식 (9.5-5)는 다음과 같이 쓸 수 있다.

$$H_{i+1} = H_i + S_f \Delta x \tag{9.5-8}$$

여기서 S_f는 두 단면 사이의 마찰경사이며 다음과 같다.

$$S_f = \frac{1}{2}(S_{f,i} + S_{f,i+1}) = \frac{1}{2}\left(\frac{n_i^2\, V_i^2}{R_{h,i}^{4/3}} + \frac{n_{i+1}^2\, V_{i+1}^2}{R_{h,i+1}^{4/3}} \right) \tag{9.5-9}$$

표준축차법의 실제 계산과정은 다음과 같다.

① 시작단면의 모든 자료가 주어져 있으므로 식 (9.5-6)을 이용하여 H_i를 계산한다.

② Δx만큼 떨어진 단면의 수심 y_{i+1}을 정하고, 식 (9.5-7)을 이용하여 H_{i+1}을 계산한다. 이 H_{i+1}을 $H_{i+1}^{(1)}$ 이라 하자.

③ 이번에는 식 (9.5-9)를 이용하여 S_f를 계산하고, 이 계산된 S_f를 식 (9.5-8)에 대입하여 H_{i+1}을 계산한다. 이 H_{i+1}을 $H_{i+1}^{(2)}$ 이라 하자.

④ 앞서 계산한 $H_{i+1}^{(1)}$과 $H_{i+1}^{(2)}$을 비교하여, 그 차이가 커서 허용한계를 넘으면, 단계 ②에서 새로운 y_{i+1}을 가정하고 단계 ②~④를 반복한다. 이때 $H_{i+1}^{(1)} > H_{i+1}^{(2)}$ 인 경우는 새로운 y_{i+1}을 앞의 가정값보다 작게 하는 것이 좋다. 만일 두 값의 차이가 허용한계 안에 들어오면, 다음 단계로 진행한다.

⑤ 앞의 단면 $i+1$을 이번에는 단면 i로 보고 그 다음 단면을 $i+1$로 놓은 뒤, 원하는 위치에 이를 때까지 단계 ②~⑤를 반복한다.

예제 9.5-2 ★★★

수로경사가 0.001인 사다리꼴 단면 수로에 30 m³/s의 유량이 흐르고 있다. 수로의 바닥폭이 10 m이고, 측면경사는 2 : 1이다. 수로의 하류부 끝단에 구조물이 설치되어 이 지점의 수심이 4.0 m이다. 표준축차법에 의해 500 m 간격으로 3.5 km까지의 수위를 계산하라. Manning의 조도계수는 0.0130이고 구조물 지점의 수로바닥의 표고는 0 m이다.

풀이 |

배수위의 수면형을 결정하기 위해 먼저 수로의 임계수심과 등류수심을 결정한다.

$$\frac{Q^2 T_c}{g A_c^3} = 1$$

$$f(y_c) = Q^2(B + 2m y_c) - g\{(B + m y_c)y_c\}^3$$

$$= 30^2 \times (10 + 2 \times 2 \times y_c) - 9.8 \times \{(10 + 2 y_c)y_c\}^3 = 0$$

시산법에 의해 임계수심 $y_c = 0.912$ m

등류수심은 Manning식으로 구한다.

$$Q = \frac{1}{n} A R_h^{2/3} \sqrt{S_0} = \frac{1}{0.030} \times (10 + 2y_n) y_n \times \left(\frac{(10 + 2y_n) y_n}{10 + 2y_n \sqrt{1 + 2^2}} \right)^{2/3} \times \sqrt{0.002}$$

$$= 30 \text{ m}^3/\text{s}$$

시산법에 의해 등류수심 $y_n = 1.091$ m

따라서 배수곡선을 하류단면에서 시작하여 상류방향으로 500 m 간격으로 3,500 m까지 계산한다. 중간 부분에 3,300 m를 추가하였다. 이제부터 계산은 Microsoft Excel의 계산표를 이용한다.

(1)	(2)	(3)	(4)	(5)	(6)	(7)	(8)	(9)
L (m)	y (m)	A (m²)	P (m)	R_h (m)	V (m/s)	$V^2/2g$ (m)	z (m)	H_1 (m)
0	4.000	72.000	27.889	2.582	0.417	0.0089	0.000	4.009
500	3.501	59.524	25.657	2.320	0.504	0.0130	0.500	4.014
1,000	3.004	48.088	23.434	2.052	0.624	0.0199	1.000	4.024
1,500	2.510	37.700	21.225	1.776	0.796	0.0323	1.500	4.042
2,000	2.026	28.469	19.061	1.494	1.054	0.0567	2.000	4.083
2,500	1.571	20.646	17.026	1.213	1.453	0.1077	2.500	4.179
3,000	1.218	15.147	15.447	0.981	1.981	0.2001	3.000	4.418
3,300	1.112	13.593	14.973	0.908	2.207	0.2485	3.300	4.661
3,500	1.095	13.348	14.897	0.896	2.248	0.2577	3.500	4.853

(1)	(2)	(10)	(11)	(12)	(13)	(14)	(15)	(16)
L (m)	y (m)	S_f	$\overline{S_f}$	Δx (m)	h_f (m)	H_2 (m)	ΔH (m)	h (수위)
0	4.000	0.00001						4.000
500	3.501	0.00001	0.00001	500.000	0.006	4.014	0.000	4.001
1,000	3.004	0.00003	0.00002	500.000	0.010	4.024	0.000	4.004
1,500	2.510	0.00005	0.00004	500.000	0.019	4.043	0.000	4.010
2,000	2.026	0.00011	0.00008	500.000	0.040	4.082	0.000	4.026
2,500	1.571	0.00028	0.00019	500.000	0.096	4.179	0.000	4.071
3,000	1.218	0.00068	0.00048	500.000	0.239	4.418	0.000	4.218
3,300	1.112	0.00094	0.00081	300.000	0.243	4.661	0.000	4.412
3,500	1.095	0.00099	0.00096	200.000	0.192	4.853	0.000	4.595

(8)열: 수로바닥 $z = S_0 L$으로 계산한다.

(9)열: $H_1 = z + y + \dfrac{V^2}{2g}$ 은 가정된 수심 (2)열을 이용하여 계산한다. 즉 (9)열의 H_1은 같은 행의 (8)열, (2)열, (7)열을 더한 값이다. 예를 들어, (9)열 4행의 4.042는 (8)열의 1.500, (2)열의 2.510, (7)열의 0.0323을 더한 값이다.

(10)열: $S_f = \dfrac{n^2 V^2}{R_h^{4/3}}$을 계산한다.

(14)열: $H_2 = H_1 + \overline{S_f} \Delta x$은 이전 단면의 (9)열의 H_1 값에 마찰계수와 거리를 곱을 더해서 계산한다. 즉 (14)열은 (9)열의 직전 행의 값에 (13)열의 같은 행의 값을 더한 것이다. 예를 들어, (14)열 4행의 4.403은 (9)열 3행의 4.024와 (13)열 4행 0.019를 더한 값이다.

(15)열: (9)열과 (14)열의 차이를 계산해서, 이 차이가 0이 되도록 (2)열의 y를 조정한다.

(16)열: (2)열의 수심과 (8)열의 수심을 더해서 계산한다.

이렇게 계산된 결과를 거리 대 수심의 관계로 그리면 다음 그림과 같다.

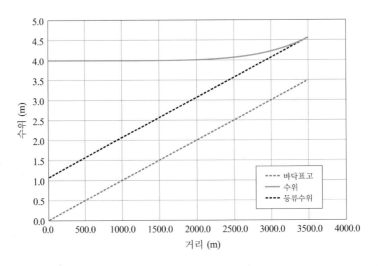

예제 9.5-3 ★★★

수로폭 $B = 14.0$ m, 수로경사 $S_0 = 0.001$, $n = 0.020$인 직사각형 단면 수로에 유량 $Q = 90$ m³/s 이 흐른다. 이 수로의 하류부에 제어단면(임계수심)의 영향으로 점변류가 형성되어 구간 내 한 단면에서 측정한 수심이 $y = 1.8$ m이었다. 최하류단의 수심이 임계수심일 때, 400 m 지점까지 거리 50 m 간격으로 표준축차법으로 저하곡선의 수면형을 구하라.

풀이 |

저하곡선의 수면형을 결정하기 위해 먼저 수로의 임계수심과 등류수심을 결정한다.

$$y_c = \sqrt[3]{\frac{q^2}{g}} = \sqrt[3]{\frac{(90/14)^2}{9.8}} = 1.616 \text{ m}$$

등류수심은 Manning식으로 구한다.

$$Q = \frac{1}{n} A R_h^{2/3} \sqrt{S_0} = \frac{1}{0.020} \times (14 y_n) \times \left(\frac{14 y_n}{14 + 2 y_n} \right)^{2/3} \times \sqrt{0.001} = 90 \text{ m}^3/\text{s}$$

시산법에 의해 등류수심 $y_n = 2.636$ m

따라서 저하곡선을 제어단면에서 시작하여 50 m 간격을 상류방향으로 350 m까지 계산한다. 이제부터 계산은 Microsoft Excel의 계산표를 이용한다.

(1)	(2)	(3)	(4)	(5)	(6)	(7)	(8)	(9)
L (m)	y (m)	A (m^2)	P (m)	R_h (m)	V (m/s)	$V^2/2g$ (m)	z (m)	H_1 (m)
0	1.616	22.624	17.232	1.313	3.978	0.8066	0.000	2.423
50	2.023	28.322	18.046	1.569	3.178	0.5147	0.050	2.588
100	2.124	29.736	18.248	1.630	3.027	0.4669	0.100	2.691
150	2.194	30.716	18.388	1.670	2.930	0.4376	0.150	2.782
200	2.249	31.486	18.498	1.702	2.858	0.4164	0.200	2.865
250	2.293	32.102	18.586	1.727	2.804	0.4006	0.250	2.944
300	2.330	32.620	18.660	1.748	2.759	0.3880	0.300	3.018
350	2.361	33.054	18.722	1.766	2.723	0.3779	0.350	3.089
400	2.388	33.432	18.776	1.781	2.692	0.3694	0.400	3.157

(1)	(2)	(10)	(11)	(12)	(13)	(14)	(15)	(16)
L (m)	y (m)	S_f	$\overline{S_f}$	Δx (m)	h_f (m)	H_2 (m)	ΔH (m)	h (수위)
0	1.616	0.00440	–	–	–	–	–	1.616
50	2.023	0.00221	0.00331	50.000	0.165	2.588	0.000	2.073
100	2.124	0.00191	0.00206	50.000	0.103	2.691	0.000	2.224
150	2.194	0.00173	0.00182	50.000	0.091	2.782	0.000	2.344
200	2.249	0.00161	0.00167	50.000	0.084	2.865	0.000	2.449
250	2.293	0.00152	0.00156	50.000	0.078	2.944	0.000	2.543
300	2.330	0.00145	0.00148	50.000	0.074	3.018	0.000	2.630
350	2.361	0.00139	0.00142	50.000	0.071	3.089	0.000	2.711
400	2.388	0.00134	0.00137	50.000	0.068	3.157	0.000	2.788

(8)열: 수로바닥 $z = S_0 L$으로 계산한다.

(9)열: $H_1 = z + y + \dfrac{V^2}{2g}$은 가정된 수심 (2)열을 이용하여 계산한다.

(10)열: $S_f = \dfrac{n^2 V^2}{R_h^{4/3}}$을 계산한다.

(14)열: $H_2 = H_1 + \overline{S_f}\,\Delta x$는 이전 단면의 (9)열의 H_1 값에 마찰계수와 거리를 곱을 더해서 계산한다.

(15)열: (9)열과 (14)열의 차이를 계산해서, 이 차이가 0이 되도록 (2)열의 y를 조정한다.

(16)열: (2)열의 수심과 (8)열의 수심을 더해서 계산한다.

이렇게 계산된 결과를 거리 대 수심의 관계로 그리면 다음 그림과 같다.

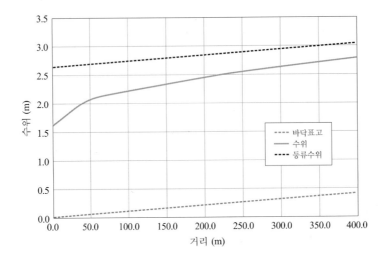

(3) 연습문제

문제 9.5-1 (★★★)

수로폭 14 m, 수로경사 $S_0 = 0.001$, 조도계수 $n = 0.02$인 직사각형 단면 수로에 $Q = 90$ m³/s의 물이 흐른다. 이 수로의 하류부의 제어단면(임계수심)의 영향으로 점변류가 형성되어 있는 구간 내의 한 단면에서 측정한 수심은 $y = 1.8$ m이었다. 제어단면에서 등류수심의 99 % 되는 지점까지의 수면곡선을 직접축차법으로 계산하라.

문제 9.5-2 (★★★)

폭 12 m, 수로경사 0.0008인 직사각형 콘크리트 수로($n = 0.014$)에서 유량 125 m³/s의 물이 등류수심으로 흐른다. 그림과 같이 보를 만나 수심이 보 상류에서 등류수심 이상으로 상승하였다. 보 직상류의 수심 y_0가 4.5 m일 때 수면형을 계산하라. 500 m 간격으로 5 km까지 계산하라.

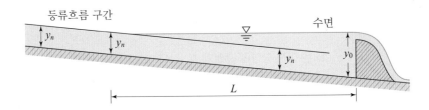

쉬어가는 곳 ― HEC-RAS를 이용한 배수위 계산

점변류 수면곡선의 계산은 실무에서 가장 빈번히 다루는 사항이다. 현재 우리나라의 하천실무에서 점변류 수면곡선의 계산은 거의 대부분 HEC-RAS 모형을 이용한다.

HEC-RAS 모형은 미국 공병단(U.S. Army, Corps of Engineers)의 수문공학센터(Hydrologic Engineering Center)에서 1970년대부터 개발하기 시작하였다. 처음에는 HEC-2라는 이름으로 불렀으나, 유사이송모형인 HEC-6를 흡수하여 HEC-RAS라는 이름으로 바뀌었다. 그 뒤 개정을 거듭하여 2022년 현재는 6.2판까지 보급되고 있다. 5.0판부터는 2차원 수리계산이 가능하도록 개선되었다. 이 모형의 주요 기능은 다음 네 가지이다.

• 부등류 수면곡선의 계산: 일반적으로 하천에서 발생하는 점변 부등류 수면곡선을 계산할 수 있다. 단일하도 뿐만 아니라 지류가 있는 경우나 복잡한 하도망의 경우에도 적용이 가능하다. 흐름의 측면에서도 완류, 사류, 혼합류에 대한 계산도 가능하며, 교량, 암거, 보, 여수로 등 하천구조물에서 발생하는 흐름도 모의할 수 있다.

• 부정류 흐름의 계산: 부정류 계산모듈의 바탕은 UNET 모형이며, 완류 상태의 흐름 해석을 목적으로 개발되었다. 부정류 모형에서는 부등류 모형에서 가능한 모의를 포함하여 하천변 저류지 효과에 대해 모의할 수 있다.

• 유사이송 계산: 하천에서 발생하는 하상의 세굴과 퇴적으로 인한 유사이송을 모의할 수 있다. 장기하상변동을 기본으로 하며, 저수지 퇴사평가, 하도설계, 준설예측 등이 가능하다.

• 수질 해석: 이 모듈은 수온을 포함하여 조류, 용존산소, COD, 인, 암모니아성 질소 등을 모의할 수 있다.

HEC-RAS는 미국 공병단의 홈페이지(https://www.hec.usace.army.mil/software/hec-ras/)에서 무료로 내려받을 수 있다. 다음 그림은 HEC-RAS 6.0.0의 실행화면이다.

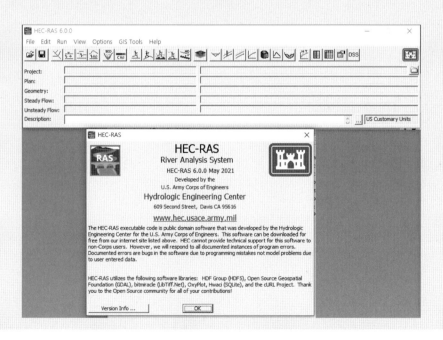

9장 개수로 부등류

407

10장

지하수 흐름

　지하수는 이수와 치수의 분야에서 큰 역할을 한다. 이수 부분에서는 관정을 설치하여 깨끗한 물을 양수하여 유용하게 활용할 수 있으며, 치수 부분에서는 침투를 통해 유출을 감소시켜 홍수량을 줄일 수 있다. 지하수 수리학은 땅 속에서 물의 이동에 대해 다루는 수리학의 한 분야이다.

　이 장에서는 지하수의 관련 용어를 정의하고, 지하수의 생성, 저류와 이동에 대한 수리학적 원리를 살펴본다.

죠지 가브리엘 스토크스(George Gabriel Stokes, 1819–1903)

수학자이자 물리학자. 아일랜드의 슬리고에서 태어났으며, 케임브리지에서 교육을 받고, 수학과 교수가 되었으며, 영국에 남아 그의 남은 생애 동안 이론 물리학자로 살았다. 왕립학회에서 발표한 100편이 넘는 그의 논문들은 수리동력학을 포함한 많은 분야에 걸쳐 있다. 그의 1845년 논문은 나비에-스토크스 방정식의 유도를 포함하고 있다.

10.1 지하수의 생성과 성질

지하수(groundwater)는 지상에 내린 강우가 지층 내의 공극과 암반의 틈 사이로 침투되어 대수층에 저장되었다가 아주 완만한 속도로 이동하여 지표를 통해 다시 유출된다. 지하수가 지표수와 크게 차이가 나는 부분은 바로 이 지하수의 이동속도가 지표수의 이동속도에 비해 현저히 느리다는 것과 지하수가 매질층을 통과한다는 점이다. 이 두 가지 사항이 지하수를 지표수와 구별짓는 큰 특징이다.

(1) 지하수의 생성과 기원

지하수는 수문순환(hydrologic cycle)의 한 과정에서 생성된다. 그림 **10.1-1**과 같이 지상에 내린 강수의 일부는 침투현상(infiltration)에 의해 지하로 침투된 뒤 침루과정(percolation)을 통해 지층 속의 공극 속을 채우는 물, 즉 지하수층('대수층(aquifer)'이라 한다)을 형성한다. 이렇게 형성된 지하수는 아주 느린 속도로 대수층을 이동하여 다시 하천이나 해양으로 유출된다.

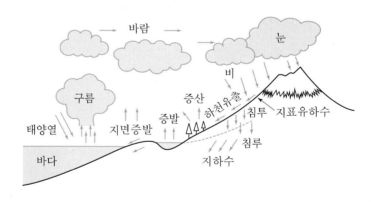

그림 **10.1-1** 수문순환 과정 중의 지하수

(2) 지하수의 연직분포

지표면 아래에 분포하는 물을 통틀어 지하수라 하는데, 이것은 다시 통기대(zone of aeration)의 물과 포화대(zone of saturation)의 물로 나눌 수 있다(그림 **10.1-2**). 그리고 이 통기대는 다시 토양수대, 중간수대, 모관수대로 세분한다.

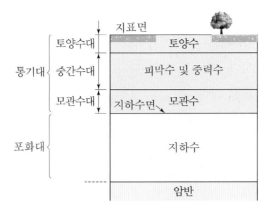

그림 **10.1-2** **지하수의 연직분포**

■ 토양수대

토양수대는 지표면에 직접 접하는 부분이며, 지표에 내린 강수가 직접 침투하거나 수로에 흐르던 물이 침투되는 부분이다. 또 반대로 그 안에 있던 잉여의 수분이 증발산되어 대기 중으로 방출되기도 한다. 토양수대는 토양의 종류나 토양수대에 뿌리를 내리고 있는 식물의 종류에 따라 달라진다. 키가 작은 잡초나 식량작물과 같은 초본류가 주로 있는 곳의 토양수대는 깊이가 얇지만, 키가 큰 나무가 주로 있는 임야 지역의 토양수대는 매우 두텁다. 토양수대의 공극에는 특별한 경우를 제외하고는 대부분 비포화상태를 유지한다.

■ 중간수대

중간수대는 토양수대로부터 모관수대로 이동하는 부분에 해당하며, 여기에 있는 물을 중력수라고 부른다. 토양수대에 물이 계속 공급되어 표면장력이나 토양입자의 인력이 토양수를 유지하기 어렵게 되면, 토양수대의 물은 중력에 의해 아래로 침투되어 중간수대를 형성한다. 중간수대는 보통의 경우 그 규모가 작으나 지하수면이 낮은 경우에는 그 두께가 매우 클 수도 있다.

■ 모관수대

모관수대는 지하수면에서 모세관 현상에 의해 물이 상승하는 부분이다. 따라서 이부분은 물로 포화되거나 거의 포화상태에 가깝게 된다. 모관수대의 물은 지하수면에 연속되어 있으므로, 지하수면의 변화와 함께 모관수대도 변화한다.

포화대의 지하수가 지하수 수리학에서 주로 관심을 갖는 부분이다. 또 전체 지하수량에서 대부분을 차지하며, 지하수 개발이나 지하수 충전 등 많은 지하수 관련 문제는 대부분 이 포화대에 관한 것이다.

(3) 포화대의 지하수

지하수가 지표수와 다른 점은 지하수는 흙(토양) 또는 암석층이라는 매질 속을 흐른다는 점이다. 그런데 토양 속에는 많은 공극이 있어 이 공극을 물이 채우게 된다. 따라서 토양의 공극과 이를 채우는 수분량 사이의 관계를 알 필요가 있다.

토양 중에서 전체 공극(void)이 차지하는 비율을 공극률(porosity)이라 하고, 다음 식으로 표시한다.

$$\text{공극률} \ \lambda = \frac{V_v}{V} \times 100 \ \ (\%) \tag{10.1-1}$$

여기서 λ는 공극률(%), V_v는 공극의 체적, V는 토양의 체적이다. 모래의 공극률은 일반적으로 25~45 %의 범위에 있고, 실트는 35~50 %, 점토는 40~70 %의 범위에 있다. 만일 모든 토양입자가 정확히 구(sphere)라고 하면, 토양입자의 크기에 상관없이 배열 상태에 따라서 공극률이 결정되며, 허술한 배열일 경우 48 %, 다져진 배열일 경우 26 %이다. 이것은 기하학적으로 유도할 수 있다. 그러나 토양입자는 구가 아니며, 점토의 경우 점성이 있어 토양입자들이 서로 사슬모양을 형성하고 그 안에 큰 공극을 만들기도 하기 때문에 공극률이 훨씬 커질 수 있다.

토양 중에서 물이 차지하는 체적을 체적함수율이라 하며 다음과 같이 나타낸다(그림 **10.1-3** 참조).

$$\text{체적함수율} \ \theta = \frac{V_w}{V} \times 100 \ \% \tag{10.1-2}$$

여기서 θ는 체적함수율, V_w는 물의 체적이다.

물과 토양의 중량비로 나타내는 함수비(w)를 사용하기도 한다.

$$\text{함수비} \ w = \frac{W_w}{W_s} \times 100 \ \% \tag{10.1-3}$$

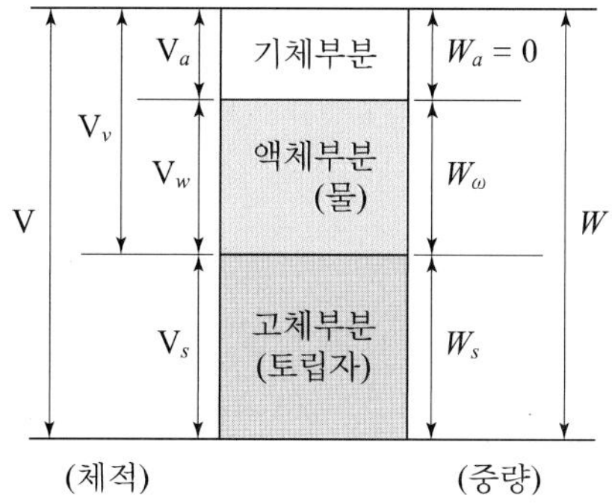

그림 **10.1-3** 토양 상태의 모식도

여기서 W_w는 물의 중량, W_s는 흙의 중량이다.

토양 중의 공극이 수분으로 채워진 비율을 포화도라 부르고, 다음 식으로 나타낸다.

$$\text{포화도 } S_a = \frac{W_w}{V_v} \times 100 = \frac{\theta}{\lambda} \times 100 \ \% \qquad (10.1-4)$$

포화도 S_a는 체적함수율과 공극률의 비율이다.

10.2 지하수의 침투와 이동속도

(1) Darcy식

Darcy식은 프랑스의 수리학자 Darcy가 실험적으로 얻은 관계식이며, "지하수의 유속(V)은 지하수의 수리경사($i = -\dfrac{\Delta h}{\Delta L}$)에 비례한다."는 것을 나타낸다. 이 비례상수를 투수계수(hydraulic conductivity)라 하며 보통 K라는 기호를 이용[a]한다. 이를 쉽게 나타내면 그림 **10.2-1**과 같다. 식으로 나타내면, 지하수의 유속(다시유속)[b]은 다음과 같다.

$$V = Ki = -K\frac{\Delta h}{\Delta L} \tag{10.2-1}$$

여기서 i는 수리경사, Δh는 수두저하량, ΔL은 거리이다. 식 (10.2-1)을 Darcy식[c]이라 부른다. 수리경사는 다음과 같이 나타낼 수 있다.

$$i = -\frac{\Delta h}{\Delta L} = \frac{1}{\Delta L}\left\{\left(z_2 + \frac{p_2}{\rho g}\right) - \left(z_1 + \frac{p_1}{\rho g}\right)\right\} \tag{10.2-2}$$

식 (10.2-2)에서 z는 위치수두(potential head), $\dfrac{p}{\rho g}$는 압력수두(pressure head)이고, $h = z + \dfrac{p}{\rho g}$는 위압수두(piezometric head)이다. 지하수의 수두는 보통 위압수두를 말하며 유속수두는 포함하지 않는다. 그 이유는 대부분의 경우 지하수의 유속이 너무 느려

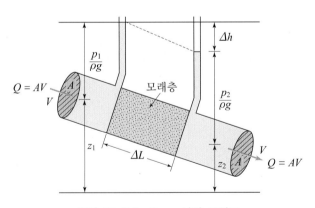

그림 **10.2-1** Darcy식의 모식도

---

a) 투수계수는 영어로는 hydraulic conductivity라고 하지만 때로는 coefficient of permeability라고도 하며, 우리말로 수리전도도라는 용어도 사용한다.
b) 지하수의 유속은 다시유속이라고도 하며 실제유속이 아니다. 즉, 흙입자의 면적이 포함된 면적 A에 대한 평균유속이다.
c) 'Darcy 법칙(Darcy's law)'이라고 하는 책도 있으나, 법칙이라고 하기보다는 단순한 비례식이므로 이 책에서는 'Darcy식'이라고 통일해서 부른다.

유속수두가 0에 가깝기 때문이다.

Darcy식을 이용하면, 지하수의 유량은 다음과 같이 쓸 수 있다.

$$Q = Ki\,A \qquad\qquad (10.2-3)$$

여기서 Q는 유량, A는 투수단면적이다.

경험에 따르면, Darcy식은 레이놀즈수 $\mathrm{Re} < 4$ 범위[d]의 매우 느린 층류에서만 사용해야 한다. 가끔 $\mathrm{Re} < 10$ 인 범위에도 적용할 수 있다고 하지만, (지표수의 입장에서 보면) 여전히 매우 느린 유속범위에만 적용해야 한다.

예제 10.2-1 ★★★

지하의 사질 여과층(투수계수 0.2 cm/s)에서 수두차가 0.4 m이며, 투과거리가 3 m일 때, 이곳을 통과하는 지하수의 유속을 구하라.

풀이 |

투수계수 $K = 0.2$ cm/s $= 2.0 \times 10^{-4}$ m/s $= 172.8$ m/day

수리경사 $i = -\dfrac{\Delta h}{\Delta L} = -\dfrac{-0.4}{3.0} = 0.133$

유속 $V = Ki = (2.0 \times 10^{-4}) \times 0.133 = 2.67 \times 10^{-4}$ m/s ■

예제 10.2-2 ★★★

대수층을 구성하는 모래입자의 중앙입경이 $D_{50} = 0.5$ mm이다. 물의 밀도가 $\rho = 1{,}000$ kg/m^{3}이고, 동점성계수가 $\nu = 1.0 \times 10^{-6}$ m^2/s일 때 Darcy식을 적용($\mathrm{Re} < 4$)할 수 있는 최대속도를 구하라.

풀이 |

Darcy식을 적용하기 위해서는 $\mathrm{Re} < 4$의 범위에 있어야 하므로,

$$\mathrm{Re} = \frac{VD}{\nu} = 4$$

일 때 속도가 최대가 된다.

$$V = \frac{\mathrm{Re}\,\nu}{D} = \frac{4 \times (1.0 \times 10^{-6})}{0.5 \times 10^{-3}} = 0.0080 \text{ m/s} \qquad ■$$

---

d) 이 범위를 'Stokes 범위'라고 하며, 이렇게 느린 흐름은 creeping flow라고 한다.

지하수 유속을 나타내는 Darcy식을 다시 써 보자.

$$V = K\frac{dh}{dL} \tag{a}$$

여기서 V는 지하수 유속, K는 투수계수, $\frac{dh}{dL}$는 수리경사(수두경사)이다. 그리고 이 식의 의미는 '지하수 유속은 수리경사에 비례한다'는 것이며, 이때 비례상수는 투수계수이다.

Darcy식은 다른 많은 물리식들과 유사성(analogy)을 갖고 있다. 예를 들어, 여러분이 1장에서 배운 Newton의 점성식을 살펴보자.

$$\tau = \mu\frac{du}{dy} \tag{b}$$

여기서 τ는 전단응력, μ는 점성계수, $\frac{du}{dy}$는 속도경사이다. 그리고 이 식이 의미하는 것은 '전단응력은 속도경사에 비례한다'는 것이며, 이때 비례상수가 바로 점성계수이다.

농도확산을 나타내는 Fick의 식은 다음과 같다.

$$J = D\frac{dC}{dx} \tag{c}$$

여기서 J는 확산속도(diffusion flux), D는 확산계수, $\frac{dC}{dx}$는 농도경사이다. 즉, Fick의 식은 '확산속도는 농도경사에 비례한다'는 것이며, 비례상수는 확산계수이다. 이들을 비교해 보면 다음과 같은 유사성을 확인할 수 있다.

식	변수	비례상수	경사
Darcy식	V (지하수유속)	K (투수계수)	$\frac{du}{dy}$ (속도경사)
Newton의 점성식	τ (전단응력)	μ (점성계수)	$\frac{dh}{dL}$ (수두경사)
Fick의 확산식	J (확산속도)	D (확산계수)	$\frac{dC}{dx}$ (농도경사)

(2) 투수계수

Darcy식을 적용할 때 가장 결정하기 어려운 것이 투수계수이다. 투수계수 K는 투수층을 형성하는 입자의 크기와 유체의 성질에 관련된 계수이다. 투수계수는 $[LT^{-1}]$의 차원을 가지며, 단위는 보통 m/day를 이용한다.

투수계수는 토양의 종류, 토양의 입자 크기, 공극의 크기 등에 따라 다르지만, 보통은 입자의 크기에 따라 그림 **10.2-2**와 같이 정리할 수 있다. 여기서 주의할 것은 어떤 한 종류의 토양에서도 투수계수가 몇 십배 또는 몇 백배 달라질 수 있다는 점이다.

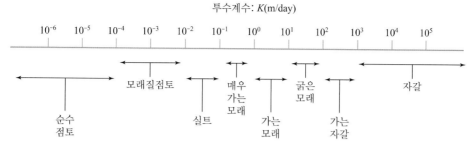

투수계수: K(m/day)

그림 **10.2-2** 투수계수 개략값

이처럼 변화 범위가 넓기 때문에 이론적으로 투수계수를 정확히 결정하기는 거의 불가능하다.

실제의 토양은 매우 복잡하기 때문에 이론적으로 투수계수를 결정하기는 곤란하며, 실험에 의해 결정하는 방법을 이용한다. 실내에서 투수계수를 실험하는 방법으로는 정수두법과 변수두법이 있으며(그림 **10.2-3**), 현장에서는 염료나 약품을 이용하는 추적법이나 두 개 이상의 우물을 이용한 양수시험법이 있다. 추적법에 대해서는 여기서 다루지 않으며, 양수시험법에 대해서는 10.5절 우물의 수리에서 다룬다.

정수두 투수시험은 모래나 암석 같은 비점착성 시료에 대해 사용한다. 그림 **10.2-3(a)** 와 같이 수조에 물을 공급하여 항상 일정한 수위를 유지하므로, 시료를 통과하는 물은 항상 정상상태 흐름이 된다. 시간 t 동안 투수시험기에서 모은 배수량의 체적(V)은 시간과 유량의 곱이 된다. 즉 그림 **10.2-3(a)**의 기호로 배수량을 계산하면,

$$V = Qt = KA\frac{h}{L}t \qquad (10.2-4)$$

이 식을 K에 대해 정리하면 다음과 같다.

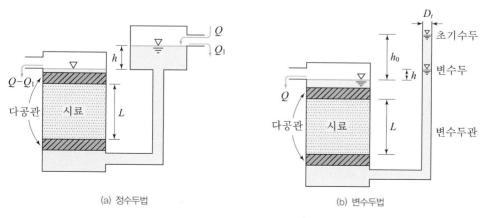

(a) 정수두법

(b) 변수두법

그림 **10.2-3** 실내 투수계수실험법

$$K = \frac{\mathrm{V}\,L}{A\,h\,t} \qquad\qquad (10.2\text{-}5)$$

여기서 V 는 시간 t 동안 유출된 물의 체적, L 은 시료의 길이, A 는 시료의 횡단면적, h 는 수두이다.

예제 10.2-3 ★★

일 여과량이 10,000 m³인 모래여과지의 모래층 두께 2.4 m, 투수계수 0.04 cm/s, 여과수두가 50 cm일 때 여과지의 면적을 구하라.

풀이 |

문제에서, $Q = 10{,}000$ m³/day, $K = 0.04$ cm/s $= 34.56$ m/day, $L = 2.4$ m,
여과수두 $h = 0.5$ m이다.

여과지 단면적 $A = \dfrac{Q}{Ki} = \dfrac{10{,}000}{34.56 \times (0.5/2.4)} = 1{,}388.9$ m² ■

투수계수가 작은 점착성 시료에 대해서는 그림 **10.2-3(b)**와 같은 변수두 투수시험을 한다. 변수두 시험에서는 정수두 시험과 달리 수위가 변화되므로, 초기수위 h_0 를 표시해 놓고 임의 시간(t) 후의 수위 h 를 측정한다. 시료의 길이를 L, 시료의 직경을 D_c, 변수두관의 직경을 D_t 라 하면, 투수계수는 다음과 같이 나타낼 수 있다.

$$K = \left(\frac{D_t}{D_c}\right)^2 \frac{L}{t} ln\left(\frac{h_0}{h}\right) \qquad\qquad (10.2\text{-}6)$$

여기서 h 는 시간 t 후의 변수관의 수위이다.

예제 10.2-4 ★★

변수두법으로 점착성이 있는 실트질 모래의 투수계수를 측정하려 한다. 투수계 변수두관의 직경은 $D_t = 2$ cm, 시료의 직경은 $D_c = 8$ cm이고 길이는 $L = 15$ cm이다. 초기수두 $h_0 = 8$ cm가 600분 동안에 $h = 0.8$ cm로 되었다면 투수계수는 얼마인가?

풀이 |

변수두법의 투수계수는 (모든 계산을 cm와 s 단위로 한다)

$$K = \left(\frac{D_t}{D_c}\right)^2 \frac{L}{t} ln\left(\frac{h_0}{h}\right) = \left(\frac{2.0}{8.0}\right)^2 \times \frac{15}{600 \times 60} \times \ln\left(\frac{8.0}{0.8}\right) = 6.0 \times 10^{-5} \text{ cm/s}$$

$$= 0.0518 \text{ m/day} \qquad\qquad ■$$

쉬어가는 곳 지하수의 시간척도

지하수 수리학에서 이용하는 대부분의 변수는 질량을 사용하는 경우가 별로 없다. 즉 지하수의 경우는 힘을 계산해야 하는 경우가 적다는 의미이다. 지하수 수리학의 변수들은 대부분 길이와 시간만을 사용하며, 이때 길이단위는 m, 시간단위는 day를 사용하는 것이 좋다. 예를 들어, 지하수의 유속은 m/day, 투수계수도 m/day, 양수량은 m³/day를 이용하는 것이 좋다. 그렇지 않고 지표수처럼 시간단위로 sec 단위를 이용하면, 그 값이 너무 작아져 불편하기 때문이다.

(3) 실제유속과 Darcy 유속

지하수 유속에서는 주의할 부분이 하나 있다. 일반적인 관로 흐름의 경우 단면적이 A라고 했을 때 이 단면적 전체가 흐름에 기여한다. 즉 유량을 계산할 때 평균유속 V를 곱해서 $Q = AV$라고 쓰면 된다. 그런데 지하수 흐름의 경우(그림 **10.2-1**) 단면적이 A라고 해도, 그중에서 공극에 해당하는 부분만 흐름에 기여한다. 즉 실제 흐름단면적은 A가 아니라 λA이다. 따라서 유량은 $Q = \lambda AV$이다. 그런데 지하수 관련 연구자들은 이때 발상을 바꾸어 A를 그대로 두고 유속을 계산한 뒤 이 유속을 지하수의 평균유속 V라고 하여 $Q = AV$로 계산하고자 하였다. 즉 λV를 지하수 유속(Darcy 유속)이라 한 것이다. 그런데 매번 λ를 쓰는 것도 번거로우니 이제는 아예 V를 지하수 유속(Darcy 유속)이라 하고, 계산한 유속을 새로운 기호를 써서 실제유속 V_s로 나타내기로 하였다. 이 둘의 관계는 다음과 같다.

$$(\text{실제유속}) = \frac{(\text{Darcy 유속})}{(\text{공극률})}, \quad V_s = \frac{V}{\lambda} \tag{10.2-7}$$

지하수 관련 문헌에서 그냥 유속이라고 하면 이것은 'Darcy 유속'(또는 지하수 유속)이고, 실제로 유체입자가 이동하는 유속은 반드시 '실제유속'으로 표현하도록 약속을 하였다. 실제유속은 Darcy 유속을 공극률로 나눈 것이므로, 반드시 Darcy 유속보다 크다. 예를 들어, 공극률이 0.5라고 하면, 흐름단면적의 절반이 공극이므로, 실제유속은 Darcy 유속의 두 배가 된다.

예제 10.2-5 ★★★

어떤 대수층이 폭 1,000 m, 두께 10 m, Darcy 유속 0.1 m/day, 공극률 0.4일 때 대수층을 통한 단위폭당 유량과 실제유속을 구하라.

단위폭당 유량 $q = VD = 0.1 \times 10.0 = 1.0 \; \text{m}^3/(\text{day} \cdot \text{m})$

실제유속 $V_s = \dfrac{V}{\lambda} = \dfrac{0.1}{0.4} = 0.25 \; \text{m/day}$ ∎

(4) 연습문제

문제 10.2-1 (★☆☆)

어떤 대수층에서 시료를 채취하여 정수두법으로 투수계수를 측정하려 한다. 직경이 10 cm이고, 길이가 30 cm인 시료를 이용하여 시험을 했더니, 5분 동안 시료를 통과한 물의 양이 200 cm³이고, 이때의 수두차가 15 cm라면 투수계수는 얼마인가?

문제 10.2-2 (★☆☆)

1일 여과수량이 10,000 m³인 모래여과지에서 여과층 두께가 2.4 m, 여과수두가 50 cm일 때, 여과지의 면적을 계산하라. 단, 투수계수 $K = 0.04$ cm/s이다.

문제 10.2-3 (★☆☆)

어떤 대수층에서 시료를 채취하여 변수두법으로 투수계수를 산정하려 한다. 시료의 직경이 8 cm이고 길이가 30 cm일 때 2시간 동안 물이 시료를 통과하도록 하였더니, 직경 2 cm인 관의 수위가 50 cm에서 40 cm로 낮아졌다면, 이 시료의 투수계수는 얼마인가?

문제 10.2-4 (★☆☆)

그림에서 내경이 10 cm인 연직관 속에 1.0 m 높이로 토양시료가 들어 있다. 시료면 위의 수위를 20 cm로 유지하면서 유량을 측정하였더니 $Q = 4$ L/hr이었다. 이 토양의 투수계수를 구하라.

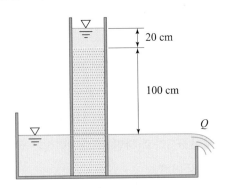

10.3 지하수 수리의 기본방정식

지하수 흐름에 대한 기본적인 방정식은 연속방정식에서 유도할 수 있다. 정상류에 대한 Darcy식을 3차원에 대해 일반화하면, 각 방향의 유속은 다음과 같이 쓸 수 있다.

$$u = -K_x \frac{\partial h}{\partial x}, \quad v = -K_y \frac{\partial h}{\partial y}, \quad w = -K_z \frac{\partial h}{\partial z} \qquad (10.3\text{-}1)$$

여기서 u, v, w는 각각 x, y, z방향의 유속성분, K_x, K_y, K_z는 각각 x, y, z방향의 투수계수, h는 지하수위이다.

4.5절에서 유체가 비압축성($\rho = $ (일정))이라 하면, 연속방정식은 다음과 같이 된다.

$$\frac{\partial u}{\partial x} + \frac{\partial v}{\partial y} + \frac{\partial w}{\partial z} = 0 \qquad (4.5\text{-}9) \text{ 재게재}$$

따라서 식 (10.3-1)을 식 (4.5-9)에 대입하면, 지하수 흐름에 대한 연속방정식은 다음 꼴이 된다.

$$K_x \frac{\partial^2 h}{\partial x^2} + K_y \frac{\partial^2 h}{\partial y^2} + K_z \frac{\partial^2 h}{\partial z^2} = 0 \qquad (10.3\text{-}2)$$

만일 투수계수가 방향에 관계없이 일정한 경우(등방성, isotropic)에는 $K_x = K_y = K_z$이므로, 식 (10.3-2)는 다음과 같이 된다.

$$\frac{\partial^2 h}{\partial x^2} + \frac{\partial^2 h}{\partial y^2} + \frac{\partial^2 h}{\partial z^2} = 0 \qquad (10.3\text{-}3)$$

따라서 지하수 흐름은 Laplace방정식의 형태가 된다.

만일 xy 평면이 불투수층의 경계면이면, z축 방향의 흐름이 없으므로, 식 (10.3-3)은 다음과 같이 바뀐다.

$$\frac{\partial^2 h}{\partial x^2} + \frac{\partial^2 h}{\partial y^2} = 0 \qquad (10.3\text{-}4)$$

이때 투수층은 수평하고 두께가 일정한 경우이다. 이 식은 정상상태의 우물의 수리에 적용할 수 있다.

이런 투수층에서 지하수가 일정한 방향(x축 방향)으로만 흐르면, 흐름은 1차원 흐름이 되고 연속방정식은 다음과 같이 된다.

$$\frac{\partial^2 h}{\partial x^2} = 0 \qquad\qquad (10.3-5)$$

이 식은 10.4절의 대수층의 흐름(1차원)에 대해 적용할 수 있다.

10.4 대수층의 흐름

(1) 대수층

대수층(aquifer)이란 다량의 지하수를 포함하고 있는 지층을 일컫는 말이다. 수자원 이용 관점에서 대수층의 구비조건은 지하수가 모일 수 있는 공간이나 틈이 잘 발달되어 있어야 하고, 경제적으로 채수할 수 있는 물을 충분히 함유하고 있어야 한다.

대수층은 지하수면의 존재 여부에 따라 피압대수층(confined aquifer)과 비피압대수층(unconfined aquifer)으로 나눈다. 피압대수층은 비교적 불투수성의 암석층 사이에 끼어 있어 대기압보다 높은 압력을 받는 대수층을 말한다. 따라서 피압대수층의 지하수는 압력과 중력에 의해 이동한다. 만일 압력계를 피압대수층까지 관입하면, 물은 압력수두 높이까지 올라오게 된다. 만일 압력수두면이 지표면보다 높다면 특별히 양수하지 않아도 지하수가 지표면까지 솟아오르게 된다. 이것을 자분정(artesian well)이라 한다. 반면, 비피압대수층은 아래에는 불투수성의 암석층이 있으나 위에는 불투수층이 없다. 따라서 비피압대수층의 지하수면에는 대부분 대기압이 작용한다고 볼 수 있다. 따라서 비피압대수층의 지하수는 중력에 의해서만 이동한다.

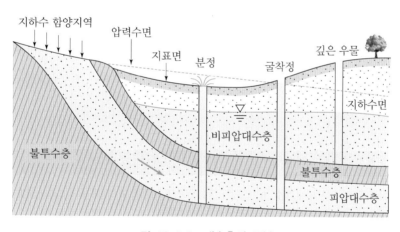

그림 **10.4-1** **대수층의 구분**

(2) 피압대수층의 흐름

대수층의 위아래가 모두 불투수층으로 이루어져 있으면 피압대수층이 된다. 이런 피압대수층에서는 압력과 중력에 의해 물이 흐르게 된다. 그림 **10.4-2**와 같은 피압대수층을 통해 흐르는 단위폭당 유량은 Darcy식을 이용하면 다음과 같이 표현할 수 있다.

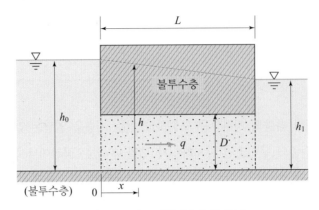

그림 **10.4-2** 피압대수층의 흐름

$$q = DV = -DK\frac{dh}{dx} \tag{10.4-1}$$

여기서 q는 단위폭당 유량, D는 대수층의 두께, V는 지하수 유속, h는 지하수두, x는 거리이다. 만일 피압대수층의 폭 B가 주어지면, 이 폭을 식 (10.4-1)의 결과에 곱해 대수층 전체의 유량을 계산하면 된다.

식 (10.4-1)을 적분하면, 거리 x에서 단위폭당 유량은 다음과 같다.

$$q = DK\frac{(h_0 - h)}{x} \tag{10.4-2}$$

여기서 h_0는 거리 $x = 0$에서의 수위, h는 거리 x일 때의 수위이다. 그러면 두 지점 $x = 0$과 $x = L$ 사이의 지하수위는 직선임을 알 수 있다. 그리고 $x = L$일 때의 지하수 위는 h_1이 되는 것도 알 수 있다.

예제 **10.4-1** ★★★

그림과 같은 피압대수층(투수계수 $K = 1.2$ m/day)에서 대수층의 두께 $D = 33$ m이고, 대수층의 길이 $L = 1,200$ m이다. $x = 0$에서 수두는 $h_0 = 97.5$ m이고, $x = L$에서 수두가 $h_1 = 89.0$ m일 때 단위폭당 유량을 구하라.

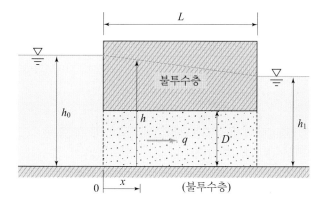

풀이 |

피압대수층을 통해 흐르는 단위폭당 유량은 다음과 같다.

$$q = DK\frac{(h_0 - h)}{x} = 33 \times 1.2 \times \frac{97.5 - 89.0}{1{,}200} = 0.281 \ \text{m}^3/(\text{day} \cdot \text{m})$$ ■

예제 10.4-2 ★★★

$K = 200$ m/day이고 두께 3.5 m인 대수층의 지하수 흐름에서 상하류 두 지점의 수두차가 1.6 m이고 두 지점의 수평거리가 100 m인 경우 대수층의 단위폭당 유량은 얼마인가?

풀이 |

피압대수층의 단위폭당 유량은 다음과 같다.

$$q = DK\frac{(h_0 - h)}{x} = 3.5 \times 200 \times \frac{1.6}{100} = 11.20 \ \text{m}^3/(\text{s} \cdot \text{m})$$ ■

(3) 비피압대수층의 흐름

그림 **10.4-3**과 같은 비피압대수층을 통해 흐르는 단위폭당 유량 q는 Darcy식을 이용하면 다음과 같이 표현할 수 있다.

$$q = Vh = -Kh\frac{dh}{dx} \tag{10.4-3}$$

여기서 h는 지하수의 수위이다. 식 (10.4-3)을 적분하면, 비피압대수층의 단위폭당 유량은 다음과 같다.

$$q = K\frac{(h_0^2 - h^2)}{2x} \tag{10.4-4}$$

이 식은 유도한 연구자의 이름을 따서 Dupit식이라 부른다. 비피압대수층은 그림

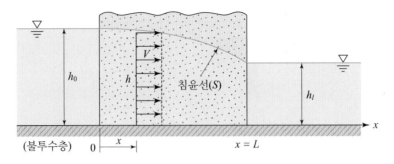

그림 **10.4-3** 비피압대수층의 흐름

10.4-2와 같이 대수층의 위를 덮는 불투수층이 없다. 따라서 피압대수층의 식에서 대수층의 두께를 나타내는 D가 없다.

그림 **10.4-3**에서 지하수위 h를 연결한 선을 침윤선(saturation line)이라 한다. 비피압대수층의 흐름이 발생하는 대표적인 곳이 바로 제방이다(그림 **10.4-4**). 홍수가 발생하여 하천의 수위가 상승하면, 그림 **10.4-4**의 파선과 같이 침윤선이 점차 발달하여 결국 제방사면 점 B에 도달한다. 이럴 경우, 점 B에서 제체 재료가 물에 의해 침식되어 B에서 시작하여 제외지 방향으로 점차 물길이 형성될 수 있다. 이 물길이 마치 관로와 같다고 해서 이런 현상을 관공현상(piping)이라 부른다. 관공현상이 생겨서 물길이 제체를 관통하게 되면, 결국 제체의 붕괴로 이어질 수 있는 매우 심각한 문제이다.

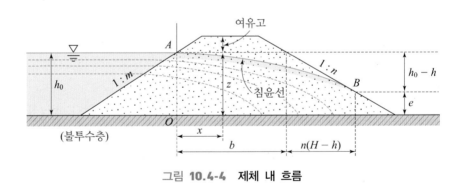

그림 **10.4-4** 제체 내 흐름

예제 10.4-3　　　　　　　　　　　　　　　　　　　　　　　★★★

그림과 같은 비피압대수층에서 대수층의 길이가 30 m이다. $x = 0$ m에서 수두는 $h_0 = 15.0$ m이고, $x = L$ m에서 수두가 $h_l = 12.0$ m이고 투수계수가 $K = 1.2$ m/day일 때 단위폭당 유량을 구하라.

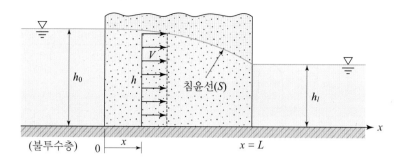

풀이

비피압대수층의 흐름의 단위폭당 유량은 다음과 같다.

$$q = K \frac{\left(h_0^2 - h_l^2\right)}{2L} = 1.2 \times \frac{\left(15.0^2 - 12.0^2\right)}{2 \times 30} = 1.62 \ \text{m}^3/(\text{day} \cdot \text{m}) \qquad \blacksquare$$

쉬어가는 곳 **피압대수층과 비피압대수층의 흐름**

피압대수층의 식 (10.4-1)과 비피압대수층의 식 (10.4-3)은 그 형태가 크게 달라 보인다. 그러나 비피압대수층에는 피압대수층의 대수층 두께 D가 없으므로, 식 (10.4-1)의 대수층의 두께 대신에 두 지하수위의 평균 $\frac{h_0 + h}{2}$를 대입하였다고 생각하면 된다. 즉 다음과 같이 변환되었다고 생각하면 손쉽게 기억할 수 있다.

$$Q = \frac{DK(h_0 - h)}{x} = \frac{K(h_0 - h) \times \dfrac{h + h_0}{2}}{x} = \frac{\pi K \left(h_0^2 - h^2\right)}{2x}$$

---

(4) 집수암거

집수암거는 비피압대수층 문제를 약간 변형시킨 것이라 생각할 수 있다. 즉 앞의 비피압대수층 문제가 한쪽 방향의 흐름인데 반해 집수암거는 보통 양쪽에서 암거 쪽으로 흘러 들어오는 문제이다(그림 **10.4-4** 참조). 집수암거는 설치조건에 따라서 한쪽 방향에서만 유입이 있는 경우[e]와 양쪽 방향 유입이 있는 경우로 나눈다. 이때 한쪽 방향에서만 유입이 있는 경우는 앞의 비피압대수층 흐름과 같은 방법(식 (10.4-3))으로 계산할 수 있다. 양쪽 방향에서 유입이 있는 경우, 집수암거에서 단위폭당 유량 q는 비피압대수층의 식 (10.4-4)를 두 배한 것이며, 다음과 같다.

$$q = K \frac{\left(h_0^2 - h^2\right)}{x} \qquad (10.4\text{-}5)$$

---

e) 이 경우는 '하안암거'라고도 한다.

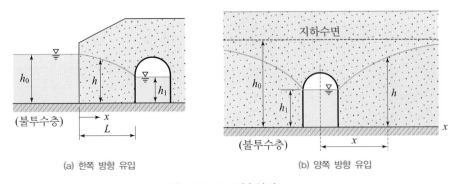

(a) 한쪽 방향 유입   (b) 양쪽 방향 유입

그림 **10.4-5** 집수암거

Dupuit의 해와 마찬가지로 여기서도 q는 단위폭당 유량, K는 투수계수, h_0는 $x=0$ 에서의 지하수위, h는 거리 x에서의 수위이다.

예제 **10.4-4**   ★★

투수계수가 $K=0.5$ cm/s인 하안에 집수암거를 그림과 같이 설치하였을 때, $L=20.0$ m, $h_0=5.0$ m, $h_l=3.0$ m라면, 단위폭당 취수량은 얼마인가?

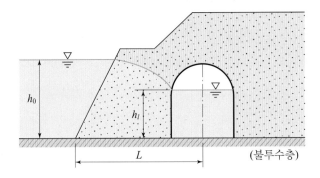

풀이 |

문제에서 $K=0.5$ cm/s = 432 m/day.

한쪽 방향 유입이므로, 단위폭당 유량은 다음과 같다.

$$q = K\frac{\left(h_0^2 - h_l^2\right)}{2L} = 432 \times \frac{\left(5.0^2 - 3.0^2\right)}{2 \times 20} = 172.8 \ \text{m}^3/(\text{day} \cdot \text{m}) \qquad \blacksquare$$

(5) 연습문제

문제 **10.4-1** (★☆☆)

그림과 같은 피압대수층에서 100 m 떨어진 두 지점에 압력계를 설치하여 수위를 측정한 결과 $h_1=30$ m, $h_2=28$ m로 나타났다. 대수층의 두께가 10 m, 폭이 500 m이고, 투수계수가 0.2

m/day일 때 대수층을 통해 흐르는 유량을 구하라.

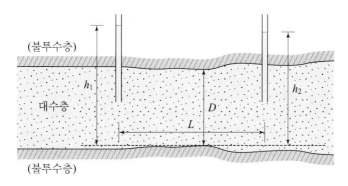

문제 10.4-2 (★☆☆)

그림과 같은 피압대수층에서 100 m 떨어진 두 지점의 지하수위가 각각 $h_1 = 30$ m, $h_2 = 28$ m로 나타났다. 폭이 500 m이고, 투수계수가 0.2 m/day일 때 대수층을 통해 흐르는 유량을 구하라.

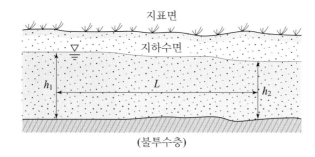

문제 10.4-3 (★★☆)

다음 그림과 같이 불투수층에 다다른 집수암거에서 $H = 2.0$ m, $h_0 = 0.45$ m, $K = 0.009$ m/s, 거리 $L = 170$ m, 안쪽 방향 길이 $B = 300$ m일 때, 이 집수암거의 용수량 Q는 얼마인가?

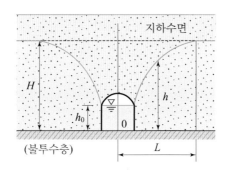

　흙댐, 제방, 방조제 등 흙으로 만든 수리구조물(즉 성토구조물)이나 하상이나 하안에 설치한 널말뚝 등의 구조물 주변에서는 비피압대수층의 지하수 흐름이 발생한다. 그런데 이런 지하수 흐름에서 수리경사가 한계를 넘으면 구조물이나 그 주변의 흙입자가 침식되기 시작하고, 흙입자의 침식이 진행되면 유로를 따라 관 모양의 공동이 생긴다. 이처럼 관 모양의 공동을 형성한다고 하여 이런 현상을 관공현상(piping)이라 부른다. 관공현상이 생기면, 침식이 진행됨에 따라 유로가 더 짧아지고, 수리경사가 점점 더 커지다가 결국 상부구조물이 붕괴된다. 따라서 관공현상은 수리구조물을 만들 때 반드시 검토하여야 할 중요한 사항이다. 관공현상이 잘 일어나는 곳은 흙댐이나 제방의 비탈끝이다. 왼쪽 그림은 관공현상이 주로 생기는 위치를 개요로 보이고, 오른쪽 사진은 Wyoming주 Fontenelle 댐의 사면에서 발생한 관공현상에 의한 제체의 일부 붕괴상황을 보인다.

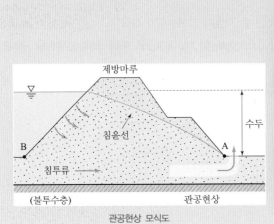

관공현상 모식도　　　　　　　　　Wyoming주 Fontenelle 댐의 관공파괴

10.5 우물의 수리

우물에서 지하수를 양수하면 우물의 수위와 주변의 지하수위는 시간에 따라 변한다. 즉 우물에 물이 모이는 지하수의 흐름은 부정류가 되어 수리학적인 취급이 매우 복잡하게 된다. 그러나 일정 유량을 계속 양수하면 수위 변화는 점점 작아져서 나중에는 거의 일정한 위치를 유지하게 되며, 이것을 정상류로 보아도 좋다. 우물에서 양수를 할 때 지하수위는 2차원 평면 분포를 갖게 된다. 앞 절의 대수층 흐름이 1차원 지하수 흐름이라고 하면, 우물의 수리는 2차원 지하수 흐름에 해당한다.

(1) 굴착정

상부 불투수층을 통과하여 피압대수층의 지하수를 양수하는 우물을 굴착정(artesian well)이라 부른다(그림 **10.5-1**). 굴착정의 양수량은 피압대수층을 균질성(homogeneous) 및 등방성(isotropic) 매질이라 가정하여 유도한 식으로 계산한다. 초기 지하수두가 H이고 두께가 D이고 투수계수가 K인 피압대수층에 우물을 굴착하여 양수를 하면, 지하수두는 마치 깔때기형의 모습을 갖게 된다. 등유속선은 동심원을 그리며, 유속의 방향은 우물 방향이므로, 연속방정식과 Darcy식을 이용하면 굴착정의 양수유량은 다음과 같이 표현할 수 있다.

$$Q = A\,V = (2\pi r D)\left(-K\frac{dh}{dr}\right) = -2\pi DKr\,\frac{dh}{dr} \qquad (10.5\text{-}1)$$

우물의 중심을 원점으로 잡고, 양수량 Q일 때 거리와 지하수위를 알고 있는 두 지점만 있으면 다음과 같이 나타낼 수 있다.

$$Q = \frac{2\pi DK(h_2 - h_1)}{\ln(r_2/r_1)} \qquad (10.5\text{-}2)$$

여기서 Q는 지하수 양수량, K는 투수계수, D는 대수층의 두께, h_1은 거리 r_1일 때 지하수위, h_2는 거리 r_2일 때 지하수위이다.

식 (10.5-2)에서 양수에 의해 영향을 받지 않는 먼 거리를 영향원(influence circle), 그 반경을 R이라 하고, 이때의 지하수위 H(초기 지하수위)를 적용하면, 식 (10.5-2)는 다음과 같이 쓸 수 있다.

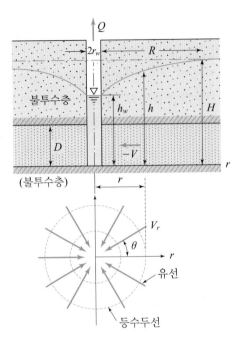

그림 **10.5-1** 굴착정의 수리

$$Q = \frac{2\pi DK(H-h)}{\ln(R/r)} \tag{10.5-3}$$

여기서 Q는 우물의 양수량, D는 대수층의 두께, K는 대수층의 투수계수, H는 우물에서 거리 R인 위치의 지하수두(대부분은 양수를 시작하기 전의 지하수두), R은 영향원의 반경, h는 우물에서 반경 r인 지점의 지하수두이다. 이때, 식 (10.5-3)에서 R은 영향원의 반경이라 부르며, 우물의 양수에 의해 지하수위의 저하량이 거의 없어지는 거리를 말한다. 이 영향원 반경은 보통 우물 반경 r_0의 3,000~5,000배 또는 거리로는 $R = 500 \sim 1,000$ m로 잡는다.

식 (10.5-2)를 투수계수에 대해 정리하면 다음과 같다.

$$K = \frac{Q\ln(r_2/r_1)}{2\pi D(h_2 - h_1)} \tag{10.5-4}$$

이 식을 이용하면, 두 개 이상의 우물을 굴착하고 지하수위를 측정해서 투수계수를 측정할 수 있다.

그림과 같은 피압대수층의 우물(우물 직경 50 cm, 대수층 두께 20 m, $K = 0.24$ m/day)에서 일정 유량을 장시간 양수한 결과 우물 수위가 초기 지하수위보다 3.8 m 저하된 상태가 되었을 때 지하수위가 일정하게 유지되었다. 투수계수가 일정하다고 가정할 때, 양수량을 구하라.

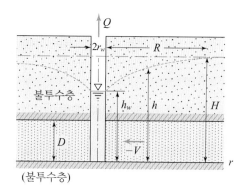

(불투수층)

풀이

영향원의 반경 R에서 지하수위가 H이며, $H - h_w = 3.8$ m이다. 거리를 주지 않았으므로, $\dfrac{R}{r_w} = 3,000$으로 가정한다.

$$Q = \frac{2\pi DK(H - h_w)}{\ln(R/r_w)} = \frac{2\pi \times 20 \times 0.24 \times 3.8}{\ln(3,000)} = 14.3 \text{ m}^3/\text{day} \qquad ■$$

피압대수층에서 물을 0.5 m³/min의 비율로 양수한다. 여기서 50 m와 500 m 떨어진 두 관측정에서 수위 강하가 각각 10 m와 3 m이었다. 대수층의 두께가 35 m일 때 이 대수층의 투수계수를 산정하라.

풀이

양수량 $Q = 0.5$ m³/min = 720 m³/day

초기수위를 H라 하면, 두 관측정의 수위는 각각 $h_1 = H - 10$ m, $h_2 = H - 7$ m이다.

피압대수층의 투수계수에 대한 식에서 투수계수는 다음과 같다.

$$K = \frac{Q\ln(r_2/r_1)}{2\pi D(h_2 - h_1)} = \frac{720 \times \ln(500/50)}{2\pi \times 35 \times \{(H-90) - (H-97)\}} = 1.077 \text{ m}^3/\text{day} \qquad ■$$

(2) 심정(깊은 우물)

자유수면을 갖는 비피압대수층에 우물바닥이 불투수층에 도달하도록 굴착한 우물을 깊은 우물(deep well, 심정)이라 하고, 불투수층까지 도달하지 못한 우물을 얕은 우물(shallow well, 천정)이라 한다[f].

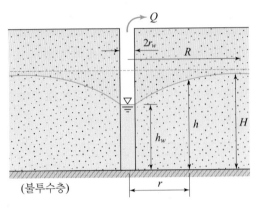

그림 **10.5-2** 비피압우물

그림 **10.5-2**와 같은 비피압우물에서 등유속선은 동심원을 그리며, 유속의 방향은 우물 방향이므로, 연속방정식과 Darcy식을 이용하면 비피압우물의 양수유량은 다음과 같이 표현할 수 있다.

$$Q = AV = (2\pi rh)\left(-K\frac{dh}{dr}\right) = -2\pi rKh\frac{dh}{dr} \qquad (10.5-5)$$

비피압우물의 양수량은 식 (10.5-5)를 적분하여 다음과 같이 나타낼 수 있다.

$$Q = \frac{\pi K\left(h_2^2 - h_1^2\right)}{\ln\left(r_2/r_1\right)} \qquad (10.5-6)$$

여기서 Q는 지하수 양수량, K는 투수계수, h_1은 거리 r_1일 때 지하수위, h_2는 거리 r_2일 때 지하수위이다.

비피압우물을 이용해서 투수계수를 구하는 것도 피압우물과 마찬가지 방법을 이용한다. 식 (10.5-4)를 투수계수 K에 대해 정리하면 다음과 같다.

$$K = \frac{Q\ln\left(r_2/r_1\right)}{\pi\left(h_2^2 - h_1^2\right)} \qquad (10.5-7)$$

> **예제 10.5-3** ★★★
>
> 깊은 우물의 중심에서 $r_1 = 30$ m, $r_2 = 120$ m인 위치에 관측정을 설치하였다. 이 우물에서 양수량 $Q = 1.2$ m³/min로 장시간 양수했을 때 두 관측정의 수위가 각각 1.5 m와 50 cm 저하되었다. 양수 전 지하수위가 10 m이었다면 이 지층의 투수계수는 얼마인가?

---

f) 이 책에서는 비교적 간단한 깊은 우물에 대해서만 다루며, 그보다 복잡한 얕은 우물에 대해서는 다루지 않는다.

주어진 자료를 정리하면, $Q = 1.2$ m³/min $= 1,728$ m³/day, 수위 $h_1 = 8.50$ m, $h_2 = 9.50$ m이다. 투수계수는 다음과 같다.

$$K = \frac{Q\ln(r_2/r_1)}{\pi(h_2^2 - h_1^2)} = \frac{1,728 \times \ln(120/30)}{\pi(9.50^2 - 8.50^2)} = 42.4 \text{ m/day}$$

그림 **10.2-2**에서 보면 이 대수층의 재료가 굵은 모래임을 알 수 있다. ■

쉬어가는 곳   피압우물과 비피압우물의 식

다른 서적들에서 피압우물의 식을 다음과 같이 표시하는 경우가 있다.

$$Q = \frac{2\pi DK(h_2 - h_1)}{2.3\log(r_2/r_1)}$$

이것은 자연대수 $\ln(x)$와 상용대수 $\log_{10}(x)$가 $\ln(x) = 2.3\log_{10}(x)$의 관계를 갖는다는 것을 생각하면 이해할 수 있을 것이다.

한편, 대수층 흐름과 마찬가지로 우물의 식에서도 피압우물의 식 (10.5-1)과 비피압우물의 식 (10.5-4)는 그 형태가 크게 달라 보인다. 그러나 비피압우물에는 피압우물의 대수층 두께 D가 없으므로, 식 (10.5-1)의 대수층 두께 대신에 두 지하수위의 평균 $\frac{h_1 + h_2}{2}$를 대입하였다고 생각하면 된다. 즉 다음과 같이 변환되었다고 생각하면 손쉽게 기억할 수 있다.

$$Q = \frac{2\pi DK(h_2 - h_1)}{\ln(r_2/r_1)} = \frac{2\pi K(h_2 - h_1) \times \dfrac{h_1 + h_2}{2}}{\ln(r_2/r_1)} = \frac{\pi K(h_2^2 - h_1^2)}{\ln(r_2/r_1)}$$

---

(3) 비정상우물

앞에서는 양수 후 시간이 충분히 지나서 수위 변화가 거의 없는 정상상태의 우물의 수리를 다루었다. 만일 시간이 충분히 지나지 않았다면, 지하수위는 시간에 따라서 변하며, 이 흐름은 부정류가 된다. 이 경우는 비정상우물(unsteady well)의 수리라고 한다. 이런 문제를 푸는 방법으로는 Theis 법, Jacob 법, Chow 법 등이 있으나, 이 책에서는 자세한 내용은 생략한다. 관심 있는 독자들은 지하수 관련 서적을 참고하기 바란다.

(4) 연습문제

문제 10.5-1 (★☆☆)

피압대수층에서 물을 0.2 m³/min의 비율로 양수한다. 우물에서 100 m와 500 m 떨어진 두 관측정에서 수위 강하가 각각 8 m와 2 m이었다. 대수층의 두께가 20 m일 때 이 대수층의 투수계수를 산정하라.

문제 10.5-2 (★☆☆)

직경 1.0 m, 수위 5.0 m인 심정에서 수위를 2.0 m 강하시키려면, 양수량이 얼마가 되어야 하는가? 단, 투수계수는 $K = 3.6$ m/hr, 영향원의 반경 600 m라고 한다.

문제 10.5-3 (★☆☆)

초기 지하수위가 10 m인 비피압대수층에 충분히 관입된 우물을 설치하고 0.3 m³/min의 물을 양수한다. 장시간 후에 우물에서 30 m 떨어진 관측정에서 지하수위가 6 m이고, 300 m 떨어진 관측정의 지하수위가 9.4 m일 때 투수계수를 산정하라.

11장

실험과 측정

이 장에서는 앞서 관수로 흐름과 개수로 흐름에서 유속 또는 유량 측정에 필요한 관련 사항을 다룬다. 이를 위해 측정, 오차, 그리고 (수리학적) 상사, 측정용 하천구조물 등 조금은 단편적인 내용을 다룬다.

윌리엄 프루드(William Froude, 1810−1879)

영국 출생. 조선업에 종사. 60대에 들어 선박 저항에 대한 연구를 시작하였으며, 그의 집에 길이 약 75 m의 선박 실험 수로를 만들었다. 윌리엄 프루드의 사후, 이 연구는 윌리엄 프루드의 아들인 Robert Edmund Froude(1846−1924)가 계승하였다. 관성과 중력의 조건에 따른 상사는 윌리엄 프루드의 이름을 딴 무차원수인 프루드수로 불린다.

11.1 관수로 흐름의 측정

(1) 잠공

수조의 측면 또는 바닥면에 구멍을 뚫어서 물을 방류할 때, 이 구멍을 잠공(orifice)[a]이라 한다(그림 **11.1-1**). 잠공에서 물을 방출시키는 경우 잠공 직경의 절반 정도 떨어진 거리에서 흐름 단면적이 가장 많이 수축된다. 이 단면을 수축단면(vena contracta)이라 부르며[b], 이 단면에서는 모든 유선이 거의 평행하다. 관 내부에 잠공을 관벽에 수직으로 설치한 경우도 있다.

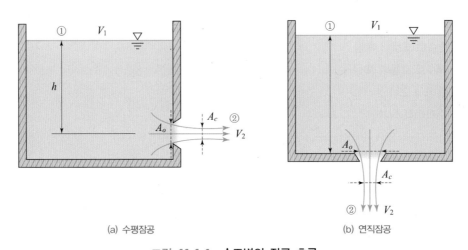

(a) 수평잠공   (b) 연직잠공

그림 **11.1-1** 수조벽의 잠공 흐름

잠공에서 유출되는 유체의 속도는 잠공의 직상류에 있는 수조나 관로의 수두(상류부분의 총수두 H)에 의해 결정된다. 잠공 중에서 구멍의 직경(D)과 상류수두 H에 비해 매우 작으면(보통은 $D \le \dfrac{H}{5}$), 유속의 수직분포를 고려하지 않아도 되며, 이런 경우를 작은잠공(small orifice)이라고 부른다. 반면, 구멍의 직경이 상류수두에 비해 상당히 큰 경우를 큰잠공(large orifice)이라 부르며, 큰잠공에 대해서는 이 책에서 다루지 않는다.

작은잠공의 경우 잠공의 유출 유속은 베르누이식을 잠공의 상하류에 적용해서 구할 수 있다.

---

a) 많은 서적에서 orifice를 번역 없이 그대로 '오리피스'라고 한다. 그런데 '잠공(유체 중에 잠겨 있는 구멍)'이라는 괜찮은 번역용어가 있으니 이 용어를 이용하는 것이 좋다고 생각한다.
b) vena contracta도 번역 없이 '베나 컨트랙타'라고 하는 경우도 있으나, 이 역시 '수축단면'을 이용하는 것이 좋다.

그림 **11.1-1**의 단면 ①과 단면 ② 사이에 베르누이식을 적용하면,

$$z_1 + \frac{p_1}{\rho g} + \frac{V_1^2}{2g} = z_2 + \frac{p_2}{\rho g} + \frac{V_2^2}{2g} \tag{11.1-1}$$

그림 **11.1-1**에서 (수로벽의 두께 무시) $z_1 = h$, $z_2 = 0$, $p_1 = p_2 = 0$, $V_1 = 0$이므로, 식 (11.1-1)에서 다음 관계를 유도할 수 있다.

$$V_2 = \sqrt{2gh} \tag{11.1-2}$$

식 (11.1-2)는 Torricelli가 처음으로 유도한 식이며, 이렇게 구한 결과를 토리첼리 정리(Torricelli's priciple)라고 한다. 실제로는 에너지 손실과 수면에서의 유속수두를 고려하여야 정확한 방출유속을 구할 수 있다. 이를 고려하기 위해 계수를 도입하면 다음과 같다.

$$V = C_v \sqrt{2gh} \tag{11.1-3}$$

여기서 C_v는 유속계수로 실제유속과의 차이를 보정하기 위해 사용한다.

식 (11.1-3)을 이용하면 잠공의 유량은 다음과 같다.

$$Q = C_c A \, C_v \sqrt{2gh} = C A \sqrt{2gh} \tag{11.1-4}$$

여기서 C_c는 수축계수($= A_c / A_o$), C는 유량계수이다. 유량계수는 $C = C_c C_v$의 관계를 갖는다.

잠공을 관 안에 설치하거나 개수로 안에 설치하는 경우, 수조벽에 설치된 잠공과는 약간 다른 형태의 흐름이 생긴다. 하류의 압력수두나 수위가 0이 아닌 경우가 된다.

그림 **11.1-2(a)**에 보인 관로잠공에서 단면 ①과 단면 ② 사이에 베르누이식을 적용하

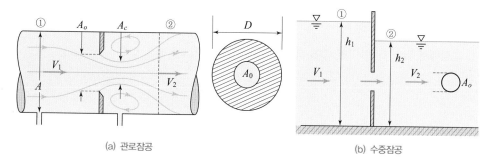

(a) 관로잠공 (b) 수중잠공

그림 **11.1-2** **관로잠공과 수중잠공**

고, 앞서 정의한 유량계수 C를 적용하면 유량은 다음과 같이 쓸 수 있다.

$$Q = AV = CA_o \sqrt{2g\left(\frac{p_1}{\rho g} - \frac{p_2}{\rho g}\right)} \tag{11.1-5}$$

여기서 C는 수축계수 C_c와 유속계수 C_v를 이용하여 다음과 같이 쓸 수 있다.

$$C = \frac{C_c C_v}{\sqrt{1 - C_v^2 (A/A_1)^2}} \tag{11.1-6}$$

그림 **11.1-2(b)**와 같이 개수로에서 하류 수위가 0이 아닌 경우의 잠공을 수중잠공 (submerged orifice)이라 한다. 수중잠공은 관로 흐름이 아닌 개수로 흐름 영역에 있지만, 관로잠공과 그 원리가 같으므로, 이 절에서 소개한다. 이 경우도 앞의 관로잠공과 같은 형태의 식을 적용할 수 있다. 이때는 Δh는 상하류의 수위차$(h_1 - h_2)$이다.

$$V_2 = C_v \sqrt{2g\Delta h} = C_v \sqrt{2g(h_1 - h_2)} \tag{11.1-7}$$

예제 11.1-1 ★★★

수조에 담긴 물의 수심이 2.0 m이고, 수면에 70 kN/m^{2}의 압력이 작용한다. 수조바닥에 설치된 직경 50 mm의 잠공을 통해 배출되는 유량은 얼마인가? 이때 유량계수는 $C = 0.6$이다.

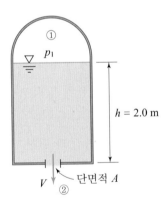

풀이

그림에서 단면 ①과 단면 ②에 베르누이식을 적용하면,

$$z_1 + \frac{p_1}{\rho g} + \frac{V_1^2}{2g} = z_2 + \frac{p_2}{\rho g} + \frac{V_2^2}{2g}$$

여기서 $z_1 = h$, $z_2 = 0$, $p_1 = 7.0 \times 10^4$ Pa, $p_2 = 0$ Pa, $V_1 = 0$을 대입하면

기초 수리학

$$2.0 + \frac{7.0 \times 10^4}{1,000 \times 9.8} + \frac{0}{2 \times 9.8} = 0 + \frac{0}{1,000 \times 9.8} + \frac{V_2^2}{2 \times 9.8}$$

따라서 이론유속과 유량은 다음과 같다.

$$V_2 = 13.9 \text{ m/s}$$

$$Q = CAV = 0.6 \times \left(\frac{\pi \times 0.05^2}{4} \right) \times 13.39 = 0.0158 \text{ m}^3/\text{s} \qquad ■$$

예제 11.1-2 ★★★

그림과 같은 관로잠공에서 관의 직경 $D = 15$ cm, 잠공의 직경 $D_o = 10$ cm라 한다. 이 관로에 30 L/s의 물이 흐른다면 액주계의 수은주의 높이차 Δh는 얼마인가? 단, 수축계수 $C_c = 0.64$, 유속계수 $C_v = 0.90$이라 한다.

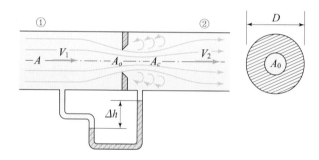

풀이

잠공단면적 $A_o = \frac{\pi \times 0.10^2}{4} = 0.00785 \text{ m}^2$

유량계수 $C = C_c \times C_v = 0.64 \times 0.90 = 0.576$

유량의 식 $Q = AV = (C_c A_o)(C_v \sqrt{2g\Delta h}) = C A_o \sqrt{2g\Delta h}$ 에서 수두차에 대해 정리하면,

$$\Delta h = \frac{Q^2}{2g(C A_o)^2} = \frac{0.030^2}{2 \times 9.8 \times (0.576 \times 0.00785)} = 2.244 \text{ mH}_2\text{O} = 0.165 \text{ mHg} \qquad ■$$

(2) 벤츄리미터

관의 단면 일부를 잘록하게 만들고, 베르누이식을 이용하여 관의 유속과 유량을 측정하는 장치를 벤츄리미터(venturimeter)라고 한다. 벤츄리미터의 구조는 그림 **11.1-3**과 같다.

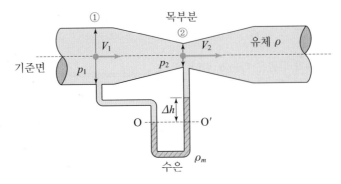

그림 **11.1-3** 벤츄리미터

연속식과 베르누이식을 이용하면, 목부분의 (이론)유속은 다음과 같다.

$$V_2 = \sqrt{\frac{2g}{1-(A_2/A_1)^2}\left(\frac{p_1}{\rho g}-\frac{p_2}{\rho g}\right)} \qquad (11.1\text{-}8)$$

독치(수은의 높이차) Δh를 수두로 환산하면 $\Delta h(s_m-1)$이다. 여기서 $s_m=13.6$은 수은의 비중이다. 따라서 위압수두차 $\left(\dfrac{p_1}{\rho g}-\dfrac{p_2}{\rho g}\right)$와 독치 Δh는 다음과 같은 관계를 갖는다.

$$\left(\frac{p_1}{\rho g}-\frac{p_2}{\rho g}\right)=\Delta h(s_m-1) \qquad (11.1\text{-}9)$$

따라서 벤츄리미터의 전체 유량은 다음과 같이 쓸 수 있다.

$$Q = CA_2 V_2 = C\frac{A_2\sqrt{2g(s_m-1)\Delta h}}{\sqrt{1-(A_2/A_1)^2}} \qquad (11.1\text{-}10)$$

여기서 C는 벤츄리미터의 유량계수이다.

예제 11.1-3   ★★★

벤츄리미터에서 $\Delta h = 8$ cm이고, 목부분의 상류(단면 ①) 직경이 20 cm, 목부분(단면 ②) 직경이 10 cm라면, 유량은 얼마인가? 단, 유량계수는 0.95이고, 액주계는 비중 13.6인 수은을 이용한다.

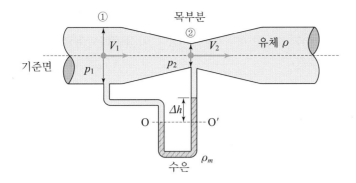

풀이

단면별 단면적은

$$A_1 = \frac{\pi \times 0.2^2}{4} = 0.0314 \ \text{m}^2$$

$$A_2 = \frac{\pi \times 0.1^2}{4} = 0.00785 \ \text{m}^2$$

독치 Δh를 수두로 나타내면,

$$\frac{\Delta p}{\rho g} = (s_m - 1)\Delta h = (13.6 - 1) \times 0.08 = 1.008 \ \text{m}$$

따라서 벤츄리미터의 유량은 다음과 같다.

$$Q = CA_2 V_2 = C\frac{A_2 \sqrt{2g(s_m - 1)\Delta h}}{\sqrt{1 - (A_2/A_1)^2}}$$

$$= 0.95 \times \frac{0.00785 \times \sqrt{2 \times 9.8 \times 1.008}}{\sqrt{1 - (0.00785/0.0314)^2}} = 0.0343 \ \text{m}^3/\text{s} \quad \blacksquare$$

(3) 연습문제

문제 **11.1-1** (★★☆)

그림과 같은 수조에서 잠공을 통해 흐르는 유량은 얼마인가?

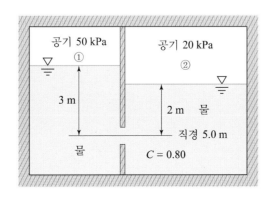

11장 실험과 측정

문제 11.1-2 (★★☆)

잠공의 직경이 4 cm이고 측정된 수두가 2.5 m이다. 이 조건에서 유량이 5 L/s라면 이 잠공의 유량계수 C는 얼마인가?

문제 11.1-3 (★★☆)

물이 흐르는 벤츄리미터의 단면 ①의 관직경은 20 cm이고, 목부분인 단면 ②의 관직경은 10 cm이다. 벤츄리미터에 설치된 압력측정용 U자관에서 수은의 높이차 $\Delta h = 15$ cm이다. 이때 벤츄리미터의 유량계수가 $C = 0.75$라 할 때 관 안에 흐르는 유량을 계산하라.

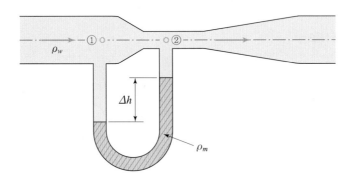

11.2 개수로 흐름의 측정

개수로에서 유속(또는 유량)을 측정하는 방법은 유속계를 이용하는 방법, 수리구조물을 이용하는 방법, 색소나 방사선동위원소를 이용한 희석법이나 추적법 등이 있다. 이 절에서는 수리구조물, 특히 위어를 이용한 유속과 유량측정에 대해서만 다룬다.

(1) 위어의 종류와 흐름

개수로의 흐름을 가로막아 그 위로 물을 월류(overflow)시키는 판 또는 댐 형태의 월류 구조물을 위어(weir)라고 한다[c]. 위어를 이루는 부분들은 그림 **11.2-1**에 보인 것처럼, 본체와 물받이(apron)로 이루어져 있고, 물이 월류하는 본체의 윗부분을 마루(crest)라고 하며, 그림 **11.2-1(a)**와 같이 위어 통과 후 자유낙하하는 수류를 수맥(nappe)이라고 한다.

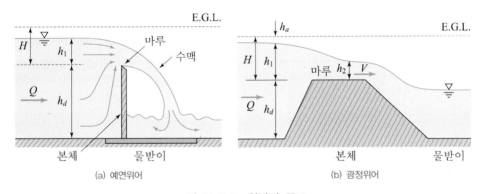

(a) 예연위어   (b) 광정위어

그림 **11.2-1** 위어의 구조

위어 마루가 쐐기 모양이어서 흐름이 마루에서 구조물과 매끄럽게 분리되는 위어를 예연위어(sharp crested weir), 위어마루가 넓어 물이 월류 시 구조물과 분리되지 않는 위어를 광정위어(broard crested weir)라고 한다. 이렇게 구분하는 이유는 물이 월류하는 상태가 현저하게 다르기 때문이다.

위어는 또한 횡단방향의 월류부의 단면 모양에 따라 직사각형, 삼각형, 사다리꼴 위어로 나누며, 수로 단면 전체로 월류하는 경우는 전폭 위어라고 한다.

위어를 월류하는 수맥은 수축현상을 일으킨다. 위어마루를 지난 이후에 자유낙하하

---

c) weir를 '웨어'라고 쓰는 서적이 종종 있으나, weir의 실제 발음은 '위어'에 가깝기 때문에 '웨어'라는 용어는 이용하지 않는 것이 좋다. weir를 하천에 설치하였을 때는 '보'나 '소형댐'이라고 부르지만, 이 책에서는 유량측정용 장치 또는 구조물이라는 의미로 사용하므로 '위어'라고 표기하기로 한다.

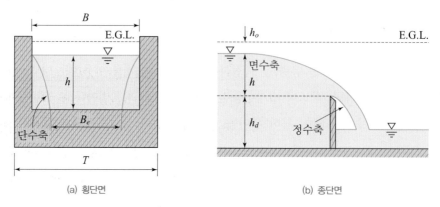

(a) 횡단면   (b) 종단면

그림 11.2-2 위어 월류의 수축

면서 생기는 수축을 정수축(頂收縮, crest contraction)이라 하고, 위어 상류에서 위어로 접근함에 따라 위치수두가 유속수두로 변할 때 발생하는 수면강하는 면수축(面收縮, surface contraction)이라 한다. 그리고 이 두 수축을 합해 연직수축(vertical contraction)이라 한다. 면수축은 보통 위어의 상류 $2H$까지의 거리에서 발생하는 것으로 본다. 여기서 H는 위어마루를 기준으로 측정한 총수두이다.

위어의 월류부폭이 수로폭보다 작으면, 수맥의 폭이 수축되어 단수축(end contraction)을 이루어, 실제 수맥의 폭이 위어의 폭 B보다 작은 B_e로 형성되며, 이 폭을 유효폭이라 부른다. 위어의 폭과 유효폭의 관계는 다음과 같다.

$$B_e = B - 0.1nh \tag{11.2-1}$$

여기서 n은 양단수축일 때 2, 한쪽 수축일 때 1, 수축이 없을 때는 0이며, h는 위어 수위와 위어마루 표고의 차이로 월류수심이라 한다.

(2) 직사각형 위어

직사각형 위어는 위어 월류부가 직사각형으로 이루어진 예연위어이다(그림 **11.2-3** 참조). 위어 상류의 접근유속을 무시하면($V_1^2/2g \ll H$), 직사각형보 위어 유량은 다음과 같이 간단히 나타낼 수 있다.

$$Q = C_w \frac{2}{3}\sqrt{2g}\, BH^{3/2} = CBH^{3/2} \tag{11.2-2}$$

여기서 C_w는 직사각형 위어의 계수, B는 위어의 폭, H는 위어 상류의 접근수두이다.

유효폭 B_e와 측정이 용이한 월류수심 h를 이용하여 유량을 결정하는 프란시스

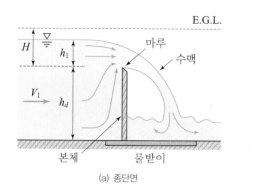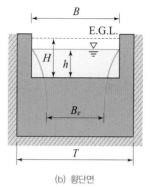

(a) 종단면　　　　　　　　(b) 횡단면

그림 **11.2-3**　Francis식의 기호

(Francis)식은 다음과 같다.

$$Q = 1.84 B_e h^{3/2} \tag{11.2-3}$$

여기서 B_e는 수축에 따른 유효폭이며 식 (11.2-1)로 결정한다.

예제 **11.2-1**　　　　　　　　　　　　　　　　　　　　　★★★

폭 1.9 m의 수로에 폭 75 cm의 직사각형 위어가 설치되어 있다. 월류수심이 20 cm일 때, 프란시스식으로 월류량을 계산하라. 여기서 위어의 높이는 1.3 m이며, 양단수축이 발생한다.

풀이 |

　　Francis식으로 유량을 계산하면 다음과 같다.

$$Q = 1.84\left(B - n\frac{h}{10}\right)h^{3/2} = 1.84 \times \left(0.75 - 2 \times \frac{0.2}{10}\right) \times 0.2^{3/2} = 0.117 \text{ m}^3/\text{s} \quad ■$$

(3) 삼각형 위어

　유량이나 월류수심이 비교적 작은 경우 직사각형 위어는 수맥이 위어 본체에 달라붙는 현상이 생긴다. 이런 경우 유량측정이 매우 부정확하게 되므로, 삼각형 위어를 사용하면 더 정확한 측정이 가능하다. 삼각형 위어는 그림 **11.2-4**와 같이 위어의 횡단면에 삼각형의 월류부를 만든 것이다. 이런 형상 때문에 삼각형 위어는 때로는 'V-notch'라고도 부른다.

　삼각형 위어의 월류유량은 다음과 같이 쓸 수 있다.

$$Q = \frac{8}{15} C_w \tan\left(\frac{\theta}{2}\right)\sqrt{2g}\,H^{5/2} \tag{11.2-4}$$

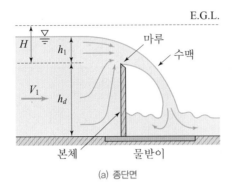

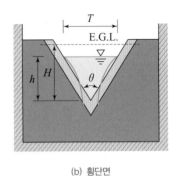

그림 **11.2-4** 삼각형 위어

여기서 C_w는 위어 계수, θ는 위어의 내각, H는 위어의 상류 접근수두이다.

예제 **11.2-2**   ★★★

월류수심 20 cm, 위어의 내각 $\theta = 90°$인 삼각형 위어의 유량을 구하라. 단, 위어의 유량계수는 $C_w = 0.70$이라 한다.

풀이 ┃

$\theta = 90°$이므로, $\tan\left(\dfrac{\theta}{2}\right) = 1.0$이다. 삼각형 위어의 유량은 다음과 같다.

$$Q = \frac{8}{15} C_w \tan\left(\frac{\theta}{2}\right) \sqrt{2g}\, H^{5/2} = \frac{8}{15} \times 0.70 \times 1.0 \times \sqrt{2 \times 9.8} \times 0.2^{5/2} = 0.0296 \ \text{m}^3/\text{s} \quad ■$$

(4) 광정위어

광정위어는 위어마루의 폭이 넓은 위어를 말한다. 위어 하류의 수위에 따라 상황이 달라지지만, 만일 위어 하류 수위가 낮으면, 위어 하류단에 가까운 마루 위의 한 지점에서 임계수심이 발생한다.

광정위어의 유량은 기본적으로 다음과 같은 형태를 갖는다.

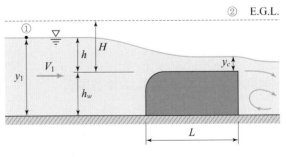

그림 **11.2-5** 광정 위어

$$Q = CBH^{3/2} \qquad\qquad (11.2-5)$$

여기서 C는 광정위어의 위어계수, B는 수로폭이다.

쉬어가는 곳 제방, 댐, 보, 하구둑의 차이

개수로의 대표격인 하천에는 여러 가지 수리구조물(하천구조물)이 있으며, 우리가 흔히 보는 것은 제방, 댐, 보, 하구둑이다.

먼저, 제방(levee, embankment, dyke)은 하천을 따라 설치된 평행구조물이다. 물론 제방의 종류에 따라서는 하천과 수직으로 설치된 제방도 있지만 대부분의 제방은 하천을 따라 평행하게 설치된다. 한영사전에서 '제방'을 찾으면 나오는 bank라는 용어는 보통 '하안'이라고 하며, 수로의 옆부분을 가리키며, 제방과는 다른 의미를 갖는다.

다음에 댐(dam)은 저류를 위해 하천을 가로질러 만드는 횡단구조물이다. 댐이 보(weir)와 다른 가장 큰 특징은 물이 월류하지 않는다는 점이다. 댐에서 정해진 수위를 넘으면 수문을 통해 방류하며, 댐의 본체를 넘어 물이 월류해서는 안 된다.

반면, 보(weir)는 댐과 마찬가지로 하천을 가로질러 만드는 횡단구조물이다. 그러나 댐의 목적이 저수인데 반해, 보는 그 목적이 주로 수위상승을 위한 것이다. 수위상승을 시키는 구체적인 목적이 취수든 여가활동이든 관계없이 보의 기본목적은 수위상승이다. 그리고 보는 대부분 보본체를 물이 월류하는 구조로 이루어진다. 이런 점이 보와 댐의 가장 큰 차이이다.

마지막으로 하구둑(estuary barrier)은 문자 그대로 하천의 하구에 설치되는 횡단구조물이며, 주목적은 염수소상(sea water intrusion)을 방지하는 것이다. 따라서 많은 수문을 갖고 있으며, 하천과 바다의 낙차는 매우 작은 것이 특징이다.

제방

댐

보

하구둑

449

월류부가 광정위어 형태인 댐 여수로를 통해 물이 흐른다. 댐체의 길이는 50 m이고 접근류의 수두는 0.95 m이다. 댐 월류부를 통해 흐르는 유량은 얼마인가? 이때 광정위어의 계수는 1.71이다.

풀이 |

댐 월류부의 유량은 다음과 같다.

$$Q = CBH^{3/2} = 1.71 \times 50 \times 0.95^{3/2} = 79.2 \ \text{m}^3/\text{s} \qquad \blacksquare$$

(5) 연습문제

문제 **11.2-1** (★★☆)

그림과 같이 폭 3.0 m, 수심 1.0 m의 수로에 폭 1.0 m인 직사각형 위어의 월류수심이 0.4 m일 때 Francis식으로 유량을 구하라.

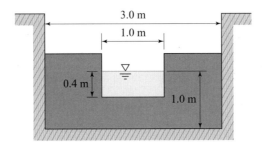

문제 **11.2-2** (★★☆)

폭이 3.5 m인 직사각형 예연위어가 수로폭 전체에 설치되어 있다. 접근수두가 0.54 m일 때 유량을 구하라. 단, 접근유속은 무시하고, 위어계수는 $C = 1.84$이다.

문제 **11.2-3** (★★☆)

그림과 같은 수문에서 수로폭이 10.0 m, 상류 측 수심이 4.0 m, 하류 측 수심이 1.0 m, 수문의 개방높이가 0.5 m일 때 유량 Q를 구하라. 단, 유량계수 $C = 0.50$이다.

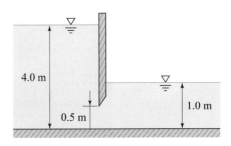

문제 **11.2-4** (★★★)

내각이 120°인 삼각형 위어의 수두를 측정한 결과 25 cm일 때, 유출량을 계산하라. 단, 유량계수 $C = 0.60$이다.

11.3 측정과 오차

11.1절과 11.2절에서 관로 흐름과 개수로 흐름의 유량측정에 대해 살펴보았다. 이를 정리해서 나타내면, 월류수심 h의 함수 형태로 다음과 같이 나타낼 수 있다.

- 잠공:
$$Q = CA \sqrt{2gh} = K_o h^{1/2} \tag{11.3-1}$$

- 직사각형 위어:
$$Q = C_w \frac{2}{3} \sqrt{2g}\, B H^{3/2} = K_r h^{3/2} \tag{11.3-2}$$

- 삼각형 위어:
$$Q = \frac{8}{15} C_w \sqrt{2g}\, H^{5/2} = K_t h^{5/2} \tag{11.3-3}$$

여기서 K_o, K_r, K_t는 각각 잠공, 직사각형 위어, 삼각형 위어에 대한 계수(상수)이다.

이처럼 유량을 월류수심 h의 함수로 나타내면, 수위를 측정해서(월류수심을 산정한 뒤) 곧바로 유량을 산정할 수 있다. 이때 h의 측정에 오차가 생긴다면, 바로 유량산정의 오차로 연결된다.

유량 Q와 h가 다음의 관계를 갖는다고 하자.

$$Q = K h^n \tag{11.3-4}$$

이 식의 양변을 h로 미분하면,

$$\frac{dQ}{dh} = nK h^{n-1} \tag{11.3-5}$$

식 (11.3-5)에서 dh를 우변으로 옮기고, 양변을 식 (11.3-4)로 나누면 다음과 같다.

$$\frac{dQ}{Q} = n \frac{dh}{h} \tag{11.3-6}$$

식 (11.3-6)의 의미는 만일 수위측정에 $\dfrac{dh}{h}$만큼의 상대오차가 생긴다면, 유량산정 상대오차 $\dfrac{dQ}{Q}$는 그것을 n배 한 것이라는 의미이다.

이를 잠공, 직사각형 위어, 삼각형 위어에 대해 정리하면, 그 계수가 차례로 $\dfrac{1}{2}$, $\dfrac{3}{2}$, $\dfrac{5}{2}$이며, 식으로 정리하면 다음과 같다.

- 잠공:
$$\frac{dQ}{Q} = \frac{1}{2} \frac{dh}{h} \tag{11.3-7a}$$

- 직사각형 위어: $$\frac{dQ}{Q} = \frac{3}{2}\frac{dh}{h} \qquad (11.3\text{-}7\text{b})$$

- 삼각형 위어: $$\frac{dQ}{Q} = \frac{5}{2}\frac{dh}{h} \qquad (11.3\text{-}7\text{c})$$

따라서 수위측정의 상대오차가 같은 경우, 직사각형 위어는 잠공의 3배, 삼각형 위어는 잠공의 5배가 된다.

개수로 유량측정에는 반드시 수로폭의 측정이 포함되어야 한다. 그런데 수로폭의 측정에도 오차가 생길 수 있으며, 수로폭 측정 상대오차 $\dfrac{dB}{B}$ 는 유량산정 상대오차 $\dfrac{dQ}{Q}$ 에 영향을 미친다. 수로의 형태에 관계없이 대부분의 위어의 월류량은 수로폭에 비례하므로, 이 상대오차 사이의 관계는 다음과 같다.

$$\frac{dQ}{Q} = \frac{dB}{B} \qquad (11.3\text{-}8)$$

즉, 수로폭 상대오차는 유량산정 상대오차와 같다.

예제 11.3-1 ★★★

직사각형 위어의 월류량 Q를 구하는데, 월류수심 h의 측정에 1 %의 오차가 있을 경우, 월류량의 오차는 얼마인가?

풀이

직사각형 위어의 유량을 다음과 같이 두자.

$$Q = KBh^{3/2}$$

이 식의 양변을 h로 미분하고 정리하면, 유량산정 상대오차는 다음과 같다.

$$\frac{dQ}{Q} = \frac{3}{2}\frac{dh}{h} = \frac{3}{2}\times 1 = 1.5 \ \%$$

따라서 수위측정 상대오차가 1 %이면, 유량산정 상대오차는 1.5 %이다. ■

예제 11.3-2 ★★★

폭 35 cm인 직사각형 위어의 유량을 측정했더니 0.03 m³/s이었다. 월류수심의 측정에 1 mm의 오차가 생겼다면 유량에 발생하는 오차는 얼마인가? 단, 유량은 Francis식을 사용하되 월류 시 단면수축은 없는 것으로 가정한다.

풀이

먼저 월류수심을 알아야 한다. Francis식 $Q = 1.84 B_e h^{3/2}$에서,

$$h = \left(\frac{Q}{1.84 B_e}\right)^{2/3} = \left(\frac{0.03}{1.84 \times 0.35}\right)^{2/3} = 0.129 \text{ m}$$

측정 오차가 $\Delta h = 1$ mm이므로, 월류수심측정 상대오차는

$$\frac{\Delta h}{h} = \frac{0.001}{0.129} \times 100 = 0.77 \text{ \%}$$

직사각형 위어에서 유량산정 상대오차는

$$\frac{dQ}{Q} = \frac{3}{2}\frac{dh}{h} = \frac{3}{2} \times 0.77 = 1.16 \text{ \%}$$

■

(1) 연습문제

문제 11.3-1 (★★☆)

잠공에서 유량 Q를 구할 때 수두 측정에서 2 %의 오차가 발생했다면, 유량의 계산에는 몇 %의 오차가 발생하는가?

문제 11.3-2 (★★☆)

전폭위어의 월류량을 Francis식으로 구할 때 위어의 폭 측정에 2 % 오차가 발행했다면, 산정된 유량에는 얼마의 오차가 있게 되는가?

11.4 수리학적 상사

모형실험에 의하여 수리현상을 파악하고자 할 때는 일반적으로 원형(原型, prototype)과 크기가 다른 모형(模型, model)을 만들어 사용하게 된다. 원형과 모형의 크기가 다르기 때문에 모형에 대한 실험 결과를 원형에 적용하기 위해서는 모형과 원형 사이에 특별한 관계가 만족되어야 한다. 이 관계를 상사(相似, similarity)라 하며, 기본적으로 다음과 같은 세 가지 상사성을 만족해야 한다.

- 기하학적 상사(geometric similarity)
- 운동학적 상사(kinematic similarity)
- 동역학적 상사(dynamic similarity)

(1) 수리학적 상사의 종류

■ 기하학적 상사

원형과 모형 사이의 모든 대응하는 크기(길이)의 비가 같을 때, 즉 닮은꼴일 때 이 원형과 모형은 "기하학적으로 상사를 이룬다."고 한다. 둘 사이의 크기 관계를 나타내기 위해, 원형의 물리량에는 아래 첨자 p, 모형의 물리량에는 아래 첨자 m, 모형과 원형의 비율은 아래 첨자 r을 각각 붙이기로 하자. 기하학적 상사에 있어서는 서로 대응하는 모든 길이의 비는 같아야 하므로 길이 비율(축척) L_r은 다음과 같이 나타낼 수 있다(그림 11.4-1 참조).

$$L_r \equiv \frac{L_m}{L_p} \tag{11.4-1}$$

여기서 L_p는 원형의 길이, L_m은 모형의 길이이다.

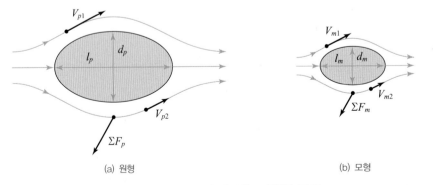

(a) 원형　　　　　　　　　　(b) 모형

그림 **11.4-1**　흐름 속에 있는 타원형 물체

기초 수리학

원형과 모형의 운동의 각 대응점에서 운동의 모양, 또는 경로가 기하학적으로 상사를 만족시키고 그 운동에 내포된 여러 대응하는 입자들의 속도비가 같을 때 운동학적으로 상사가 성립한다고 말할 수 있다. 즉 운동학적 상사를 하려면 반드시 기하학적 상사는 만족해야 한다. 운동학적 상사는 속도비를 이용하여 다음과 같이 나타낼 수 있다.

$$V_r \equiv \frac{V_m}{V_p} = \frac{L_m/t_m}{L_p/t_p} = \frac{L_r}{t_r} \tag{11.4-2}$$

여기서 $t_r (= \frac{t_m}{t_p})$은 모형과 원형의 시간비이다.

■ 동역학적 상사

모형과 원형의 각 대응점에 작용하는 힘의 비(F_r)가 같으면 모형과 원형 사이에 동역학적 상사가 성립한다. 흐름장에 영향을 주는 힘의 스칼라량들을 단순한 형태로 표현하면 아래와 같다.

- 관성력:　$F_I = m\,a = (\rho L^3)\left(\frac{V}{t}\right) = (\rho L^3)\left(\frac{V}{L/V}\right)$

$$= \rho L^3 \left(\frac{V^2}{L}\right)$$

$$= \rho V^2 L^2 \tag{11.4-3a}$$

- 점성력:　$F_V = \mu\left(\frac{dv}{dy}\right)A = \mu\left(\frac{V}{L}\right)L^2 = \mu V L$ 　(11.4-3b)

- 중력:　$F_G = m\,g = \rho L^3 g$ 　(11.4-3c)

- 압력힘:　$F_P = (\Delta p)A = (\Delta p) L^2$ 　(11.4-3d)

- 탄성력:　$F_E = EA = E L^2$ 　(11.4-3e)

- 표면장력힘: $F_T = T L$ 　(11.4-3f)

여기서 특성길이는 $L = V t$, 특성시간은 $t = \frac{L}{V}$, 유체질량은 $m = \rho L^3$, μ는 점성계수, E는 탄성계수, T는 표면장력이다.

Newton의 제2법칙을 이용하면, 모든 힘들의 합은 관성력과 같아야 하며, 모형과 원형 사이는 다음과 같이 표현된다.

$$\frac{(F_I)_m}{(F_I)_p} = \frac{(F_V + F_G + F_P + F_E + F_T)_m}{(F_V + F_G + F_P + F_E + F_T)_p} \tag{11.4-4}$$

여기서 각 힘은 개별적으로 관성력에 대해 다음과 같은 무차원 관계들을 갖는다.

- 점성력: $\dfrac{F_{Ip}}{F_{Vp}} = \dfrac{F_{Im}}{F_{Vm}}$, $\left(\dfrac{\rho V^2 L^2}{\mu VL}\right)_p = \left(\dfrac{\rho V^2 L^2}{\mu VL}\right)_m$, $\left(\dfrac{VL}{\nu}\right)_p = \left(\dfrac{VL}{\nu}\right)_m$,

  $(\text{Re})_p = (\text{Re})_m$ \hfill (11.4-5a)

- 중력: $\dfrac{F_{Ip}}{F_{Gp}} = \dfrac{F_{Im}}{F_{Gm}}$, $\left(\dfrac{\rho V^2 L^2}{\rho L^3 g}\right)_p = \left(\dfrac{\rho V^2 L^2}{\rho L^3 g}\right)_m$, $\left(\dfrac{V^2}{gL}\right)_p = \left(\dfrac{V^2}{gL}\right)_m$,

  $(\text{Fr})_p = (\text{Fr})_m$ \hfill (11.4-5b)

- 압력힘: $\dfrac{F_{Ip}}{F_{Pp}} = \dfrac{F_{Im}}{F_{Pm}}$, $\left(\dfrac{\rho V^2 L^2}{L^2 \Delta p}\right)_p = \left(\dfrac{\rho V^2 L^2}{L^2 \Delta p}\right)_m$, $\left(\dfrac{\rho V^2}{\Delta p}\right)_p = \left(\dfrac{\rho V^2}{\Delta p}\right)_m$,

  $(\text{Eu})_p = (\text{Eu})_m$ \hfill (11.4-5c)

- 탄성력: $\dfrac{F_{Ip}}{F_{Ep}} = \dfrac{F_{Im}}{F_{Em}}$, $\left(\dfrac{\rho V^2 L^2}{L^2 E}\right)_p = \left(\dfrac{\rho V^2 L^2}{L^2 E}\right)_m$, $\left(\dfrac{\rho V^2}{E}\right)_p = \left(\dfrac{\rho V^2}{E}\right)_m$,

  $(\text{Ma})_p = (\text{Ma})_m$ \hfill (11.4-5d)

- 표면장력힘: $\dfrac{F_{Ip}}{F_{Tp}} = \dfrac{F_{Im}}{F_{Tm}}$, $\left(\dfrac{\rho V^2 L^2}{TL}\right)_p = \left(\dfrac{\rho V^2 L^2}{TL}\right)_m$, $\left(\dfrac{\rho V^2 L}{T}\right)_p = \left(\dfrac{\rho V^2 L}{T}\right)_m$,

  $(\text{We})_p = (\text{We})_m$ \hfill (11.4-5e)

위 관계에 나타나는 무차원수는 표 **11.4-1**과 같다. 무차원수의 분자는 대부분 관성력이므로, 무차원수가 크다는 것은 관성력이 특정 힘에 비해 상대적으로 큼을 의미하고, 따라서 특정힘은 무시할 수 있다는 의미로 해석할 수 있다. 예를 들면, Reynolds수가 아주 크면 관성력이 지배적이고 점성력은 흐름에 미치는 영향이 아주 작다는 의미이다. 표 **11.4-1**에서 물과 같은 비압축성 유체를 대상으로 할 때 가장 많이 적용되는 상사는 Reynolds 상사, Froude 상사, Euler 상사이며, 관수로에는 Reynolds 상사, 개수로에는 Froude 상사, 압력차 문제의 경우 Euler 상사가 우선 적용된다.

표 **11.4-1** 힘과 관련된 무차원수

힘	무차원수	관계식	의미	비고
점성력	Reynolds수	$\mathrm{Re} = \dfrac{VL}{\nu}$	$\dfrac{관성력}{점성력}$	
중력힘	Froude수	$\mathrm{Fr} = \dfrac{V}{\sqrt{gL}}$	$\dfrac{관성력}{중력힘}$	
압력힘	Euler수	$\mathrm{Eu} = V\sqrt{\dfrac{\rho}{2\Delta p}}$	$\dfrac{관성력}{압력힘}$	
탄성력	Cauchy수	$\mathrm{Ca} = \mathrm{Ma}^2 = \dfrac{\rho V^2}{E}$	$\dfrac{관성력}{탄성력}$	Ma : Mach 수
표면장력힘	Weber수	$\mathrm{We} = \dfrac{\rho L V^2}{T}$	$\dfrac{관성력}{표면장력힘}$	

(2) 특별상사법칙

동역학적 상사를 만족하면, 원형과 모형 사이에 완전한 상사가 이루어진다. 동역학적 상사가 성립하려면, 유체에 작용하는 모든 힘들 사이에 상사가 되어야 하는데, 이것은 이론적으로는 가능하지만 실제는 불가능한 일이다. 즉, 동역학적 상사를 완전히 만족하려면, 실험에 사용하는 유체나 실험을 하는 주위 환경(예를 들어, 중력가속도)도 모두 원형과 모형 사이에 상사성을 가져야 하지만, 이것은 불가능하다. 예를 들어, 원형과 모형 사이에 중력에 대한 상사를 만족한다고 해도, 원형과 모형에서 이용하는 유체가 같은 물이라면 점성력에 대한 상사를 동시에 만족할 수 없게 된다.

그래서 실용적으로는 영향이 가장 큰 힘만 고려하여 상사성을 논하고 영향력이 작은 힘들은 생략한다. 이것을 특별상사법칙이라 한다. 특별상사법칙은 흐름을 지배하는 하나의 힘(지배력)과 관성력의 비가 일정하다는 조건을 갖는다. 이때 고려하는 흐름의 지배력에 따라 여러 가지 상사가 있으나 주로 사용되는 것은 다음과 같은 네 가지 상사법칙이다.

- 점성력: 레이놀즈 상사(Reynolds similarity)
- 중력: 프루드 상사(Froude similarity)
- 탄성력: 코시 상사(Cauchy similarity)
- 표면장력: 웨버 상사(Weber similarity)

점성력이 중요한 관로 실험에서는 대부분 레이놀즈 상사를 이용하고, 중력이 중요한 개수로 실험에서는 프루드 상사를 이용한다. 여기서는 수리학에서 가장 중요한 레이놀즈 상사와 프루드 상사에 대해서만 간략히 설명한다.

■ 레이놀즈 상사

레이놀즈 상사는 원형과 모형에서 관성력이 흐름을 지배하고, 점성력이 저항으로 작용하는 경우에 적용할 수 있는 상사법칙이다. 관로 흐름이 레이놀즈 상사의 대표적인 예이다. 관성력과 점성력의 영향만을 생각하고, 다른 힘들을 무시하면 동역학적 상사는 다음과 같은 조건이 성립해야 한다.

$$(\text{Re})_p = (\text{Re})_m \quad \text{또는} \quad \left(\frac{VL}{\nu}\right)_p = \left(\frac{VL}{\nu}\right)_m \tag{11.4-6}$$

이 식은 모형의 레이놀즈수와 원형의 레이놀즈수가 같아야 함을 의미한다. 즉 레이놀즈 상사는 원형과 모형의 레이놀즈수가 같도록 만드는 상사이다.

원형과 모형의 유체가 같다면 $\nu_r = 1$이므로, 유속비는 다음과 같다.

$$V_r = \frac{V_m}{V_p} = \left(\frac{\nu_m}{\nu_p}\right)\left(\frac{L_p}{L_m}\right) = 1 \times \frac{L_p}{L_m} = L_r^{-1} \tag{11.4-7}$$

$V_r = \dfrac{L_r}{t_r}$이므로, 시간비와 유량비는 다음과 같다.

$$t_r = \frac{L_r}{V_r} = L_r^2 \tag{11.4-8}$$

$$Q_r = A_r V_r = L_r^2 L_r^{-1} = L_r \tag{11.4-9}$$

따라서 레이놀즈 상사로 모형실험을 할 경우 모형과 원형의 비율은 식 (11.4-7)~(11.4-9)를 이용하여 결정한다.

예제 11.4-1 ★★★

동점성계수가 $\nu_p = 1.05 \times 10^{-5}$ m^2/s인 기름이 직경 $D_p = 90$ cm인 관 속을 $Q_p = 1.6$ m^3/s의 유량으로 흐른다. 이것을 $\nu_m = 1.01 \times 10^{-6}$ m^2/s인 물을 이용하여 직경 $D_m = 5$ cm인 관을 모형실험을 하려고 한다. 이때 모형에서 물의 유속은 얼마인가?

풀이 |

먼저 원형에서 유속을 계산하자.

$$V_p = \frac{Q_p}{A_p} = \frac{1.6}{\pi \times 0.90^2/4} = 2.52 \text{ m/s}$$

관로실험이므로 레이놀즈 상사를 적용하며, 원형과 모형의 레이놀즈수가 같아야 한다.

모형 $(\text{Re})_p = \dfrac{V_p D_p}{\nu_p}$

원형 $(\mathrm{Re})_m = \dfrac{V_m D_m}{\nu_m}$

따라서 모형유속

$$V_m = \frac{D_p}{D_m}\frac{\nu_m}{\nu_p}V_p = \left(\frac{0.90}{0.05}\right)\frac{1.01 \times 10^{-6}}{1.05 \times 10^{-5}} \times 2.52 = 4.35 \ \text{m/s}$$

여기서 알 수 있는 것은 레이놀즈 상사일 때 모형유속이 원형유속보다 빠르다는 점이다. ■

예제 11.4-2 ★★★

직경이 1.20 m이고 길이가 10 km인 관로의 에너지 손실을 추정하기 위해 모형실험을 하였다. 모형실험은 직경 12 cm인 관을 이용하고, 모형과 원형의 유체는 같은 것을 사용하였더니, 모형의 길이 20 m에서 실험을 하였더니 수두손실이 0.15 m였다. 모형관로와 원형관로의 마찰계수가 같다고 가정할 때, 원형관로의 수두손실은 얼마가 되겠는가?

풀이

기하학적 상사를 만족하지 않고, 수두손실 h_L에 대한 상사법칙이 없으므로 새로운 관계를 만든다.

수두손실비 $(h_L)_r = \dfrac{(h_L)_m}{(h_L)_p} = f_r \dfrac{L_r}{D_r}\dfrac{V_r^2}{g_r}$

마찰계수비 $f_r = 1$

중력가속도비 $g_r = 1$

관로길이비 $L_r = \dfrac{L_m}{L_p} = \dfrac{20}{10 \times 1,000} = \dfrac{1}{500}$

관경비 $D_r = \dfrac{D_m}{D_p} = \dfrac{0.12}{1.2} = \dfrac{1}{10}$

유속은 문제에 주어져 있지 않으므로 레이놀즈 상사($\mathrm{Re}_r = \dfrac{V_r D_r}{\nu_r} = 1$)를 적용하여 구한다.

유속비 $V_r = \dfrac{\nu_r}{D_r} = \dfrac{1}{(1/10)} = 101$

따라서 손실수두비 $(h_L)_r = f_r \dfrac{L_r}{D_r}\dfrac{V_r^2}{2g_r} = 1 \times \dfrac{(1/500)}{(1/10)} \times \dfrac{(1/10)^2}{1} = \dfrac{1}{5,000}$

원형의 손실수두 $(h_L)_p = \dfrac{(h_L)_m}{(h_L)_r} = \dfrac{0.15}{(1/5,000)} = 750 \ \text{m}$ ■

■ **프루드 상사**

프루드 상사는 원형과 모형에서 중력이 흐름을 지배하고, 점성력이나 표면장력 등은 영향이 작은 경우에 적용할 수 있는 상사법칙이다. 예를 들어 수심이 큰 개수로 흐름, 댐의 여수로 흐름, 수문이나 잠공을 통과하는 흐름, 해안의 파랑 등은 중력의 영향이 가장 크다. 중력의 영향만을 생각하고, 다른 힘들을 무시한 동역학적 상사는 다음과 같다.

$$(\mathrm{Fr})_p = (\mathrm{Fr})_m \quad \text{또는} \quad \left(\frac{V}{\sqrt{gL}}\right)_p = \left(\frac{V}{\sqrt{gL}}\right)_m \qquad (11.4\text{-}10)$$

여기서 L은 특성길이이다. 이 식은 모형의 프루드수와 원형의 프루드수가 같아야 함을 의미한다.

원형과 모형이 모두 지구 위에 존재한다면, 중력가속도의 비는 $g_r = 1$이다. 유속비는 다음과 같다.

$$V_r = \frac{V_m}{V_p} = \sqrt{\frac{g_m}{g_p}} \sqrt{\frac{D_m}{D_p}} = L_r^{1/2} \qquad (11.4\text{-}11)$$

$V_r = \dfrac{L_r}{t_r}$ 이므로, 시간비와 유량비는 다음과 같다.

$$t_r = \frac{L_r}{V_r} = L_r^{1/2} \qquad (11.4\text{-}12)$$

$$Q_r = A_r V_r = L_r^2 L_r^{1/2} = L_r^{5/2} \qquad (11.4\text{-}13)$$

따라서 프루드 상사로 모형실험을 할 경우 모형과 원형의 비율은 식 (11.4-11)~ (11.4-13)을 이용하여 결정한다.

예제 11.4-3 ★★★

어떤 수력발전소를 건설하기 위해 여수로 모형실험을 계획 중이다. 모형 축척은 1/20이라 할 때 다음 물음에 답하라.

(1) 원형에서 여수로의 유출량이 $Q_p = 400$ m³/s이라면, 모형 여수로의 유량은 얼마인가?

(2) 모형의 어느 지점에서 측정한 유속이 2 m/s이었다면, 원형의 대응점의 유속은 얼마가 되겠는가?

(3) 원형에서 수문을 여닫는 데 20분이 걸린다면, 모형실험에서는 수문을 여닫는 시간을 얼마로 해야 하는가?

풀이 |

(1) $Q_r = \dfrac{Q_m}{Q_p} = L_r^{5/2}$ 이므로 $Q_m = Q_p L_r^{5/2} = 400 \times \left(\dfrac{1}{50}\right)^{5/2} = 0.224$ m³/s

(2) $V_r = \dfrac{V_m}{V_p} = L_r^{1/2}$ 에서 $V_p = \dfrac{V_m}{L_r^{1/2}} = \dfrac{2}{(1/50)^{1/2}} = 8.94$ m/s

(3) $t_r = \dfrac{t_m}{t_p} = L_r^{1/2}$ 에서 $t_m = t_p L_r^{1/2} = (20 \times 60) \times \left(\dfrac{1}{20}\right)^{1/2} = 268.3$ s ∎

예제 11.4-4 ★★★

어떤 하천의 수리모형을 1/25 축척으로 구성하고 수문을 설치하여 실험을 하고자 한다.

기초 수리학

(1) 원형의 유속이 3 m/s라면 모형의 유속은 얼마로 하여야 하는가?

(2) 또 원형의 유량이 1,000 m³/s라면 모형의 유량은 얼마인가?

(3) 원형에서 수문의 상하조작에 30분이 걸린다면 모형실험 중에 수문을 조작하는 데 걸리는 시간을 구하라.

풀이

문제에서 $L_r = \dfrac{1}{25}$.

(1) 프루드 상사에서 유속비 $V_r = \dfrac{V_m}{V_p} = L_r^{1/2}$에서,

모형유속 $V_m = V_p L_r^{1/2} = 3.0 \times \sqrt{\dfrac{1}{25}} = 0.6$ m/s

(2) 유량비 $Q_r = \dfrac{Q_m}{Q_p} = L_r^{5/2}$이므로,

모형유량 $Q_m = Q_p L_r^{5/2} = 1,000 \times \left(\dfrac{1}{25}\right)^{5/2} = 0.32$ m³/s

(3) 시간비 $t_r = \dfrac{t_m}{t_p} = L_r^{1/2}$에서,

모형시간 $t_m = t_p L_r^{1/2} = 30 \times \sqrt{\dfrac{1}{25}} = 6.0$ min

모형에서 수문조작 시간은 6.0분이어야 한다. ■

(3) 연습문제

문제 **11.4-1** (★★☆)

직경 80 cm인 관로에 원유($\nu_o = 1.0 \times 10^{-5}$ m²/s, $s_o = 0.86$)가 4.0 m/s로 흐른다. 이 흐름 상태를 재현하는 모형을 만들기 위해 직경 5 cm인 원관에 물($\nu_w = 1.0 \times 10^{-6}$ m²/s, $s_w = 1.00$)을 흘려보낼 때 물의 평균유속은 얼마로 해야 하는가?

문제 **11.4-2** (★★☆)

축척이 1/25인 모형선박을 물에 띄워 1.5 m/s로 주행시키는 시험을 할 경우에, 원형에서의 속도는 얼마인가?

문제 **11.4-3** (★★☆)

교각에 의한 수위변동을 1 : 20 축척의 모형실험으로 검토하려 한다. 모형실험에 이용한 수로의 유속이 $V_m = 0.5$ m/s일 때 수위변동이 2 cm이었다면, 원형에서 유속과 수위변동은 얼마인가?

부록 A.

기초 수학

부록 A에서는 본문 중에서 문제를 푸는 과정에서 반드시 필요한 기초적인 수학적인 내용을 항목별로 살펴보기로 한다.

A.1 기초 함수의 미분(뉴턴의 전단응력 식)
A.2 편미분(연속방정식)
A.3 적분(유선의 식)
A.4 면적분(유량)

A.1 기초 함수의 미분(뉴턴의 전단응력 식)

뉴턴의 전단응력 식은 다음과 같다.

$$\tau = \mu \frac{du}{dy} \tag{A.1-1}$$

여기서 τ는 전단응력(N/m^2), μ는 점성마찰계수($Pa \cdot s$), $\frac{du}{dy}$는 속도경사($1/s$)이다. 이 식을 풀기 위해서는 유속 $u(y)$를 (고체벽으로부터의) 거리 y로 미분한 속도경사 $\frac{du}{dy}$를 알아야 한다. 그래서 미분에 대해 잠깐 살펴보자.

고등학교 수학 중에서 그다지 어렵지 않은데도 불구하고 많은 학생들이 어려움을 겪는 것이 바로 미분이다. 미분을 이해하기 위해서는 먼저 함수를 알아야 한다. 함수란 어떤 변수 x(이런 변수를 독립변수라 한다)가 다른 변수 y(이런 변수를 종속변수라 한다)와 이루는 특별한 관계를 나타내며, 보통 다음과 같이 표현한다.

$$y = f(x) \tag{A.1-2}$$

식 (A.1-2)로 나타낸 함수의 접선의 기울기를 바로 미분이라 한다. 미분을 나타내는 기호로는 $\frac{dy}{dx}$, y', $\frac{df}{dx}$, f' 등을 사용한다. 이런 기호를 'y(또는 f)를 x로 미분한다'고 표현한다.

미분에 대해 깊이 알고자 하면 상당히 복잡하게 되지만, 수리학에서 나오는 미분을 이해하기 위해서는 다음의 몇 가지 사항만 기억하면 된다.

① a가 상수일 때, 즉 함수가 상수함수($y = a$, $a =$상수)이면, 이 함수의 미분은 0이다.

$$\frac{dy}{dx} = \frac{da}{dx} = 0 \tag{A.1-3}$$

② 함수가 $y = x^n$(여기서 n은 상수)일 때 이를 미분하면 다음과 같은 형태가 된다.

$$\frac{dy}{dx} = \frac{dx^n}{dx} = nx^{n-1} \tag{A.1-4}$$

$y = x^3$이면, $y' = 3x^{3-1} = 3x^2$

③ 지수함수 $y = e^x$의 미분은 함수 그 자신이 된다.

$$\frac{dy}{dx} = \frac{de^x}{dx} = e^x \qquad (A.1\text{-}5)$$

④ 로그함수 $y = \ln x$의 미분은 $\frac{1}{x}$이 된다.

$$\frac{dy}{dx} = \frac{d(\ln x)}{dx} = \frac{1}{x} \qquad (A.1\text{-}6)$$

이 함수들이 수리학에서 등장하는 주요 미분이다.

덧붙여 다음의 몇 가지 성질을 알아야 한다. 여기에 나오는 식들은 앞의 식 (A.1-3)~식 (A.1-6)을 알고 있어야만 사용할 수 있다.

지금부터는 $f(x) = x^3 + 3x^2$과 $g(x) = \ln x$를 예로 들어 설명한다. $f'(x) = 3x^2 + 6x$, $g'(x) = \frac{1}{x}$이라는 것은 쉽게 알 수 있다.

⑤ 두 함수의 합이나 차의 미분은 미분함수의 합이나 차와 같다. 즉, 함수 $f(x)$와 $g(x)$가 합이나 차로 된 함수 $y = f(x) \pm g(x)$은 다음과 같다.

$$\frac{dy}{dx} = \frac{d}{dx}\{f(x) \pm g(x)\} = \frac{df(x)}{dx} \pm \frac{dg(x)}{dx} \text{ (복호동순)} \qquad (A.1\text{-}7)$$

예제 A.1-2

$y = f(x) \pm g(x) = (x^3 + 3x^2) \pm (\ln x)$이면,

$$\frac{dy}{dx} = \frac{d}{dx}(x^3 + 3x^2) \pm \frac{d}{dx}(\ln x) = (3x^2 + 6x) \pm \left(\frac{1}{x}\right)$$

⑥ 두 함수의 곱의 미분은 한 함수와 다른 함수의 도함수를 곱한 것을 다 더하여 구한다. 즉, 함수 $f(x)$와 $g(x)$를 곱한 함수 $y = f(x)g(x)$의 미분은 다음과 같다.

$$\frac{dy}{dx} = \frac{d}{dx}\{f(x)g(x)\} = \frac{df(x)}{dx}g(x) + f(x)\frac{dg(x)}{dx} \qquad (A.1\text{--}8)$$

예제 A.1-3

$y = f(x)g(x) = (x^3 + 3x^2)(\ln x)$ 이면,

$$\frac{dy}{dx} = \frac{d}{dx}\{(x^3 + 3x^2)(\ln x)\} = (3x^2 + 6x)\ln x + (x^3 + 3x^2)\frac{1}{x}$$

이 식과 앞의 식 (A.1–3)을 결합하면, 어떤 함수에 상수가 곱해져 있을 때 상수는 미분에 상관없이 밖으로 나올 수 있다는 것을 증명할 수 있다. 즉, $y = af(x)$일 때, 그 미분은 다음과 같다.

$$\frac{dy}{dx} = \frac{d}{dx}\{af(x)\} = \frac{da}{dx}f(x) + a\frac{df(x)}{dx} = a\frac{df(x)}{dx} \qquad (A.1\text{--}9)$$

예제 A.1-4

$y = 50f(x) = 50(x^3 + 3x^2)$ 이면,

$$\frac{dy}{dx} = \frac{d}{dx}\{50(x^3 + 3x^2)\} = 50\frac{d}{dx}(x^3 + 3x^2) = 50(3x^2 + 6x) = 150x(x + 2)$$

⑦ 두 함수의 나눗셈 $y = \dfrac{f(x)}{g(x)}$ 은 $f(x)$와 $\dfrac{1}{g(x)} = g(x)^{-1}$의 곱으로 표현할 수 있다. 먼저 $\dfrac{1}{g(x)}$의 미분은 다음과 같다.

$$\frac{d}{dx}\left(\frac{1}{g(x)}\right) = \frac{d}{dg(x)}\left(\frac{1}{g(x)}\right)\frac{dg(x)}{dx}$$

$$= \frac{d\{g(x)^{-1}\}}{dg(x)}\frac{dg(x)}{dx}$$

$$= (-1)\frac{1}{\{g(x)\}^2}\frac{dg(x)}{dx}$$

$$= -\frac{1}{\{g(x)\}^2}\frac{dg(x)}{dx} \qquad (A.1\text{--}10)$$

두 함수의 곱의 미분 식 (A.1-8)을 적용하면 함수 $y = \dfrac{f(x)}{g(x)}$의 다음과 같다.

$$\begin{aligned}
\frac{dy}{dx} &= \frac{d}{dx}\left\{ f(x) \times \frac{1}{g(x)} \right\} = \frac{df(x)}{dx}\frac{1}{g(x)} + f(x)\frac{d}{dx}\left\{ \frac{1}{g(x)} \right\} \\
&= \frac{df(x)}{dx}\frac{1}{g(x)} - f(x)\frac{1}{\{g(x)\}^2}\frac{dg(x)}{dx} \\
&= \frac{1}{\{g(x)\}^2}\left[\frac{df(x)}{dx}g(x) - f(x)\frac{dg(x)}{dx} \right] \\
&= \frac{f'(x)g(x) - f(x)g'(x)}{\{g(x)\}^2}
\end{aligned} \tag{A.1-11}$$

예제 A.1-5

$y = \dfrac{f(x)}{g(x)} = \dfrac{(x^3 + 3x^2)}{\ln x}$ 이라면,

$$\begin{aligned}
\frac{dy}{dx} &= \frac{d}{dx}\left\{ \frac{f(x)}{g(x)} \right\} = \frac{d}{dx}\left\{ \frac{(x^3 + 3x^2)}{\ln x} \right\} = \frac{(3x^2 + 6x)\ln x - (x^3 + 3x^2)\frac{1}{x}}{(\ln x)^2} \\
&= \frac{(3x^2 + 6x)\ln x - (x^2 + 3x)}{(\ln x)^2}
\end{aligned}$$

⑧ 합성함수의 미분은 바깥의 함수부터 차례대로 하나씩 미분해서 가장 안쪽에 있는 함수까지 미분하면 된다. 예를 들어 $y = f(g(x))$일 경우, 미분은 다음과 같다.

$$\frac{dy}{dx} = \frac{df(g(x))}{dx} = \frac{df(g(x))}{dg(x)}\frac{dg(x)}{dx} = f'(g(x))g'(x) \tag{A.1-12}$$

예제 A.1-6

$y = f(g(x)) = \{(\ln x)^3 + 3(\ln x)^2\}$을 미분해 보자.
$f(g(x)) = g(x)^3 + 3g(x)^2$, $g(x) = \ln x$로 놓을 수 있으며, $f'(g(x)) = 3g(x)^2 + 6g(x)$, $g'(x) = \dfrac{1}{x}$이므로,

$$\frac{dy}{dx} = f'(g(x))g'(x) = (3g(x)^2 + 6g(x)) \times \frac{1}{2} = \{3(\ln x)^2 + 6(\ln x)\} \times \frac{1}{x} = \frac{\ln x}{x}\{3\ln x + 2\}$$

이 정도의 내용만 이해하면 실제로 수리학에서 나오는 문제들을 푸는 데 큰 지장이 없을 것이다.

2.3절에 제시된 예제 중 미분이 들어 있는 문제를 다시 풀어보자.

예제 2.3-3 ★★★

고정된 경계 위에 점성계수 $\mu = 0.9$ N·s/m^{2}인 점성유체가 유속 분포 $u = 0.68y - y^2$으로 흐르고 있다. 여기서 u는 유속(m/s)이고, y는 고체 경계면 위의 거리(m)이다. 고체 경계면과 $y = 0.34$ m에서의 전단응력을 구하라.

풀이 |

유속 분포 $u = 0.68y - y^2$에서

유속경사 $\dfrac{du}{dy} = 0.68 - 2y$

따라서 전단응력은 다음과 같다.

$$\text{고체경계면}(y=0)\text{에서} \ \ \tau_1 = \mu \frac{du}{dy}\bigg|_{y=0} = 0.9 \times (0.68 - 2 \times 0) = 0.612 \ \text{N/m}^2$$

$$\text{거리} \ y = 0.34 \ \text{m에서} \ \ \tau_2 = \mu \frac{du}{dy}\bigg|_{y=0.34} = 0.9 \times (0.68 - 2 \times 0.34) = 0 \ \text{N/m}^2 \quad \blacksquare$$

A.2 편미분(연속방정식)

앞에서 미분은 함수 $y = f(x)$가 있을 때, 이 함수를 독립변수 x에 대해 미분하는 것을 배웠다. 이 절에서 나오는 편미분(partial differential)과 구분하기 위해 A.1절의 미분을 상미분(ordinary differential)이라 부른다.

어떤 함수가 $f(x, y, z, t)$와 같이 독립변수(x, y, z, t)가 여러 개 있는 경우에, 각 독립변수에 대해 미분을 해야 할 경우가 있다. 예를 들어, 어떤 지점의 온도 T는 위치 (x, y, z)와 시간 t의 함수이므로, 다음과 같이 쓸 수 있다.

$$T = f(x, y, z, t) \tag{A.2-1}$$

이때, x, y, z 방향의 온도경사는 각각 $\dfrac{\partial T}{\partial x}$, $\dfrac{\partial T}{\partial y}$, $\dfrac{\partial T}{\partial z}$ 처럼 쓸 수 있다. ∂ 기호는 'partial' 또는 'round'라고 읽으며, 편미분을 나타내는 기호이다. 편미분은 A.1절에서 배운 미분식을 그대로 활용한다. 편미분이 상미분과 다른 점은 다음의 두 가지이다.

① 편미분에서는 미분하려는 대상 독립변수가 어떤 것인지 확실히 밝혀주어야 한다. 편미분에서 $\dfrac{\partial T}{\partial x}$와 $\dfrac{\partial T}{\partial y}$는 서로 다르기 때문에 편미분을 쓸 때는 어떤 독립변수에 대한 편미분인지 표시해 주어야 한다.

② 한 독립변수로 편미분을 할 때 다른 독립변수는 상수로 취급한다. 예를 들어, 다음 식을 생각해 보자. 어떤 지점의 온도분포가 다음과 같다고 하자.

$$T = x^2 + y^3 + z^4 \tag{A.2-2}$$

각 방향의 편미분을 취하면 다음과 같다.

$$\frac{\partial T}{\partial x} = 2x, \quad \frac{\partial T}{\partial y} = 3y^2, \quad \frac{\partial T}{\partial z} = 4z^3, \quad \frac{\partial T}{\partial t} = 0 \tag{A.2-3}$$

③ 2계 이상의 편미분을 할 때, 독립변수의 편미분 순서를 바꾸어도 그 결과는 같다. 식 (A.2-2)의 x와 y에 대한 2계 편미분의 예로 구해보자.

$$\frac{\partial^2 T}{\partial x^2} = 2, \quad \frac{\partial^2 T}{\partial x \partial y} = \frac{\partial}{\partial x}\left(\frac{\partial T}{\partial y}\right) = \frac{\partial}{\partial y}\left(\frac{\partial T}{\partial x}\right) = \frac{\partial^2 T}{\partial y \partial x} = 0, \quad \frac{\partial^2 T}{\partial y^2} = 6y \tag{A.2-4}$$

그 외 편미분의 일반적인 성질은 상미분의 성질과 같다.

4.5절의 연속방정식은 편미분방정식은 한 예이다. 비압축성 유체($\rho = $ (일정))의 정상류 연속방정식은 다음과 같다.

$$\frac{\partial u}{\partial x} + \frac{\partial v}{\partial y} + \frac{\partial w}{\partial z} = 0 \tag{A.2-5}$$

여기서 u, v, w는 각각 x, y, z 방향의 유속성분이다. 연속방정식이란 '유속성분 u, v, w를 대응하는 방향 x, y, z에 대해 편미분한 항을 전부 더하면 0이 된다'는 의미이다. 이 관계를 예제에서 살펴보자.

예제 4.4-6   ★★★

비압축성유체의 흐름장이 다음과 같이 주어진 경우 연속방정식을 만족하는지 검토하라.

$$u = \frac{2kx}{(x^2+y^2)}, \quad v = \frac{2ky}{(x^2+y^2)}, \quad w = 0, \text{ 여기서 } k\text{는 상수.}$$

풀이 |

각 유속성분의 편미분을 구해보자.

$$\frac{\partial u}{\partial x} = \frac{1}{(x^2+y^2)}\frac{\partial kx}{\partial x} + 2kx\frac{\partial(x^2+y^2)^{-1}}{\partial x}$$

$$= \frac{2k}{x^2+y^2} + 2kx\left[\frac{2(x^2+y^2)^{-1}}{(x^2+y^2)^2}\frac{\partial(x^2+y^2)}{\partial x}\right]$$

$$= \frac{2k}{x^2+y^2} + 2kx\left[(-1)\times\frac{1}{(x^2+y^2)^2}\times 2x\right]$$

$$= \frac{2k\times(x^2+y^2) - 2kx\times 2x}{(x^2+y^2)^2}$$

$$= \frac{2kx^2 + 2ky^2 - 4kx^2}{(x^2+y^2)^2} = \frac{2k(y^2-x^2)}{(x^2+y^2)^2} \tag{①}$$

$$\frac{\partial v}{\partial y} = \frac{1}{(x^2+y^2)}\frac{\partial ky}{\partial y} + 2ky\frac{\partial(x^2+y^2)^{-1}}{\partial y}$$

$$= \frac{2k}{x^2+y^2} + 2ky\left[\frac{2(x^2+y^2)^{-1}}{(x^2+y^2)^2}\frac{\partial(x^2+y^2)}{\partial y}\right]$$

$$= \frac{2k}{x^2+y^2} + 2ky\left[(-1)\times\frac{1}{(x^2+y^2)^2}\times 2y\right]$$

$$= \frac{2k\times(x^2+y^2) - 2ky\times 2y}{(x^2+y^2)^2}$$

$$= \frac{2kx^2 + 2ky^2 - 4ky^2}{(x^2+y^2)^2} = \frac{2k(x^2-y^2)}{(x^2+y^2)^2} \tag{②}$$

$$\frac{\partial w}{\partial z} = 0 \tag{③}$$

위의 식 ①~③을 식 (4.4-4) 연속방정식에 대입하면,

$$\frac{\partial u}{\partial x}+\frac{\partial v}{\partial y}+\frac{\partial w}{\partial z}=\frac{2k\left(y^2-x^2\right)}{\left(x^2+y^2\right)^2}+\frac{2k\left(x^2-y^2\right)}{\left(x^2+y^2\right)^2}+0=0$$

따라서 위의 흐름은 연속방정식을 만족한다. ∎

예제 4.4-7 ★★★

유속의 각 방향 성분이 다음과 같을 때 흐름이 정상류이고 유체가 비압축성이라면 이 흐름은 연속방정식을 만족하는 것을 보여라.

$$u=2x^2-xy+z^2,\ \ v=x^2-4xy+y^2,\ \ w=-2xy-yz+y^2$$

풀이 |

각 유속성분을 대응하는 방향으로 편미분해 보자.

$$\frac{\partial u}{\partial x}=4x-y,\ \ \frac{\partial v}{\partial y}=-4x+2y,\ \ \frac{\partial w}{\partial z}=-y$$

이 식들을 연속방정식에 대입하자.

$$\frac{\partial u}{\partial x}+\frac{\partial v}{\partial y}+\frac{\partial w}{\partial z}=(4x-y)+(-4x+2y)+(-y)=0$$

따라서 이 흐름은 연속방정식을 만족한다. ∎

A.3 적분(유선의 식)

적분은 미분의 반대 연산이라고 기억해 두면 좋다. 기하학적으로 보면, 어떤 함수를 적분해서 누적거리나 면적, 체적 등을 계산할 수 있다. 적분 기호를 살펴보면 $y = f(x)$ 라 할 때, 이 식을 x에 대해 적분한 것을, $\int y\, dx = \int f(x)\, dx$로 나타낸다. 반드시 기억해야 할 기초적인 적분을 살펴보면 다음과 같다.

① $y = a(a$는 상수)일 때, 이 적분은 다음과 같다.

$$\int a\, dx = ax + C \ (C\text{는 적분상수})\tag{A.3-1}$$

이것은 반대로 식 (A.3-1)의 양변을 x로 미분하면, 어떻게 되는지 살펴보면 이해할 수 있을 것이다. $\dfrac{d}{dx}\left(\int a\, dx\right) = \dfrac{d}{dx}(ax + C) = a$, 즉 적분한 것을 미분하든지, 반대로 $\int\left(\dfrac{da}{dx}\right)dx = a + C$, 즉 미분한 것을 다시 적분하면 자신으로 되돌아오는데, 미분 후 적분할 경우 적분상수가 추가되는 점이 다르다.

② $y = x^n (n \neq -1$인 상수)일 때, 적분은 다음과 같다.

$$\int x^n\, dx = \frac{1}{n+1} x^{n+1} + C\tag{A.3-2}$$

예제 A.3-1

$$\int (2x^3 - 5x^2 + 3x - 4)\, dx = \frac{2}{4}x^4 - \frac{5}{3}x^3 + \frac{3}{2}x^2 - 4x + C$$

---

③ $y = \dfrac{1}{x}$일 때, 적분은 다음과 같다.

$$\int \frac{1}{x}\, dx = \ln x + C\tag{A.3-3}$$

예제 A.3-2

$$\int \frac{1}{2x-3}\, dx = \frac{1}{2}\int \frac{2}{2x-3}\, dx = \frac{1}{2}\ln|2x-3| + C$$

---

④ $y = e^x$일 때, 적분은 다음과 같다.

$$\int e^x \, dx = e^x + C \tag{A.3-4}$$

즉, 지수식은 미분을 하든 적분을 하든 같은 값을 유지한다.

⑤ $y = e^{ax}$일 때, 적분은 다음과 같다.

$$\int e^{ax} \, dx = \frac{1}{a} e^{ax} + C \tag{A.3-5}$$

즉, 지수식의 지수가 어떤 함수형을 가지면, 그에 맞게 합성함수의 미분과 적분을 해야 한다.

예제 A.3-3

$$\int e^{-3x} \, dx = -\frac{1}{3} \int (-3e^{-3x}) \, dx = -\frac{1}{3} e^{-3x} + C$$

어떤 흐름의 유선을 구하기 위해서는 유선의 방정식을 알아야 한다. 유선의 방정식은 다음과 같다.

$$\frac{dx}{u} = \frac{dy}{v} = \frac{dz}{w} \tag{A.3-6}$$

식 (A.3-6)을 이용하여 유선을 구하는 방법은 매우 간단하다. z방향의 유속을 무시할 수 있는 경우, $\dfrac{dx}{u} = \dfrac{dy}{v}$의 관계를 이용한다. 여기에 주어진 u와 v를 대입하고, 식을 정리하여 좌변은 x, 우변은 y만의 함수가 되도록 한다. 그 다음 양변을 각각의 변수에 대해 적분한다. 그 다음 적절히 정리하면, 유선의 식이 된다.

예제 4.3-1 ★★★

유속 분포가 $u = -ky$, $v = kx$, $w = 0$로 주어지는 2차원 흐름의 유선을 구하라.

풀이

유선의 식 $\dfrac{dx}{u} = \dfrac{dy}{v}$에 유속 분포를 대입하면 다음과 같다.

$$\frac{dx}{-ky} = \frac{dy}{kx}$$

이 식을 정리하면 $x\,dx = -y\,dy$이고,

양변을 적분하면 $\int x\,dx = -\int y\,dy$ 또는 $\int x\,dx + \int y\,dy = 0$이다.

이 적분을 계산하면 $\dfrac{1}{2}x^2 + \dfrac{1}{2}y^2 = C$이고, 여기서 C는 적분상수이다.

따라서 이때의 유선은 다음과 같으며 원을 이룬다.

$$x^2 + y^2 = R^2$$

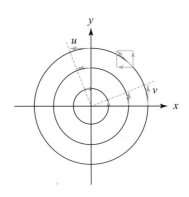

A.4 면적분(유량)

4.6절에서 원관 내 유속 분포가 $u(r)$로 주어지면 이것을 단면적에 대해 적분하면 유량이 된다고 하였다. 이것은 다음 식으로 나타낼 수 있다.

$$Q = \int_A u(r)\,dA \tag{A.4-1}$$

여기서 Q는 유량, A는 단면적, $u(r)$은 r의 함수로 나타낸 유속 분포이다.

식 (A.4-1)은 유속이 r의 함수이므로, 이 식을 적분하기 위해서는 이 적분도 r에 대한 적분으로 바꾸어야 한다. 미소면적 dA는 $2\pi r\,dr$로 바꾸어야 한다. 식 (A.4-1)의 적분변수는 A이며, 따라서 적분구간은 $\int_A$이지만, 적분변수를 r로 바꾸면, 적분구간도 r의 범위인 $\int_0^R$로 바꾸어야 한다. 따라서 식 (A.4-1)은 다음과 같이 바뀐다.

$$Q = \int_0^R u(r)\,2\pi r\,dr = 2\pi \int_0^R r\,u(r)\,dr \tag{A.4-2}$$

식 (A.4-2)에 적절한 유속 분포 $u(r)$을 대입하고 적분하면 유량 Q를 구할 수 있다. 예를 들어, 흐름이 층류인 경우는 유속 분포는 다음과 같다.

$$u(r) = u_{\max}\left(1 - \frac{r^2}{R^2}\right) \tag{A.4-3}$$

식 (A.4-3)을 식 (A.4-2)에 대입하여 정리하면,

$$Q = 2\pi \int_0^R r\,u_{\max}\left(1 - \frac{r^2}{R^2}\right)dr = 2\pi\,u_{\max}\int_0^R\left(r - \frac{r^3}{R^2}\right)dr$$

$$= 2\pi\,u_{\max}\left[\frac{r^2}{2} - \frac{r^4}{4R^2}\right]_0^R = \frac{1}{2}\pi R^2\,u_{\max} \tag{A.4-4}$$

평균유속 V는 (유량)/(단면적)으로 정의되므로, 다음과 같이 구할 수 있다.

$$V \equiv \frac{Q}{A} = \frac{\frac{1}{2}\pi R^2\,u_{\max}}{\pi R^2} = \frac{1}{2}u_{\max} \tag{A.4-5}$$

즉, 원관의 층류에서 평균유속은 최대유속의 절반이 된다.

폭이 무한히 넓은 평행평판이 $2h$만큼 떨어져 있을 때, 그 사이를 흐르는 유체의 유속 분포가 $u(z)=u_{max}\left(1-\dfrac{z^2}{h^2}\right)$의 포물선 분포를 할 때, 평균유속을 구하라. 단, 단위폭에 대해 생각한다.

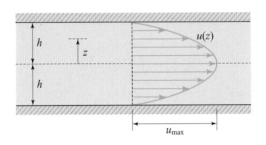

풀이 |

평균유속은 유속 분포를 적분한 뒤 면적으로 나누면 된다. 여기서는 중앙선을 중심으로 상하대칭이므로 위나 아래의 절반만 이용해도 된다. 그리고 이때 안쪽 방향의 폭은 1로 생각한다.

$$V \equiv \frac{1}{A} \int_A u(z)dA$$

$$= \frac{1}{h} \int_0^h u_{max}\left(1-\frac{z^2}{h^2}\right)dz = \frac{u_{max}}{h} \int_0^h \left(1-\frac{z^2}{h^2}\right)dz$$

$$= \frac{u_{max}}{h} \left[z - \frac{z^3}{3h^2}\right]_0^h = \frac{u_{max}}{h}\left(h - \frac{h^3}{3h^2}\right) = \frac{2}{3} u_{max} \qquad ■$$

기초 수리학

ㅇ

ㅈ

기초 수리학